U0193024

21世纪先进制造技术丛书

智能主轴建模、监测与控制

曹宏瑞 史江海 陈雪峰 李登辉 著

科学出版社

北京

内 容 简 介

本书论述了智能主轴动力学建模、颤振监测、颤振控制三个方面的基础理论和关键技术：构建了智能主轴动力学建模理论框架，阐明了智能主轴强迫振动/颤振机理；介绍了基于 3σ 准则、同步压缩变换及深度学习等理论的智能主轴铣削颤振在线检测及微弱颤振辨识方法；探讨了智能主轴颤振的非对称刚度调控方法、靶向控制方法及模型预测控制方法；结合开发的智能主轴原理样机，开展了大量的切削实验，对理论方法的应用效果进行验证。

本书可供机械、能源、航空航天等领域从事机械加工研究与应用的科技人员使用，也可以作为高等院校机械及相关学科教师和研究生的参考用书。

图书在版编目（CIP）数据

智能主轴建模、监测与控制 / 曹宏瑞等著. —北京：科学出版社，2023.6
(21 世纪先进制造技术丛书)
ISBN 978-7-03-073945-2

Ⅰ. ①智… Ⅱ. ①曹… Ⅲ. ①数控机床–主轴–研究 Ⅳ. ①TG659

中国版本图书馆 CIP 数据核字（2022）第 226841 号

责任编辑：杨 丹 / 责任校对：崔向琳
责任印制：师艳茹 / 封面设计：陈 敬

科 学 出 版 社 出版
北京东黄城根北街 16 号
邮政编码：100717
http://www.sciencep.com
三河市春园印刷有限公司 印刷
科学出版社发行 各地新华书店经销
*
2023 年 6 月第 一 版　开本：720×1000　1/16
2023 年 6 月第一次印刷　印张：27 3/4
字数：556 000
定价：298.00 元
（如有印装质量问题，我社负责调换）

"21世纪先进制造技术丛书"编委会

主　编　熊有伦(华中科技大学)
编　委　(按姓氏笔画排序)

丁　汉(华中科技大学)　　　　　　张宪民(华南理工大学)

王　煜(香港中文大学)　　　　　　周仲荣(西南交通大学)

王田苗(北京航空航天大学)　　　　赵淳生(南京航空航天大学)

王立鼎(大连理工大学)　　　　　　查建中(北京交通大学)

王国彪(国家自然科学基金委员会)　柳百成(清华大学)

王越超(中国科学院理化技术研究所)钟志华(同济大学)

冯　刚(香港城市大学)　　　　　　顾佩华(汕头大学)

冯培恩(浙江大学)　　　　　　　　徐滨士(陆军装甲兵学院)

任露泉(吉林大学)　　　　　　　　黄　田(天津大学)

刘洪海(朴次茅斯大学)　　　　　　黄　真(燕山大学)

江平宇(西安交通大学)　　　　　　黄　强(北京理工大学)

孙立宁(哈尔滨工业大学)　　　　　管晓宏(西安交通大学)

李泽湘(香港科技大学)　　　　　　雒建斌(清华大学)

李涤尘(西安交通大学)　　　　　　谭　民(中国科学院自动化研究所)

李涵雄(香港城市大学/中南大学)　谭建荣(浙江大学)

宋玉泉(吉林大学)　　　　　　　　熊蔡华(华中科技大学)

张玉茹(北京航空航天大学)　　　　翟婉明(西南交通大学)

"21 世纪先进制造技术丛书" 序

21 世纪，先进制造技术呈现出精微化、数字化、信息化、智能化和网络化的显著特点，同时也代表了技术科学综合交叉融合的发展趋势。高技术领域如光电子、纳电子、机器视觉、控制理论、生物医学、航空航天等学科的发展，为先进制造技术提供了更多更好的新理论、新方法和新技术，出现了微纳制造、生物制造和电子制造等先进制造新领域。随着制造学科与信息科学、生命科学、材料科学、管理科学、纳米科技的交叉融合，产生了仿生机械学、纳米摩擦学、制造信息学、制造管理学等新兴交叉科学。21 世纪地球资源和环境面临空前的严峻挑战，要求制造技术比以往任何时候都更重视环境保护、节能减排、循环制造和可持续发展，激发了产品的安全性和绿色度、产品的可拆卸性和再利用、机电装备的再制造等基础研究的开展。

"21 世纪先进制造技术丛书"旨在展示先进制造领域的最新研究成果，促进多学科多领域的交叉融合，推动国际间的学术交流与合作，提升制造学科的学术水平。我们相信，有广大先进制造领域的专家、学者的积极参与和大力支持，以及编委们的共同努力，本丛书将为发展制造科学，推广先进制造技术，增强企业创新能力做出应有的贡献。

先进机器人和先进制造技术一样是多学科交叉融合的产物，在制造业中的应用范围很广，从喷漆、焊接到装配、抛光和修理，成为重要的先进制造装备。机器人操作是将机器人本体及其作业任务整合为一体的学科，已成为智能机器人和智能制造研究的焦点之一，并在机械装配、多指抓取、协调操作和工件夹持等方面取得显著进展，因此，本系列丛书也包含先进机器人的有关著作。

　　最后，我们衷心地感谢所有关心本丛书并为丛书出版尽力的专家们，感谢科学出版社及有关学术机构的大力支持和资助，感谢广大读者对丛书的厚爱。

华中科技大学

2008 年 4 月

前　　言

　　智能制造是以"工业 4.0"为代表的新一轮工业革命的核心技术，已成为发达国家占领先进制造技术制高点的重点研发领域。在《中国制造 2025》中，智能制造是"五大工程"之一，战略地位极为重要。智能装备是实现智能制造的基础，而我国制造基础研究能力薄弱，特别是关键基础部件核心技术的缺乏已经成为我国智能装备发展的主要瓶颈。因此，亟须研制一批以智能机床为代表的智能加工装备，支撑我国高端装备向高精尖和智能化方向发展，引领装备的智能化升级。

　　智能主轴是新一代智能机床的核心功能部件，随着航空航天等领域对复杂精密零件高速高效加工日益增长的需求，主轴的速度、精度、可靠性等性能指标向更高的水平发展。智能主轴与普通主轴的最大区别在于智能主轴具有感知、决策与执行功能。振动监控是智能主轴的重要功能。通过振动监控，智能主轴可以比普通主轴达到更高的速度、精度和可靠性，获得更高的加工效率。主轴在加工过程中可能产生的振动包括自由振动、强迫振动和自激振动。颤振是主轴加工过程中最主要的一种自激振动，影响加工精度和效率的提高。在航空航天复杂精密零件高速高效加工过程中，由于切削过程阻尼的作用减弱，颤振相比低速切削时更容易发生，制约加工精度和效率。例如，在航空叶轮等复杂曲面零件加工过程中，钛合金、高温合金等材料强度高、切削力大，主轴-刀具系统或工件系统刚性不足，极易引起主切削系统的高阶复杂响应，导致加工过程发生颤振失稳。一旦发生颤振，将损伤工件表面，导致高附加值零件报废，造成巨大经济损失。由于普通主轴对颤振不具备感知、决策与执行功能，加工状态主要靠现场人员判断。当颤振处于早期萌芽阶段时，现场人员往往难以及时发现，等到颤振发展至成熟再发现为时已晚。国际生产工程科学院三位会士——德国达姆斯达特工业大学 Abele 教授、加拿大不列颠哥伦比亚大学 Altintas 教授、德国亚琛工业大学 Brecher 教授在综述论文中指出，在主轴中集成传感器、驱动器使其成为一个内在质量保证系统是主轴的未来发展趋势。

　　国外许多著名大学、企业和研究机构纷纷设立智能主轴研究项目。例如，德国亚琛工业大学设立了智能主轴单元研究项目(ISPI)，瑞士苏黎世理工大学利用压电驱动器对主轴进行振动主动控制等。目前多数具有智能特性的主轴还处于各种传感器的初步应用阶段，关于智能主轴的定义、特征、关键技术和应具备的主要功能尚未形成共识，没有形成系统的智能主轴分析设计及振动监控理论方法。本书总结了作者十多年来智能主轴的理论研究及应用成果，构建了智能主轴动力学建模理论框架，阐明了智能主轴强迫振动/颤振机理；介绍了智能主轴铣削颤振在线检测及智能辨识方法，探讨了智能主轴颤振的主动控制方法及应用效果。本书将作者的研究工作详细、系统地介绍给广大科技工作者，希望有助于更好地了解、广泛地应用并全面提升智能主轴的核心理论与技术。

本书分别从智能主轴的动力学建模、颤振监测与颤振控制三个维度介绍智能主轴的理论基础和关键技术，通过丰富的实验验证方法的有效性，具有以下特点：

(1) 先进性。立足学科前沿，总结作者智能主轴研究工作的新成果和新进展，特色鲜明，具有先进性与新颖性。

(2) 实用性。理论与实践相结合，基于动力学建模揭示智能主轴的振动机理，在颤振监测与控制方面提出了若干关键技术，并进行了实验验证，可为科研人员和工程技术人员提供参考，具有很强的实用性。

(3) 可读性。本书主要内容分为三篇，各章内容之间既相互关联，又自成体系，便于读者根据需要参考使用，具有较强的可读性。

由衷感谢国家重点研发计划项目(2020YFB2007700：面向大数据的高端轴承状态监测与健康管理技术)、国家自然科学基金优秀青年科学基金项目(51922084：机械系统动态监测、诊断与维护)、国家自然科学基金面上项目(51575423：智能主轴高速高效加工早期微弱颤振辨识与主动控制研究)、国家自然科学基金面上项目(11772244：空气静压主轴多场耦合动力学分析及动平衡精度提升方法研究)、国家自然科学基金青年科学基金项目(51105294：高速主轴系统多参数动力学建模与故障演化机理研究)、装备预研领域基金项目(61400030601：装备异常状态检测与识别技术)的资助。

本书内容源自作者在西安交通大学航空发动机研究所的科研成果积累，以及席松涛、李登辉、石斐、周凯、李笔剑、岳忆婷、康婷、牛蔺楷、李亚敏、韩乐男、贺东、魏江、郭伟、蔡俊琼等研究生的创新研究成果，在此向各位研究生的辛勤付出致以诚挚的谢意。特别感谢博士研究生侯马骁和刘凯凯、硕士研究生尹超在书稿文字汇总和图表整理等方面所做的大量工作。

由于作者水平所限，书中难免存在疏漏和不妥之处，恳请读者批评指正。

曹宏瑞

2023 年 3 月于西安交通大学兴庆校区

目　　录

"21 世纪先进制造技术丛书"序

前言

第1章　绪论 ……………………………………………………………… 1

1.1　智能主轴概述 ……………………………………………………… 4

1.1.1　智能主轴的特征 ……………………………………………… 5

1.1.2　智能主轴的关键使能技术 …………………………………… 5

1.1.3　智能主轴的功能模块 ………………………………………… 6

1.2　智能主轴建模及振动监控技术研究进展 ……………………… 8

1.2.1　智能主轴动力学建模研究进展 ……………………………… 9

1.2.2　智能主轴颤振监测与辨识研究进展 ……………………… 11

1.2.3　智能主轴颤振主动控制研究进展 ………………………… 14

参考文献 ………………………………………………………………… 18

第一篇：智能主轴动力学建模

第2章　基于轴承拟静力学模型的智能主轴建模及颤振稳定性分析 ………… 33

2.1　引言 ……………………………………………………………… 33

2.2　角接触球轴承拟静力学建模与刚度计算 …………………… 33

2.2.1　角接触球轴承拟静力学建模 ……………………………… 34

2.2.2　角接触球轴承刚度矩阵计算 ……………………………… 39

2.3　主轴转子-轴承-箱体系统耦合静力学建模 ………………… 40

2.3.1　主轴转子有限元建模 ……………………………………… 40

2.3.2　主轴有限元与轴承拟静力学模型耦合 …………………… 41

2.3.3　主轴转子-轴承-箱体系统耦合静力学模型的实验验证 ………… 43

2.4　主轴-机床耦合建模与模型修正 …………………………… 50

2.4.1　主轴-机床本体耦合模型 ………………………………… 50

2.4.2　有限元模型修正的一般化方法 …………………………… 52

2.4.3　主轴-机床本体耦合模型修正 …………………………… 54

2.5　智能主轴铣削加工颤振稳定性预测 ………………………… 59

2.5.1 智能主轴高速旋转下的动态特性分析 ·············· 60
2.5.2 高速铣削加工颤振稳定性预测 ·················· 66
2.5.3 高速铣削实验验证 ························· 73
参考文献 ······························· 79
第3章 基于轴承动力学模型的智能主轴建模及非平稳振动分析 ··· 81
3.1 引言 ······························ 81
3.2 滚动轴承动力学建模 ····················· 82
3.2.1 角接触球轴承动力学建模 ················· 82
3.2.2 浮动变位轴承动力学建模 ················· 88
3.3 主轴转子-轴承-箱体系统耦合动力学建模 ··········· 94
3.3.1 主轴有限元模型与轴承动力学模型耦合 ·········· 94
3.3.2 主轴转子-轴承-箱体模型耦合 ·············· 96
3.3.3 耦合动力学模型实验验证 ················ 101
3.4 智能主轴非平稳振动响应分析 ················ 106
3.4.1 浮动变位轴承间隙对主轴非平稳振动响应的影响 ····· 106
3.4.2 智能主轴铣削过程中的非平稳振动响应预测 ······· 113
参考文献 ······························ 121
第4章 智能主轴刚体单元建模法及动态回转误差分析 ········ 123
4.1 引言 ····························· 123
4.2 刚体单元建模法 ······················ 123
4.2.1 刚体单元及相邻刚体单元之间的相互作用 ········ 124
4.2.2 刚体单元动力学方程 ·················· 126
4.3 基于刚体单元法的主轴动力学建模 ·············· 126
4.3.1 滚动轴承各部件动力学方程 ··············· 126
4.3.2 转子刚体单元与轴承动力学模型耦合 ··········· 129
4.3.3 主轴动力学模型实验验证 ················ 131
4.4 基于动力学模型的智能主轴动态回转误差分析 ········· 134
4.4.1 主轴回转误差简介 ··················· 135
4.4.2 主轴回转误差的影响因素分析 ·············· 137
4.4.3 切削工况下智能主轴动态回转误差预测 ·········· 139
参考文献 ······························ 150

第二篇：智能主轴颤振监测

第5章 智能主轴铣削颤振监测特征提取 ·············· 155

5.1　引言 ……………………………………………………………………… 155

5.2　铣削振动信号时域与频域特性分析 ………………………………… 155

  5.2.1　时域特性 ……………………………………………………… 155

  5.2.2　频域特性 ……………………………………………………… 156

  5.2.3　铣削振动信号预处理技术 …………………………………… 159

5.3　基于铣削振动信号的颤振监测指标构建 …………………………… 161

  5.3.1　时域统计指标 ………………………………………………… 162

  5.3.2　频域统计指标 ………………………………………………… 163

  5.3.3　时频域统计指标 ……………………………………………… 164

  5.3.4　非线性指标 …………………………………………………… 164

5.4　颤振敏感特征优选方法 ……………………………………………… 171

  参考文献 …………………………………………………………………… 174

第 6 章　基于 3σ 准则的智能主轴铣削颤振在线检测 ………………… 177

6.1　引言 ……………………………………………………………………… 177

6.2　颤振在线检测量纲为 1 指标构建 …………………………………… 177

  6.2.1　最小量化误差 ………………………………………………… 177

  6.2.2　标准差比 ……………………………………………………… 179

  6.2.3　模型残差和模型特征根 ……………………………………… 180

6.3　颤振在线检测报警阈值设置的 3σ 准则 …………………………… 182

6.4　颤振在线检测实验 …………………………………………………… 184

  6.4.1　变切深高速铣削颤振实验方案设计 ………………………… 184

  6.4.2　频响函数测试实验 …………………………………………… 186

  6.4.3　高速铣削颤振在线辨识 ……………………………………… 189

  参考文献 …………………………………………………………………… 198

第 7 章　时变切削力强激励下智能主轴早期微弱颤振辨识 …………… 201

7.1　引言 ……………………………………………………………………… 201

7.2　同步压缩变换简介 …………………………………………………… 202

7.3　频移与细化同步压缩变换 …………………………………………… 203

  7.3.1　频移同步压缩变换 …………………………………………… 203

  7.3.2　细化同步压缩变换 …………………………………………… 207

7.4　基于同步压缩变换的早期微弱颤振检测指标构建方法 ………… 216

  7.4.1　基于同步压缩变换的颤振检测指标构建 ………………… 216

  7.4.2　基于细化同步压缩变换的颤振检测指标构建 …………… 222

7.5　变工况下智能主轴铣削颤振辨识 …………………………………… 226

  7.5.1　不同切削参数下的铣削颤振辨识 ………………………… 226

7.5.2 切削深度连续变化下的铣削颤振在线检测 ················· 235

参考文献 ··· 243

第8章 基于深度学习的智能主轴微弱颤振辨识方法 ············· 245

8.1 引言 ··· 245

8.2 早期微弱颤振辨识的有序长短时记忆神经网络方法 ············· 245

8.2.1 理论基础 ··· 245

8.2.2 早期微弱颤振辨识网络构建及可解释性分析 ············· 249

8.2.3 早期微弱颤振辨识实验研究 ···························· 256

8.3 强噪声环境下微弱颤振辨识的柔性高阶图卷积神经网络方法 ········· 266

8.3.1 颤振图模型 ··· 267

8.3.2 柔性高阶图卷积神经网络模型构建 ····················· 272

8.3.3 颤振在线检测效果对比及抗噪分析 ····················· 280

参考文献 ··· 293

第三篇：智能主轴颤振控制

第9章 智能主轴铣削颤振的非对称刚度调控方法 ················ 297

9.1 引言 ··· 297

9.2 主轴-铣削系统耦合动力学建模 ································· 297

9.2.1 铣削过程两自由度动力学模型 ·························· 297

9.2.2 主轴-铣削系统两自由度耦合动力学建模 ················ 300

9.3 非对称刚度调控下的主轴-铣削系统稳定性分析 ·················· 300

9.3.1 基于半离散法的铣削稳定性分析 ······················· 300

9.3.2 非对称刚度调控下的铣削稳定性变化规律 ··············· 303

9.4 非对称刚度调控颤振控制策略及实验验证 ······················ 308

9.4.1 智能主轴非对称刚度调控系统设计 ····················· 308

9.4.2 切削力系数辨识 ··· 309

9.4.3 主轴系统模态参数辨识 ·································· 311

9.4.4 颤振主动控制实验验证 ·································· 313

参考文献 ··· 320

第10章 基于模糊逻辑的智能主轴铣削颤振靶向控制 ············· 322

10.1 引言 ·· 322

10.2 智能主轴颤振靶向控制系统设计 ······························ 322

10.3 模糊逻辑控制器设计 ··· 326

10.4 基于模糊逻辑的颤振靶向控制仿真分析 ······················· 332

10.4.1 梳状滤波预处理下的颤振控制仿真分析 ·················· 332

10.4.2 位移差反馈颤振控制仿真分析 ······················ 339

10.5 基于模糊逻辑的铣削颤振靶向控制实验验证 ················· 344

10.5.1 梳状滤波预处理颤振控制实验 ······················ 344

10.5.2 位移差反馈颤振控制实验 ·························· 349

参考文献 ·· 353

第 11 章 智能主轴铣削颤振的模型预测控制 ······················ 355

11.1 引言 ·· 355

11.2 主轴-铣削-作动系统状态空间模型及线性化 ················· 355

11.2.1 主轴-铣削-作动系统状态空间模型 ··················· 355

11.2.2 系统模型线性化近似 ···························· 357

11.3 模型预测控制闭环系统设计 ····························· 360

11.3.1 模型预测控制器建模 ···························· 360

11.3.2 模型预测控制器求解 ···························· 364

11.3.3 颤振控制闭环系统设计 ·························· 366

11.4 基于模型预测控制的颤振控制实验验证 ···················· 367

11.4.1 切削力系数及主轴系统模态参数辨识 ················· 367

11.4.2 切削参数选取及模型线性化近似 ···················· 370

11.4.3 颤振控制实验验证 ······························ 372

参考文献 ·· 375

第 12 章 考虑主轴-工件耦合效应的智能主轴铣削颤振主动控制 ·········· 376

12.1 引言 ·· 376

12.2 主轴-工件-铣削-作动系统状态空间模型及线性化 ·············· 376

12.2.1 主轴-工件系统铣削动力学建模 ····················· 376

12.2.2 主轴-工件-铣削-作动系统状态空间模型 ··············· 378

12.2.3 系统模型线性化近似 ···························· 383

12.3 基于主轴-工件系统的模型预测控制器设计 ·················· 385

12.3.1 预测模型建模 ································· 386

12.3.2 控制器求解 ·································· 387

12.4 智能主轴-工件系统颤振主动控制实验验证 ·················· 389

12.4.1 主轴和工件系统模态参数辨识 ····················· 389

12.4.2 主轴-工件系统稳定性分析及切削参数选取 ·············· 391

12.4.3 考虑主轴-工件耦合效应的颤振控制实验验证 ············ 393

参考文献 ·· 400

第 13 章 智能主轴原理样机及软件开发 ················· 402
  13.1 引言 ················· 402
  13.2 智能主轴原理样机开发 ················· 402
    13.2.1 颤振监测与主动控制模块 ················· 403
    13.2.2 主轴回转精度测量模块 ················· 407
  13.3 智能主轴工业软件开发 ················· 409
  13.4 当前研究存在问题和未来发展趋势 ················· 415
    13.4.1 存在问题 ················· 415
    13.4.2 未来发展趋势 ················· 416
  参考文献 ················· 419

附录 ················· 421
  附录 1 迭代系数求解 ················· 421
  附录 2 主轴部件有限元矩阵 ················· 422
  附录 3 奈奎斯特稳定判据 ················· 425
  附录 4 坐标系变换 ················· 427

第1章 绪 论

制造业是国民经济的主体，是立国之本、兴国之器、强国之基。十八世纪中叶开启工业文明以来，世界强国的兴衰史和中华民族的奋斗史一再证明，没有强大的制造业，就没有国家和民族的强盛。打造具有国际竞争力的制造业，是我国提升综合国力、保障国家安全、建设世界强国的必由之路。

2007~2009 年国际金融危机以来，世界主要发达国家重新重视实体经济，纷纷实施再工业化战略。2013 年，德国政府为提高德国工业的国际竞争力，提出了"工业 4.0"战略计划。"工业 4.0"的提出推动了以智能制造为核心的第四次工业革命。为了在新一轮工业革命中抢占制高点，世界各国均将智能制造作为先进制造技术的重点研发领域，并出台各类国家政策和计划予以扶持，全力推动以智能制造为核心的工业技术能力提升。2015 年，国务院围绕制造强国的战略目标，发布《中国制造 2025》，明确指出要加快新一代信息技术和制造技术的深度融合和发展，把智能制造作为信息化和工业化深度融合的主攻方向，重点发展智能制造装备和智能产品，推进生产过程的智能化，提升企业研发、生产、服务等智能化水平。19 位两院院士及 100 余专家参与的《中国机械工程技术路线图》明确将"智能"列为机械工程技术五大发展趋势之一，并将智能制造列为影响我国制造业发展的八大机械工程技术问题之一[1]。政策引导，技术先行，智能制造已成为制造领域的关键核心技术，得到学术界和工业界的广泛关注和重视。

数控机床和基础制造装备是装备制造业的"工作母机"，是制造业价值生成的基础和产业跃升的支点，是基础制造能力构成的核心[1]。机床行业的技术水平及产品质量更是衡量国家装备制造业发展水平的一个重要标志。美国政府、工业界和学术界制定了智能机床研究议程并颁布了智能机床平台方案(Smart Machine Platform Initiative, SMPI)，旨在使机床成为更加智能化的制造平台。欧洲 25 家单位合作实施的"下一代生产系统"研究中，将智能机床列为重要研究内容。日本更是走在了智能机床研究的前列，生产的一些机床已具备智能特征。例如，马扎克(Mazak)公司推出了集智能热屏障、智能安全屏障、智能语音提示以及振动控制等功能于一体的智能机床，可实现热误差自动补偿、防碰撞、振动抑制等，有效提升了加工效率和质量[2]。《中国制造 2025》提出开发高速、高效、柔性数控机床与基础制造装备及集成制造系统，研发具有深度感知、智能决策以及自动执行功能的智能机床，提高国家精准制造、敏捷制造等能力。

智能主轴是新一代智能机床的核心功能部件，其性能直接影响机床的技术水平和整机性能。主轴单元既是机床整体的一个有机组成部分，又具有相对的独立性。这种独立性表现为主轴单元可以作为独立的产品，同一款主轴可以为不同使用要求的整机服务。航空、航天等领域对复杂精密零件高速高效加工日益增长的需求，促使主轴的速度、精度、可靠性等性能指标向更高的水平发展。2010年，三位国际生产工程科学院会士(CIRP fellow)：德国达姆斯达特工业大学 Abele 教授、加拿大不列颠哥伦比亚大学 Altintas 教授、德国亚琛工业大学 Brecher 教授，共同在 CIRP 年刊上[3]撰文综述了机床主轴单元的研究进展，指出在主轴中集成传感器、驱动器使其成为一个内在质量保证系统(inherent quality insuring system)是主轴的未来发展趋势。2012年，日本精工株式会社(NSK 公司)学者 Nakamura[4]对近 40 年来机床主轴的发展历程进行了详细的分析，指出智能主轴将是未来主轴的发展方向。智能主轴与普通主轴的最大区别在于智能主轴具有感知、决策与执行功能。通过对振动、温度、转速、力矩等工况信号的实时监测与控制，智能主轴可以比普通主轴达到更高的速度、精度和可靠性，并实现更高的加工效率。

国外许多著名大学、企业对智能主轴的关注程度日益增加，纷纷设立智能主轴研究项目，尝试将智能主轴工程化、产业化。德国达姆斯达特工业大学开发了集成电磁轴承的智能主轴样机(图 1-1(a))。美国桑迪亚国家实验室在主轴前端轴承部位集成电致伸缩作动器，开发了能够主动控制颤振的主轴样机(图 1-1(b))。瑞士苏黎世理工大学利用压电作动器对主轴进行振动主动控制，开发了原理样机并申请专利保护(图 1-1(c))。在国外工业界，主轴单元尤其是高速电主轴已形成了一系列标准产品，一些著名的主轴生产厂商均在加快智能化的步伐。德国 Siemens-Weiss 公司开发了主轴监控和诊断系统，传感器被直接集成到主轴中，用于碰撞检测、轴承状态诊断等。瑞士 Fischer 公司提供面向主轴单元智能化的整套软、硬件解决方案，可以对主轴的运行状态进行监控，预测轴承的剩余使用寿命。日本山崎 Mazak 公司研发了 Smooth AI 主轴，可进行主轴加工状态判定和振动抑制等[3]；

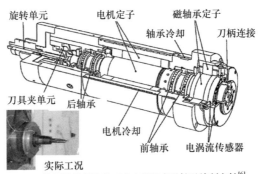

(a) 德国达姆斯达特工业大学的电磁轴承控制主轴[6]

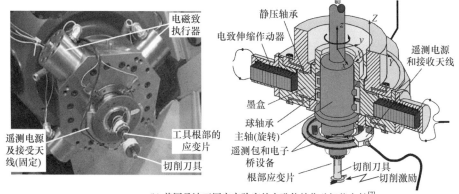

(b) 美国桑迪亚国家实验室的电致伸缩作动智能主轴[7]

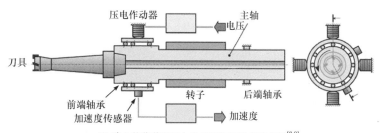

(c) 瑞士苏黎世理工大学的压电作动智能主轴[8,9]

图 1-1 智能主轴样机

以色列 OMAT 公司通过开发自适应监测系统及颤振控制监测系统[5]提高主轴的智能化能力，使得轮廓铣削用时节省约 38%、铣槽用时节省约 34%、三维铣面用时节省约 37%。

2000 年以来，国内在主轴设计、分析、制造和测试等方面开展了大量研究工作，国产高性能主轴开发取得了很大的进步。东南大学蒋书运等建立了含拉杆的高速电主轴耦合动力学模型，提出了电主轴最佳预紧力的分析理论与方法等[10-12]。湖南大学熊万里等建立了基于机电耦合动力学的电主轴系统动态设计理论[13-15]，并研制了 35kW、18000r/min 加工中心永磁同步电主轴。西安交通大学洪军等建立了高速主轴动-静-热耦合模型，开发了高速主轴设计与分析工具包[16,17]。沈阳建筑大学吴玉厚等开发了高速大功率陶瓷球轴承电主轴单元，最高转速达到30000r/min，功率达 20kW。洛阳轴研科技公司开发了一系列加工中心电主轴和磨削电主轴，并配套部分国产机床[18,19]。目前，在智能主轴的研究方面，国内尚处于探索研究阶段。2013 年，沈阳机床(集团)设计研究院关晓勇等以"智能化主轴单元"为题对国外智能主轴的技术进行了概括性的介绍[20]。西安交通大学曹宏瑞等提出了智能主轴的完整概念，系统地总结了智能主轴的研究进展，并开发了具有颤振监测与控制等功能的智能主轴原理样机[21-26]。从现有的主轴智能化应用效果来看,未来的发展潜力是巨大的。随着航空航天、能源、汽车等行业对高速高效和高可靠加工的迫切需求以及智能机床的发展,主轴单元智能化势在必行。

1.1 智能主轴概述

美国国家标准与技术研究院(National Institute of Standards and Technology, NIST)认为智能机床应具有如下功能:①能感知自身状态和加工能力并可进行标定;②能监视和优化自身加工行为;③能对加工工件的质量进行评估;④具有自学习能力[27,28]。本书将智能主轴定义于智能机床的架构之下,即智能主轴是指具备感知、决策和控制能力,并能保障加工过程最优化和高可靠运行的主轴系统[21]。智能主轴的特征、关键技术及功能如图 1-2 所示。与传统主轴相比,智能主轴具有四个新特征,即自主性、自学习性、兼容性和开放性;包括三项关键使能技术:①感知,即主轴能够感知自身的运行状况,自主检测并能与数控系统、操作人员等交流、共享这些信息;②决策,即主轴能够自主处理感知到的信息,进行计算、自学习与推理,实现对自身状态的智能诊断;③控制,即智能主轴通过主动控制、加工参数自优化与健康自维护等单元,保障主轴的高可靠运行。智能主轴所具备的功能模块是与用户的需求密切相关的,是开放的、定制化的。一般地,用户期望的智能功能包括刀具状态监控、颤振监控、主轴碰撞监控、温度/热误差补偿、主轴动平衡和主轴健康自诊断与维护等。

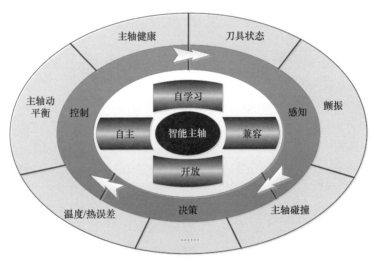

图 1-2 智能主轴的特征、关键技术及功能[21]

1.1.1　智能主轴的特征

1. 自主性

智能主轴应具有高度自主性，以有效实现其功能。例如，在切削前的准备阶段，智能主轴需要自动完成基本设置并选择工艺参数(如进给量、切削量、切削速度等)，以达到期望的加工效率和加工质量。在切削过程中，智能主轴可以确定一组新的优化切削参数，从而实现切削过程状态监控和加工过程的自我优化。自主性还体现在主轴健康的自诊断和自评估中。智能主轴应该能够评估其当前的健康状态，并反馈给控制器进行预知维护，以避免潜在问题。

2. 自学习性

智能主轴应具有通过自学习更新其性能的能力。智能主轴在工作过程中，切削条件变化频繁，可能发生各种异常状况。智能主轴需要具备针对各种案例的分析和学习能力，并通过自学习策略实现自进化。在数据库和知识库的支持下，智能主轴无需操作员干涉，可以从现场数据中自主发掘新知识。通过不断积累的切削案例，智能主轴可以不断提高自身性能和智能水平。

3. 兼容性

智能主轴应与机床其他部件具有良好的兼容性。这意味着其监控系统和机床计算机数字控制(computer numerical control, CNC, 简称数控)系统之间需要实时无缝通信。监控系统可以获取来自数控系统的内部信息以做出必要的决策，并将决策输入数控系统实现控制。例如，在主轴碰撞情况下，监控系统中的紧急停止指令应比当前正在处理的数控代码具有更高的优先级。

4. 开放性

开放性是智能系统的一个普遍特征。为了满足客户需求，智能主轴的软硬件接口应开放，以便随时方便地配置新功能。智能主轴应可扩展，以适应技术发展，不断提高智能化程度。

1.1.2　智能主轴的关键使能技术

在确保智能主轴实现之前，需要开发关键的使能技术，包括感知、决策和控制。这些关键使能技术之间的关系如图 1-3 所示。

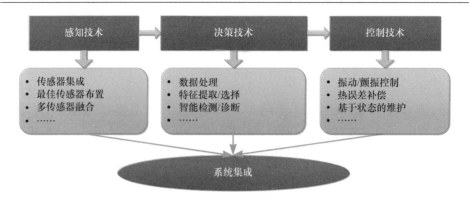

图 1-3　关键使能技术之间的关系[21]

1. 感知技术

感知技术是智能主轴的"五官"。智能主轴集成了各种传感器，能够感知主轴的工作状态和加工过程。通常测量的信号包括振动、力、扭矩、温度、电机电流/功率、位移等。智能主轴的内部空间非常有限，因此需要优化主轴结构，从而实现最佳传感器布置，以及传感器、执行器和控制器的集成。同时，智能主轴应与数控系统、操作员交换和共享感知到的信息。

2. 决策技术

决策是智能主轴的"大脑"，由数据处理、特征提取/选择和智能检测/诊断等组成。由于工业环境的复杂性，在提取表征智能主轴运行状态的各种特征之前，几乎所有从传感器收集的数据都需要使用适当的信号处理或机器学习方法进行分析。随着人工智能技术的发展，利用机器学习建立智能决策和诊断模型，可以实现智能主轴运行状态的有效评估。

3. 控制技术

控制是智能主轴的"四肢"，通常包括刀具偏转补偿、振动/颤振控制、碰撞损伤预防、热误差补偿、主动平衡、基于状态的维护等。通过控制模块解决检测到的问题，保证了主轴的可靠运行和加工过程的最优化。

1.1.3 智能主轴的功能模块

运行状态监控是智能主轴的核心功能，常用的智能主轴功能模块如表 1-1 所示。第一组功能模块与加工过程密切相关，包括刀具状态监控、颤振监控和主轴碰撞监控；第二组功能模块主要与主轴自身相关，包括温度/热误差检测和补偿、主轴动平衡监控和主轴健康监测与维护。

表 1-1 智能主轴的功能模块

第一组	目标	第二组	目标
刀具状态监控	➤ 刀具磨损和破损检测 ➤ 刀具偏转补偿	温度/热误差监测和补偿	➤ 温度/热误差监测 ➤ 热误差补偿
颤振监控	➤ 颤振起始检测 ➤ 颤振抑制/控制	主轴动平衡监控	➤ 不平衡监测 ➤ 主动平衡控制
主轴碰撞监控	➤ 碰撞检测 ➤ 碰撞损伤预防	主轴健康监测与维护	➤ 主轴部件的损坏/故障监测 ➤ 基于状态的维修

这些智能功能不是独立的模块，而是集成到一个监控系统中。图 1-4 展示了智能主轴的系统架构和工作流程。在感知子系统中，通过集成传感器监测各种类型的信号，形成传感器网络以监控主轴性能。由决策子系统处理来自传感器网络的数据，决策子系统根据制造规则和逻辑做出分层决策。如果发现异常，则激活控制子系统。嵌入式执行器、CNC 系统和操作员是实现控制目的的"执行者"。

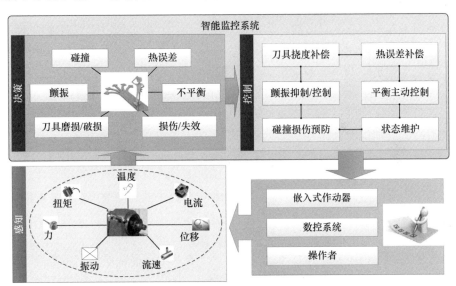

图 1-4 智能主轴的系统架构和工作流程

为了避免来自不同控制器的输出冲突并进行优先排序，有必要将多个控制器集成到一个闭环监控系统中。在考虑刀具磨损/破损、切削稳定性、热变形、轴承寿命等因素的影响下，智能主轴的性能得到优化。因此，智能主轴的特点是从独立的状态监测和控制系统转变为一个集成的监控系统，在零件生产率、质量和可靠性方面优于单一控制器。

1.2 智能主轴建模及振动监控技术研究进展

振动监控是智能主轴的重要功能，主轴在加工过程中可能产生的振动包括自由振动、强迫振动和自激振动。颤振(chatter)是主轴在加工过程中一种最主要的自激振动，影响着主轴加工精度和效率的提高。在航空航天复杂精密零件高速高效加工过程中，切削过程阻尼(process damping)的作用减弱，使得颤振相比低速切削时更容易发生，颤振问题已成为加工精度和效率提升的瓶颈。例如，在航空叶轮等复杂曲面零件加工过程中，钛合金、高温合金等材料强度高、切削力大；叶片间通道深而窄，常使用大长径比的球头铣刀，主轴-刀具系统刚性不足。在时变切削力强激励下，极易引起主轴-刀具系统的高阶复杂响应，导致加工过程发生颤振失稳。一旦发生颤振，将损伤工件表面导致高附加值零件报废，造成巨大经济损失。为了避免颤振并保证零件加工质量，常利用试切法确定切削参数，效率低，成本高。当主轴在高速高效切削时，高转速、温升等因素引起主轴动态特性改变，极有可能会使原本稳定的切削状态演变为颤振，使试切法确定的切削参数失效。由于普通主轴对颤振不具备感知、决策与执行功能，加工状态主要靠现场人员判断。当颤振处于早期萌芽阶段时，在时变切削力强激励干扰下颤振信号微弱且特征不明显，现场人员往往难以及时发现，而等到颤振发展至成熟再发现为时已晚，在工件表面留下了振纹。发现颤振后需要对其进行控制和消除，目前常用的颤振控制方法是改变切削参数，通常需要降低切削量以维持稳定切削；过于保守的切削量限制了主轴性能的发挥和生产效率的提高，无法真正实现高速高效切削。例如，国内某军工厂尽管购置了国外先进的高速机床加工整体叶轮，但是选择的切削用量过于保守，加工叶轮所需的时间为国外2～3倍。

颤振刚刚萌生而未发展成熟之时，通常不会在工件表面留下振纹。若能及时发现颤振并实施控制，可以确保加工稳定进行而不损伤工件。研究对早期微弱颤振具有辨识和主动控制功能的智能主轴，将颤振消除在早期萌芽阶段，是解决高速高效加工颤振难题的一种有效途径。如图1-5所示，通常用加工稳定性叶瓣图(stability lobe diagram)表征稳定切削区域和颤振切削区域。图中，横坐标表示主轴转速，纵坐标表示切削深度。主轴在低速切削范围内，由于过程阻尼的作用，切削过程基本稳定，颤振几乎不会发生；在中速切削范围内，稳定区和颤振区在临界切削深度附近相互交错；在高速切削时，稳定区和颤振区的边界明显，选择合理的切削参数(如选择图1-5中的 A 点)，可以实现高效率加工。智能主轴利用传感器实时监测加工状态(感知)；当转速、温升等因素使主轴动态特性改变，引起稳定性叶瓣图形状变化，导致原本稳定的切削状态(如 A 点)演变为颤振时，智能主轴能够及时准确辨识(决策)加工状态，并施加有效的控制(执行)，确保高速高效加工顺利进行。

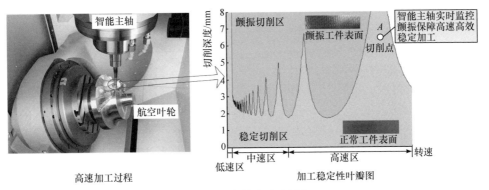

图 1-5 智能主轴高速高效加工

结合本书研究内容，下面将从主轴动力学建模、颤振监测与辨识、颤振主动控制这三个方面对研究现状进行归纳总结。

1.2.1 智能主轴动力学建模研究进展

德国达姆斯达特工业大学 Abele 教授等在机床主轴单元综述文章中指出，动力学分析是主轴设计、制造及运行状态监控的基础[3]。国内外关于机床主轴的建模研究有很多，涌现出了大量的理论成果和应用技术。建立的机床主轴动力学模型，可应用于机床主轴结构优化[29-32]、参数选择[33-35]、动态特性分析[36,37]以及铣削颤振稳定性研究[38-40]等，对提高机床主轴性能有重要作用。

机床主轴-轴承系统动力学分析的早期研究，多将主轴假设为刚性转子，利用弹簧阻尼单元来代替轴承，将系统简化为有限个自由度问题进行求解，属于线性动力学的研究范畴。当主轴处于工作状态时，其动态特性将影响工件表面质量、颤振、轴承及刀具寿命等，因此对主轴动态特性的分析显得更为重要。英国学者 Aini 等[41]利用刚性转子模型和弹簧阻尼轴承模型建立了磨削主轴五自由度模型，分析了主轴的振动特性，但是建模时忽略了主轴转子变形和轴承非线性特性。土耳其加齐大学 Akturk 等[42]利用刚性转子模型，将角接触球轴承的支承作用简化成非线性刚度建立了机床主轴的动力学模型，研究了轴承滚球数量和预紧力变化对主轴转子振动特性的影响，同时给出了主轴在设计阶段轴承滚球数和预紧力的取值；之后，Akturk[43]进一步考虑了轴承轴向安装位置因素，研究了轴承预紧力、滚球数和轴承安装位置对主轴系统振动特性的影响。科威特大学 Alfares 和 Elsharkawy[44,45]分别建立了一个 5 自由度的砂轮磨削主轴的动力学模型，研究了砂轮破损和工件材料改变导致的磨削力变化对主轴动力学特性的影响以及角接触球轴承预紧力对磨削主轴振动特性的影响。我国台湾中正大学 Chen 和 Hwang[46]

建立了非线性轴承和刚性转子耦合模型，研究了加工中心高速电主轴系统中转子-轴承和拉刀杆两个子结构在高速效应下的刚度变化，指出高速状态下，轴承软化和陀螺效应导致转子-轴承刚度减小，同时拉刀杆牵引力在高速下会显著增加。澳大利亚悉尼科技大学 El-Saeidy[47]提出一种总体动态刚度/阻尼矩阵的角接触球轴承支承的刚性转子系统模型，并以此建立磨削主轴的动力学模型，考虑了轴承的非线性、保持架旋转以及轴向预紧力，研究了主轴系统的动态响应特性。美国俄亥俄州立大学 Gunduz 等[48]利用刚性转子模型和一种新的 5 自由度轴承刚度模型建立了双列角接触球轴承支承的机床主轴模型，研究了轴承预紧对主轴系统模态特征的影响，并进行实验验证。然而，这些主轴模型都是基于刚性转子模型和简单的轴承模型，忽略了转子柔性，不能考虑轴承的复杂运动。

随着研究的深入，学者们逐渐将高速引起的离心力、陀螺效应等因素考虑在内，并引入 Jones[49]、De Mul[50]、Harris[51]等提出的滚动轴承拟动力学模型，利用有限元法、传递矩阵法等计算分析方法对高速主轴-轴承系统进行动力学建模仿真。这些模型大多基于线性动力学理论，能较好地反映高速主轴-轴承系统的动态特性。加拿大不列颠哥伦比亚大学 Cao 和 Altintas[52]提出基于改进的 Jones 拟静力学模型和有限元 Timoshenko 梁单元的高速主轴系统动力学建模方法。该模型可以综合考虑离心力和陀螺力矩等高速效应以及转子的弯曲等因素对系统动态特性的影响。Altintas 基于该模型开展虚拟加工技术的研究[53,54]。捷克布拉格理工大学 Holkup 等[55]基于 Jones 拟静力学轴承模型和有限元转子模型，基于商业有限元软件 ANSYS 建立主轴系统热机耦合模型。中国工程物理研究院米良等[56]基于拟静力学轴承模型和有限元转子模型，建立角接触球轴承支承高速主轴动力学模型。四川大学胡腾等[57]建立一种综合考虑离心力效应和陀螺效应的主轴系统动力学模型，分析发现主轴高速旋转产生的陀螺效应比轴承运行刚度对主轴系统动力学特性的影响更大。浙江大学黄伟迪等[58,59]针对高速电主轴角接触球轴承高转速的特点，建立电主轴有限元模型，研究不同转速、轴承游隙和转子初始静偏心等参数对主轴动力学的影响。东华大学张亚伟等[60]提出了基于高速轴承动刚度的高速主轴系统动力学模型，在模型基础上提出了提高主轴精度等工作性能的综合优化设计方法，可实现影响主轴性能的重要因素的协调设计。重庆大学 Li 等[61]基于 Jones 拟静力学轴承模型和转子的有限元模型建立电主轴在自由状态和工作状态下的动力学模型，仿真了高速电主轴的动力学行为。西安交通大学曹宏瑞等[62]将转子有限元模型和 Gupta 轴承动力学模型耦合，提出了一种滚动球轴承支承的转子系统动力学建模的一般方法。紧接着又提出一种转子刚体单元模型，并与轴承动力学模型耦合建立转子-轴承系统动力学模型[63]，该模型中采用的 Gupta 轴承动力学模型可以描述轴承各部件的三维运动，能准确描述轴承各部件的真实运动，是当前最完备的轴承模型之一。

　　由于主轴是由多个零部件通过结合组成的复杂机电耦合系统，为了更准确、可靠地对高速主轴系统进行建模并预测动态响应，国内外学者不断探索新的研究途径。瑞典吕勒奥理工大学 Rantatalo 等[64]建立了铣床主轴的有限元模型，系统地研究了主轴系统固有频率和模态振型随转速的变化。法国克莱蒙奥弗涅大学 Gagnol 等[65,66]建立了高速主轴系统动力学模型，研究了主轴在加工过程中的颤振问题，并对基于切削稳定性的主轴进行优化设计。美国学者 Creighton 等[67]建立了高速微铣削主轴有限元模型并进行热效应分析，制订了热补偿策略。我国逢甲大学 Lin 等[68]综述了机床主轴-轴承系统动力学建模及设计的研究进展，指出对高速效应研究还不充分。沈阳建筑大学张丽秀等[69]针对电主轴建立了一个机-电-热-磁多场耦合动力学模型，更准确地描述高速主轴动力学行为。湖南大学 Liu 和 Chen[70]将轴承模型、内置电机模型、热模型和主轴转子模型多物理场耦合，建立了电磁-热-力集成的高速电主轴模型，准确预测了多物理场因素对主轴系统动态特性的影响。沈阳建筑大学 Zhang 等[71]利用多场耦合有限元建模方法，考虑了磁场、电场、温度场和结构场之间的耦合关系，建立了电主轴多场耦合模型。西安交通大学曹宏瑞等[34,72-75]建立了高速主轴-轴承系统热力耦合模型，提出了一种主轴-机床系统耦合建模及模型修正方法，能准确描述主轴系统的动、静、热特性，为高速主轴优化设计、制造、安装等提供依据。东南大学蒋书运等[76-78]考虑电主轴外壳挠度，基于整体传递矩阵法和成对轴承分析理论，建立了电主轴转子-轴承-外壳系统动力学模型，并对磨削电主轴、水润滑电主轴等开展了研究。吉林大学陈传海等[79]针对在建立主轴系统的动力学模型时采用简化处理带来较大的误差问题，提出了一种融合响应面与遗传算法的主轴系统动力学建模方法，提高主轴系统动力学模型的精度。目前，针对机床主轴动力学建模的研究已较为深入，并应用于主轴设计、制造等。然而，在利用主轴动力学模型进行振动机理分析方面还有待深入研究。

1.2.2　智能主轴颤振监测与辨识研究进展

　　颤振辨识一直是研究的热点，是后续实施颤振控制的基础，对于保障工件表面加工质量、机床运动安全和可靠性具有重要的意义，更是智能主轴功能实现中的重要一环。通常布置传感器监测振动、温度、声发射、声音、切削力、转矩、电流等运行状态信息，以信号处理和模式识别为理论基础，利用特定的特征提取方法，找到颤振敏感特征来有效区分稳定切削状态和颤振状态。依据信号特征提取方式，颤振辨识可分为传统的阈值法和智能辨识方法两类。

1. 阈值法

阈值标准策略是比较传统的颤振辨识方法，顾名思义，通过将稳定铣削状态和颤振状态下辨识指标的值进行对比，基于一定的阈值准则设置合适的阈值，当高速铣削过程中颤振辨识指标值超过该阈值时即认为颤振发生。

在时域中，荷兰埃因霍芬理工大学 Dijk 等[80]对高速铣削过程中的加速度信号建立时域 Box-Jenkins 模型，将模型参数作为颤振识别特征。美国波音公司 Ma 等[81]建立了基于切削力信号的时域模型，采用复指数模型对切削厚度进行动态建模以从切削力信号中辨识切削再生效应，将模型参数作为颤振特征指标。印度科钦科技大学 Elias 等[82]对输入的功率信号和输出的振动信号进行交叉递归定量分析识别切削颤振。芬兰拉彭兰塔工业大学 Hynynen 等[83]使用切削过程中两路不同正交信号的互相关函数作为颤振指标。西北工业大学任静波等[84]基于多尺度排列熵从铣削力信号中提取铣削颤振特征。

在频域中，日本庆应私塾大学 Kakinuma 等[85]利用主轴控制系统中的伺服信息，采用扰动观测器检测颤振。西安交通大学吕凯波等[86]选用时域方差和频域谱特征作为颤振发生的综合指标进行颤振识别。法国里昂大学 Lamraoui 等[87,88]对高速铣削过程的加速度信号、铣削力进行循环平稳分析，在角域中计算角功率谱和角峭度谱，利用信号中周期部分和非周期部分能量在不同铣削状态下占比的不同检测颤振。意大利佛罗伦萨大学 Grossi 等[89]利用阶次分析技术对主轴升速过程中的信号进行分析并检测出颤振频率。美国加州大学戴维斯分校 Lei 和 Soshi[90]将一个新颖的基于视觉信号的模式识别方法用于颤振辨识中，与声信号的对比发现，使用视觉信号的谱图具有更明显的颤振频率峰值，对颤振的辨识更加容易。

颤振是加工过程中的一种强烈的非线性、非平稳现象，监测信号往往具有显著的时变、非平稳特性。传统的时域分析方法无法有效反映信号的频域特征变化，无法准确刻画信号中瞬时频率随时间的变化情况。频域分析方法获得的是信号在一段时间内的平均特性，无法有效刻画非平稳信号的时变特性，无法准确刻画出颤振频率的出现时刻，难以实现颤振的早期检测。时频分析方法以及信号自适应的分解算法为非平稳信号处理提供一种很好的解决方案。根据具体用途，这些信号处理方法可以分为两大类。第一类时频分析方法主要是用于对非平稳信号进行分解，实现从非平稳信号中提取有效分量的目的。常见的时频分析方法及信号自适应分解算法，如离散小波变换(discrete wavelet transformation，DWT)[91,92]、小波包分解(wavelet packet decomposition，WPD)[93-96]、经验模态分解(empirical mode decomposition，EMD)[97-101]、总体经验模态分解(ensemble empirical mode decomposition，EEMD)[101,102]、变分模态分解(variational mode decomposition，VMD)[95,103]等均属于第一类。经分解提取的信号有效分量将会被进一步分析，进而提取有效特征信息。第二类时频分析方法主要用于对振动信号进行处理并获得信号的时频分布，并根据获得的时频分布提取相应的有效特征信息。在铣削颤振检测方面，第二类时频分析方法主要有短时傅里叶变换(short-time Fourier transform，STFT)[104]、连续小波变换(continuous wavelet transform，CWT)[105]、Wigner-Ville 分布[106]、希尔伯特-黄变换[94,101,107,108]、谱峭度[104]、同步压缩变换[109,110]等。另外，还有一些学者采用熵和复杂度等指标，用于反映振动信号在颤振发生时系统的非线性和非平稳特性引起的不规律性和复杂度[84,95,102,105,107,111-119]。时频域分析保留了信号的时域信息和频域信息，可以同时检测颤振发生时刻并识别出相应的颤振频率，已成为颤振辨识方法的发展趋势之一。

2. 智能辨识方法

随着人工智能技术的快速发展，出现了一些更为智能的算法。模糊逻辑、隐马尔可夫模型、支持向量机、人工神经网络、深度学习等也被应用于颤振辨识中。智能辨识策略与阈值标准策略最大的区别在于特征的选取和阈值的确定，在阈值标准策略中，特征的选取和阈值的确定都是人工指定的，依赖设计人员的背景知识和技术水平，在智能辨识策略中，设计人员通常会给出一些其认为对颤振敏感的指标，然后基于某种人工智能技术，通过训练的方式从这些指标中构成真正对颤振敏感的指标及阈值，减轻了对设计人员背景知识的依赖。相比阈值标准策略，智能辨识策略的特色在于特征指标的融合和基于历史数据的阈值确定。

1) 模糊逻辑

模糊逻辑是一种智能推理技术，利用模糊方程来描述监测到的信号与颤振之间的映射关系，是较早用于颤振辨识任务中的智能辨识技术。加拿大渥太华大学 Liang 等[120]针对端铣过程中出现的颤振提出了基于模糊逻辑的颤振辨识和控制方法，振动能量和振动频谱的峰值被用来作为颤振指标，模糊控制器通过给定的输入以及模糊控制策略来改变加工参数实现颤振抑制。加拿大渥太华大学 Wang 等[121]对小波变换系数的最大值进行了统计学分析，并提出了一个统计学指标作为模糊系统的输入。

2) 隐马尔可夫模型

另一项在智能辨识策略中常用到的技术是隐马尔可夫模型，该统计模型用来描述一个有隐含参数的马尔可夫过程，并通过对这些参数的分析完成模式识别等任务。大连民族大学胡红英等[122]基于离散马尔可夫模型对颤振萌芽期进行识别，首先使用快速傅里叶变换提取振动信号特征，然后将快速傅里叶变换得到的向量输入自组织映射，再对离散马尔可夫模型进行训练，颤振辨识试验证明所提颤振辨识方法的有效性。广州大学张春良等[123]结合隐马尔可夫模型和多层感知机的优点，提出了混合隐马尔可夫/人工神经网络系统来进行颤振辨识。西北工业大学孙惠斌等[124]基于隐马尔可夫模型提出一种在线颤振辨识方法，通过采集切削力和振动信号，提取某些敏感特征信息建立特征向量，运用维特比算法寻找最优序列切断长度，最终在颤振完全形成前实现颤振辨识。哈尔滨工业大学 Han 等[125]使用隐马尔可夫模型将铣削过程分为稳定切削、颤振萌芽阶段和颤振阶段三类，并在检测到颤振后通过调整主轴转速抑制颤振的发生。

　　3) 支持向量机

　　20 世纪末期支持向量机的发展热潮也将这项技术带到了颤振辨识任务中，支持向量机是对数据进行二元分类的广义线性分类器，其决策边界是对学习样本求解的最大边距超平面。浙江大学梅德庆等[126]对镗削信号进行小波包分解，提取颤振特征频带信号的标准差和能量比率作为特征向量，结合支持向量机进行颤振识别。北京航空航天大学 Peng 等[127]使用 Matlab 中的 LIBSVM 工具箱作为分类器，在切削过程中监测切削力信号并通过小波能量熵理论提取特征向量，然后将特征向量输入支持向量机中训练，最终颤振辨识的准确率达到了 98%。上海交通大学密思佩等[128]对机床主轴的振动信号进行综合分析，并对异常颤振信号进行经验模态分解以获得本征模函数，然后采用希尔伯特变换得到其包络信号，计算包络谱并提取噪声信号的特征频率，最后对特征频率进行支持向量机颤振判别学习，通过现场信号验证，证明该方法能有效检测加工颤振。

　　4) 人工神经网络

　　人工神经网络能够以任意指定精度模拟任何连续映射，因此被广泛应用于模式识别任务中。日本德岛大学 Hino 等[129]针对高速端铣中的颤振问题，建立了模糊神经网络并对其进行压缩处理以满足颤振辨识中快速计算的需求。加拿大学者 Lamraoui 等[130]基于振动信号对铣削过程中的颤振进行辨识。德国斯图加特大学 Friedrish 等[131]使用扩展支持向量机和神经网络连续学习算法获得了多变量铣削稳定性叶瓣图，通过训练的方式，找到了轴向切削深度、径向切削宽度、主轴回转速度等参数与颤振之间的关系，并发现随着训练样本数和训练参数的增加，训练模型的可信度也增加。西班牙 Tecnalia 研究院 Oleaga 等[132]针对颤振辨识问题，测试了一系列机器学习回归算法，包括人工神经网络、回归树及随机森林，结果证明随机森林在统计学上具有更高的颤振辨识精度。我国台湾科技大学 Liu 等[133]使用连续小波变换将切削力信号转变为二维图像，然后使用卷积神经网络 (convolutional neural network, CNN) 对二维图像进行训练，最终得到了 99.67% 的颤振辨识准确率。燕山大学 Zhu 等[134]同样使用卷积神经网络实现颤振辨识，并对比了不同卷积神经网络在颤振辨识中的表现。

1.2.3　智能主轴颤振主动控制研究进展

　　研究颤振的目的在于消除或抑制颤振，保障加工稳定性。颤振控制策略可分为对于切削过程的控制(如主轴变转速控制等)和对于机床结构的控制,而对于机床结构的控制又进一步分为被动控制、半主动控制和主动控制。不同的控制方法由于策略和原理不同,发展的趋势呈现各自不同的特点。被动控制方法通常操作相对简单,但由于灵活性不足、参数调整精度要求高等难以适应复杂多变的切削工况。相比被动控制,主动控制更具灵活性和针对性,可通过动态修改系统结构参数,实现更大程度的稳定性提升,因而颤振主动控制备受关注,并逐渐在工程领域得到应用。

1. 连续变转速颤振控制

恒定转速切削过程容易引发再生效应,进而导致颤振,而转速的连续变化可以避免再生颤振的出现,因而连续变转速成为研究的一个热点,并由此发展出不同的颤振主动控制策略。

所谓连续变转速是指转速在一恒定转速附近按正弦、三角、随机等规律连续变化。针对连续变转速面铣削过程,美国伊利诺伊大学厄巴纳-香槟分校 Sastry 等[135]借助傅里叶分析及弗洛凯理论对其稳定性进行了研究;意大利乌迪内大学 Totis 等[136]则基于切比雪夫配置法,提出了一种快速稳定性分析方法,分析并验证了主轴转速连续变化对铣削稳定性提升效果。日本名古屋大学 Nam 等[137]分析转速变化过程中颤振发展特性,由此提出颤振稳定性指标,并通过三角波形转速变化实验分析并验证了转速变化参数对系统切削稳定性的影响规律。针对高转速铣削过程,匈牙利布达佩斯技术与经济大学 Seguy 等[138]分析了转速按三角波形连续变化控制倍周期和准周期等不同类型颤振的有效性,并对转速变化的幅值和频率进行了优化设计。美国密歇根大学 Al-Regib 等[139]分析了转速按正弦规律变化的颤振控制效果,并对变化幅值和频率进行了优化分析。西班牙学者 Álvarez 等[140]通过选取合适的工件转速按正弦波形变化参数,实现了无心磨削过程中颤振的控制和工件加工质量的提升。上海交通大学 Ding 等[141]利用内部能量法分析出转速幅值的变化比转速频率的变化对车削稳定性的影响更大,并利用比例-积分-微分(proportion-integration-differentiation, PID)控制方法自适应调整转速按正弦波形变化的幅值,实现颤振的在线抑制。上海交通大学 Niu 等[142]利用傅里叶级数处理各种周期性转速变化,并提出基于弗洛凯理论的变步长数值积分方法对转速按正弦、三角波形变化的铣削过程的稳定性进行分析,结果显示两种变转速均能有效提高系统铣削稳定性,但转速周期性正弦变化可以取得更好的稳定性提升效果。西班牙学者 Zatarain 等[143]分别利用频域法和时域法对转速按正弦以及三角波形变化下的稳定性提升效果进行了分析,并对转速变化频率和幅值进行了优化。结果显示,相比于三角波形,转速正弦规律变化可以取得更优的颤振控制效果。西班牙巴斯克大学 Bediaga 等[144]利用半离散法对比分析了转速按照正弦以及梯形波形连续变化以抑制颤振的能力，研究发现转速按正弦规律变化可以取得比按梯形规律变化更好的颤振控制效果。美国密歇根大学Yilmaz等[145]分析了主轴速度在主轴系统的带宽范围内以伪随机的方式变化的颤振控制效果。匈牙利布达佩斯技术与经济大学Stepan等[146]研究了变螺距铣刀对铣削过程的影响。日本OKUMA公司[147]开发了一款名为"Machining Navi"的自动颤振抑制系统，可以应用于不同的机床。该系统的振动感知、最佳主轴转速的计算和更改主轴转速都是自动进行的，不需要人为的干预。相比于确定性波形变化，该策略不需要进行相关参数的调整。连续变转速的实施通常不需要系统振动响应信号的反馈，也不需要外加作动器等设备，只需要确定转速变化波形、频率及幅值等参数，即可通过机床自身数控系统实现，但变转速的实施对主轴功率的要求较高。

2. 闭环反馈颤振控制

相比于变转速颤振控制，更多情况下，颤振主动控制需要通过构建传感、决策以及作动闭环系统来完成。利用位移/加速度传感器等测量主轴(工件)系统的振动响应，并将测得响应信号反馈给设计好的控制器，控制器输出相应的控制信号驱动作动器对主轴(工件)系统施加控制力进而抑制颤振。压电作动器响应速度快，控制方便，是颤振主动控制中常用的作动元件。针对细长端铣颤振，德国汉诺威大学Denkena等[148]在主轴前端集成3个压电作动器，通过在进给速度上叠加确定频率和幅值的振动来消除再生效应，进而控制颤振，但该方法主要对较低转速切削过程有效。在主轴前端轴承位置集成两对压电作动器，瑞士苏黎世联邦理工学院Monnin等[149,150]提出干扰机制和稳定机制两种颤振控制策略。前者在建模中不考虑切削力，通过增加系统阻尼提高其整体铣削稳定性；后者则在建模中考虑再生铣削力，通过使系统产生额外共振峰显著提升指定转速范围内的稳定性。重庆大学He等[151]利用压电自感知作动器搭建主动控制系统，基于自适应信号分离方法，借助线性二次高斯(linear-quadratic-Gaussian, LQG)控制策略实现了主轴振动的主动控制。针对微铣削加工，华侨大学Liu等[152]建立考虑过程阻尼力的主轴-铣削-作动系统模型，利用神经网络处理模型的非线性和不确定性，设计自适应控制策略，借助压电作动器分析了其颤振主动控制效果，但该方法对切削工况敏感，不具有鲁棒性。伊朗谢里夫理工大学Moradi等[153]利用切屑厚度的三次非线性函数描述铣削力，并考虑刀具参数及切削过程存在的不确定性，分别建立线性和非线性系统模型，在此基础上通过H_∞控制方法实现颤振的主动控制。西安交通大学曹宏瑞等通过集成压电作动器、振动传感器等装置，开发了具备振动监控功能的智能主轴，并分别研究了非对称刚度法[154]、时变刚度法[155]、基于测量反馈和内稳定的H_∞几乎干扰解耦(H_∞ almost disturbance decoupling problem with measurement feedback and internal stability, H_∞-ADDPMS)控制法[156]、鲁棒控制法[157]、模型预测控制法[158,159]、模糊控制法[25,160]等，实现了对高速铣削颤振的主动控制和铣削稳定性的提升。

电磁轴承便于在主轴上集成，也是颤振主动控制中常用的作动器。荷兰埃因霍温科技大学 Dijk 等[161-163]在主轴前端安装主动磁轴承，同时考虑主轴和铣削力特性建立被控系统模型，并利用 μ 综合方法实现对特定转速范围内铣削颤振的主动控制。其在数值仿真中分析了利用摄动信号进行反馈控制的优势，实验中则将通过评估策略获得的颤振量作为摄动反馈进行颤振主动控制。利用同一套设备，借助静态及动态时滞输出反馈[164-166]，他们又通过设计低阶控制器进行颤振主动控制研究。利用电磁轴承支承的主轴系统，上海交通大学丁汉团队分别利用自适应控制[167,168]、模型预测控制[169]进行铣削颤振的主动控制。针对小径向切深铣削过程，利用同样的电磁轴承主轴系统，华中科技大学 Wu 等[170]通过建立含切削参数不确定性的系统模型，利用 μ 综合方法实现了系统稳定性提升和颤振有效控制。在主轴前端集成主动磁轴承，西安交通大学万少可等分别利用基于比例微分(proportion differential, PD)算法的主动阻尼策略[171]和滑模控制策略[172]实现了颤振的主动控制。设计干扰观测和 H_∞ 混合控制器，澳大利亚维多利亚大学 Noshadi 等[173]通过仿真以及磁力轴承-转子系统实验验证了所设计的混合控制器对主轴振动控制的有效性。利用 PID 控制方法，绍兴文理学院乔晓利等[174]通过主动磁轴承调节主轴系统的刚度和阻尼，实现了对颤振的有效抑制。

除压电作动器、主动电磁轴承外，电致伸缩作动器、磁致伸缩作动器等也被应用到颤振主动控制中。在主轴前端集成两对电致伸缩作动器，美国桑迪亚国家实验室 Dohner 等[175]基于线性二次高斯算法开发控制器，实现了系统铣削稳定性的提升。该方法被认为是颤振主动控制的首次物理实现，但其缺少鲁棒性，机床动态特性改变后其有效性难以得到保障。针对镗削过程，利用线性磁力作动器，加拿大不列颠哥伦比亚大学 Chen 和 Lu 等分别设计环路成形控制器[176]和 PD 控制器[177]增加系统结构的阻尼和刚度，增大了系统稳定极限切深。德国慕尼黑工业大学 Zaeh 等[178]借助磁力作动器，基于直接速度反馈和 H_∞ 两种控制方法设计控制器，并通过控制器参数自动调整实现了对系统阻尼的控制，进而提高了系统稳定性。西安交通大学李小虎等利用电磁作动器通过滑模控制法、鲁棒控制法等[171,172,179,180]，实现了铣削颤振主动控制。德国慕尼黑工业大学 Kleinwort 等[181]利用电动惯性质量作动器对比分析了直接速度反馈、线性二次高斯、H_∞ 以及 μ 综合四种控制策略对主轴系统的阻尼调节及其颤振控制效果。针对深孔镗削，浙江大学孔天荣等[182]利用磁流变液改变镗杆的刚度和阻尼，有效控制颤振的发生。针对车削过程，西班牙学者 Mancisidor 等[183]在靠近刀具的机床滑枕上安装主动阻尼器，利用时滞加速度/位移反馈的方式实现了颤振的主动控制。墨西哥蒙特雷理工学院 Paul 等[184]建立主轴-铣削-作动系统非线性模型，利用 PD/PID 控制器产生主动控制力，同时利用模糊逻辑系统补偿所涉及的非线性，理论分析了在主动振动阻尼器作用下所提方法的颤振控制效果。

目前针对主轴颤振的主动控制取得了较大进展，能较有效地提高加工精度、表面质量和加工效率。然而，多数研究假设主轴动态特性不改变，并且只在低速范围(5000r/min 以下)进行了验证。对于滚动轴承支承的机床主轴，轴承的刚度和阻尼随转速、温升等因素变化，引起主轴系统动态特性随时间变化。当主轴在高速高效切削时，主轴动态特性的时变性更加明显，颤振更容易发生。时至今日，对于颤振本质的认识并未完全清晰。由于主轴动态特性的时变性以及由之引起的不确定性，主轴在高速高效加工中的颤振机理相比于低速情况更加复杂。因此，需要在颤振机理分析的基础上，研究时变动态特性影响下智能主轴颤振的主动控制方法，保障高速高效加工过程稳定。

参 考 文 献

[1] 中国机械工程学会. 中国机械工程技术路线图[M]. 北京:中国科学技术出版社, 2012.

[2] Mazak Company. Intelligent technology[EB/OL]. [2016-04-13]. https: //www.mazakeu.com/ machines-technology/Technology/intelligent-technology/.

[3] ABELE E, ALTINTAS Y, BRECHER C. Machine tool spindle units[J]. CIRP Annals-Manufacturing Technology, 2010, 59(2): 781-802.

[4] NAKAMURA S. Technology development and future challenge of machine tool spindle[J]. Journal of SME-Japan, 2012, 1(1): 1-7.

[5] 刘志兵, 杨晓红. 自适应控制技术在 CNC 机床上的应用[J]. 制造技术与机床, 2005, 10: 107-109.

[6] KERN S, SCHIFFLER A, NORDMANN R, et al. Modelling and active damping of a motor spindle with speed-dependent dynamics[C]. Proceedings of the 9th International Conference on Vibrations in Rotating Machinery, United Kingdom, 2008: 465-475.

[7] DOHNER J L, LAUFFER J P, HINNERICHS T D, et al. Mitigation of chatter instabilities in milling by active structural control[J]. Journal of Sound and Vibration, 2004, 269(1-2): 197-211.

[8] MONNIN J, KUSTER F, WEGENER K. Optimal control for chatter mitigation in milling—Part 1: Modeling and control design[J]. Control Engineering Practice, 2014, 24: 156-166.

[9] MONNIN J, KUSTER F, WEGENER K. Optimal control for chatter mitigation in milling—Part 2: Experimental validation[J]. Control Engineering Practice, 2014, 24: 167-175.

[10] 郑恩来, 储磊, 蒋书运, 等. 含润滑间隙和曲轴转子-轴承结构的平面柔性多连杆机构多体动力学建模与动态误差分析[J]. 机械工程学报, 2020, 56(3): 106-120.

[11] 钱木, 蒋书运. 高速磨削用电主轴结构动态优选设计[J]. 中国机械工程, 2005, 16(10): 864-868.

[12] JIANG S, MAO H. Investigation of variable optimum preload for a machine tool spindle[J]. International Journal of Machine Tools & Manufacture, 2010, 50(1): 19-28.

[13] 吕浪, 熊万里, 侯志泉. 面向机电耦合振动抑制的电主轴系统匹配特性研究[J]. 机械工程学报, 2012, 48(9): 144-154.

[14] 钟添明, 熊万里, 吕浪. 永磁同步型机床电主轴齿槽转矩抑制方法研究[J]. 机械科学与技术, 2014, 33(5): 716-722.

[15] XIONG W, DING W, CHEN J, et al. A novel double rotor coupling model for inner bore grinding process[J]. The International Journal of Advanced Manufacturing Technology, 2020, 106(7): 3357-3366.

[16] 米维, 闫柯, 吴文武, 等. 考虑热-变形耦合的主轴-轴承系统瞬态热特性分析[J]. 西安交通大学学报, 2015, 49(8): 52-57.

[17] 洪军, 郭俊康, 刘志刚, 等. 基于状态空间模型的精密机床装配精度预测与调整工艺[J]. 机械工程学报, 2013, 49(6): 114-121.

[18] 吴玉厚, 潘振宁, 张丽秀. 改进型 BBO 算法抑制电主轴转矩脉动[J].机械工程学报, 2020, 56(18): 197-204.

[19] 吴玉厚, 刘小文, 张珂, 等. 170SD30全陶瓷电主轴有限元分析及其振动性能测试[J]. 沈阳建筑大学学报(自然科学版), 2010, 26(4): 767-771.

[20] 关晓勇, 张明洋, 刘春时, 等. 智能化主轴单元[J]. 制造技术与机床, 2013(7): 67-70.

[21] CAO H, ZHANG X, CHEN X. The concept and progress of intelligent spindles: A review[J]. International Journal of Machine Tools and Manufacture, 2017, 112: 21-52.

[22] LI D, CAO H, LIU J, et al. Milling chatter control based on asymmetric stiffness[J]. International Journal of Machine Tools and Manufacture, 2019, 147: 103458.

[23] LI D, CAO H, ZHANG X, et al. Model predictive control based active chatter control in milling process[J]. Mechanical Systems and Signal Processing, 2019, 128: 266-281.

[24] SHI F, CAO H, ZHANG X, et al. A reinforced k-nearest neighbors method with application to chatter identification in high-speed milling[J]. IEEE Transactions on Industrial Electronics, 2020, 67(12): 10844-10855.

[25] LI D, CAO H, CHEN X. Fuzzy control of milling chatter with piezoelectric actuators embedded to the tool holder[J]. Mechanical Systems and Signal Processing, 2021, 148: 107190.

[26] 陈雪峰, 张兴武, 曹宏瑞. 智能主轴状态监测诊断与振动控制研究进展[J]. 机械工程学报, 2018, 54(19): 58-69.

[27] 鄢萍, 阎春平, 刘飞, 等. 智能机床发展现状与技术体系框架[J]. 机械工程学报, 2013, 49(21): 1-10.

[28] JURRENS K, SOONS J, IVESTER R. Smart machining research at the national institute of standards and technology[C]. DOE NNSA Small Lot Intelligent Manufacturing Workshop, Santa Fe, N.M., 2003.

[29] 林守金, 许涛, 谭海辉, 等. 基于双尺度调控的电主轴轴承预紧力优化方法[J]. 机电工程技术, 2021, 50(8): 113-117.

[30] HE P, GAO F, LI Y, et al. Research on optimization of spindle bearing preload based on the efficiency coefficient method[J]. Industrial Lubrication and Tribology, 2020, 73(2): 335-341.

[31] CAO H, LI B, LI Y, et al. Model-based error motion prediction and fit clearance optimization for machine tool spindles[J]. Mechanical Systems and Signal Processing, 2019, 133: 106252.

[32] LI D, CAO H, XI S, et al. Design optimization of motorized spindle bearing locations based on dynamic model and genetic algorithm[J]. Transactions-Canadian Society for Mechanical Engineering, 2017, 41(5): 787-803.

[33] 刘强, 尹力. 一种面向数控工艺参数优化的铣削过程动力学仿真系统研究[J]. 中国机械工程, 2005, 16(13): 1146-1150.

[34] 曹宏瑞, 陈雪峰, 何正嘉. 主轴-切削交互过程建模与高速铣削参数优化[J]. 机械工程学报, 2013, 49(5): 161-166.

[35] WANG L, ZHANG B, WU J, et al. Stiffness modeling, identification, and measuring of a rotating spindle[J]. Proceedings of the Institution of Mechanical Engineers, Part C: Journal of Mechanical Engineering Science, 2020, 234(6): 1239-1252.

[36] 冯吉路, 汪文津, 田越. 数控机床主轴系统动力学建模与频率特征分析[J]. 组合机床与自动化加工技术, 2017(8): 29-32, 36.

[37] 张元, 王丽锋, 张津. 高速铣床主轴系统静动态特性研究[J]. 哈尔滨理工大学学报, 2021, 26(1): 52-58.

[38] 章云, 孙虎, 胡振邦, 等. 高速主轴不平衡振动行为分析与抑制策略[J]. 西安交通大学学报, 2019, 53(5): 24-29, 99.

[39] 姜彦翠, 季嗣珉, 刘献礼. 基于主轴系统动力学的铣削稳定性建模与分析[J]. 工具技术, 2019, 53(5): 73-76.

[40] 单文桃, 陈小安, 王洪昌, 等. 高速电主轴铣削稳定性研究[J]. 振动与冲击, 2017, 36(19): 242-249.

[41] AINI R, RAHNEJAT H, GOHAR R. A five degrees of freedom analysis of vibrations in precision spindles[J]. International Journal of Machine Tools & Manufacture, 1990, 30(1): 1-18.

[42] AKTURK N, UNEEB M, GOHAR R. The effects of number of balls and preload on vibrations associated with ball bearings[J]. Journal of Tribology, 1997, 119(4):747-753.

[43] AKTURK N. Some characteristic parameters affecting the natural frequency of a rotating shaft supported by defect-free ball bearings[J]. Proceedings of the Institution of Mechanical Engineers Part K Journal of Multi-body Dynamics, 2003, 217(2): 145-151.

[44] ALFARES M, ELSHARKAWY A. Effect of grinding forces on the vibration of grinding machine spindle system[J]. International Journal of Machine Tools & Manufacture, 2000, 40(14): 2003-2030.

[45] ALFARES M A, ELSHARKAWY A A. Effects of axial preloading of angular contact ball bearings on the dynamics of a grinding machine spindle system[J]. Journal of Materials Processing Technology, 2003, 136(1-3): 48-59.

[46] CHEN J S, HWANG Y W. Centrifugal force induced dynamics of a motorized high-speed spindle[J]. The International Journal of Advanced Manufacturing Technology, 2006, 30(1): 10-19.

[47] EL-SAEIDY F. Time-varying total stiffness matrix of a rigid machine spindle-angular contact ball bearings assembly: Theory and analytical/experimental verifications[J]. Shock & Vibration, 2015, 18(5): 641-670.

[48] GUNDUZ A, DREYER J T, SINGH R. Effect of bearing preloads on the modal characteristics

of a shaft-bearing assembly: Experiments on double row angular contact ball bearings[J]. Mechanical Systems and Signal Processing, 2012, 31: 176-195.

[49] JONES A B. A general theory for elastically constrained ball and radial roller bearings under arbitrary load and speed conditions[J]. Journal of Fluids Engineering, 1960, 82(2): 309-320.

[50] DE MUL J M, VREE J M, MAAS D A. Equilibrium and associated load distribution in ball and roller bearings loaded in five degrees of freedom while neglecting friction—Part I: General theory and application to ball bearings[J]. Journal of Tribology, 1989, 111(1): 142-148.

[51] HARRIS T A, MINDEL M H. Rolling element bearing dynamics[J]. Wear, 1973, 23(3): 311-337.

[52] CAO Y, ALTINTAS Y. A general method for the modeling of spindle-bearing systems[J]. Journal of Mechanical Design, 2004, 126(6): 1089-1104.

[53] ALTINTAS Y, CAO Y. Virtual design and optimization of machine tool spindles[J]. CIRP Annals-Manufacturing Technology, 2005, 54(1): 379-382.

[54] CAO Y, ALTINTAS Y. Modeling of spindle-bearing and machine tool systems for virtual simulation of milling operations[J]. International Journal of Machine Tools & Manufacture, 2007, 47(9): 1342-1350.

[55] HOLKUP T, CAO H, KOLÁ P, et al. Thermo-mechanical model of spindles[J]. CIRP Annals - Manufacturing Technology, 2010, 59(1): 365-368.

[56] 米良, 胡秋, 舒强, 等. 基于主轴轴承运行刚度的高速主轴动力学建模[J]. 机床与液压, 2014, 42(10): 1-5, 15.

[57] 胡腾, 殷国富, 孙明楠. 基于离心力和陀螺力矩效应的"主轴-轴承"系统动力学特性研究[J]. 振动与冲击, 2014, 33(8): 100-108.

[58] 黄伟迪, 甘春标, 杨世锡. 一类高速电主轴的动力学建模及振动响应分析[J]. 浙江大学学报(工学版), 2016, 50(11): 2198-2206.

[59] 黄伟迪, 甘春标, 杨世锡, 等. 高速电主轴角接触球轴承刚度及其对电主轴临界转速的影响分析[J]. 振动与冲击, 2017, 36(10): 19-25.

[60] 张亚伟, 金翔, 李蓓智, 等. 高速球轴承主轴系统的动力学模型及其优化设计方法[J]. 振动与冲击, 2015, 34(18): 57-62.

[61] LI Y, CHEN X, ZHANG P, et al. Dynamics modeling and modal experimental study of high speed motorized spindle[J]. Journal of mechanical science and technology, 2017, 31(3): 1049-1056.

[62] LI Y, CAO H, NIU L, et al. A general method for the dynamic modeling of ball bearing-rotor systems[J]. Journal of Manufacturing Science & Engineering, 2015, 137(2):021016.

[63] CAO H, LI Y, CHEN X. A new dynamic model of ball-bearing rotor systems based on rigid body element[J]. Journal of Manufacturing Science & Engineering Transactions of the Asme, 2016, 138(7):071007.

[64] RANTATALO M, AIDANP J O, BO G, et al. Milling machine spindle analysis using FEM and non-contact spindle excitation and response measurement[J]. International Journal of Machine Tools & Manufacture, 2007, 47(7-8): 1034-1045.

[65] GAGNOL V, BOUZGARROU B C, RAY P, et al. Model-based chatter stability prediction for

high-speed spindles[J]. International Journal of Machine Tools & Manufacture, 2007, 47(7-8): 1176-1186.

[66] GAGNOL V, BELHASSEN C, et al. Stability-based spindle design optimization[J]. Journal of Manufacturing Science & Engineering, 2007, 129(2): 407-415.

[67] CREIGHTON E, HONEGGER A, TULSIAN A, et al. Analysis of thermal errors in a high-speed micro-milling spindle[J]. International Journal of Machine Tools and Manufacture, 2010, 50(4): 386-393.

[68] LIN C W, LIN Y K, CHU C H. Dynamic models and design of spindle-bearing systems of machine tools: A review[J]. International Journal of Precision Engineering and Manufacturing, 2013, 14(3): 513-521.

[69] 张丽秀, 阎铭, 吴玉厚. 高速电主轴机-电-热-磁耦合模型及其动态性能分析[J]. 组合机床与自动化加工技术, 2014(11): 35-38.

[70] LIU J, CHEN X. Dynamic design for motorized spindles based on an integrated model[J]. The International Journal of Advanced Manufacturing Technology, 2014, 71(9-12): 1961-1974.

[71] ZHANG L, MING Y, WU Y, et al. Multi-field coupled model and dynamic performance prediction for 150MD24Z7.5 motorized spindle[J]. Journal of Vibration and Shock, 2016, 35(1): 59-65.

[72] 曹宏瑞, 何正嘉. 机床-主轴耦合系统动力学建模与模型修正[J]. 机械工程学报, 2012, 48(3): 88-94.

[73] 曹宏瑞, 何正嘉, 訾艳阳. 高速滚动轴承力学特性建模与损伤机理分析[J]. 振动与冲击, 2012, 31(19): 134-140.

[74] 曹宏瑞, 李兵, 陈雪峰, 等. 高速主轴离心膨胀及对轴承动态特性的影响[J]. 机械工程学报, 2012, 48(19): 59-64.

[75] 曹宏瑞, 李兵, 何正嘉. 高速主轴动力学建模及高速效应分析[J]. 振动工程学报, 2012, 25(2): 103-109.

[76] 蒋书运, 林圣业. 高速电主轴转子-轴承-外壳系统动力学特性研究[J]. 机械工程学报, 2021, 57(13): 26-35.

[77] JIANG S, LIN S. A technical note: An ultra-high-speed motorized spindle for internal grinding of small-deep hole[J]. The International Journal of Advanced Manufacturing Technology, 2018, 97(1): 1457-1463.

[78] 蒋书运, 张少文. 高速精密水润滑电主轴关键技术研究进展[J]. 机械设计与制造工程, 2016, 45(5): 11-17.

[79] 陈传海, 姚国祥, 金桐彤, 等. 基于响应面与遗传算法的主轴系统动力学建模及参数修正[J/OL]. 吉林大学学报(工学版), 2022: 1-9.

[80] VAN DIJK N, DOPPENBERG E, FAASSEN R, et al. Automatic in-process chatter avoidance in the high-speed milling process[J]. Journal of Dynamic Systems, Measurement, and Control, 2010, 132(3):031006.

[81] MA L, MELKOTE S N, CASTLE J B. A model-based computationally efficient method for on-line detection of chatter in milling[J]. Journal of Manufacturing Science and Engineering, 2013, 135(3): 1-11.

[82] ELIAS J, NAMBOOTHIRI V N N. Cross-recurrence plot quantification analysis of input and output signals for the detection of chatter in turning[J]. Nonlinear Dynamics, 2014, 76(1): 255-261.

[83] HYNYNEN K M, RATAVA J, LINDH T, et al. Chatter detection in turning processes using coherence of acceleration and audio signals[J]. Journal of Manufacturing Science and Engineering, 2014, 136(4): 44503-44503.

[84] 任静波, 孙根正, 陈冰, 等. 基于多尺度排列熵的铣削颤振在线监测方法[J]. 机械工程学报, 2015, 51(9): 206-212.

[85] KAKINUMA Y, SUDO Y, AOYAMA T. Detection of chatter vibration in end milling applying disturbance observer[J]. CIRP Annals-Manufacturing Technology, 2011, 60(1): 109-112.

[86] 吕凯波, 景敏卿, 张永强, 等. 一种切削颤振监测技术的研究与实现[J]. 西安交通大学学报, 2011, 45(11): 95-99.

[87] LAMRAOUI M, THOMAS M, BADAOUI M E. Cyclostationarity approach for monitoring chatter and tool wear in high speed milling[J]. Mechanical Systems & Signal Processing, 2014, 44(1-2): 177-198.

[88] LAMRAOUI M, THOMAS M, BADAOUI M E, et al. Indicators for monitoring chatter in milling based on instantaneous angular speeds[J]. Mechanical Systems & Signal Processing, 2014, 44(1-2): 72-85.

[89] GROSSI N, SCIPPA A, SALLESE L, et al. Spindle speed ramp-up test: A novel experimental approach for chatter stability detection[J]. International Journal of Machine Tools and Manufacture, 2015, 89(3): 221-230.

[90] LEI N, SOSHI M. Vision-based system for chatter identification and process optimization in high-speed milling[J]. International Journal of Advanced Manufacturing Technology, 2017, 89(9-12): 2757-2769.

[91] SUH C S, KHURJEKAR P P, YANG B. Characterisation and identification of dynamic instability in milling operation[J]. Mechanical Systems & Signal Processing, 2002, 16(5): 853-872.

[92] LEI W, MING L. Chatter detection based on probability distribution of wavelet modulus maxima[J]. Robotics and Computer-Integrated Manufacturing, 2009, 25(6): 989-99818.

[93] KULJANIC E, SORTINO M, TOTIS G. Multisensor approaches for chatter detection in milling[J]. Journal of Sound and Vibration, 2008, 312(4-5): 672-693.

[94] CAO H, LEI Y, HE Z. Chatter identification in end milling process using wavelet packets and Hilbert-Huang transform[J]. International Journal of Machine Tools & Manufacture, 2013, 69: 11-19.

[95] ZHANG Z, LI H, MENG G, et al. Chatter detection in milling process based on the energy entropy of VMD and WPD[J]. International Journal of Machine Tools & Manufacture, 2016: 106-112.

[96] YESILLI M C, KHASAWNEH F A, OTTO A. On transfer learning for chatter detection in turning using wavelet packet transform and ensemble empirical mode decomposition[J]. CIRP Journal of Manufacturing Science and Technology, 2020, 28: 118-135.

[97] LIU C, ZHU L, NI C. Chatter detection in milling process based on VMD and energy entropy[J]. Mechanical Systems & Signal Processing, 2018, 105: 169-182.

[98] JI Y, WANG X, LIU Z, et al. EEMD-based online milling chatter detection by fractal dimension and power spectral entropy[J]. International Journal of Advanced Manufacturing Technology, 2017, 92(1781): 1-16.

[99] LIU C, ZHU L, NI C. The chatter identification in end milling based on combining EMD and WPD[J]. The International Journal of Advanced Manufacturing Technology, 2017, 91(9): 3339-3348.

[100] LIU H, CHEN Q, LI B, et al. On-line chatter detection using servo motor current signal in turning[J]. Science China Technological Sciences, 2011, 54(12): 3119-3129.

[101] FU Y, ZHANG Y, ZHOU H, et al. Timely online chatter detection in end milling process[J]. Mechanical Systems & Signal Processing, 2016: 668-688.

[102] CAO H, ZHOU K, CHEN X. Chatter identification in end milling process based on EEMD and nonlinear dimensionless indicators[J]. International Journal of Machine Tools & Manufacture, 2015, 92: 52-59.

[103] LI X, WAN S, HUANG X, et al. Milling chatter detection based on VMD and difference of power spectral entropy[J]. The International Journal of Advanced Manufacturing Technology, 2020, 111(7): 2051-2063.

[104] UEKITA M, TAKAYA Y. Tool condition monitoring technique for deep-hole drilling of large components based on chatter identification in time-frequency domain[J]. Measurement, 2017, 103: 199-207.

[105] 吴石, 刘献礼, 王艳鑫. 基于连续小波和多类球支持向量机的颤振预报[J]. 振动、测试与诊断, 2012, 32(1): 46-50.

[106] AL-REGIB E, NI J. Chatter detection in machining using nonlinear energy operator[J]. Journal of Dynamic Systems, Measurement, and Control, 2010, 132(3): 034502.

[107] RAFAL R, PAWEL L, KRZYSZTOF K, et al. Chatter identification methods on the basis of time series measured during titanium superalloy milling[J]. International Journal of Mechanical Sciences, 2015, 99: 196-207.

[108] SUSANTO A, YAMADA K, TANAKA R, et al. Chatter identification in turning process based on vibration analysis using Hilbert-Huang transform[J]. Journal of Mechanical Engineering and Sciences, 2020, 14(2): 6856-6868.

[109] CAO H, YUE Y, CHEN X, et al. Chatter detection in milling process based on synchrosqueezing transform of sound signals[J]. The International Journal of Advanced Manufacturing Technology, 2017, 89(9-12): 2747-2755.

[110] TAO J, QIN C, XIAO D, et al. Timely chatter identification for robotic drilling using a local maximum synchrosqueezing-based method[J]. Journal of Intelligent Manufacturing, 2020, 31(5): 1243-1255.

[111] 毛汉颖, 刘畅, 刘永坚, 等. 混沌特征量识别切削颤振的试验研究[J]. 振动与冲击, 2015, 34(16): 99-103.

[112] 任静波, 孙根正, 陈冰. 基于小波包能谱熵的铣削颤振监测方法[J]. 工具技术, 2014,

48(11): 76-79.

[113] 任静波, 孙根正, 陈冰, 等. 基于小波包变换与核主成分分析的铣削颤振识别[J]. 噪声与振动控制, 2014, 34(5): 161-165.

[114] 吴石, 王洋洋, 刘献礼, 等. 铣削颤振过程非线性振动特性的在线分析[J]. 哈尔滨理工大学学报, 2018, 23(1): 1-6.

[115] 吴石, 刘献礼, 肖飞. 铣削颤振过程中的振动非线性特征试验[J]. 振动、测试与诊断, 2012, 32(6): 935-940.

[116] 杨涛, 杨波, 马玉林, 等. 铣削颤振识别的小波包和分形分析方法[J]. 新技术新工艺, 2001(7): 22-24.

[117] GRADIŠEK J, GOVEKAR E, GRABEC I. Using coarse-grained entropy rate to detect chatter in cutting[J]. Journal of Sound and Vibration, 1998, 214(5): 941-952.

[118] PÉREZ-CANALES D, ÁLVAREZ-RAMÍREZ J, JÁUREGUI-CORREA J C, et al. Identification of dynamic instabilities in machining process using the approximate entropy method[J]. International Journal of Machine Tools and Manufacture, 2011, 51(6): 556-564.

[119] PÉREZ-CANALES D, VELA-MARTÍNEZ L, JÁUREGUI-CORREA J, et al. Analysis of the entropy randomness index for machining chatter detection[J]. International Journal of Machine Tools & Manufacture, 2012, 62: 39-45.

[120] LIANG M, YEAP T, HERMANSYAH A. A fuzzy system for chatter suppression in end milling[J]. Proceedings of the Institution of Mechanical Engineers, Part B: Journal of Engineering Manufacture, 2004, 218(4): 403-417.

[121] WANG L, THESES M A E. Chatter detection and suppression using wavelet and fuzzy control approaches in end milling[D]. Ottawa:University of Ottawa, 2005.

[122] JING K, FENG C J, HU H Y, et al. Research on Chatter Prediction and Monitor Based on DHMM Pattern Recognition Theory[C]. IEEE International Conference on Automation & Logistics, Jinan, 2007: 1368-1372.

[123] ZHANG C L, YUE X, JIANG Y T, et al. A Hybrid Approach of ANN and HMM for Cutting Chatter Monitoring[J]. Advanced Materials Research, 2010, 97-101: 3225-3232.

[124] SUN H, ZHANG X, WANG J. Online machining chatter forecast based on improved local mean decomposition[J]. International Journal of Advanced Manufacturing Technology, 2016, 84(5-8): 1045-1056.

[125] HAN Z, JIN H, HAN D, et al. ESPRIT-and HMM-based real-time monitoring and suppression of machining chatter in smart CNC milling system[J]. The International Journal of Advanced Manufacturing Technology, 2017, 89(9): 2731-2746.

[126] YAO Z, MEI D, CHEN Z. On-line chatter detection and identification based on wavelet and support vector machine[J]. Journal of Materials Processing Tech, 2010, 210(5): 713-719.

[127] PENG C, WANG L, LIAO T W. A new method for the prediction of chatter stability lobes based on dynamic cutting force simulation model and support vector machine[J]. Journal of Sound and Vibration, 2015, 354: 118-131.

[128] 密思佩, 徐锦泱, 明伟伟, 等. 基于 EMD 和 SVM 的缸盖加工颤振在线检测[J]. 工具技术, 2020, 54(2): 74-77.

[129] HINO J, OKUBO S, YOSHIMURA T. Chatter prediction in end milling by FNN model with pruning[J]. JSME International Journal Series C Mechanical Systems, Machine Elements and Manufacturing, 2006, 49(3): 742-749.

[130] LAMRAOUI M, BARAKAT M, THOMAS M, et al. Chatter detection in milling machines by neural network classification and feature selection[J]. Journal of Vibration and Control, 2015, 21(7): 1251-1266.

[131] FRIEDRICH J, HINZE C, RENNER A, et al. Estimation of stability lobe diagrams in milling with continuous learning algorithms[J]. Robotics and Computer Integrated Manufacturing, 2017, 43(feb.): 124-134.

[132] OLEAGA L, PARDO C, ZULAIKA J J, et al. A machine-learning based solution for chatter prediction in heavy-duty milling machines[J]. Measurement, 2018, 128: 34-44.

[133] TRAN M Q, LIU M K, TRAN Q V. Milling chatter detection using scalogram and deep convolutional neural network[J]. The International Journal of Advanced Manufacturing Technology, 2020, 107(3): 1505-1516.

[134] ZHU W, ZHUANG J, GUO B, et al. An optimized convolutional neural network for chatter detection in the milling of thin-walled parts[J]. International Journal of Advanced Manufacturing Technology, 2020(9-10): 3881-3895.

[135] SASTRY S, KAPOOR S, DEVOR R. Floquet theory based approach for stability analysis of the variable speed face-milling process[J]. Journal of Manufacturing Science & Engineering, 2002, 124(1): 10-17.

[136] TOTIS G, ALBERTELLI P, SORTINO M, et al. Efficient evaluation of process stability in milling with spindle speed variation by using the chebyshev collocation method[J]. Journal of Sound & Vibration, 2014, 333(3): 646-668.

[137] NAM S, HAYASAKA T, JUNG H, et al. Proposal of novel chatter stability indices of spindle speed variation based on its chatter growth characteristics[J]. Precision Engineering, 2020, 62: 121-133.

[138] SEGUY S, INSPERGER T, ARNAUD L, et al. On the stability of high-speed milling with spindle speed variation[J]. The International Journal of Advanced Manufacturing Technology, 2010, 48(9): 883-895.

[139] AL-REGIB E, NI J, LEE S H. Programming spindle speed variation for machine tool chatter suppression[J]. International Journal of Machine Tools & Manufacture, 2003, 43(12): 1229-1240.

[140] ÁLVAREZ J, BARRENETXEA D, MARQUÍNEZ J, et al. Effectiveness of continuous workpiece speed variation (CWSV) for chatter avoidance in throughfeed centerless grinding[J]. International Journal of Machine Tools & Manufacture, 2011, 51(12): 911-917.

[141] DING L, SUN Y, XIONG Z. Online chatter suppression in turning by adaptive amplitude modulation of spindle speed variation[J]. Journal of Manufacturing Science and Engineering, 2018, 140(12): 121003.

[142] NIU J, DING Y, ZHU L M, et al. Stability analysis of milling processes with periodic spindle speed variation via the variable-step numerical integration method[J]. Journal of Manufacturing

Science & Engineering, 2016, 138(11): 114501.

[143] ZATARAIN M, BEDIAGA I, MUNOA J, et al. Stability of milling processes with continuous spindle speed variation: Analysis in the frequency and time domains, and experimental correlation[J]. CIRP annals, 2008, 57(1): 379-384.

[144] BEDIAGA I, ZATARAIN M, MUÑOA J, et al. Application of continuous spindle speed variation for chatter avoidance in roughing milling[J]. Proceedings of the Institution of Mechanical Engineers, Part B: Journal of Engineering Manufacture, 2011, 225(5): 631-640.

[145] YILMAZ A, AL-REGIB E, NI J. Machine tool chatter suppression by multi-level random spindle speed variation[J]. Journal of Manufacturing Science and Engineering, 2002, 124(2): 208-216.

[146] STEPAN G, HAJDU D, LGLESIAS A, et al. Ultimate capability of variable pitch milling cutters[J]. CIRP Annals-Manufacturing Technology, 2018, 67: 373-376.

[147] OKUMA. Machining Navi [EB/OL]. [2019-07-01]. https：//www. okuma.co.jp/chinese/onlyone/ process/index.html.

[148] DENKENA B, GÜMMER O. Process stabilization with an adaptronic spindle system[J]. Production Engineering, 2012, 6(4): 485-492.

[149] MONNIN J, KUSTER F, WEGENER K. Optimal control for chatter mitigation in milling—Part 2: Experimental validation[J]. Control Engineering Practice, 2014, 24: 167-175.

[150] MONNIN J, KUSTER F, WEGENER K. Optimal control for chatter mitigation in milling—Part 1: Modeling and control design[J]. Control Engineering Practice, 2014, 24: 156-166.

[151] HE Y, CHEN X, LIU Z, et al. Piezoelectric self-sensing actuator for active vibration control of motorized spindle based on adaptive signal separation[J]. Smart Materials and Structures, 2018: 065011.

[152] LIU X, SU C Y, LI Z, et al. Adaptive Neural-Network-Based Active Control of Regenerative Chatter in Micromilling[J]. IEEE Transactions on Automation Science and Engineering, 2017, 15(2): 628-640.

[153] MORADI H, NOURIANI A, VOSSOUGHI G. Robust control of regenerative chatter in uncertain milling process with weak nonlinear cutting forces: A comparison with linear model[J]. IFAC-PapersOnLine, 2019, 52(13): 1102-1107.

[154] LI D, CAO H, LIU J, et al. Milling chatter control based on asymmetric stiffness[J]. International Journal of Machine Tools and Manufacture, 2019, 147: 103458.

[155] WANG C, ZHANG X, LIU Y, et al. Stiffness variation method for milling chatter suppression via piezoelectric stack actuators[J]. International Journal of Machine Tools and Manufacture, 2018, 124: 53-66.

[156] SHI F, CAO H, ZHANG X, et al. A chatter mitigation technique in milling based on H_∞-ADDPMS and piezoelectric stack actuators[J]. The International Journal of Advanced Manufacturing Technology, 2018, 101(9-12): 2233-2248.

[157] ZHANG X, WANG C, LIU J, et al. Robust active control based milling chatter suppression with perturbation model via piezoelectric stack actuators[J]. Mechanical Systems and Signal Processing, 2019, 120: 808-835.

[158] LI D, CAO H, CHEN X. Active control of milling chatter considering the coupling effect of spindle-tool and workpiece systems[J]. Mechanical Systems and Signal Processing, 2022, 169: 108769.

[159] LI D, CAO H, ZHANG X, et al. Model predictive control based active chatter control in milling process[J]. Mechanical Systems and Signal Processing, 2019, 128: 266-281.

[160] 曹宏瑞, 李登辉, 刘金鑫, 等. 智能主轴高速铣削颤振的模糊控制方法研究[J]. 机械工程学报, 2021, 57(13): 55-62.

[161] VAN DIJK N J M, VAN DE WOUW N, DOPPENBERG E J J, et al. Robust active chatter control in the high-speed milling process[J]. IEEE Transactions on Control Systems Technology, 2012, 20(4): 901-917.

[162] VAN DIJK N J M, VAN DE WOUW N, DOPPENBERG E J J, et al. Chatter control in the high-speed milling process using μ-synthesis[C]. American Control Conference (ACC), Baltimore, MD, USA, 2010.

[163] VAN DE WOUW N, VAN DIJK N J M, SCHIFFLER A, et al. Experimental validation of robust chatter control for high-speed milling processes[M]//INSPERGER T, ERSAL T, OROSZ G. Time Delay Systems. Cham: Springer, 2017: 315-331.

[164] VAN DIJK N J M, VAN DE WOUW N, NIJMEIJER H. Low-order control design for chatter suppression in high-speed milling[C]. IEEE Conference on Decision and Control and European Control Conference, Orlando, FL, USA, 2012.

[165] VAN DIJK N J M, VAN DE WOUW N, NIJMEIJER H. Fixed-structure robust controller design for chatter mitigation in high-speed milling[J]. International Journal of Robust and Nonlinear Control, 2015, 25: 3495-3514.

[166] VAN DE WOUW N, VAN DIJK N V, NIJMEIJER H. Pyragas-type feedback control for chatter mitigation in high-speed milling[J]. IFAC PapersOnLine, 2015, 48(12): 334-339.

[167] CHEN Z, ZHANG H T, ZHANG X, et al. Adaptive active chatter control in milling processes[J]. Journal of Dynamic Systems, Measurement, and Control, 2014, 136(2): 021007.

[168] HUANG T, CHEN Z, ZHANG H, et al. Active control of an active magnetic bearings supported spindle for chatter suppression in milling process[J]. Journal of Dynamic Systems, Measurement, and Control, 2015, 137(11): 111003.

[169] ZHANG H, WU Y, HE D, et al. Model predictive control to mitigate chatters in milling processes with input constraints[J]. International Journal of Machine Tools and Manufacture, 2015, 91: 54-61.

[170] WU Y, ZHANG H, HUANG T, et al. Robust chatter mitigation control for low radial immersion machining processes[J]. IEEE Transactions on Automation Science and Engineering, 2018, 15(4): 1972-1979.

[171] WAN S, LI X, SU W, et al. Active damping of milling chatter vibration via a novel spindle system with an integrated electromagnetic actuator[J]. Precision Engineering, 2019, 57: 203-210.

[172] WAN S, LI X, SU W, et al. Active chatter suppression for milling process with sliding mode control and electromagnetic actuator[J]. Mechanical Systems and Signal Processing, 2020, 136:

106528.

[173] NOSHADI A, SHI J, LEE W, et al. Robust control of an active magnetic bearing system using H_∞ and disturbance observer-based control[J]. Journal of Vibration and Control, 2017, 23(11): 1857-1870.

[174] 乔晓利, 祝长生, 钟志贤. 基于主动磁轴承的切削颤振稳定性分析及控制[J]. 中国机械工程, 2016, 27(12): 1632-1637.

[175] DOHNER J, LAUFFER J, HINNERICHS T, et al. Mitigation of chatter instabilities in milling by active structural control[J]. Journal of Sound and Vibration, 2004, 269(1): 197-211.

[176] CHEN F, LU X, ALTINTAS Y. A novel magnetic actuator design for active damping of machining tools[J]. International Journal of Machine Tools and Manufacture, 2014, 85: 58-69.

[177] LU X, CHEN F, ALTINTAS Y. Magnetic actuator for active damping of boring bars[J]. CIRP Annals-Manufacturing Technology, 2014, 63(1): 369-372.

[178] ZAEH M F, KLEINWORT R, FAGERER P, et al. Automatic tuning of active vibration control systems using inertial actuators[J]. CIRP Annals-Manufacturing Technology, 2017, 66(1): 365-368.

[179] LI X, LIU S, WAN S, et al. Active suppression of milling chatter based on LQR-ANFIS[J]. The International Journal of Advanced Manufacturing Technology, 2020, 111(7): 2337-2347.

[180] LI X, WAN S, YUAN J, et al. Active suppression of milling chatter with LMI-based robust controller and electromagnetic actuator[J]. Journal of Materials Processing Technology, 2021, 297: 117238.

[181] KLEINWORT R, SCHWEIZER M, ZAEH M F. Comparison of different control strategies for active damping of heavy duty milling operations[J]. Procedia Cirp, 2016, 46: 396-399.

[182] 孔天荣, 梅德庆, 陈子辰. 磁流变智能镗杆的切削颤振抑制机理研究[J]. 浙江大学学报(工学版), 2008, 42(6): 1005-1009.

[183] MANCISIDOR I, PENA-SEVILLANO A, DOMBOVARI Z, et al. Delayed feedback control for chatter suppression in turning machines[J]. Mechatronics, 2019, 63: 102276.

[184] PAUL S, MORALES-MENENDEZ R. Active control of chatter in milling process using intelligent PD/PID control[J]. IEEE Access, 2018, 6: 72698-72713.

第一篇：智能主轴动力学建模

第 2 章　基于轴承拟静力学模型的智能主轴建模及颤振稳定性分析

2.1　引　　言

智能主轴是智能机床的核心功能部件之一，它带动刀具或工件参与加工，其动态特性直接决定零件的加工质量和效率。在高速、超高速等非常规工况下，离心力、陀螺力矩、时变切削载荷、温升等非线性因素严重影响机床结构的动力学行为，使运行状态下的高速主轴的动态性能发生显著变化，影响加工稳定性，这对现有主轴设计、制造和控制的理论与技术提出了极大的挑战。因此，建立主轴-机床系统动力学模型，并将模型与切削过程进行耦合，研究智能主轴非线性动态特性与时变切削过程之间的交互机制，揭示颤振失稳的发生机理，具有重要的意义。

本章将智能主轴分为轴承、转子、机床本体等几个子系统，采用"先独立，后集成"的方法建立整个系统的动力学模型[1]。首先，对于主轴轴承，考虑离心力和热变形，建立轴承拟静力学模型；综合考虑高速旋转部件的离心力和陀螺效应等因素，利用 Timoshenko 梁单元对主轴转子、拉刀杆和主轴箱等梁类结构进行有限元建模，利用转盘单元对带轮、套筒等盘类结构进行建模；将主轴与轴承部件的理论模型进行集成，得到主轴-轴承系统的动力学模型，并进行实验验证。其次，在 Cao 和 Altintas 建立的主轴-机床本体耦合模型[2]基础上，提出一种改进的基于频率响应函数(简称频响函数)的模型修正技术，通过辨识主轴与机床本体之间结合面的动态参数，对主轴-机床耦合模型进行修正，使其能精确预测主轴安装到机床后的动态性能。最后，将主轴-机床动力学模型与切削过程进行耦合，从主轴转子的离心力效应、陀螺效应和主轴轴承的高速效应这三个角度，对高速旋转状态下主轴动态特性改变的原因进行深刻分析；在此基础上，研究考虑速度效应后的高速铣削加工颤振稳定性预测新方法，并进行实验验证。

2.2　角接触球轴承拟静力学建模与刚度计算

轴承是主轴的关键部件，其性能直接影响机床主轴的回转精度、切削刚度、使用寿命和可靠性。角接触球轴承具有结构简单、极限转速比较高、旋转精度高、可同时承受轴向和径向载荷、成本相对于液体静压轴承和空气静压轴承低等优点，是多数主轴制造商的首选。轴承的刚度是主轴轴承最重要的参数之一，轴承产品目录中通常只提供其在轻载、中载及重载条件下的静态轴向刚度。然而，主轴在高速运转工作状态下，伴随工作温度的升高，转子、主轴箱和轴承等部件将发生热变形；同时，在离心力的作用下，转子和轴承内圈会产生径向膨胀变形[3]。在转速、载荷、温升等因素的综合作用下，轴承内部的几何位移关系发生改变，从而影响轴承的动态特性，使刚度表现出非线性特征。Jones 轴承模型[4]不但考虑了滚动体的离心力效应，也考虑了陀螺力矩的影响，是目前较完备的轴承拟静力学模型，但是它没有考虑工作温升和离心力导致的膨胀变形。本节重点考虑轴承径向热膨胀和内圈离心力膨胀对轴承内部几何位移的影响，对 Jones 轴承模型进行扩展，使其实用性更强。在建立轴承拟静力学模型的基础上，给出详细的轴承刚度矩阵推导过程。

2.2.1　角接触球轴承拟静力学建模

1. 几何关系分析

典型的角接触球轴承的几何结构如图 2-1 所示，轴承接触角为 θ，滚珠直径为 D。

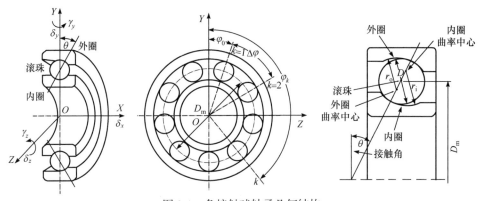

图 2-1　角接触球轴承几何结构

滚珠的节圆直径为 D_m，内圈曲率半径 r_i 和外圈曲率半径 r_o 分别为

$$r_\mathrm{i} = f_\mathrm{i} \cdot D, \quad r_\mathrm{o} = f_\mathrm{o} \cdot D \tag{2-1}$$

式中，f_i 和 f_o 分别为内圈、外圈曲率半径常数，由内圈、外圈滚道几何参数决定。假设轴承共有 N 个滚珠，且在圆周上均匀分布，则第 k 个滚珠的圆周位置为

$$\varphi_k = \varphi_0 + \Delta\varphi = \varphi_0 + 2\pi(k-1)/N, \quad k = 1, 2, \cdots, N \tag{2-2}$$

工作状态下的轴承不但高速旋转，而且要承受轴向和径向载荷，其内圈、滚珠及外圈的位置相对静态将发生改变。借助有限元的思想，将轴承看作由一个内

圈节点和一个外圈节点组成的单元，每个节点的运动均包含 5 个自由度(3 个平动自由度 δ_x、δ_y、δ_z，2 个转动自由度 γ_y、γ_z)。假设 $\pmb{\delta}^{\mathrm{i}} = \left[\delta_x^{\mathrm{i}}, \delta_y^{\mathrm{i}}, \delta_z^{\mathrm{i}}, \gamma_y^{\mathrm{i}}, \gamma_z^{\mathrm{i}} \right]$ 是内圈的位移向量，$\pmb{\delta}^{\mathrm{o}} = \left[\delta_x^{\mathrm{o}}, \delta_y^{\mathrm{o}}, \delta_z^{\mathrm{o}}, \gamma_y^{\mathrm{o}}, \gamma_z^{\mathrm{o}} \right]$ 为外圈的位移向量，为了便于分析，将轴承外圈看作是固定的，则内圈相对于外圈的位移为

$$\begin{cases} \Delta\delta_x = \delta_x^{\mathrm{i}} - \delta_x^{\mathrm{o}} \\ \Delta\delta_y = \delta_y^{\mathrm{i}} - \delta_y^{\mathrm{o}} \\ \Delta\delta_z = \delta_z^{\mathrm{i}} - \delta_z^{\mathrm{o}} \\ \Delta\gamma_y = \gamma_y^{\mathrm{i}} - \gamma_y^{\mathrm{o}} \\ \Delta\gamma_z = \gamma_z^{\mathrm{i}} - \gamma_z^{\mathrm{o}} \end{cases} \tag{2-3}$$

可用图 2-2 来表示轴承内部几何关系的变化，在轴承发生变形前，其内圈曲率中心与外圈曲率中心之间的距离为

$$BD = r_{\mathrm{i}} + r_{\mathrm{o}} - D = \left(f_{\mathrm{i}} + f_{\mathrm{o}} - 1 \right) D \tag{2-4}$$

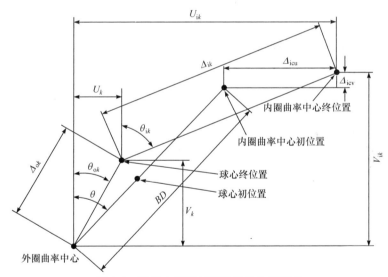

图 2-2　轴承内外圈与滚动体的几何关系

当轴承承受载荷并达到平衡后，轴承内圈和滚动体分别运动到新的位置。内圈曲率中心的相对位移改变量为

$$\begin{cases} \Delta_{\mathrm{cu}} = \Delta\delta_x - \Delta\gamma_z r_{\mathrm{ic}} \cos\varphi_k + \Delta\gamma_y r_{\mathrm{ic}} \sin\varphi_k \\ \Delta_{\mathrm{icv}} = \Delta\delta_y \cos\varphi_k + \Delta\delta_z \sin\varphi_k + \varepsilon_{\mathrm{ir}} + u_{\mathrm{ir}} - \varepsilon_{\mathrm{or}} \end{cases} \tag{2-5}$$

式中，$r_{\mathrm{ic}} = D_{\mathrm{m}} / 2 + (f_{\mathrm{i}} - 0.5) D \cos\theta$；$\varepsilon_{\mathrm{ir}}$ 和 $\varepsilon_{\mathrm{or}}$ 分别为轴承内圈和外圈的径向热膨胀变形，可通过有限元热分析得出[5]；u_{ir} 为离心力作用下内圈的膨胀量，其计算

公式为

$$u_{ir} = \frac{\rho \Omega^2 b}{4E}\left[(3+\nu)a^2 + (1-\nu)b^2\right] \tag{2-6}$$

式中，a 和 b 分别为轴承内圈的内半径和外半径；ρ、ν 和 E 分别为材料的密度、泊松比和杨氏模量；Ω 为旋转速度。

从图 2-2 中易知轴承内圈曲率中心与外圈曲率中心的轴向距离 U_{ik} 和径向距离 V_{ik} 分别为

$$\begin{cases} U_{ik} = BD\sin\theta + \varDelta_{icu} \\ V_{ik} = BD\cos\theta + \varDelta_{icv} \end{cases} \tag{2-7}$$

根据勾股定理，可得工作状态下轴承内部结构的位移关系为

$$\begin{cases} (U_{ik}-U_k)^2 + (V_{ik}-V_k)^2 - \varDelta_{ik}^2 = 0 \\ U_k^2 + V_k^2 - \varDelta_{ok}^2 = 0 \end{cases} \tag{2-8}$$

相应地，得到关于轴承内圈与滚珠接触角 θ_{ik}，轴承外圈与滚珠接触角 θ_{ok} 的三角函数表达式为

$$\begin{cases} \sin\theta_{ik} = \dfrac{U_{ik}-U_k}{\varDelta_{ik}} \\[2mm] \cos\theta_{ik} = \dfrac{V_{ik}-V_k}{\varDelta_{ik}} \\[2mm] \sin\theta_{ok} = \dfrac{U_k}{\varDelta_{ok}} \\[2mm] \cos\theta_{ok} = \dfrac{V_k}{\varDelta_{ok}} \end{cases} \tag{2-9}$$

2. 受力平衡分析

高速旋转状态下的角接触球轴承，由于接触角的存在，滚珠与轴承内圈和外圈之间的接触并非纯滚动(rolling)接触，总是伴随旋压(spinning)和侧滑(skidding)等运动。实际应用中为了简化问题，通常假设滚珠只在内圈或外圈中的一个滚道上做纯滚动，而在另一个滚道上滚动和旋压运动同时存在。因此，把滚珠作纯滚动的那侧滚道称为"控制"滚道，分别有"外圈控制"和"内圈控制"的说法[6]。

在轴承轴线与滚珠中心构成的平面上对第 k 个滚珠进行受力分析，如图 2-3 所示。$\lambda = D/D_m$，为滚珠直径与节圆直径的比，对于外圈控制的情况，可认为 $\lambda_{ik}=0$，$\lambda_{ok}=2$，对于其他情况总可假设 $\lambda_{ik}=\lambda_{ok}=1$，而不会对计算精度造成太大的影响。

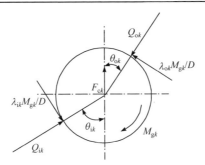

θ_{ik}: 滚珠与轴承内圈接触角(°)；θ_{ok}: 滚珠与轴承外圈接触角(°)；
Q_{ik}: 滚珠与轴承内圈接触力(N)；Q_{ok}: 滚珠与轴承外圈接触力(N)；
F_{ck}: 滚珠离心力(N)；M_{gk}: 滚珠陀螺力矩(N·m)

图 2-3　滚珠受力分析

根据图 2-3，可以分别得到垂直和水平方向上的力平衡关系：

$$\begin{cases} Q_{ok}\cos\theta_{ok} - \dfrac{M_{gk}}{D}\sin\theta_{ok} - Q_{ik}\cos\theta_{ik} + \dfrac{M_{gk}}{D}\sin\theta_{ik} - F_{ck} = 0 \\ Q_{ok}\sin\theta_{ok} + \dfrac{M_{gk}}{D}\cos\theta_{ok} - Q_{ik}\sin\theta_{ik} - \dfrac{M_{gk}}{D}\cos\theta_{ik} = 0 \end{cases} \tag{2-10}$$

在外部载荷及热变形的共同作用下，轴承内圈与滚珠之间的接触变形 δ_{ik} 和外圈与滚珠之间的接触变形 δ_{ok} 分别为

$$\begin{cases} \delta_{ik} = \Delta_k + \varepsilon_b - (f_i - 0.5)D \\ \delta_{ok} = \Delta_{ok} + \varepsilon_b - (f_o - 0.5)D \end{cases} \tag{2-11}$$

式中，ε_b 为滚珠的热膨胀变形，可通过有限元热分析得出。

轴承内圈、外圈与滚珠之间 Hertzian 接触力 Q_{ik} 和 Q_{ok} 分别为

$$\begin{cases} Q_{ik} = K_i \delta_{ik}^{3/2} \\ Q_{ok} = K_o \delta_{ok}^{3/2} \end{cases} \tag{2-12}$$

式中，K_i 和 K_o 分别为滚珠与内圈和外圈之间的接触力常数[6]。

离心力 F_{ck} 和陀螺力矩 M_{gk} 的计算公式如下[7]：

$$F_{ck} = \frac{1}{2}mD_m\Omega^2\left(\frac{\Omega_E}{\Omega}\right)_k^2 \tag{2-13}$$

$$M_{gk} = J_b\Omega^2\left(\frac{\Omega_B}{\Omega}\right)_k\left(\frac{\Omega_E}{\Omega}\right)_k\sin\alpha_k \tag{2-14}$$

式中，m 和 J_b 分别为滚珠的质量和转动惯量；Ω_E 为滚珠的公转角速度；Ω_B 为滚珠的自转角速度；α_k 为滚珠的姿态角。滚珠自转角速度与轴承内圈的角速度之比

(简称自转角速度比)为

$$\left(\frac{\Omega_{\mathrm{B}}}{\Omega}\right)_k = \frac{-1}{\left(\dfrac{\cos\theta_{\mathrm{o}k} + \tan\alpha_k\sin\theta_{\mathrm{o}k}}{1+\lambda\cos\theta_{\mathrm{o}k}} + \dfrac{\cos\theta_{\mathrm{i}k} + \tan\alpha_k\sin\theta_{\mathrm{i}k}}{1-\lambda\cos\theta_{\mathrm{i}k}}\right)\lambda\cos\alpha_k} \qquad (2\text{-}15)$$

滚珠公转角速度比 $\left(\dfrac{\Omega_{\mathrm{E}}}{\Omega}\right)_k$ 和姿态角 α_k 的正切值由滚道控制类型决定，见表 2-1[4]。

表 2-1　滚珠公转角速度比与姿态角正切值

控制类型	$\left(\dfrac{\Omega_{\mathrm{E}}}{\Omega}\right)_k$	$\tan\alpha_k$
外圈控制	$\dfrac{1-\lambda\cos\theta_{\mathrm{i}k}}{1+\cos(\theta_{\mathrm{i}k}-\theta_{\mathrm{o}k})}$	$\dfrac{\sin\theta_{\mathrm{o}k}}{\cos\theta_{\mathrm{o}k}+\lambda}$
内圈控制	$\dfrac{\cos(\theta_{\mathrm{i}k}-\theta_{\mathrm{o}k})-\lambda\cos\theta_{\mathrm{o}k}}{1+\cos(\theta_{\mathrm{i}k}-\theta_{\mathrm{o}k})}$	$\dfrac{\sin\theta_{\mathrm{i}k}}{\cos\theta_{\mathrm{i}k}-\lambda}$

注：表中 $\lambda = D/D_{\mathrm{m}}$，为滚珠直径与节圆直径的比。

Jones 等[4]给出了判断外圈控制或内圈控制方式的条件，见表 2-2，其中 $a_{\mathrm{i}k}$ 和 $E_{\mathrm{i}k}$、$a_{\mathrm{o}k}$ 和 $E_{\mathrm{o}k}$ 分别为滚珠与内圈和外圈之间的接触参数。

表 2-2　判断外圈控制或内圈控制的条件

外圈控制	内圈控制
$Q_{\mathrm{o}k}a_{\mathrm{o}k}E_{\mathrm{o}k}\cos(\theta_{\mathrm{i}k}-\theta_{\mathrm{o}k}) > Q_{\mathrm{i}k}a_{\mathrm{i}k}E_{\mathrm{i}k}$	$Q_{\mathrm{i}k}a_{\mathrm{i}k}E_{\mathrm{i}k}\cos(\theta_{\mathrm{i}k}-\theta_{\mathrm{o}k}) > Q_{\mathrm{o}k}a_{\mathrm{o}k}E_{\mathrm{o}k}$

联立式(2-8)和式(2-10)，可以通过牛顿迭代法求解未知参数 U_k、V_k、$\delta_{\mathrm{o}k}$ 和 $\delta_{\mathrm{i}k}$。先给定初始值 $\boldsymbol{\delta}_k^0 = [U_k, V_k, \delta_{\mathrm{o}k}, \delta_{\mathrm{i}k}]^{\mathrm{T}}$，误差向量 $\boldsymbol{\varepsilon}_k = [\varepsilon_1, \varepsilon_2, \varepsilon_3, \varepsilon_4]^{\mathrm{T}}$ 可由式(2-16)得到：

$$\begin{cases} (U_{\mathrm{i}k}-U_k)^2 + (V_{\mathrm{i}k}-V_k)^2 - \Delta_{\mathrm{i}k}^2 = \varepsilon_1 \\ U_k{}^2 + V_k{}^2 - \Delta_{\mathrm{o}k}^2 = \varepsilon_2 \\ Q_{\mathrm{o}k}\cos\theta_{\mathrm{o}k} - \dfrac{M_{gk}}{D}\sin\theta_{\mathrm{o}k} - Q_{\mathrm{i}k}\cos\theta_{\mathrm{i}k} + \dfrac{M_{gk}}{D}\sin\theta_{\mathrm{i}k} - F_{\mathrm{c}k} = \varepsilon_3 \\ Q_{\mathrm{o}k}\sin\theta_{\mathrm{o}k} + \dfrac{M_{gk}}{D}\cos\theta_{\mathrm{o}k} - Q_{\mathrm{i}k}\sin\theta_{\mathrm{i}k} - \dfrac{M_{gk}}{D}\cos\theta_{\mathrm{i}k} = \varepsilon_4 \end{cases} \qquad (2\text{-}16)$$

然后通过下面的牛顿迭代方程得到 U_k、V_k、$\delta_{\mathrm{o}k}$ 和 $\delta_{\mathrm{i}k}$：

$$\boldsymbol{\delta}_k^{(n+1)} = \boldsymbol{\delta}_k^{(n)} - \boldsymbol{a}_{ij}^{-1}\boldsymbol{\varepsilon}_k^n \qquad (n = 0,1,2,\cdots; i,j = 1,2,3,4) \qquad (2\text{-}17)$$

式中，a_{ij} 的表达式见附录 1。得到 U_k、V_k、δ_{ok} 和 δ_{ik} 的值后，就可根据式(2-9)和式(2-12)得到轴承的接触角和接触力。

2.2.2　角接触球轴承刚度矩阵计算

将所有滚珠与轴承内圈之间的接触力进行叠加，可得到轴承内圈所承受的合力为

$$
\begin{cases}
F_{xi} = \sum_{k=1}^{N}\left(Q_{ik}\sin\theta_{ik} + \dfrac{M_{gk}}{D}\cos\theta_{ik} \right) \\[2mm]
F_{yi} = \sum_{k=1}^{N}\left(Q_{ik}\cos\theta_{ik} - \dfrac{M_{gk}}{D}\sin\theta_{ik} \right)\cos\varphi_k \\[2mm]
F_{zi} = \sum_{k=1}^{N}\left(Q_{ik}\cos\theta_{ik} - \dfrac{M_{gk}}{D}\sin\theta_{ik} \right)\sin\varphi_k \\[2mm]
M_{yi} = \sum_{k=1}^{N}\left[r_{ic}\left(Q_{ik}\sin\theta_{ik} + \dfrac{M_{gk}}{D}\cos\theta_{ik} \right) - f_{i}M_{gk} \right]\sin\varphi_k \\[2mm]
M_{zi} = -\sum_{k=1}^{N}\left[r_{ic}\left(Q_{ik}\sin\theta_{ik} + \dfrac{M_{gk}}{D}\cos\theta_{ik} \right) - f_{i}M_{gk} \right]\cos\varphi_k
\end{cases}
\tag{2-18}
$$

式中，$r_{ic} = D_m/2 + (f_i - 0.5)D\cos\theta$。

同理，将所有滚珠与轴承外圈之间的接触力进行叠加，可得到轴承外圈所承受的合力为

$$
\begin{cases}
F_{xo} = -\sum_{k=1}^{N}\left(Q_{ok}\sin\theta_{ok} + \dfrac{M_{gk}}{D}\cos\theta_{ok} \right) \\[2mm]
F_{yo} = \sum_{k=1}^{N}\left(-Q_{ok}\cos\theta_{ok} + \dfrac{M_{gk}}{D}\sin\theta_{ok} \right)\cos\varphi_k \\[2mm]
F_{zo} = \sum_{k=1}^{N}\left(-Q_{ok}\cos\theta_{ok} + \dfrac{M_{gk}}{D}\sin\theta_{ok} \right)\sin\varphi_k \\[2mm]
M_{yo} = -\sum_{k=1}^{N}\left[r_{oc}\left(Q_{ok}\sin\theta_{ok} + \dfrac{M_{gk}}{D}\cos\theta_{ok} \right) + f_{o}M_{gk} \right]\sin\varphi_k \\[2mm]
M_{zo} = \sum_{k=1}^{N}\left[r_{oc}\left(Q_{ok}\sin\theta_{ok} + \dfrac{M_{gk}}{D}\cos\theta_{ok} \right) + f_{o}M_{gk} \right]\cos\varphi_k
\end{cases}
\tag{2-19}
$$

式中，$r_{oc} = D_m/2 - (f_o - 0.5)D\cos\theta$。

轴承内圈承受的合力向量 $\boldsymbol{F}_i = \left[F_{xi}, F_{yi}, F_{zi}, M_{yi}, M_{zi} \right]^{\mathrm{T}}$ 和外圈承受的合力向量 $\boldsymbol{F}_o = \left[F_{xo}, F_{yo}, F_{zo}, M_{yo}, M_{zo} \right]^{\mathrm{T}}$ 最终都可以表示为轴承内圈位移 $\boldsymbol{\delta}^i$ 及外圈位移 $\boldsymbol{\delta}^o$

的函数。将力对位移求导，即可得到轴承的刚度矩阵：

$$\boldsymbol{K}_{\mathrm{B}} = \frac{\partial \boldsymbol{F}_{\mathrm{i}}}{\partial \boldsymbol{\delta}^{\mathrm{i}}} = \frac{\partial \boldsymbol{F}_{\mathrm{o}}}{\partial \boldsymbol{\delta}^{\mathrm{o}}} \tag{2-20}$$

以轴承内圈为例，可得到具有如下形式的轴承刚度矩阵：

$$\boldsymbol{K}_{\mathrm{B}} = \begin{bmatrix} \dfrac{\partial F_{xi}}{\partial \delta_x^{\mathrm{i}}} & \dfrac{\partial F_{xi}}{\partial \delta_y^{\mathrm{i}}} & \dfrac{\partial F_{xi}}{\partial \delta_z^{\mathrm{i}}} & \dfrac{\partial F_{xi}}{\partial \gamma_y^{\mathrm{i}}} & \dfrac{\partial F_{xi}}{\partial \gamma_z^{\mathrm{i}}} \\[2mm] \dfrac{\partial F_{yi}}{\partial \delta_x^{\mathrm{i}}} & \dfrac{\partial F_{yi}}{\partial \delta_y^{\mathrm{i}}} & \dfrac{\partial F_{yi}}{\partial \delta_z^{\mathrm{i}}} & \dfrac{\partial F_{yi}}{\partial \gamma_y^{\mathrm{i}}} & \dfrac{\partial F_{yi}}{\partial \gamma_z^{\mathrm{i}}} \\[2mm] \dfrac{\partial F_{zi}}{\partial \delta_x^{\mathrm{i}}} & \dfrac{\partial F_{zi}}{\partial \delta_y^{\mathrm{i}}} & \dfrac{\partial F_{zi}}{\partial \delta_z^{\mathrm{i}}} & \dfrac{\partial F_{zi}}{\partial \gamma_y^{\mathrm{i}}} & \dfrac{\partial F_{zi}}{\partial \gamma_z^{\mathrm{i}}} \\[2mm] \dfrac{\partial M_{yi}}{\partial \delta_x^{\mathrm{i}}} & \dfrac{\partial M_{yi}}{\partial \delta_y^{\mathrm{i}}} & \dfrac{\partial M_{yi}}{\partial \delta_z^{\mathrm{i}}} & \dfrac{\partial M_{yi}}{\partial \gamma_y^{\mathrm{i}}} & \dfrac{\partial M_{yi}}{\partial \gamma_z^{\mathrm{i}}} \\[2mm] \dfrac{\partial M_{zi}}{\partial \delta_x^{\mathrm{i}}} & \dfrac{\partial M_{zi}}{\partial \delta_y^{\mathrm{i}}} & \dfrac{\partial M_{zi}}{\partial \delta_z^{\mathrm{i}}} & \dfrac{\partial M_{zi}}{\partial \gamma_y^{\mathrm{i}}} & \dfrac{\partial M_{zi}}{\partial \gamma_z^{\mathrm{i}}} \end{bmatrix} = \begin{bmatrix} k_{xx} & k_{xy} & k_{xz} & k_{x\theta_y} & k_{x\theta_z} \\ k_{yx} & k_{yy} & k_{yz} & k_{y\theta_y} & k_{y\theta_z} \\ k_{zx} & k_{zy} & k_{zz} & k_{z\theta_y} & k_{z\theta_z} \\ k_{\theta_y x} & k_{\theta_y y} & k_{\theta_y z} & k_{\theta_y \theta_y} & k_{\theta_y \theta_z} \\ k_{\theta_z x} & k_{\theta_z y} & k_{\theta_z z} & k_{\theta_z \theta_y} & k_{\theta_z \theta_z} \end{bmatrix} \tag{2-21}$$

如式(2-21)所示，轴承刚度矩阵是一个 5×5 的对称矩阵，将在下一节讨论它的迭代求解算法。

2.3 主轴转子-轴承-箱体系统耦合静力学建模

主轴通常由转子、电机、带轮、拉刀杆、套筒及主轴箱体等零部件组成，对主轴进行建模时，有多种方法可供选择，如集中参数法、传递矩阵法、有限元法等。早期的研究大多利用简化的转子与轴承模型对主轴尺寸、轴承跨距等参数进行优化设计，以获得较高的静态刚度和几何精度，多属于静态或准静态分析[8-11]。有限元法由于具有计算精度高、处理复杂结构能力强、易扩展、实用性好等优点，已广泛应用于机械、航空航天、汽车、船舶及土木等许多领域。由于主轴部件通常都是轴对称结构，二维梁单元及转盘单元就可以满足有限元建模需求。因此，本节综合考虑高速旋转部件的离心力和陀螺效应等因素，利用 Timoshenko 梁单元对主轴转子、拉刀杆和主轴箱等梁类结构进行有限元建模，利用转盘单元对带轮、套筒等盘类结构进行建模。然后将主轴与轴承部件的理论模型进行集成，得到整个主轴-轴承系统的有限元数字模型，并从静态响应、动态响应和模态振型三个方面进行实验验证。

2.3.1 主轴转子有限元建模

梁单元的结构简单、易于编程且可达到较高的精度，是建立轴对称结构有限元模型的首选。图 2-4 为 Timoshenko 梁单元，由两个节点组成，每个节点的运动均包含 5 个自由度，即 3 个平动自由度(δ_x、δ_y 和 δ_z)和 2 个转动自由度(γ_y 和 γ_z)，其中 X 为轴向方向，没有考虑扭转自由度。

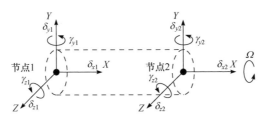

图 2-4　Timoshenko 梁单元

不考虑梁的内部阻尼，梁单元的运动方程可以表示为

$$\boldsymbol{M}^{b}\ddot{\boldsymbol{x}} - \Omega\boldsymbol{G}^{b}\dot{\boldsymbol{x}} + \left(\boldsymbol{K}^{b} + \boldsymbol{K}_{P}^{b} - \Omega^{2}\boldsymbol{M}_{C}^{b}\right)\boldsymbol{x} = \boldsymbol{F}^{b} \tag{2-22}$$

式中，$\boldsymbol{M}^{b}$ 为质量矩阵；$\boldsymbol{M}_{C}^{b}$ 为考虑离心力效应时的附加质量矩阵；$\boldsymbol{G}^{b}$ 为反对称的陀螺矩阵；$\boldsymbol{K}^{b}$ 为刚度矩阵；$\boldsymbol{K}_{P}^{b}$ 为轴向载荷引起的附加刚度矩阵；$\boldsymbol{F}^{b}$ 为外力向量；上标 b 代表梁单元。式(2-22)的推导过程与转子动力学领域内常用的方法类似[12,13]，上述矩阵的详细表达见附录 2。

类似地，转盘单元的运动方程为

$$\boldsymbol{M}^{d}\ddot{\boldsymbol{x}} - \Omega\boldsymbol{G}^{d}\dot{\boldsymbol{x}} = \boldsymbol{F}^{d} \tag{2-23}$$

式中，$\boldsymbol{M}^{d}$ 为质量矩阵；$\boldsymbol{G}^{d}$ 为陀螺矩阵；上标 d 代表转盘单元。

若转盘上有不平衡质量 m_{D}，且其偏心量为 e，则其不平衡力 m_{D} 为

$$\boldsymbol{F}^{d} = \begin{bmatrix} 0 \\ m_{D}e\Omega^{2}\cos\Omega t \\ m_{D}e\Omega^{2}\sin\Omega t \\ 0 \\ 0 \end{bmatrix}$$

2.3.2　主轴有限元与轴承拟静力学模型耦合

将主轴转子、转盘、主轴箱及轴承的模型进行集成，可以得到整个主轴系统的运动方程：

$$\boldsymbol{M}\ddot{\boldsymbol{x}} + \boldsymbol{C}\dot{\boldsymbol{x}} + \boldsymbol{K}(x)\boldsymbol{x} = \boldsymbol{F} \tag{2-24}$$

式中，系统质量矩阵 $\boldsymbol{M} = \boldsymbol{M}^{b} + \boldsymbol{M}^{d}$；系统阻尼矩阵 $\boldsymbol{C} = \boldsymbol{C}^{s} - \Omega\boldsymbol{G}^{b} - \Omega\boldsymbol{G}^{d}$，其中 $\boldsymbol{C}^{s}$ 为结构阻尼，可以利用实验模态分析得到；$\boldsymbol{F}$ 为系统所受的外力向量且 $\boldsymbol{F} = \boldsymbol{F}^{b} + \boldsymbol{F}^{d}$。由于轴承刚度具有非线性特征，其大小受系统位移 $\boldsymbol{x}$ 影响，因此

系统刚度矩阵也与位移相关，即 $K(x) = K^b + K_P^b + K(x)_B - \Omega^2 M_C^b$；反过来，系统的位移 x 又由系统刚度和所承受外力决定，即系统刚度越大，则变形越小。系统刚度与系统位移这种相互依赖的关系，正是主轴-轴承结构非线性特性的根源。下面将给出轴承刚度的求解过程。

先考虑静态外力即 $F = F_0$ 情况下轴承刚度的求解。牛顿-拉弗森迭代方程为

$$M\ddot{x}^i + C\dot{x}^i + K^i x^i = F_0 \tag{2-25}$$

$$K^i = K^b + K_P^b + K_B^i - \Omega^2 M_C^b \tag{2-26}$$

$$x^i = x^{i-1} + \Delta x^i \tag{2-27}$$

式中，i 为迭代次数；为了书写简便，分别用 K_B^i 和 K^i 代替了 $K(x)_B^i$ 和 $K(x)^i$。迭代从某一假设的轴承初始刚度 K_B^0 开始，相应地，主轴系统的初始刚度为

$$K^0 = K^b + K_P^b + K_B^0 - \Omega^2 M_C^b \tag{2-28}$$

在静态外力下，系统速度向量 $\dot{x}^i$ 和加速度向量 $\ddot{x}^i$ 都为 0，可由式(2-25)得到系统的初始位移向量：

$$x^0 = \left(K^0\right)^{-1} F_0 \tag{2-29}$$

当迭代进行到第 $i(i \geqslant 1, i \in \mathbf{Z})$ 步时，轴承的刚度 K_B^i 可以利用前一步的位移向量 x^{i-1}，调用 Jones 轴承模型计算得到；然后利用式(2-26)更新系统刚度矩阵 K^i，此时系统的残余不平衡力 R^i 为

$$R^i = F_0 - K^i x^{i-1} \tag{2-30}$$

接着利用胡克定律，计算残余不平衡力引起的位移增量：

$$\Delta x^i = \left(K^i\right)^{-1} R^i \tag{2-31}$$

得到位移增量 Δx^i 后，即可调用式(2-27)得到第 i 步的位移向量 x^i。更新的位移向量将在第 $(i+1)$ 步中被用来计算新的轴承刚度。

定义第 i 步中的不平衡能量为

$$\Delta E^i = \left(R^i\right)^T \Delta x^i \tag{2-32}$$

将其作为迭代终止的判据，如果能量小于某一设定的阈值，就认为迭代已收敛。

下面考虑在动态外力(如周期性的铣削力)情况下，主轴系统的动态响应和动态轴承刚度的计算。

在动态外力 $F(t)$ 的作用下，系统的响应和轴承刚度均随时间动态变化。将 $F(t)$ 以间隔 Δt 进行划分，对于时间节点 $t+\Delta t$，系统的运动方程可写为

$$M\ddot{x}_{t+\Delta t} + C\dot{x}_{t+\Delta t} + K(x)_{t+\Delta t} x_{t+\Delta t} = F_{t+\Delta t} \tag{2-33}$$

假设 $t=0$ 时，系统的位移、速度和加速度响应均为 0，并设此为迭代的初始条件。利用 Newmark 积分法[14]可以近似得到时间 $t+\Delta t$ 时系统的动态响应，即位移 $\boldsymbol{x}_{t+\Delta t}$、速度 $\dot{\boldsymbol{x}}_{t+\Delta t}$ 和加速度 $\ddot{\boldsymbol{x}}_{t+\Delta t}$。在每个时间节点上，仍可以把力 $\boldsymbol{F}_{t+\Delta t}$ 看作静态力，利用上面的迭代方程式(2-25)~式(2-27)进行求解。

2.3.3 主轴转子-轴承-箱体系统耦合静力学模型的实验验证

实验高速主轴如图 2-5 所示，该高速铣削主轴由德国 Simens-Weiss 主轴公司制造，为了方便，后面简称其为 Weiss 高速主轴。

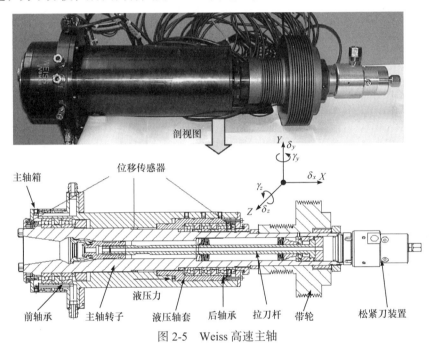

图 2-5　Weiss 高速主轴

该主轴采用液压系统预紧，预紧力的大小可灵活调整。在对轴承进行预紧时，先利用外接的液压油泵将液压油充入主轴内腔，随着压强的升高，液压力将推动液压轴套向后平移(即图 2-5 中 X 轴正方向)，依次带动后轴承、锁紧螺母、转子和前轴承向后运动，固定的主轴箱将产生一反作用力阻止前轴承向后运动，最终形成一个封闭的、平衡的力环，使前后轴承同时得到预紧。

主轴相应的材料属性如表 2-3 所示。主轴内部所有轴承均为德国 GMN 公司生产的角接触球轴承，前端两个轴承的型号为 HYKH61914，后端三个轴承为 HYKH61911，采用背靠背配置形式，轴承的结构参数和材料属性分别见表 2-4 和表 2-5。

表 2-3　主轴材料属性

材料	密度 $\rho/(\text{kg/m}^3)$	杨氏模量 $E/(\text{N/m}^2)$	泊松比 υ
不锈钢(主轴转子、主轴箱等)	7800	2.08×10^{11}	0.30
铝合金(带轮)	2700	0.69×10^{11}	0.33

表 2-4　轴承结构参数

型号	内圈内径/mm	外圈外径/mm	滚珠直径/mm	滚珠总数	接触角/(°)
HYKH61914	70	100	6.35	32	25
HYKH61911	55	80	5.56	30	−25

表 2-5　轴承材料属性

杨氏模量 $E/(\text{N/m}^2)$		泊松比 υ	
内、外圈	滚珠	内、外圈	滚珠
2.08×10^{11}	3.15×10^{11}	0.30	0.26
2.08×10^{11}	3.15×10^{11}	0.30	0.26

实验主轴的有限元模型如图 2-6 所示。利用 Timoshenko 梁单元对拉刀杆、主轴转子和主轴箱进行建模，每个梁单元由两个节点组成，每个节点均包含 5 个运

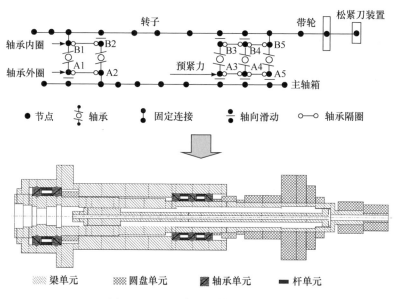

图 2-6　Weiss 高速主轴有限元模型

动自由度，即沿 X、Y 和 Z 轴的平动自由度和绕 Y 和 Z 轴的转动自由度。利用转盘单元对带轮、松紧刀装置、套筒及锁紧螺母等附件进行建模，用杆单元来近似描述轴承之间的隔圈。该有限元模型中将轴承也视为单元，由内圈节点和外圈节点组成，分别同转子和主轴箱上对应节点耦合(固定连接或轴向滑动)。

　　下面分别从静态位移、动态响应和模态振型这三个角度对 Weiss 高速主轴系统进行测试，并将仿真结果与实验数据进行对比，从而验证主轴-轴承系统有限元模型的正确性[15]。为了方便主轴转子模态振型的测试，实验时拆掉了带轮和松紧刀装置。

1. 静态位移测试

　　首先验证主轴模型对静态位移的仿真精度。实验过程如图 2-7 所示，把主轴箱固定在工作台上，限制其轴向移动；然后用液压油泵对主轴箱内的液压轴套施加轴向推力，主轴转子在液压力的作用下沿轴向移动。利用激光位移传感器 LTS15/2.9(灵敏度：5mV/μm)测量主轴端部的轴向位移，并用嵌入到主轴内部的接触式位移传感器测量液压轴套的轴向位移。实验中，输出油压从 0psi 逐渐增加到 100psi(psi：压强单位，1psi= 6.894×10^3 Pa)，输出油压和轴承实际预紧力的对比见表 2-6。

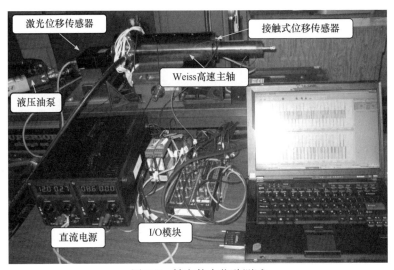

图 2-7　轴向静态位移测试

表 2-6　液压泵输出油压与轴承实际预紧力对比

输出油压 P / psi	实际预紧力 F / N
0	0
10	76.235

续表

输出油压 P / psi	实际预紧力 F / N
20	228.705
30	381.175
40	533.645
50	686.115
60	838.585
70	991.055
80	1143.525
90	1295.995
100	1448.465

利用文献[16]中的方法，估计出轴承的初始预紧力约为 280N。将液压力作为主轴系统运动方程(2-33)的输入力 F ，仿真主轴端部和液压轴套处的轴向位移，并与实验测量值进行对比，如图 2-8 所示。仿真的液压轴套处的位移和实验测量数据几乎完全重合，而主轴端部的仿真位移略大于实验测量值。总体来说，仿真结果与实验数据能够良好地匹配，证明了利用主轴-轴承系统有限元模型进行静态分析的正确性和有效性。

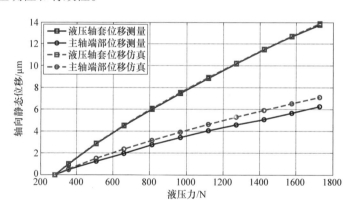

图 2-8　轴向静态位移的仿真与实验对比

2. 动态响应测试

接着，验证主轴系统数字模型对动态响应预测的准确性。实验时，将 Weiss 高速主轴垂直悬挂，使其处于完全自由状态，利用力锤 Kistler 9722(灵敏度：2.13mV/N)激励主轴端部，并用加速度计 Dytran 3225F1(灵敏度：10mV/g)拾取激励点附近的振动响应信号，如图 2-9 所示。测量得到输入与输出信号后，利用不列颠哥伦比亚大学制造自动化实验室(Manufacturing Automation Laboratory，MAL)

自主开发的模态分析软件 CutPro-MalTF® 计算出主轴端部的实验频率响应函数。

液压油入口

(a) 软绳悬挂的主轴   (b) 激励点与测量点

图 2-9   自由悬挂状态下的主轴模态测试

仿真时,将力锤输出的冲击力作为主轴-轴承系统运动方程(2-33)的动态输入力 $\boldsymbol{F}$,计算系统的输出动态响应 $\boldsymbol{x}$,然后根据输入、输出信号计算主轴端部的频率响应函数。主轴轴承的刚度与液压预紧力的大小密切相关,当液压预紧力为 815 N 时,计算得到前轴承(HYKH61914)的刚度矩阵 $\boldsymbol{K}_{B1}$ 为(单位为 N/m)

$$\boldsymbol{K}_{B1} = \begin{bmatrix} 1.007 \times 10^8 & -2.375 & 2.342 \times 10^{-1} & 4.750 \times 10^{-3} & 4.815 \times 10^{-2} \\ -2.375 & 2.207 \times 10^8 & 7.391 \times 10^{-1} & 1.489 \times 10^{-2} & -4.445 \times 10^6 \\ 2.342 \times 10^{-1} & 7.391 \times 10^{-1} & 2.207 \times 10^8 & 4.445 \times 10^6 & -1.489 \times 10^{-2} \\ 4.750 \times 10^{-3} & 1.489 \times 10^{-2} & 4.445 \times 10^6 & 9.090 \times 10^4 & -3.045 \times 10^{-4} \\ 4.815 \times 10^{-2} & 4.445 \times 10^6 & -1.489 \times 10^{-2} & -1.489 \times 10^{-2} & 9.090 \times 10^4 \end{bmatrix}$$

主轴后轴承(HYKH61911)的刚度矩阵 $\boldsymbol{K}_{B2}$ 为(单位为 N/m)

$$\boldsymbol{K}_{B2} = \begin{bmatrix} 8.070 \times 10^7 & 1.930 & -2.024 \times 10^{-1} & 3.259 \times 10^{-3} & 3.108 \times 10^{-2} \\ 1.930 & 1.773 \times 10^8 & 6.333 \times 10^{-1} & -1.012 \times 10^{-2} & 2.834 \times 10^6 \\ -2.024 \times 10^{-1} & 6.333 \times 10^{-1} & 1.773 \times 10^8 & -2.834 \times 10^6 & 1.012 \times 10^{-2} \\ 3.259 \times 10^{-3} & -1.012 \times 10^{-2} & -2.834 \times 10^6 & 4.596 \times 10^4 & -1.642 \times 10^{-4} \\ 3.108 \times 10^{-2} & -2.834 \times 10^6 & 1.012 \times 10^{-2} & -1.642 \times 10^{-4} & 4.596 \times 10^4 \end{bmatrix}$$

图 2-10 为液压预紧力为 815N 时主轴端部的仿真与实验频率响应函数对比。从实验频率响应函数中得到系统的第 1 主模态和第 2 主模态所对应的固有频率分

别为954.58Hz和2745.58Hz,对应的仿真固有频率分别为964.68Hz和2722.96Hz,仿真结果的相对误差分别为1.06%和-0.82%。由于主轴有限元模型网格精度的限制,仿真频率响应函数在高频段处的误差较大,5000Hz附近主模态固有频率的仿真误差约为 6%。仿真与实验频率响应函数的良好匹配,验证了利用主轴数字模型进行动态特性分析的精确性。

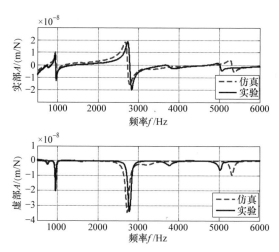

图 2-10　主轴端部仿真与实验频率响应函数对比(液压预紧力：815N)

　　下面研究液压预紧力的大小对主轴系统动态特性的影响,并将仿真与实验数据进行对比,如图 2-11 所示。随着轴承预紧力的增大,轴承刚度将增加并伴随着内部阻尼的降低,主轴的第 1 主模态和第 2 主模态对应的固有频率均增加,但是第 2 主模态的变化更明显,可以初步推测该模态主要受轴承刚度的影响。仿真结果与实验结果良好吻合,最大误差不超过 2%(详细的仿真和实验数据见表 2-7),证明了该主轴有限元模型能准确地反映出轴承预紧力对主轴动态特性的影响。

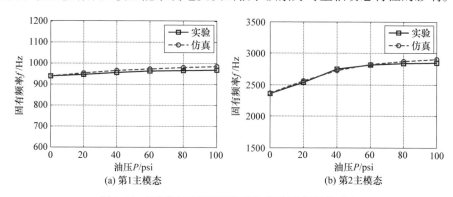

(a) 第1主模态　　　　　　　　　　(b) 第2主模态

图 2-11　不同油压预紧下仿真与实验固有频率对比

表 2-7　不同油压预紧下仿真与实验固有频率对比

油压 P/psi	第 1 主模态				第 2 主模态			
	仿真固有频率/Hz	实验固有频率/Hz	相对误差/%	阻尼比	仿真固有频率/Hz	实验固有频率/Hz	相对误差/%	阻尼比
0	938.47	938.36	0.01	1.66×10^{-2}	2368.40	2360.50	0.33	3.29×10^{-2}
20	953.27	946.06	0.76	1.58×10^{-2}	2563.76	2539.30	0.96	2.34×10^{-2}
40	964.68	954.58	1.06	1.57×10^{-2}	2722.96	2745.58	−0.82	2.91×10^{-2}
60	972.39	961.09	1.18	1.53×10^{-2}	2819.17	2816.49	0.10	1.10×10^{-2}
80	978.27	964.30	1.45	1.44×10^{-2}	2871.76	2838.50	1.17	1.25×10^{-2}
100	983.05	966.42	1.72	1.50×10^{-2}	2899.18	2845.99	1.87	1.56×10^{-2}

3. 模态振型验证

下面将研究主轴的模态振型，从而清楚地认识主轴的振动形式，并为主轴的振动控制提供依据。实验测量点和激励点的布置如图 2-12 所示。

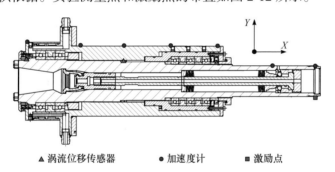

▲ 涡流位移传感器　　● 加速度计　　■ 激励点

图 2-12　不同模态振型测点分布

激励点的位置不变，主轴内部 3 个测量点的振动响应用内装的 Lion 电涡流位移传感器(灵敏度：10V/mm)测量，外部 7 个测点的振动用加速度计 Dytran 3225F1 来测量。图 2-13 为主轴系统有限元模型仿真的模态振型与实验测量模态振型的比较。从图 2-13 中可以发现，第 1 主模态主要由主轴转子的第一阶弯曲模态构成，轴承对其的影响较小，而第 2 主模态主要受轴承的刚度影响。随着液压预紧力的增加，第 1 主模态的固有频率增加较少，而第 2 主模态频率增加明显。仿真与实验模态振型良好匹配，再次验证了主轴-轴承系统理论模型的正确性和精确性。

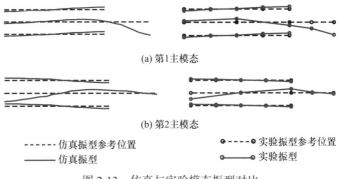

(a) 第1主模态

(b) 第2主模态

------ 仿真振型参考位置   ●------● 实验振型参考位置
—— 仿真振型   ●——● 实验振型

图 2-13   仿真与实验模态振型对比

2.4   主轴-机床耦合建模与模型修正

当主轴被安装到机床上后，随着边界条件的改变，主轴的动态特性也会发生变化。此时主轴动态特性是主轴本身、主轴与机床本体之间结合面及机床本体这三部分结构动态特性的综合反映。在主轴设计阶段，只有建立主轴与机床本体之间耦合模型，才能对主轴安装到机床后的动态特性乃至加工性能进行合理的预测和评估。目前大部分针对主轴的研究，是将主轴从机床系统中分离出来，单独对其进行有限元建模，研究自由或轴承外圈完全固定边界条件下转子-轴承系统的动态特性，模型没有考虑机床本体对主轴性能的影响，甚至没有包括主轴箱体。2007 年，加拿大的 Cao 和 Altintas 研究了主轴与机床本体之间的耦合建模问题[2]，利用实验法建立了机床本体的等效模型并确定出主轴与机床本体之间的连接刚度，建立了一个包括主轴转子、刀柄与刀具、轴承、主轴箱以及机床本体等结构的主轴-机床动力学集成模型，以此为基础对高速主轴的加工性能进行预测仿真。然而，他们没有系统地对主轴与机床本体之间结合面的动态特性进行研究，而是通过反复试验(trial and error)的方法来获得主轴与机床本体之间的连接刚度，实用性不强。

本节首先简要介绍 Cao 和 Altintas 提出的主轴-机床本体耦合模型[2]，然后针对模型中主轴与机床本体之间结合面的动态参数辨识问题，提出一种通用且具有一般性的模型修正方法，使其能精确预测主轴安装到机床后的动态性能。

2.4.1   主轴-机床本体耦合模型

主轴与主轴座连接的结构简图如图 2-14(a)所示，用 6 个内六角沉头螺钉将主轴前端法兰面与主轴座固定，并利用锁紧环紧固主轴的后端。主轴前端法兰面的螺钉连接起主要定位和固定作用，因此在建立主轴-机床本体耦合模型时，只考虑主轴前端法兰面与主轴座之间的耦合关系。分别利用等效弹簧和阻尼器来表示主轴与主轴座结合面在平动和转动自由度上的刚度和阻尼参数，如图 2-14(b) 所示。

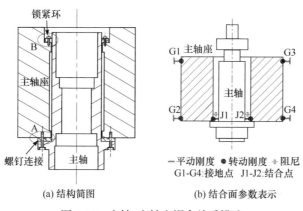

(a) 结构简图　　　　　(b) 结合面参数表示

图 2-14　主轴-主轴座耦合关系描述

借助主轴有限元模型中利用梁单元建模的思想，可以假定表示结合面的等效弹簧或阻尼器也是一个包含两个节点的单元，分别与主轴和主轴座对应节点耦合。同时考虑平动和转动自由度，建立结合面节点的刚度和阻尼矩阵如下：

$$\boldsymbol{K}^{\mathrm{J}} = \begin{bmatrix} k_{11}^{\mathrm{J}} & k_{12}^{\mathrm{J}} \\ k_{21}^{\mathrm{J}} & k_{22}^{\mathrm{J}} \end{bmatrix} \qquad \boldsymbol{C}^{\mathrm{J}} = \begin{bmatrix} c_{11}^{\mathrm{J}} & c_{12}^{\mathrm{J}} \\ c_{21}^{\mathrm{J}} & c_{22}^{\mathrm{J}} \end{bmatrix} \tag{2-34}$$

式中，k_{11}^{J} 和 c_{11}^{J} 分别表示平动自由度的刚度和阻尼；k_{22}^{J} 和 c_{22}^{J} 为转动自由度的刚度和阻尼；k_{12}^{J}、k_{21}^{J} 与 c_{12}^{J}、c_{21}^{J} 分别为平动与转动自由度之间的耦合刚度与阻尼。最终，建立如图 2-15 所示主轴-机床本体有限元耦合模型，该模型包括了刀具、刀柄、主轴及主轴座等，是一个完整的主轴-机床系统有限元模型，可用来仿真实际工作过程中主轴系统的动态特性。

若主轴-机床本体模型中第 i 个节点和第 j 个节点相互耦合(图 2-15)，则包含结合面参数的系统刚度矩阵和阻尼矩阵分别为

$$\boldsymbol{K}^{\mathrm{x}} = \begin{bmatrix} \ddots & & & S & & \\ \cdots & \boldsymbol{K}^{\mathrm{S}} + \boldsymbol{K}^{\mathrm{J}} & & & Y & \\ \cdots & \vdots & \ddots & & & M \\ & & & \ddots & & \\ & -\boldsymbol{K}^{\mathrm{J}} & & \cdots & \boldsymbol{K}^{\mathrm{H}} + \boldsymbol{K}^{\mathrm{J}} & \\ & \ddots & & & \ddots \end{bmatrix} \tag{2-35}$$

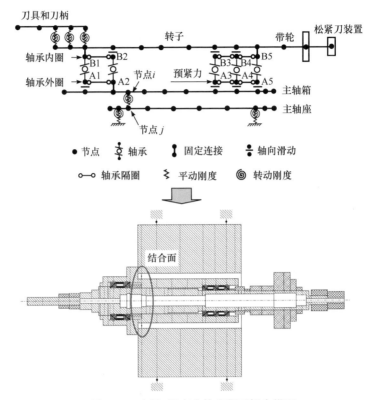

图 2-15　主轴-机床本体有限元耦合模型

$$
\boldsymbol{C}^{\mathrm{x}} = \begin{bmatrix} \ddots & & & S & & \\ \cdots & \boldsymbol{C}^{\mathrm{S}}+\boldsymbol{C}^{\mathrm{J}} & & & Y & \\ \cdot & \vdots & \ddots & & & M \\ \cdot & & & \ddots & & \\ & -\boldsymbol{C}^{\mathrm{J}} & & \cdots & \boldsymbol{C}^{\mathrm{H}}+\boldsymbol{C}^{\mathrm{J}} & \\ & & & & \cdot & \ddots \end{bmatrix} \tag{2-36}
$$

式(2-35)和式(2-36)中，$\boldsymbol{K}^{\mathrm{S}}(\boldsymbol{C}^{\mathrm{S}})$ 和 $\boldsymbol{K}^{\mathrm{H}}(\boldsymbol{C}^{\mathrm{H}})$ 分别为主轴和主轴座的刚度(阻尼)矩阵。结合面的等效刚度 $\boldsymbol{K}^{\mathrm{J}}$ 和阻尼矩阵 $\boldsymbol{C}^{\mathrm{J}}$ 属于未知参数，Cao 等[2]没有系统地对这些结合面参数进行辨识，而是采用反复试验法来获得合理的值，缺乏实用性。因此，需要研究相关的技术对结合面参数进行系统的辨识，从而使主轴-机床本体耦合模型能够准确地描述主轴系统的动态特性。

2.4.2　有限元模型修正的一般化方法

针对工程实际应用提出一个修正有限元解析模型的一般化方法，其流程见

图 2-16。

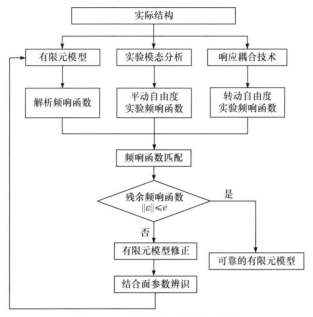

图 2-16　有限元模型的修正流程

对于一个实际结构而言, 模型修正过程从构造一个初始的解析有限元模型开始。有限元建模时, 结构被划分为相互连接的若干个单元, 分别用质量矩阵、刚度矩阵和阻尼矩阵来描述每个单元的动态特性, 然后将所有单元矩阵按节点顺序叠加便可得到系统整体矩阵。对于复杂结构, 子结构之间结合面处的参数是未知的, 可给定一初始值, 并将其作为后面有限元模型修正算法中的修正参数。此外, 由于非线性阻尼的复杂性和多样性, 难以直接建立可靠的阻尼模型, 因此大多数情况下所建立的系统方程没有包括阻尼参数。在实际应用中, 利用实验模态方法辨识结构的模态阻尼, 并导入有限元模型中, 从而得到阻尼系统的模态参数及动态响应特性等。

高质量的实验频响函数是成功进行有限元模型修正的基础, 因此要确保实验模态分析的精度, 避免人为误差。工程中通常利用力锤激励法等测量结构的频响函数, 由于实验条件限制, 一般只能测量平动自由度的动态响应, 而转动自由度的动态响应比较难测, 且代价高昂。因此, 在该修正方案中, 利用响应耦合(receptance coupling)技术[17]估计转动自由度的频响函数, 为基于频响函数的有限元模型修正技术提供数据支持。

获得结构所有必需的解析和实验信息后, 就可以进行频响函数匹配, 并判断初始的有限元解析模型是否可以准确地描述机械结构的动态特性。以实验频响函数作为基准，计算解析频响函数与实验频响函数之差即残余频响函数向量。若残余向量或矩阵的范数小于某一设定的阈值，就认为有限元模型是准确可靠的；若不小于，则调用有限元模型修正算法，对结合面参数进行辨识，为修正参数计算新值，并对有限元模型进行矫正。利用矫正后的有限元模型重新计算解析频响函数，并与实验频响函数再次匹配。反复对修正参数进行迭代，直到残余向量的范数小于给定的阈值。

2.4.3 主轴-机床本体耦合模型修正

本小节将应用 2.4.2 小节中提出的解析模型修正的一般化方法对 2.4.1 小节中的主轴-机床本体耦合模型的结合面参数进行辨识，从而达到模型修正的目的。在主轴-机床本体耦合有限元模型中，结合面处的质量参数忽略，而利用实验模态法确定其阻尼参数，因此只需辨识结合面的刚度参数。主轴与主轴座在结合面处的刚度参数利用等效弹簧表示，弹簧的两端分别与 40 号节点(主轴)和 51 号节点(主轴座)连接，即 $i=40$，$j=51$(参考图 2-15)。由式(2-35)得修正模型的刚度矩阵应具有下面形式：

$$\boldsymbol{K}^{\mathrm{x}} = \begin{bmatrix} \ddots & & & S & & \\ \cdots & \boldsymbol{K}^{\mathrm{S}} + \boldsymbol{K}^{\mathrm{J}} & & & Y & \\ \ddots & \vdots & \ddots & & & M \\ & & & \ddots & & \\ & -\boldsymbol{K}^{\mathrm{J}} & & \cdots & \boldsymbol{K}^{\mathrm{H}} + \boldsymbol{K}^{\mathrm{J}} & \\ & \ddots & & & \vdots & \ddots \end{bmatrix}$$

将主轴端部(有限元模型第 1 个节点)上平动自由度的残余频率响应函数 $\varepsilon_{H_{1,1}}(\omega) = H_{1,1}^{\mathrm{a}}(\omega) - H_{1,1}^{\mathrm{x}}(\omega)$ 作为修正算法的目标函数解析模型用上标 a 表示，实际结构用上标 x 表示，未知或需要修正的参数为

$$\Delta\boldsymbol{u} = \begin{bmatrix} \Delta k_{79,79} \\ \Delta k_{80,79} \\ \Delta k_{80,80} \end{bmatrix} = \begin{bmatrix} k_{11}^{\mathrm{J}} \\ k_{21}^{\mathrm{J}} \\ k_{22}^{\mathrm{J}} \end{bmatrix} \tag{2-37}$$

式中，结合面刚度参数 k_{11}^{J} 对应于平动自由度 $p=79$ 的局部刚度；k_{21}^{J} 对应于转动自由度 $q=80$ 和平动自由度 $p=79$ 之间的耦合刚度；k_{22}^{J} 对应于转动自由度 $q=80$ 的局部刚度。可得主轴模型修正算法的超定方程为

$$
\begin{bmatrix}
-H_{1,79}^{a}(\omega_1)H_{79,1}^{x}(\omega_1) & \left(H_{1,79}^{a}(\omega_1)-H_{1,80}^{a}(\omega_1)\right)\left(H_{80,1}^{x}(\omega_1)-H_{79,1}^{x}(\omega_1)\right) & -H_{1,80}^{a}(\omega_1)H_{80,1}^{x}(\omega_1) \\
-H_{1,79}^{a}(\omega_2)H_{79,1}^{x}(\omega_2) & \left(H_{1,79}^{a}(\omega_2)-H_{1,80}^{a}(\omega_2)\right)\left(H_{80,1}^{x}(\omega_2)-H_{79,1}^{x}(\omega_2)\right) & -H_{1,80}^{a}(\omega_2)H_{80,1}^{x}(\omega_2) \\
\vdots & \vdots & \vdots \\
-H_{1,79}^{a}(\omega_{N_p})H_{79,1}^{x}(\omega_{N_p}) & \left(H_{1,79}^{a}(\omega_{N_p})-H_{1,80}^{a}(\omega_{N_p})\right)\left(H_{80,1}^{x}(\omega_{N_p})-H_{79,1}^{x}(\omega_{N_p})\right) & -H_{1,80}^{a}(\omega_{N_p})H_{80,1}^{x}(\omega_{N_p})
\end{bmatrix}
\begin{bmatrix}
\Delta k_{79,79} \\
\Delta k_{80,79} \\
\Delta k_{80,80}
\end{bmatrix}
$$

$$
=-\begin{bmatrix}
\varepsilon_{H_{1,1}}(\omega_1) \\
\varepsilon_{H_{1,1}}(\omega_2) \\
\vdots \\
\varepsilon_{H_{1,1}}(\omega_{N_p})
\end{bmatrix}
$$

$$(2\text{-}38)$$

式中，$H_{79,1}^{x}(\omega)$ 为结合面平动自由度的实验频率响应函数(响应自由度 79，激励自由度 1)；$H_{80,1}^{x}(\omega)$ 为结合面转动自由度的频率响应函数(响应自由度 80，激励自由度 1)。频率点(ω_1、ω_2、…、ω_{N_p})在频率响应函数频段范围内随机选取。

利用响应耦合技术对转动自由度的频率响应函数 $H_{80,1}^{x}(\omega)$ 进行估计，如图 2-17 所示。点 1 位于主轴的前端，而点 2 是主轴与主轴座之间的结合点。分别进行 3 次锤击模态测试，即测量点 1 的原点频率响应函数 $g_{11,ff}$，点 1 和点 2 之间的跨点频率响应函数 $g_{12,ff}$ 和点 2 的原点频率响应函数 $g_{22,ff}$，可解出频率响应函数矩阵。然后可以计算任意关于转动自由度的频率响应函数。在有限元模型中，点 1 对应第 1 个节点，而点 2 对应第 40 个节点。因此 $H_{80,1}^{x}(\omega)$ 与点 1 和点 2 之间的耦合频率响应函数等价，即激励为 1 处(节点 1)的力 f，响应为 2 处(节点 40)的转动位移 θ。

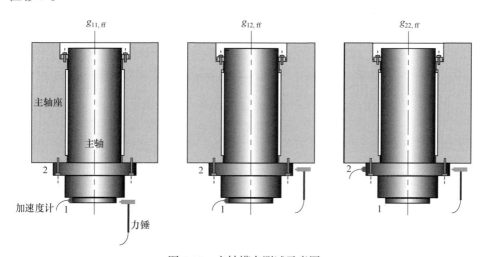

图 2-17　主轴模态测试示意图

下面将给出有限元模型修正的结果并进行分析。图 2-18 为残余向量范数

$\left\|\varepsilon_{H_{1,1}}(\omega)\right\|$ 的收敛情况，经过 30 次迭代后，残余误差趋于稳定。

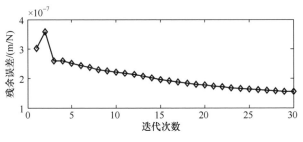

图 2-18　残余向量范数的收敛情况

修正参数(包括结合面的平动刚度 k_{11}^{J}、耦合刚度 k_{12}^{J} 和转动刚度 k_{22}^{J})的迭代过程如图 2-19 所示。所有修正参数的初始值均为 0，即迭代从自由状态开始，经过

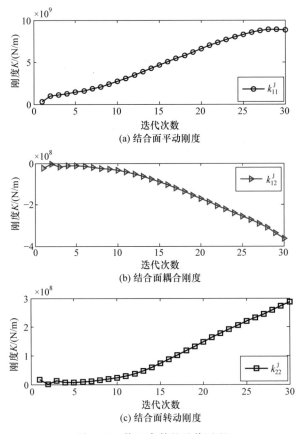

(a) 结合面平动刚度

(b) 结合面耦合刚度

(c) 结合面转动刚度

图 2-19　修正参数的迭代过程

30 次迭代运算后,平动刚度 k_{11}^{J} 和转动刚度 k_{22}^{J} 分别变为 8.79×10^{9} N/m 和 2.86×10^{8} N/m,而耦合刚度 k_{12}^{J} 的值变为 -3.65×10^{8} N/m。

为了便于比较,将修正参数的变化值列于表 2-8。

表 2-8　修正参数变化

修正参数	k_{11}^{J}	k_{12}^{J}	k_{22}^{J}
初始值/(N/m)	0	0	0
修正值/(N/m)	8.79×10^{9}	-3.65×10^{8}	2.86×10^{8}

下面将利用修正后的主轴-机床本体耦合模型,仿真主轴端部及刀尖的频率响应函数,并与实验测量值进行比较,以验证修正模型的正确性。图 2-20(a)和(b)分别为 Weiss 主轴端部和刀尖上频率响应函数的测量。实验中,轴承预紧液压油泵的输出油压设为 100psi(等效的轴承预紧力约为 1728N),所用刀具为没有刀齿的仿真刀具。采用力锤 Kistler 9722(灵敏度:2.13mV/N)激励主轴端部和刀尖,并利用加速度计 PCB 353B11(灵敏度:5.325mV/g)拾取振动响应信号。得到输入与输出信号后,利用模态分析软件 CutPro-MalTF®计算得到实验频率响应函数。

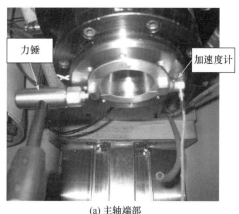

(a) 主轴端部

(b) 刀尖

图 2-20　频率响应函数测量

分别仿真了主轴端部在 X 方向和 Y 方向上的频率响应函数,并与实验测量值进行比较,如图 2-21(a)和(b)所示。

由于主轴座结构的非对称特性,主轴安装到机床上以后,在 X 方向和 Y 方向上表现出的动态特性是不同的。从图 2-21 中看出,利用修正模型仿真的频率响应函数与实验测量数据在低频段(0~500Hz)和高频段(2200~3500Hz)匹配良好,而在中间频段误差较大。

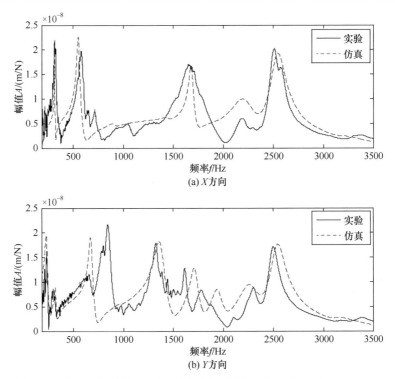

图 2-21　主轴端部的仿真与实验频率响应函数比较(轴承预紧力：1728N)

　　当主轴安装刀柄及刀具后，刀具的模态将占重要地位。建模时，仍然利用 Timoshenko 梁单元来建立刀具的有限元模型，并假定刀具与刀柄之间为刚性连接。这时，系统的频率响应函数如图 2-22 所示。在主模态处，仿真与实验频率响应函数吻合程度较好，因此，可以认为修正后的有限元解析模型可以可靠地描述主轴安装到机床后的动态特性，达到了对主轴-机床本体耦合模型修正的目的。

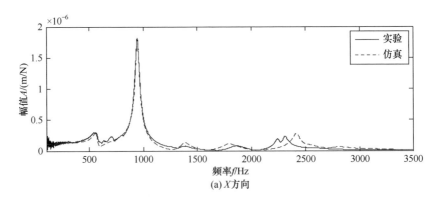

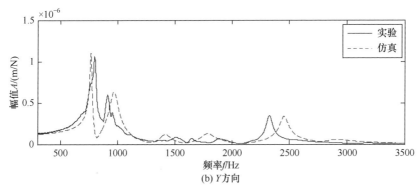

图 2-22 刀尖的仿真与实验频率响应函数比较(轴承预紧力:1728N)

2.5 智能主轴铣削加工颤振稳定性预测

目前,高速铣削过程中的稳定性问题仍然是高性能加工效率的主要瓶颈之一。当颤振发生后,剧烈的振动会加剧刀具的磨/破损并缩短主轴轴承寿命。研究主轴系统理论建模的最终目的,还是要将其应用到实际切削过程中,为智能主轴的无颤振高速切削服务,使智能主轴真正发挥高速高效加工的作用。

切削过程中的颤振起源于切屑形成过程中的自激机理。机床-工件系统的某个模态最初被切削力激励而产生振动,在工件表面留下波纹。在下一个切削周期中,由于存在机床的结构振动,还会继续留下表面波纹。由于两个连续波纹之间相位差的存在,在接近但不等于加工系统主模态的固有频率处,切屑厚度将呈指数增长,切削力及刀具与工件之间的振动剧烈增加,最终将产生带明显波纹的低质量表面并可能损坏刀具。利用解析的方法准确预测颤振的前提之一是对机床-工件系统的动态特性的精确测量或估计。传统的做法是测量静态下刀尖或工件的频率响应函数,并利用实验频率响应函数计算颤振稳定性叶瓣图。对于低速或中速加工,该方法可行;但对于高速及超高速加工而言,由于离心力和陀螺效应,高速旋转的机床主轴或工件的动态特性相对静止状态将发生很大的变化,若仍然利用静态下的动态特性参数,会给颤振的预测带来较大的误差。

本节首先研究高速旋转状态下主轴动态特性的变化规律,分别从主轴转子的离心力效应、陀螺效应和主轴轴承的高速效应这三个角度,对高速旋转状态下主轴动态特性改变的原因进行深刻分析。其次对铣削力进行解析建模并分析刀具与工件之间的相对振动,仿真铣削加工过程;在此基础上,研究考虑速度效应后的高速铣削加工颤振稳定性预测新方法,并进行实验验证。

2.5.1　智能主轴高速旋转下的动态特性分析

　　下面先通过实验观察 Weiss 高速主轴动态特性随速度变化的规律，如图 2-23 所示，在机床坐标系中，Z 轴为主轴的轴向，X 轴和 Y 轴分别为工作台进给方向。实验中，为了便于测试高速旋转下刀尖的频率响应函数，采用了没有刀齿的仿真刀具；轴承预紧液压油泵的输出油压设为 100psi(等效的轴承预紧力约为 1728N)。利用力锤 Kistler 9722(灵敏度：2.13mV/N)激励，并用激光测振仪 Polytech OFV-534 测量刀尖的动态响应，最后将力信号和振动响应信号输入模态测试软件 CutPro-MalTF® 中得到实验频率响应函数。

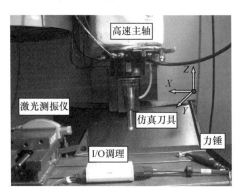

图 2-23　高速旋转主轴动态特性测试实验

　　从静止状态开始，逐渐升高转速，并在不同转速下进行锤击模态测试[18]。随着转速的升高，频率响应函数上的主模态峰向低频段移动，并且伴随峰值的降低，如图 2-24 所示。当转速从 0r/min 增加到 12000r/min，主模态的固有频率从 960Hz

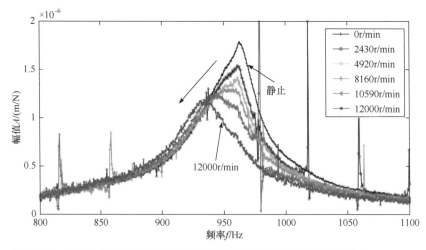

图 2-24　在 X 方向测量的刀尖频率响应函数随速度的变化(轴承预紧力：1728N)

降低到 935Hz。图中只显示出主轴刀尖在部分转速下的频率响应函数,各个转速下主模态固有频率的详细测量值见表 2-9。

表 2-9　Weiss 高速主轴在不同转速下测量得到的固有频率(轴承预紧力:1728N)

实际转速/(r/min)	固有频率/Hz	实际转速/(r/min)	固有频率/Hz
0	960	6540	955
810	960	7320	953
1620	960	8160	951
2430	960	8940	948
3240	959	9780	946
4080	958	10590	942
4920	957	11400	937
5700	956	12000	935

下面将建立高速主轴-机床系统数字模型,从理论角度分析产生这一现象的原因。为了方便,将主轴系统的运动方程重复如下:

$$M\ddot{x} + C\dot{x} + K(x)x = F \tag{2-39}$$

由式(2-39)易知,与速度 Ω 相关的矩阵为转子和转盘的陀螺矩阵 $\boldsymbol{G}^{b}$ 和 $\boldsymbol{G}^{d}$ 及转子的离心力矩阵 $\boldsymbol{M}_{C}^{b}$。由于角接触球轴承的结构特点,其刚度矩阵 $\boldsymbol{K}(x)_{B}$ 也与速度相关。下面将分别研究转子和轴承高速效应对主轴动态特性的影响方式和影响程度。为了节约篇幅,下面只给出主轴在 X 方向的动态特性分析结果,Y 方向也有类似的规律。

1. 主轴转子的高速效应

下面将分别从陀螺力矩和离心力这两个方面来分析主轴转子的高速效应。

1) 主轴转子陀螺效应分析

首先分析主轴在高速旋转时,系统固有频率随主轴转子产生的陀螺力矩的变化规律。如果不考虑陀螺力矩的影响,主轴转子在进动时的固有频率就是转子在静止状态下横向振动的自然频率,与转子转动角速度无关。如果考虑陀螺力矩的影响,转子的固有频率将与进动状态相关。在正进动状态下,陀螺力矩使转子的横向变形减小,提高了转轴的弹性刚度,即提高了转子的固有频率;在反进动的情况下,陀螺力矩使转子的变形增大,降低了转子的弹性刚度,从而使转子的固有频率降低。转子在正进动和反进动状态下的固有频率随转速的变化如图 2-25 所示,随着主轴转速的升高,陀螺效应越来越明显,转子的固有频率发生了"分叉"的现象。

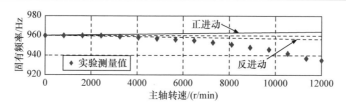

图 2-25　陀螺效应下的主轴固有频率变化

从以上分析可知,高速旋转下主轴转子的进动分为正进动和反进动,理论上,正进动或反进动模态应能在频率响应函数上反映出来。在主轴系统运动方程中,陀螺矩阵(G^b 和 G^d)与结构阻尼(C^s)共同组成了等效的系统阻尼矩阵 C。因此,下面将利用 2.2 节中建立的主轴数字模型来研究结构阻尼和陀螺力矩综合作用下主轴系统的频率响应特性。

设定主轴转速为 12000r/min,分别考虑无阻尼、系统阻尼比 0.5%和 3%这三种情况。利用 2.3 节中建立的主轴数字模型分别仿真这三种情况下的系统频率响应函数或直接传递函数 Φ_{xx},如图 2-26(a)、(b)和(c)所示。下面主要研究 950Hz 附近的主模态。在无阻尼情况下(图 2-26(a)),考虑陀螺效应后的仿真频率响应函数中出现了两个明显的峰值,分别对应正进动和反进动模态,而不考虑陀螺效应的频率响应函数中仅出现了一个峰值。当系统阻尼比为 0.5%时(图 2-26(b)),考虑陀螺效应的频率响应函数的正进动峰和反进动峰向中间靠拢,但仍可以与不考虑陀螺效应情况下的频率响应函数区分开。当系统阻尼比增加到 3%后(图 2-26(c)),在频率响应函数上已完全观察不到正、反进动对应的峰值了,考虑与不考虑陀螺效应的系统频率响应函数相互重合,此时,陀螺力矩对直接传递函数 Φ_{xx} 的影响已经完全被结构阻尼抵消。

实际主轴结构的系统阻尼比总是存在,而且一般在 1%～5%,正是阻尼的存在,导致无法从频率响应函数中观察到陀螺力矩带来的影响。换句话说,当系统存在较大的阻尼时,陀螺力矩对系统的直接传递函数(Φ_{xx} 或 Φ_{yy})的影响可以忽略不计,这将为本章后面高速主轴加工时的颤振稳定性预测带来方便。

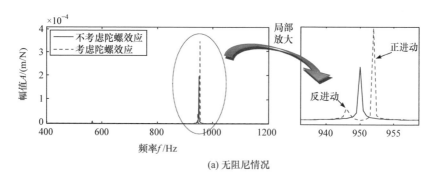

(a) 无阻尼情况

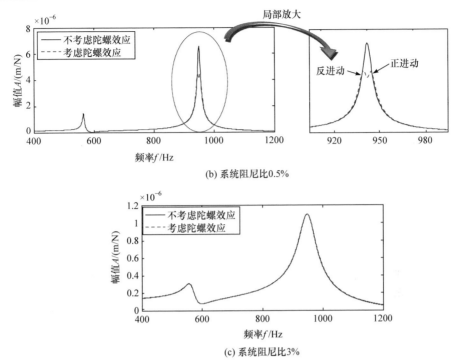

(b) 系统阻尼比0.5%

(c) 系统阻尼比3%

图 2-26　陀螺效应和阻尼对直接传递函数 Φ_{xx} 的影响(主轴转速：12000r/min)

　　陀螺力矩带来的另一个影响是交叉传递函数 Φ_{xy} 或 Φ_{yx} 的变化。X 和 Y 是正交的两个轴，在静止或低速状态下，其交叉传递函数可以忽略。但是在高速状态下，陀螺效应将使交叉传递函数大幅度增加。举例说明，当主轴转速为 12000r/min、阻尼比为 3%时，仿真得到陀螺效应对交叉传递函数 Φ_{xy} 的影响如图 2-27 所示。从图中明显看出，考虑陀螺效应后系统的交叉传递函数的幅值远远大于不考虑陀螺效应的情况。

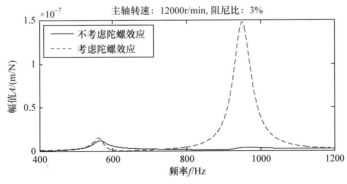

图 2-27　陀螺效应对交叉传递函数 Φ_{xy} 的影响

2) 主轴转子离心力效应分析

下面将分析主轴转子离心力效应对主轴动态特性的影响。由图 2-28 知，转子的离心力矩阵 $\boldsymbol{M}_C^b$ 会降低系统刚度，将导致系统的固有频率降低。假设轴承刚度保持不变且只考虑主轴转子离心力效应时，仿真与实验测量的固有频率如图 2-28 所示。当转速从 0r/min 上升到 12000r/min 时，实验测量的固有频率共降低 25Hz，而仿真的固有频率只降低了 17Hz，且在高速段(8000～12000r/min)，仿真值明显大于实验测量值。这说明，只考虑主轴转子的离心力效应是不够的，还需要考虑轴承高速效应对主轴动态特性的影响。

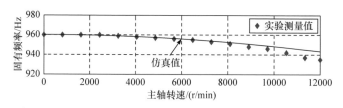

图 2-28　主轴转子离心力效应分析

2. 轴承的高速效应

轴承在旋转时，滚动体也围绕旋转轴做公转运动，作用在滚动体上的离心力，是改变轴承动态特性的主要因素。在图 2-29(a)中，轴承处于静止状态，且仅受轴向预紧力的作用。轴承的内外圈将产生相同的接触力 Q 和接触角 θ。不考虑滚动体的陀螺力矩，高速运转下轴承的受力情况如图 2-29(b)所示。轴向和径向的力平衡方程分别为

$$\begin{cases} Q_i \sin\theta_i = Q_o \sin\theta_o \\ Q_i \cos\theta_i + F_c = Q_o \cos\theta_o \end{cases} \tag{2-40}$$

由式(2-40)可推出

$$c\tan\theta_o = c\tan\theta_i + \frac{F_c}{Q_i \sin\theta_i} \tag{2-41}$$

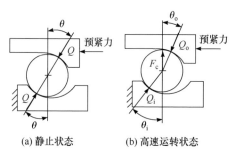

图 2-29　轴承的离心力效应

由式(2-41)易知 $\theta_o < \theta_i$，即在离心力的作用下，内圈接触角 θ_i 增大，而外圈接触角 θ_o 减小。再由式(2-40)可知 $Q_o > Q_i$，即高速旋转的轴承中，外圈接触力总大于内圈接触力。从这个角度来说，运转状态下的轴承外圈的损伤概率应高于内圈。

此外，主轴在高速运行时，轴承滚动体产生的陀螺力矩使轴承的刚度略有增加，Cao 对其进行了分析[2]。

轴承的刚度是接触载荷、接触角及接触变形等因素的非线性函数。利用本章中的轴承刚度计算算法，可以得到主轴前轴承 HYKH61914 的轴向刚度和径向刚度随主轴转速的变化关系，如图 2-30 所示。随着转速的升高，在滚动体离心力和陀螺力矩的作用下，轴承的轴向刚度和径向刚度都有所降低。当转速升高到 12000r/min 时，该轴承的轴向刚度和径向刚度分别下降了 9.7%和 10%。

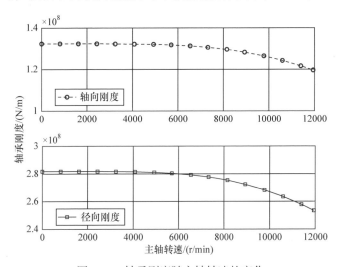

图 2-30　轴承刚度随主轴转速的变化

随着轴承刚度下降，主轴系统的固有频率降低，如图 2-31 所示。当转速为 12000r/min 时，由轴承刚度变化所引起的系统固有频率的降低量约为 10Hz。实验测量的固有频率共降低 25Hz，说明在当前预紧力情况下，轴承刚度下降并非系统

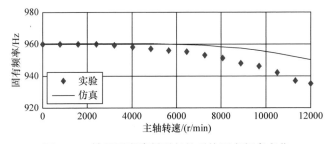

图 2-31　轴承刚度降低引起的系统固有频率变化

固有频率下降的主导因素。此时，主轴转子的离心力效应更明显，在 2.5.1 小节的分析中，转子离心力效应使系统固有频率下降了约 17Hz。

3. 主轴转子与轴承高速效应综合

以上分别分析了系统固有频率对主轴转子陀螺力矩、离心力和轴承刚度的敏感程度，可以发现，在高速旋转状态下，主轴转子的离心力效应对系统固有频率的影响最大，轴承刚度下降产生的影响次之，而主轴转子产生的陀螺力矩的影响最小。下面将综合考虑主轴转子和轴承的高速效应，从而准确地预测高速旋转状态下主轴的动态特性。

图 2-32 为考虑主轴转子离心力效应、陀螺效应和轴承刚度下降以后的 Weiss 高速主轴系统主模态固有频率的仿真与实验比较。在实验中，当主轴转速从 0r/min 增加到 12000r/min 后，测量到的系统固有频率下降了约 25Hz，而仿真的固有频率下降了约 27Hz，二者相差无几，而且在不同的速度节点，仿真结果与实验值都能够良好地匹配，验证了所建立的高速主轴数字模型的准确性和精确性。

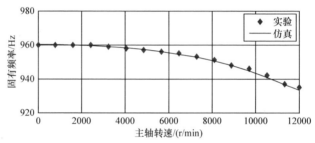

图 2-32　高速主轴系统主模态固有频率的仿真与实验比较

除了固有频率以外，本节还研究了主轴系统中刀尖上的频率响应函数。实验频率响应函数仍利用力锤 Kistler 9722(灵敏度：2.13mV/N)和激光测振仪 Polytech OFV-534 测得，实验装置见图 2-23。当主轴转速为 12000r/min，主轴系统中刀尖的仿真与实验频率响应函数比较如图 2-33 所示。总体来说，虽然在实验频率响应函数中夹杂了大量的主轴转频噪声，但是仿真与实验频率响应函数仍然能良好地匹配。这意味着在实际工程中，当高速旋转状态下刀具的频率响应函数无法测量的时候，完全可以利用仿真的频率响应函数来代替，从而预测主轴-刀具系统在高速状态下的加工性能。

2.5.2　高速铣削加工颤振稳定性预测

1. 铣削力解析建模

1) 立铣切削力解析建模

螺旋立铣刀的螺旋槽可以用来抑制铣刀振动的剧烈变化，从而获得较好的加

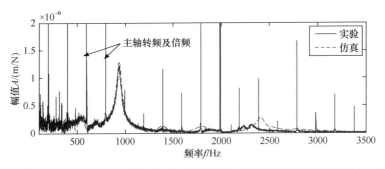

图 2-33　转速 12000r/min 时刀尖的仿真与实验频率响应函数比较(轴承预紧力：100psi)

工表面质量并延长刀具的寿命。螺旋角的存在，使立铣刀的铣削力的预测变得较为复杂，一般采用微元法，即沿着螺旋槽从底部到最终轴向切削深度处对各个微元处的切削力进行积分而得到铣削力。

图 2-34 所示的是一种典型的螺旋立铣刀及其切削力分析，假定其螺旋角为 β，螺旋槽总数为 N；$\phi_j(z)$ 为螺旋槽 j 在轴向切深 z 处的接触角，ϕ_{st} 和 ϕ_{ex} 分别为切入角和切出角；作用在第 j 个螺旋槽微元 dz 上的切向切削力(dF_{tj})、径向切削力(dF_{rj})和轴向切削力(dF_{aj})可以分别表示为[19]

$$\begin{cases} dF_{tj}\left[\phi_j(z)\right] = \left[K_{tc}h_j(\phi,z) + K_{te}\right]dz \\ dF_{rj}\left[\phi_j(z)\right] = \left[K_{rc}h_j(\phi,z) + K_{re}\right]dz \\ dF_{aj}\left[\phi_j(z)\right] = \left[K_{ac}h_j(\phi,z) + K_{ae}\right]dz \end{cases} \tag{2-42}$$

式中，K_{tc}、K_{rc} 和 K_{ac} 分别切向、径向和轴向的切削力系数；K_{te}、K_{re} 和 K_{ae} 分别为对应的刃口力系数；切削厚度 $h_j(\phi,z) = c\sin\phi_j(z)$。

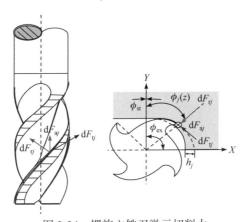

图 2-34　螺旋立铣刀微元切削力

通过下列变换可以将微元切削力分解到进给方向(X)、法向(Y)和轴向(Z):

$$\begin{cases} \mathrm{d}F_{x,j}\left[\phi_j(z)\right] = -\mathrm{d}F_{\mathrm{t}j}\cos\phi_j(z) - \mathrm{d}F_{\mathrm{r}j}\sin\phi_j(z) \\ \mathrm{d}F_{y,j}\left[\phi_j(z)\right] = \mathrm{d}F_{\mathrm{t}j}\sin\phi_j(z) - \mathrm{d}F_{\mathrm{r}j}\cos\phi_j(z) \\ \mathrm{d}F_{z,j}\left[\phi_j(z)\right] = \mathrm{d}F_{\mathrm{a}j} \end{cases} \tag{2-43}$$

将式(2-42)代入式(2-43),并将微元切削力沿螺旋槽 j 参与加工的部分进行积分,可得该螺旋槽产生的总切削力:

$$\begin{cases} F_{x,j}(\phi) = \int_{z_{j,1}}^{z_{j,2}} \left(\dfrac{c}{2}\left\{-K_{\mathrm{tc}}\sin 2\phi_j(z) - K_{\mathrm{rc}}\left[1-\cos 2\phi_j(z)\right]\right\} + \left[-K_{\mathrm{te}}\cos\phi_j(z) - K_{\mathrm{re}}\sin\phi_j(z)\right] \right)\mathrm{d}z \\ F_{y,j}(\phi) = \int_{z_{j,1}}^{z_{j,2}} \left(\dfrac{c}{2}\left\{K_{\mathrm{tc}}\left[1-\cos 2\phi_j(z)\right] - K_{\mathrm{rc}}\sin 2\phi_j(z)\right\} + \left[K_{\mathrm{te}}\sin\phi_j(z) - K_{\mathrm{re}}\cos\phi_j(z)\right] \right)\mathrm{d}z \\ F_{z,j}(\phi) = \int_{z_{j,1}}^{z_{j,2}} \left[K_{\mathrm{ac}}c\sin\phi_j(z) + K_{\mathrm{ae}}\right]\mathrm{d}z \end{cases}$$

$$\tag{2-44}$$

将所有螺旋齿在接触角 ϕ 处的切削力求和,将得到作用在立铣刀上的瞬时切削力为

$$\begin{cases} F_x(\phi) = \sum_{j=1}^{N} F_{x,j}(\phi) \\ F_y(\phi) = \sum_{j=1}^{N} F_{y,j}(\phi) \\ F_z(\phi) = \sum_{j=1}^{N} F_{z,j}(\phi) \end{cases} \tag{2-45}$$

作用在铣刀上的切削合力为

$$F(\phi) = \sqrt{F_x(\phi)^2 + F_y(\phi)^2 + F_z(\phi)^2} \tag{2-46}$$

2) 动态铣削模型

先不考虑铣刀的螺旋角,假定铣刀有 N 个直齿,并具有两个互相垂直方向的自由度,即进给方向 X 和法向 Y,如图 2-35 所示。切削力在这两个方向激励加工系统,分别引起振动波纹或动态位移 x 和 y。经过坐标变换,可得到刀齿 j 在径向或切削厚度方向的动态位移(内调制):

$$v_j(t) = -x(t)\sin\phi_j(t) - y(t)\cos\phi_j(t) \tag{2-47}$$

式中,$\phi_j(t) = \Omega t$,为刀齿 j 的瞬时接触角。假设刀齿周期为 T,前一个刀齿($j-1$)引起的径向动态位移(外调制)为

$$v_j(t-T) = -x(t-T)\sin\phi_j(t) - y(t-T)\cos\phi_j(t) \tag{2-48}$$

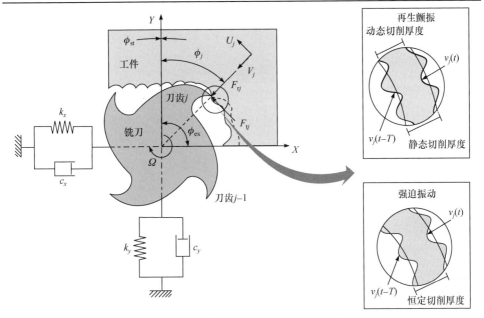

图 2-35　2 自由度动态铣削模型

最终切削厚度由两部分组成，一部分是刀具作为刚体运动时的静态切削厚度部分($c\sin\phi_j(t)$)，另一部分是当前刀齿和前一个刀齿的振动引起的动态切削厚度变化部分，总的切削厚度为

$$h_j(t) = \left[c\sin\phi_j(t) + v_j(t-T) - v_j(t)\right]g\left[\phi_j(t)\right] \tag{2-49}$$

式中，c 为每齿进给量，并利用 $g\left[\phi_j(t)\right]$ 来判断刀齿是否处于切削中，即

$$\begin{cases} g\left[\phi_j(t)\right] = 1 \leftarrow \phi_{st} < \phi_j(t) < \phi_{ex} \\ g\left[\phi_j(t)\right] = 0 \leftarrow \phi_j(t) < \phi_{st} 或 \phi_j(t) > \phi_{ex} \end{cases} \tag{2-50}$$

由式(2-49)可以看出，若内调制 $v_j(t)$ 和外调制 $v_j(t-T)$ 互相平行，即二者相位差为 0 或 2π 时，切削厚度将恒定，此时不存在颤振，振动波纹仅由切削过程中的强迫振动引起。若相位差不为 0，切削厚度将连续变化，并可能引发颤振。

省略切削厚度的静态部分($c\sin\phi_j$)，并考虑切削厚度随着旋转角度的变化，可建立铣削力的表达式如下[20]：

$$\boldsymbol{F}_a(t) = \frac{1}{2}aK_t\boldsymbol{A}(t)\boldsymbol{\Delta}(t) \tag{2-51}$$

式中，a 为轴向切深；K_t 为切削力系数；$\boldsymbol{A}(t)$ 为随时间变化的定向动态铣削力系数矩阵；$\boldsymbol{\Delta}(t)$ 为动态切削厚度变化向量。$\boldsymbol{A}(t)$ 和 $\boldsymbol{\Delta}(t)$ 可分别表示为

$$\begin{cases} \boldsymbol{A}(t) = \begin{bmatrix} \alpha_{xx}(t) & \alpha_{xy}(t) \\ \alpha_{yx}(t) & \alpha_{yy}(t) \end{bmatrix} \\ \boldsymbol{\Delta}(t) = \begin{bmatrix} x(t) - x(t-T) \\ y(t) - y(t-T) \end{bmatrix} \end{cases} \tag{2-52}$$

随着刀具的旋转，定向因子随时间变化，这是铣削与如车削加工等切削力方向恒定的加工方式的最根本区别。为了便于计算，Altintas 和 Budak 将 $\boldsymbol{A}(t)$ 展开为傅里叶级数，并只取其平均值得到不随时间变化的定向铣削系数矩阵式(2-53)作为 $\boldsymbol{A}(t)$ 的近似。

$$\boldsymbol{A}_0 = \frac{1}{T} \int_0^T \boldsymbol{A}(t) \mathrm{d}t \tag{2-53}$$

此时，式(2-51)变为

$$\boldsymbol{F}_{\mathrm{a}}(t) = \frac{1}{2} a K_{\mathrm{t}} \boldsymbol{A}_0 \boldsymbol{\Delta}(t) \tag{2-54}$$

式中，$\boldsymbol{A}_0 = \dfrac{N}{2\pi} \begin{bmatrix} \alpha_{xx} & \alpha_{xy} \\ \alpha_{yx} & \alpha_{yy} \end{bmatrix}$，$N$ 为刀齿数，具体表达式见文献[20]。因为每个刀齿切削周期的平均切削力与螺旋角无关，所以 $\boldsymbol{A}_0$ 也适用于螺旋立铣刀。

2. 刀具与工件相对振动分析

刀具相对于工件加工表面之间的振动影响工件的最终表面质量、切屑的厚度和动态切削力等。根据 2.4.2 小节的分析可知，切削力可以根据给定的刀具几何参数、工件材料常数和切削条件进行预测，在此基础上，可以分别计算刀具和工件的振动及刀具和工件之间的相对位移，进而仿真工件加工表面的质量。

在切削过程中，刀具和工件分别承受大小相等、方向相反的切削力。如果用 2 自由度系统来表示刀具(下标 t)和工件(下标 w)结构，其位移和力矢量可以表示为

$$\begin{cases} \boldsymbol{x} = \begin{bmatrix} x_{\mathrm{t}}, x_{\mathrm{w}} \end{bmatrix}^{\mathrm{T}} \\ \boldsymbol{F} = \begin{bmatrix} 1, -1 \end{bmatrix}^{\mathrm{T}} F_0 \end{cases} \tag{2-55}$$

该系统的运动方程为

$$\boldsymbol{M}\ddot{\boldsymbol{x}} + \boldsymbol{C}\dot{\boldsymbol{x}} + \boldsymbol{K}\boldsymbol{x} = \boldsymbol{F} \tag{2-56}$$

求解特征值问题，可得到模态矩阵 $\boldsymbol{P} = \begin{bmatrix} P_{\mathrm{tt}} & P_{\mathrm{tw}} \\ P_{\mathrm{wt}} & P_{\mathrm{ww}} \end{bmatrix}$，矩阵中的列表示模态振型。

利用模态坐标变换方程 $\boldsymbol{x} = \boldsymbol{Pq}$ ，可以求解刀具和工件的位移：

$$
\begin{aligned}
x_{\mathrm{t}} &= [P_{\mathrm{tt}}, P_{\mathrm{tw}}][q_{\mathrm{t}}, q_{\mathrm{w}}]^{\mathrm{T}} \\
x_{\mathrm{w}} &= [P_{\mathrm{wt}}, P_{\mathrm{ww}}][q_{\mathrm{t}}, q_{\mathrm{w}}]^{\mathrm{T}}
\end{aligned}
\tag{2-57}
$$

其中，模态位移矢量 $\boldsymbol{q}$ 可以由模态力和模态传递函数矩阵 $\boldsymbol{\Phi}_q$ 得到：

$$
\boldsymbol{q} = \begin{bmatrix} q_{\mathrm{t}} \\ q_{\mathrm{w}} \end{bmatrix} = \begin{bmatrix} \Phi_{q_{\mathrm{t}}} & \\ & \Phi_{q_{\mathrm{w}}} \end{bmatrix} \begin{bmatrix} P_{\mathrm{tt}} - P_{\mathrm{wt}} \\ P_{\mathrm{tw}} - P_{\mathrm{ww}} \end{bmatrix} F_0
\tag{2-58}
$$

将式(2-58)代入式(2-57)中，可得到刀具和工件在切削力激励下的振动分别为

$$
\begin{cases}
x_{\mathrm{t}} = F_0 \Phi_{q_{\mathrm{t}}} P_{\mathrm{tt}} (P_{\mathrm{tt}} - P_{\mathrm{wt}}) + F_0 \Phi_{q_{\mathrm{w}}} P_{\mathrm{tw}} (P_{\mathrm{tw}} - P_{\mathrm{ww}}) \\
x_{\mathrm{w}} = F_0 \Phi_{q_{\mathrm{t}}} P_{\mathrm{wt}} (P_{\mathrm{tt}} - P_{\mathrm{wt}}) + F_0 \Phi_{q_{\mathrm{w}}} P_{\mathrm{ww}} (P_{\mathrm{tw}} - P_{\mathrm{ww}})
\end{cases}
\tag{2-59}
$$

刀具与工件之间的相对振动可以利用式(2-60)求出：

$$
\Delta x = x_{\mathrm{t}} - x_{\mathrm{w}}
\tag{2-60}
$$

求得刀具-工件相对位移后，即可仿真工件最终的尺寸精度和表面质量。

当机床结构在切削点受到谐波力的激励时，刀具和工件之间的相对传递函数为

$$
\Phi_{\mathrm{tw}}(\omega) = \frac{x_{\mathrm{t}}(\omega) - x_{\mathrm{w}}(\omega)}{F_0(\omega)} = \Phi_{q_{\mathrm{t}}}(\omega)(P_{\mathrm{tt}} - P_{\mathrm{wt}})^2 + \Phi_{q_{\mathrm{w}}}(\omega)(P_{\mathrm{tw}} - P_{\mathrm{ww}})^2
\tag{2-61}
$$

3. 高速铣削颤振稳定域预测

刀具-工件接触区的传递函数矩阵决定着铣削加工颤振稳定区域的范围，主轴转速为 Ω 时的传递函数矩阵可表示如下：

$$
\boldsymbol{\Phi}(\mathrm{i}\omega, \Omega) = \begin{bmatrix} \Phi_{xx}(\mathrm{i}\omega, \Omega) & \Phi_{xy}(\mathrm{i}\omega, \Omega) \\ \Phi_{yx}(\mathrm{i}\omega, \Omega) & \Phi_{yy}(\mathrm{i}\omega, \Omega) \end{bmatrix}
\tag{2-62}
$$

式中，$\Phi_{xx}(\mathrm{i}\omega, \Omega)$ 和 $\Phi_{yy}(\mathrm{i}\omega, \Omega)$ 分别为 X 和 Y 方向的传递函数；$\Phi_{xy}(\mathrm{i}\omega, \Omega)$ 和 $\Phi_{yx}(\mathrm{i}\omega, \Omega)$ 分别为 X 和 Y 方向的交叉传递函数。将当前时刻(t)和前一个刀齿切削周期($t-T$)的振动响应向量定义为

$$
\boldsymbol{r}(t) = \begin{bmatrix} x(t), y(t) \end{bmatrix}^{\mathrm{T}}, \qquad \boldsymbol{r}(t-T) = \begin{bmatrix} x(t-T), y(t-T) \end{bmatrix}^{\mathrm{T}}
\tag{2-63}
$$

记动态切削力 $\boldsymbol{F}(t)$ 的频域表达为 $\boldsymbol{F}(\mathrm{i}\omega) = \boldsymbol{F}\mathrm{e}^{\mathrm{i}\omega t}$ ，在频域可得颤振频率 ω_{c} 处的振动为

$$
\boldsymbol{r}(\mathrm{i}\omega_{\mathrm{c}}) = \boldsymbol{\Phi}(\mathrm{i}\omega_{\mathrm{c}}, \Omega)\boldsymbol{F}(\mathrm{i}\omega_{\mathrm{c}}) \rightarrow \boldsymbol{r}(\mathrm{i}\omega_{\mathrm{c}}) = \boldsymbol{\Phi}(\mathrm{i}\omega_{\mathrm{c}}, \Omega)\boldsymbol{F}\mathrm{e}^{\mathrm{i}\omega_{\mathrm{c}}t}
\tag{2-64}
$$

由式(2-64)易知动态切削厚度变化 $\varDelta(t)=\boldsymbol{r}(t)-\boldsymbol{r}(t-T)$ 在颤振频率 ω_c 处的描述方程为

$$\varDelta(\mathrm{i}\omega_c)=\boldsymbol{\varPhi}(\mathrm{i}\omega_c,\varOmega)\left(1-\mathrm{e}^{-\mathrm{i}\omega_cT}\right)\boldsymbol{F}\mathrm{e}^{\mathrm{i}\omega_ct} \tag{2-65}$$

将式(2-54)变换到频域，并将式(2-65)代入可得

$$\boldsymbol{F}\mathrm{e}^{\mathrm{i}\omega_ct}=\frac{1}{2}aK_t\left(1-\mathrm{e}^{-\mathrm{i}\omega_cT}\right)\boldsymbol{A}_0\boldsymbol{\varPhi}(\mathrm{i}\omega_c,\varOmega)\boldsymbol{F}\mathrm{e}^{\mathrm{i}\omega_ct}$$

$$\Rightarrow\left(\boldsymbol{I}-\frac{1}{2}aK_t\left(1-\mathrm{e}^{-\mathrm{i}\omega_cT}\right)\boldsymbol{A}_0\boldsymbol{\varPhi}(\mathrm{i}\omega_c,\varOmega)\right)\boldsymbol{F}\mathrm{e}^{\mathrm{i}\omega_ct}=0 \tag{2-66}$$

令式(2-66)行列式值为零，可得闭环动态铣削系统的特征方程：

$$f(\varOmega,a,\omega_c)=\det\left|\boldsymbol{I}-\frac{1}{2}K_ta\left(1-\mathrm{e}^{-\mathrm{i}\omega_cT}\right)\boldsymbol{A}_0\boldsymbol{\varPhi}(\mathrm{i}\omega_c,\varOmega)\right|=0 \tag{2-67}$$

由于结构的传递函数矩阵 $\boldsymbol{\varPhi}(\mathrm{i}\omega_c,\varOmega)$ 与主轴转速有关，而且由于陀螺力矩的作用，交叉频率响应函数不能再被忽略，因此 Altintas 和 Budak 给出的颤振快速预测方法[20]不再适用，需采用时域法[21]或者奈奎斯特法求解特征方程即式(2-67)。本节选用奈奎斯特稳定判据，其原理见附录3。

在进行颤振稳定域预测时，首先根据刀具参数、工件材料和径向切削接触角，依据文献[21]计算动态切削系数 $\boldsymbol{A}_0$。然后可按下面步骤计算考虑速度效应后的铣削加工稳定性叶瓣图：

(1) 考虑离心力效应和陀螺效应，利用高速主轴-机床系统数字模型来仿真主轴转速为 $\varOmega$ 时刀具-工件接触区的传递函数矩阵 $\boldsymbol{\varPhi}(\mathrm{i}\omega_c,\varOmega)$；

(2) 给定初始临界轴向切削深度 $a=a_0$；

(3) 在传递函数矩阵 $\boldsymbol{\varPhi}(\mathrm{i}\omega_c,\varOmega)$ 中的主模态附近选择颤振频率 $\omega_c=\omega_1,\omega_2,\cdots,\omega_N$；

(4) 扫描所有颤振频率，利用奈奎斯特稳定判据来判断在当前条件下(主轴转速 $\varOmega$，切削深度 a)，铣削系统是否稳定；

(5) 在感兴趣的范围内，逐渐增加临界轴向切削深度 $a=a_0,a_1,\cdots,a_n$，重复步骤(3)~(4)；

(6) 改变主轴转速 $\varOmega$，重复步骤(1)~(5)；

(7) 得到主轴转速与轴向切削深度之间的关系，找出加工稳定边界，绘制颤振稳定性叶瓣图。

上述过程可以用流程图表示，见图2-36。

图2-37为一个典型的颤振稳定性叶瓣图，颤振稳定域曲线将轴向切深-转速平面分为稳定切削区和不稳定切削区。利用该稳定性叶瓣图，可以有效地对切削深度和主轴转速进行工艺优化，从而提高生产效率。

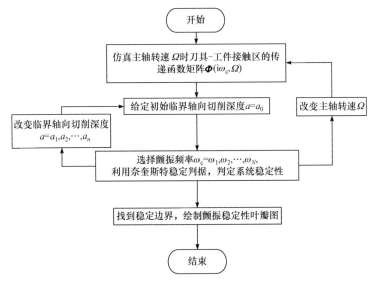

图 2-36　高速铣削颤振稳定域计算流程图

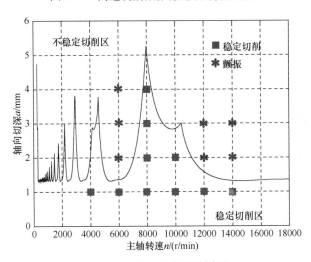

图 2-37　颤振稳定性叶瓣图

2.5.3　高速铣削实验验证

实验在立式数控加工中心 VMC 2216 上进行,该加工中心上安装的主轴仍为 Weiss 高速主轴。铣削时采用整体螺旋槽硬质合金立铣刀,刀齿数为 2,刀体直径为 20mm;轴承预紧液压油泵的输出油压设为 80psi(等效的轴承预紧力约为 1423N)。刀尖处频率响应函数的测量如图 2-38 所示,利用力锤 Kistler 9722(灵敏度:2.13mV/N) 激励,并用激光测振仪 Polytech OFV-534 测量刀尖的动态响应,然后将力信号和振动响应信号输入模态测试软件 CutPro-MalTF® 中得到实验频率响应函数。

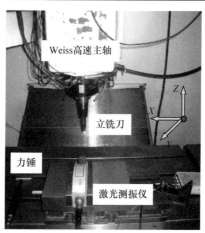

图 2-38　刀尖频率响应函数测量(轴承预紧力：1423N)

　　首先，验证高速主轴-机床系统数字模型预测刀尖频率响应函数的准确性。建模时，仍然利用 Timoshenko 梁单元来建立立铣刀的有限元模型，考虑到螺旋槽引起的刀具质量变化，对刀具的直径进行了适当的等效，并假定刀具与刀柄之间为刚性连接。分别对比了切削进给方向(X)和法向(Y)上的仿真与实验测量频率响应函数，分别如图 2-39(a)和(b)所示。

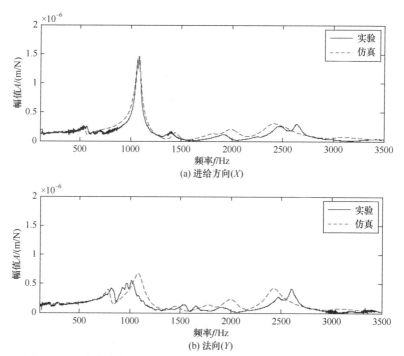

图 2-39　刀尖仿真与实验测量频率响应函数比较(轴承预紧力：1423N)

从图 2-39 中可以看出，仿真与实验匹配良好，验证了高速主轴-机床系统数字模型的精确性；也说明了可以利用该数字模型来仿真刀尖处的频率响应函数，从而预测该主轴在高速加工中的稳定性。

下面分析 Weiss 高速主轴铣削加工时的稳定性。采用全接触铣槽方式加工铝合金 Al-7050，对应这种材料和刀具的切削力系数见表 2-10。高速加工过程如图 2-40 所示，工件沿 X 方向进给，进给速度设为 1500mm/min，并选用 Kistler 9257B 型切削力传感器实时测量切削力。

表 2-10　切削力系数

K_{te}/(N/mm)	K_{re}/(N/mm)	K_{ae}/(N/mm)	K_{tc}/(N/mm²)	K_{rc}/(N/mm²)	K_{ac}/(N/mm²)
−1.971	−9.796	1.484	954.973	161.65	−69.145

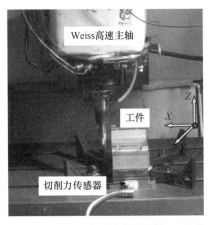

图 2-40　Weiss 高速主轴铣削加工过程

仿真该主轴在高速运行状态下的刀尖频率响应函数，并计算出全接触铣槽加工的颤振稳定性叶瓣图，如图 2-41 所示。由图中可看出，所有转速下最大稳定切削深度 a_{lim} 约为 1.5mm，在主轴转速 0～14000r/min，最理想的稳定性叶瓣对应的主轴转速在 10000～11500r/min，主轴的最大轴向切削深度可以达到 4mm。

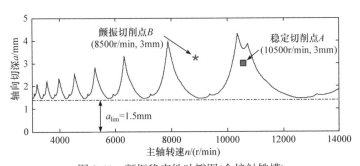

图 2-41　颤振稳定性叶瓣图(全接触铣槽)

　　分别进行两次切削实验，第一种情况是图 2-41 所示叶瓣图中稳定的切削点 A，对应主轴转速 n=10500r/min，切削深度 a=3mm。对稳定切削过程进行仿真，得到切削合力，并与实验测量的切削合力比较，如图 2-42 所示。稳定切削时，切削合力波形类似正弦波形，非常规整，幅值在 0～200N 波动，在切削合力的频谱中，刀刃切削频率 350Hz 及其倍频为主要频率成分。仿真的切削合力与实验测量值吻合得非常好，验证了铣削模型的精确性。

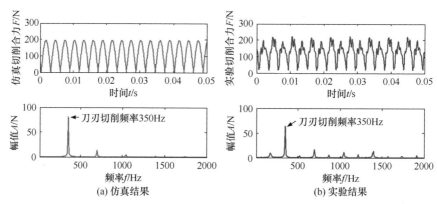

图 2-42　稳定切削时仿真与实验切削合力及其频谱比较

主轴转速：10500r/min；进给速率：1500mm/min；轴向切深：3mm；工件材料：Al-7050

　　接着仿真稳定切削状态下刀具相对工件的振动位移，如图 2-43 所示。可以发现，稳定切削状态下的振动很小，而且也呈正弦曲线变化。

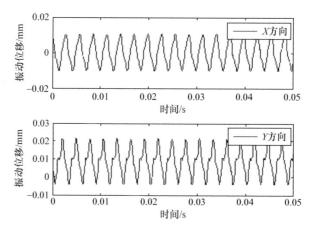

图 2-43　稳定切削时刀具相对工件的振动位移仿真结果

　　全接触铣槽加工中，顺铣和逆铣加工方式同时存在，槽的两侧壁分别为顺铣加工表面和逆铣加工表面。分别对稳定切削时顺铣与逆铣加工表面进行仿真，并与实验进行对比，如图 2-44 所示。稳定切削时加工表面好，粗糙度 Ra 在 1μm 左右，而且顺铣与逆铣加工表面质量区别不大。

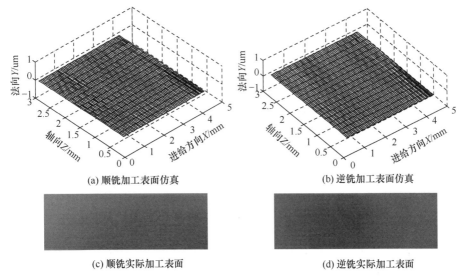

(a) 顺铣加工表面仿真 (b) 逆铣加工表面仿真

(c) 顺铣实际加工表面 (d) 逆铣实际加工表面

图 2-44 稳定切削时表面质量仿真与实验对比

第二种情况对应图 2-41 所示叶瓣图中发生颤振的切削点 B，主轴转速 $n=8500$r/min，切削深度 $a=3$mm。对颤振切削过程进行仿真得到仿真切削合力，并与实验测量切削合力比较，如图 2-45 所示。相比稳定切削状态，切削合力幅值增加明显并在 0～600N 波动，在切削合力的频谱中，除了 283Hz 的刀刃切削频率及其倍频成分以外，在 1300Hz 处出现了明显的颤振频率，它与结构第一阶主模态的固有频率接近，但不相等(参考图 2-39)。仿真的切削合力与实验测量值也能良好匹配，再次证明了高速铣削加工过程模型的准确性。

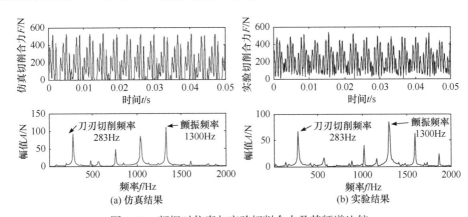

(a) 仿真结果 (b) 实验结果

图 2-45 颤振时仿真与实验切削合力及其频谱比较

主轴转速：8500r/min；进给速率：1500mm/min；轴向切深：3mm；工件材料：Al-7050

接着，仿真颤振切削状态下刀具相对工件的振动，如图 2-46 所示。若加工中发生颤振，刀具相对工件的振动幅值剧烈增加，而且振动频率升高。

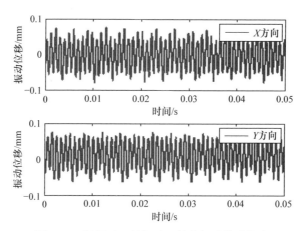

图 2-46　颤振时刀具相对工件的振动位移仿真

分别对颤振切削时顺铣与逆铣加工表面进行仿真，并与实验进行对比，如图 2-47 所示。从加工表面的形貌来看，无论顺铣还是逆铣，表面均出现了大量的波峰与波谷。受颤振的影响，表面质量严重下降。顺铣加工表面的粗糙度约为 15μm，逆铣加工表面粗糙度约为 20μm。

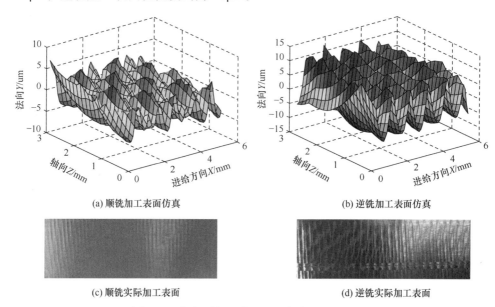

(a) 顺铣加工表面仿真　　　　　　　　　(b) 逆铣加工表面仿真

(c) 顺铣实际加工表面　　　　　　　　　(d) 逆铣实际加工表面

图 2-47　颤振时加工表面质量仿真与实验对比

上述切削实验，充分证明了高速主轴铣削加工稳定性预测方法的正确性。将高速主轴动态特性与加工过程结合，可以准确预测切削力、刀具相对工件的振动及加工表面形貌等。

参 考 文 献

[1] 曹宏瑞. 高速机床主轴数字建模理论及其应用研究[D]. 西安:西安交通大学, 2010.

[2] CAO Y, ALTINTAS Y. Modeling of spindle-bearing and machine tool systems for virtual simulation of milling operations[J]. International Journal of Machine Tools and Manufacture, 2007, 47(9): 1342-1350.

[3] CAO H, NIU L, XI S, et al. Mechanical model development of rolling bearing-rotor systems: A review[J]. Mechanical Systems and Signal Processing, 2018, 102: 37-58.

[4] JONES A B. A general theory for elastically constrained ball and radial roller bearings under arbitrary load and speed conditions[J]. Journal of Fluids Engineering, 1960, 82(2): 309-320.

[5] HOLKUP T, CAO H, KOLÁR P, et al. Thermo-mechanical model of spindles[J]. CIRP Annals - Manufacturing Technology, 2010, 59(1): 365-368.

[6] HARRIS T A. Rolling Bearing Analysis[M]. New York: John Wiley and Sons, 1991.

[7] PALMGREN A. Ball and Roller Bearing Engineering [M] .3rd ed. Burbank: Philadelphia, 1959.

[8] YANG S. A study of the static stiffness of machine tool spindles[J]. International Journal of Machine Tool Design and Research, 1981, 21(1): 23-40.

[9] BOLLINGER J G, GEIGER G. Analysis of the static and dynamic behavior of lathe spindles[J]. International Journal of Machine Tool Design and Research, 1964, 3(4): 193-209.

[10] ELSAYED H R. Bearing stiffness and the optimum design of machine tool spindles[J]. Machinery and Production Engineering, 1974, 125(3232): 519-524.

[11] AL-SHAREEF K, BRANDON J. On the quasi-static design of machine tool spindles[J]. Proceedings of the Institution of Mechanical Engineers, Part B: Journal of Engineering Manufacture, 1990, 204(2): 91-104.

[12] NELSON H D. A finite rotating shaft element using timoshenko beam theory[J]. Journal of Mechanical Design, 1980, 102(4):793-803.

[13] NELSON H D, MCVAUGH J M. The dynamics of rotor-bearing systems using finite elements[J]. ASME-Journal of Engineering for Industries, 1976, 98: 593-600.

[14] BATHE K J, WILSON E L. Numerical Methods in Finite Element Analysis[M]. Englewood Cliffs,N J, USA: Prentice-Hall Inc., 1976.

[15] CAO H, HOLKUP T, ALTINTAS Y. A comparative study on the dynamics of high speed spindles with respect to different preload mechanisms[J]. International Journal of Advanced Manufacturing Technology, 2011, 57(9): 871-883.

[16] CAO Y, ALTINTAS Y. A general method for the modeling of spindle-bearing systems[J]. Journal Mechanical Design, 2004, 126(6): 1089-1104.

[17] REN Y, BEARDS C F. On substructure synthesis with FRF data[J]. Journal of Sound and Vibration, 1995, 185(5): 845-866.

[18] CAO H, BING L, HE Z. Chatter stability of milling with speed-varying dynamics of spindles[J]. International Journal of Machine Tools and Manufacture, 2012, 52(1): 50-58.

[19] ALTINTAS Y. Manufacturing Automation - Metal Cutting Mechanics, Machine Tool Vibrations and CNC Design[M]. Cambridge: Cambridge University Press, 2000.

[20] ALTINTAS Y, BUDAK E. Analytical prediction of stability lobes in milling[J]. CIRP Annals Manufacturing Technology, 1995, 44(1): 357-362.

[21] INSPERGER T, MANN B P, STÉPÁN G, et al. Stability of up-milling and down-milling, part 1: Alternative analytical methods[J]. International Journal of Machine Tools and Manufacture, 2003, 43(1): 25-34.

第3章　基于轴承动力学模型的智能主轴建模及非平稳振动分析

3.1　引　　言

智能主轴在切削加工过程中，必然会产生振动。振动来源主要有两方面，其一是主轴自身，如不平衡、轴承内部间隙、轴承损伤等；其二则是切削过程，在切削力激励下产生强迫振动，如果切削参数选择不当，还会产生颤振。振动不仅会降低工件的尺寸精度和表面质量，还会降低主轴回转精度，甚至造成主轴零部件破坏。针对智能主轴开展动力学特性和非平稳振动机理分析，对于在设计阶段提升高速主轴设计理论和水平，在使用阶段充分发挥机床的最大性能，并实现对异常振动响应的检测与识别，进而保证工件加工质量、提高加工效率有着至关重要的意义。

智能主轴是典型的滚动轴承支承转子系统[1,2]，其中滚动轴承是主轴动力学建模的关键。目前轴承拟静力学模型已经成功应用于机床主轴的动力学建模[3-9]中，但是拟静力轴承模型有它自身的缺陷，它采用了滚球的"滚道控制"假设，忽略了如轴承间隙、保持架效应和轴承润滑效应等对主轴系统动力学特性有重要影响的因素，难以准确模拟主轴系统的非线性动力学行为[10-12]。虽然滚动轴承仅由内圈、外圈、滚动体和保持架四类元件组成，但其运动学特征、动力学特征、摩擦学特征等十分复杂。美国学者 Gupta[13,14]提出的滚动轴承动力学模型考虑了球轴承中三个相互作用关系，即滚球与滚道相互作用、滚球与保持架相互作用及保持架与引导套圈相互作用，是目前最完整、最具有代表性的滚动轴承动力学模型之一，然而该模型很少应用于机床主轴动力学分析中。

本章首先基于赫兹接触理论、牵引润滑理论以及 Gupta 轴承建模思路，综合考虑浮动变位轴承特殊结构形式、轴承各部件的三维运动和相互作用关系，分别建立角接触球轴承动力学模型和浮动变位轴承动力学模型[15,16]；针对主轴转子，考虑转子弯曲、离心力和陀螺效应等因素的影响，采用 5 自由度 Timoshenko 梁单元建立转子有限元模型。其次，将轴承动力学模型和转子有限元模型进行耦合，建立主轴转子-轴承-箱体系统模型。最后，基于该模型，对角接触球轴承-浮动变位轴承共同支承的主轴系统动力学特性与振动响应机理进行研究，分析浮动变位轴承间隙、稳定铣削及颤振铣削力等因素对主轴系统动态特性及振动响应的影响规律。

3.2　滚动轴承动力学建模

3.2.1　角接触球轴承动力学建模

1. 滚球和套圈间的相互作用

角接触球轴承内部滚球和外圈的相互作用关系如图 3-1 所示。对于角接触球轴承，滚球和内圈的相互作用与此相似。为了准确描述滚球和套圈的运动，首先需要建立一系列的参考坐标系，包括：惯性坐标系 (X^i, Y^i, Z^i)、滚球方位坐标系 $(X^{aor}, Y^{aor}, Z^{aor})$、套圈定体坐标系 (X^{or}, Y^{or}, Z^{or}) 及接触坐标系 (X^c, Y^c, Z^c) 等，如图 3-1 所示。惯性坐标系固定于空间，其原点 O^i 建立在外圈沟道曲率中心平面轨迹圆的圆心，X^i 轴沿着轴承的中心线。滚球的方位坐标系用以描述滚球中心在轴承上的轨道位置，其原点 O^a 位于滚球的几何中心。初始状态下，X^a 轴与 X^i 轴平行，Z^a 轴通过滚球中心，且与轴承轴线垂直相交，Y^a 轴方向按照右手坐标系确定。滚球方位坐标系随滚球在滚道上的位置改变而改变，既不固定于惯性空间，也不固定于滚球。套圈定体坐标系固结于套圈上并随着套圈的运动而运动，其原点 O^{ir} 或 O^{or} 位于套圈中心；初始状态下，坐标轴 X^{ir} 和 X^{or} 的方向与 X^i 轴平行，Z^{ir} 和 Z^{or} 轴的方向与 Z^i 轴相同；Y^{ir} 和 Y^{or} 轴的方向按照右手坐标系确定。接触

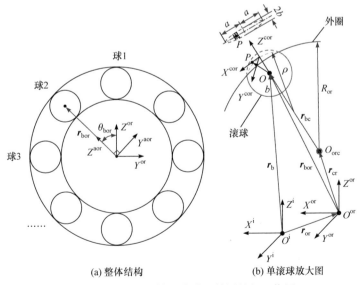

(a) 整体结构　　　　　(b) 单滚球放大图

图 3-1　角接触球轴承滚球和外圈的相互作用

坐标系的原点 O^c 位于滚球/滚道接触椭圆的中心，Y^c 轴沿接触椭圆的短轴方向，且与滚球的滚动方向平行。

如图 3-1 所示，在惯性坐标系中，外圈和滚球的几何中心的位置矢量分别为 r_{or} 和 r_b。则滚球中心相对于套圈中心的位置矢量可表示为

$$r_{bor} = r_b - r_{or} \tag{3-1}$$

若将套圈沟曲率中心相对于套圈中心的位置矢量表示为 r_{cr}，则球心相对于套圈沟曲率中心的位置矢量为

$$r_{bc} = r_{bor} - r_{cr} \tag{3-2}$$

那么，在接触坐标系中滚球和滚道之间的几何趋近量(即接触变形量)可表示为

$$\delta = r_{bc3} - (f_o - 0.5)d \tag{3-3}$$

式中，f_o 为滚道沟曲率系数；d 为滚球直径；下标 3 表示所用标量为矢量 r_{bc} 的第 3 个分量。

通过赫兹点接触理论，该滚球与套圈的接触载荷 Q 通过式(3-4)计算获得：

$$Q = K\delta^{1.5} \tag{3-4}$$

式中，K 为赫兹接触系数。

滚球和滚道之间的切向润滑牵引力，取决于二者之间的相对滑动速度和润滑剂的牵引特性。如图 3-1 所示，接触坐标系的 X^c 轴沿着接触椭圆的长轴方向，Y^c 轴沿着接触椭圆的短轴方向。

在接触坐标系中，由几何位置关系，接触坐标系原点相对于滚球质心的位置矢量可表示为

$$r_{cb}^c = \left[0, 0, \rho - \sqrt{\rho^2 - a^2} + \sqrt{\frac{1}{4}d^2 - a^2} \right] \tag{3-5}$$

式中，ρ 为滚球和滚道间接触形变区表面的曲率半径；a 为接触椭圆长轴长度。

接触椭圆内任意点 P 相对于球心的位置矢量可表示为

$$r_{pb}^c = \left[x, y, \sqrt{\rho^2 - x^2} - \sqrt{\rho^2 - a^2} + \sqrt{\frac{1}{4}d^2 - a^2} \right] \tag{3-6}$$

根据 Gupta[17] 的研究，对于大多数轴承来说，由于接触椭圆沿 Y^c 轴方向的宽度相对于 X^c 轴方向很小，可以忽略滑动沿 Y^c 轴的变化。本节只沿 X^c 轴方向对滚球和套圈之间的相互作用力和力矩进行积分。接触坐标系中，接触椭圆长轴上任意点 P 相对于套圈质心的位置矢量可表示为

$$r_{pr}^c = r_{pb}^c + T_{rarc}r_{bor}^{rar} \tag{3-7}$$

式中，T_{rarc} 为套圈定体坐标系到接触坐标系的转换矩阵(有关坐标系变换矩阵的理论参见附录 4)；r_{bor}^{rar} 为套圈定体坐标系中，滚球中心相对于套圈中心的位置

矢量。

在接触坐标系中，根据套圈和滚球在接触点 P 处的速度 $\pmb{u}_r^c$ 和 $\pmb{u}_b^c$，计算出在接触点处套圈上 P 点相对于球的局部滑动速度 $\pmb{u}_s^c$。

$$\pmb{u}_r^c = \pmb{T}_{ac}\pmb{T}_{ia}\left(\pmb{v}_r^i + (\pmb{T}_{ri}\pmb{\omega}_r^r - [\dot{\theta}_b, 0, 0]^T) \times \pmb{r}_{pr}^i\right) \tag{3-8}$$

式中，$\pmb{T}_{ac}$ 为从球方位坐标系到接触坐标系的转换矩阵；$\pmb{T}_{ia}$ 为从惯性坐标系到球方位坐标系的转换矩阵；$\pmb{T}_{ri}$ 为从套圈定体坐标系到惯性坐标系的转换矩阵；$\pmb{v}_r^i$ 为套圈在惯性坐标系下的平移速度；$\pmb{\omega}_r^r$ 为套圈在套筒定体坐标系下的旋转速度。

$$\pmb{u}_b^c = \pmb{T}_{ac}\left([\dot{x}, 0, \dot{r}]^T + (\pmb{T}_{ib}\pmb{\omega}_b^b) \times (\pmb{T}_{ca}\pmb{r}_{pb}^c)\right) \tag{3-9}$$

式中，$\pmb{T}_{ib}$ 为从惯性坐标系到球定体坐标系的转换矩阵；$\pmb{T}_{ca}$ 为从接触坐标系到球方位坐标系的转换矩阵；$\pmb{\omega}_b^b$ 为滚球在球定体坐标系下的旋转速度。

$$\pmb{u}_s^c = \pmb{u}_b^c - \pmb{u}_r^c \tag{3-10}$$

当接触点处滚球和套圈之间的相对滑动速度确定后，根据采用的牵引润滑模型，即可获得对应的润滑牵引系数。本节采用经典的四参数牵引润滑模型，具体表达式如下：

$$\mu = (A_1 + B_1 u)\exp(-C_1 u) + D_1 \tag{3-11}$$

式中，μ 为对应于滑动速度 u 的牵引力系数；A_1、B_1、C_1、D_1 为润滑剂相关系数。

牵引系数确定后，切向牵引力即可通过计算牵引力系数与法向力的乘积来获得，最终得到接触点处套圈作用于滚球的合力为 $\mathrm{d}\pmb{F}_{rb}^c$。作用在滚球和套圈上的力矩可利用接触点相对于滚球和套圈质心的位置矢量以及力矢量进行叉积计算获得：

$$\mathrm{d}\pmb{M}_{rb}^c = \pmb{r}_{pb}^c \times \mathrm{d}\pmb{F}_{rb}^c \tag{3-12}$$

$$\mathrm{d}\pmb{M}_{br}^c = -\pmb{r}_{pr}^c \times \mathrm{d}\pmb{F}_{rb}^c \tag{3-13}$$

通过对接触椭圆内作用力和力矩进行积分，可以得到球方位坐标系下单个滚球受到的套圈的作用力和力矩矢量，可以表示为

$$\pmb{F}_{rb}^a = \pmb{T}_{ca}\pmb{F}_{rb}^c \tag{3-14}$$

$$\pmb{M}_{rb}^a = \pmb{T}_{ca}\pmb{M}_{rb}^c \tag{3-15}$$

在惯性坐标系下，所有滚球作用于套圈上的合力矢量为

$$\pmb{F}_{br}^i = \sum_{z=1}^{z_1} \pmb{T}_{ci}\pmb{F}_{brz}^c \tag{3-16}$$

式中，$\pmb{T}_{ci}$ 为从接触坐标系到惯性坐标系的转换矩阵；$\pmb{F}_{brz}^c$ 为接触坐标系中，单个滚球作用于套圈上的力矢量；z_1 为轴承的滚球数。

在套圈定体坐标系下，所有滚球作用于套圈上的合力矩为

$$M_{\mathrm{br}}^{\mathrm{r}} = \sum_{z=1}^{z_1} T_{\mathrm{cr}} M_{\mathrm{brz}}^{\mathrm{c}} \tag{3-17}$$

式中，T_{cr} 为从接触坐标系到套圈定体坐标系的转换矩阵；$M_{\mathrm{brz}}^{\mathrm{c}}$ 为接触坐标系中，单个滚球作用于套圈上的力矩矢量。

2. 滚球与保持架之间的相互作用

滚球与保持架的相互作用，实际上是所有滚球与其对应保持架兜孔之间的相互作用。将所有滚球与对应保持架兜孔间相互作用进行求和，即为滚球与保持架之间总的相互作用。单个滚球与保持架兜孔之间的相互作用如图 3-2 所示，其中 $(X^{\mathrm{ca}}, Y^{\mathrm{ca}}, Z^{\mathrm{ca}})$ 为保持架定体坐标系，固结于保持架，随保持架运动而运动；$(X^{\mathrm{cp}}, Y^{\mathrm{cp}}, Z^{\mathrm{cp}})$ 为兜孔坐标系，固结于兜孔，其坐标中心位于兜孔中心；坐标轴 X^{cp} 始终与保持架转轴平行，方向与 X^{ca} 一致，坐标轴 Z^{cp} 沿着保持架的径向方向并指向外。

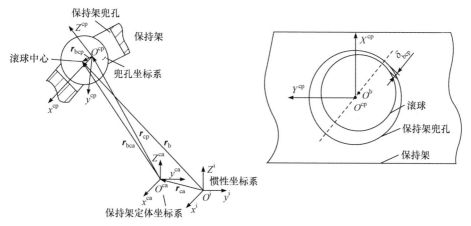

图 3-2　单个滚球与保持架兜孔之间的相互作用[17]

在图 3-2 中，$r_{\mathrm{bca}}^{\mathrm{i}}$ 为惯性坐标系中滚球中心相对于保持架中心的位置矢量：

$$r_{\mathrm{bca}}^{\mathrm{i}} = r_{\mathrm{b}}^{\mathrm{i}} - r_{\mathrm{ca}}^{\mathrm{i}} \tag{3-18}$$

式中，$r_{\mathrm{b}}^{\mathrm{i}}$ 和 $r_{\mathrm{ca}}^{\mathrm{i}}$ 分别为惯性坐标系中滚球中心和保持架中心的位置矢量。

为了计算滚球和保持架兜孔之间的几何趋近量(接触形变量)，需要确定滚球中心相对于对应保持架兜孔中心的位置矢量。在保持架兜孔坐标系中，该位置矢量 $r_{\mathrm{bcp}}^{\mathrm{cp}}$ 可以表示为

$$r_{\mathrm{bcp}}^{\mathrm{cp}} = T_{\mathrm{cacp}} T_{\mathrm{ica}} (r_{\mathrm{bca}}^{\mathrm{i}} - r_{\mathrm{cp}}^{\mathrm{i}}) \tag{3-19}$$

式中，$r_{\mathrm{cp}}^{\mathrm{i}}$ 为保持架兜孔相对于保持架中心在惯性坐标系下的位置矢量；T_{ica} 为从

惯性坐标系到保持架定体坐标系的转换矩阵；$\boldsymbol{T}_{\text{cacp}}$ 为从保持架定体坐标系到保持架兜孔坐标系的转换矩阵。如图 3-2 所示，根据滚球中心和保持架兜孔中心的几何位置关系，滚球与保持架兜孔之间的几何趋近量 δ_{bcp} 在保持架兜孔坐标系中可以表示为

$$\delta_{\text{bcp}} = \varDelta_{\text{bcp}} - \sqrt{\left(r_{\text{bcp1}}^{\text{cp}}\right)^2 + \left(r_{\text{bcp2}}^{\text{cp}}\right)^2} \tag{3-20}$$

式中，$\varDelta_{\text{bcp}}$ 为滚球与保持架兜孔之间的间隙；$r_{\text{bcp1}}^{\text{cp}}$ 和 $r_{\text{bcp2}}^{\text{cp}}$ 分别为矢量 $\boldsymbol{r}_{\text{bcp}}^{\text{cp}}$ 的第 1 个分量和第 2 个分量。

然后，根据赫兹点接触理论，滚球和保持架兜孔之间的法向接触力可表示为

$$Q_{\text{bcp}} = K\delta_{\text{bcp}}^{1.5} \tag{3-21}$$

滚球和保持架兜孔间的切向牵引力计算方式与滚球和套圈间切向牵引力计算方式相同。首先根据接触点处的相对滑动速度计算相应的切向牵引力系数，通过计算滚球和兜孔间法向接触载荷和牵引力系数的乘积获得两者间切向牵引力。然后，根据接触点处的位置矢量计算滚球和兜孔之间的力矩矢量。

最终在球方位坐标系下，单个滚球受到的保持架兜孔的作用力和力矩矢量可以分别表示为

$$\boldsymbol{F}_{\text{cpbz}}^{\text{a}} = \boldsymbol{T}_{\text{ca}}\boldsymbol{F}_{\text{cpbz}}^{\text{c}} \tag{3-22}$$

$$\boldsymbol{M}_{\text{cpbz}}^{\text{a}} = \boldsymbol{T}_{\text{ca}}\boldsymbol{M}_{\text{cpbz}}^{\text{c}} \tag{3-23}$$

通过对所有滚球和对应保持架兜孔之间力和力矩矢量积分求和，可得到所有滚球对保持架的合力和力矩。在惯性坐标系下，所有滚球作用于保持架上的合力矢量为

$$\boldsymbol{F}_{\text{bca}}^{\text{i}} = \sum_{z=1}^{z_1} \boldsymbol{T}_{\text{ci}}\boldsymbol{F}_{\text{bcpz}}^{\text{c}} \tag{3-24}$$

在套圈定体坐标系下，所有滚球作用于保持架上的合力矩矢量为

$$\boldsymbol{M}_{\text{bca}}^{\text{ca}} = \sum_{z=1}^{z_1} \boldsymbol{T}_{\text{cca}}\boldsymbol{M}_{\text{bcpz}}^{\text{c}} \tag{3-25}$$

式中，$\boldsymbol{T}_{\text{cca}}$ 为从接触坐标系到保持架定体坐标系的转换矩阵。

3. 保持架与引导套圈之间的相互作用

滚动轴承中保持架的引导方式有三种：外圈引导、内圈引导和滚动体引导。在高速滚动轴承中，保持架主要由套圈引导。本节以保持架的外圈引导方式为例，对保持架与引导套圈间的相互作用关系进行说明。保持架与引导外圈之间的相互作用关系如图 3-3 所示。在图 3-3 中，$\boldsymbol{r}_{\text{car}}$ 为保持架中心相对于外圈中心的位置矢

量；r_{pca} 为保持架边缘上任意一点 p 相对于保持架中心的位置矢量。r_{pcar} 为保持架边缘上 p 点相对于外圈中心的位置矢量，在外圈定体坐标系中，该矢量可以表示为

$$r_{pcar}^{or} = r_{car}^{or} + r_{pca}^{or} \tag{3-26}$$

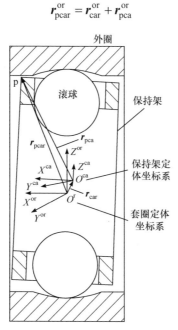

图 3-3　保持架和引导外圈之间的相互作用[17]

在外圈的定体坐标系中，保持架边缘上 p 点和引导外圈之间的几何趋近量(接触形变量)可表示为

$$\delta_{pcar} = \sqrt{\left(r_{pcar2}^{or}\right)^2 + \left(r_{pcar3}^{or}\right)^2} - r_{guide} \tag{3-27}$$

式中，r_{pcar2}^{or} 和 r_{pcar3}^{or} 分别为矢量 r_{pcar}^{or} 的第 2 个分量和第 3 个分量；r_{guide} 为外圈的引导半径。

接触点的确定需要根据保持架的径向位移以及倾角来确定。得到保持架和外圈之间的接触形变量之后，保持架和外圈之间的法向接触载荷通过赫兹接触理论进行计算。根据接触点处两者间相对滑动速度确定切向牵引力系数，进而计算接触点处切向牵引力。保持架和外圈之间的相互作用力矩可以根据接触点相对于各自中心的位置矢量和相互作用力矢量进行计算。

最终惯性坐标系下，保持架和引导外圈之间的相互作用力分别为

$$F_{rca}^{i} = T_{ci} F_{rca}^{c} \tag{3-28}$$

$$F_{car}^{i} = -F_{rca}^{i} \tag{3-29}$$

保持架和引导外圈所受的力矩矢量在各自定体坐标系下可以分别表示为

$$\boldsymbol{M}_{\mathrm{rca}}^{\mathrm{ca}} = \boldsymbol{T}_{\mathrm{cca}}\boldsymbol{M}_{\mathrm{rca}}^{\mathrm{c}} \tag{3-30}$$

$$\boldsymbol{M}_{\mathrm{car}}^{\mathrm{r}} = \boldsymbol{T}_{\mathrm{cr}}\boldsymbol{M}_{\mathrm{car}}^{\mathrm{c}} \tag{3-31}$$

3.2.2　浮动变位轴承动力学建模

1. 浮动变位轴承简介

浮动变位轴承采用特殊的结构设计，具有球轴承的外圈和圆柱滚子轴承的内圈，这种设计保证了轴承在运转过程中，内圈相对于外圈能够自由轴向移动，实现高速主轴在运转过程中对主轴轴向热伸长的补偿[18]。滚动体采用材料密度小、耐高温、耐磨损、高强度的陶瓷球，可以极大地减小高速下滚球离心效应的影响，保持架采用外圈引导方式。在要达到极限运转速度，但是所需的承载能力不是决定性因素的情况下(即高速轻载工况)，浮动变位轴承能够达到高速角接触球轴承的转速，高于普通圆柱滚子轴承两倍的速度，因此被广泛用于高速机床电主轴。但需要注意的是，浮动变位轴承的支承刚度和振动响应幅值对轴承安装位置处主轴的径向尺寸以及轴承和主轴配合安装后轴承的径向间隙量十分敏感。最终的浮动变位轴承安装径向间隙量对于轴承–转子系统的动力学特性有着显著的影响。图 3-4 展示了浮动变位轴承的实物照片及其应用场景的模拟。浮动变位轴承各部件结构参数示意图如图 3-5 所示。

(a) 实物照片　　　　　　　　　　　　(b) 应用场景模拟

图 3-4　浮动变位轴承的实物照片及其应用场景的模拟

图 3-5 中，d 为滚球的直径，r_{IRo} 为内圈的接触滚道半径，r_{ORi} 为外圈的沟底半径，r_{ORc} 为外圈沟曲率中心所在轨迹半径。若外圈的沟曲率系数 f_{o} 和轴承内部径向间隙值 u_{r} 已知，根据轴承内圈、滚球及外圈之间的几何位置关系，外圈的沟底半径以及外圈沟曲率中心的轨道半径可以表示为

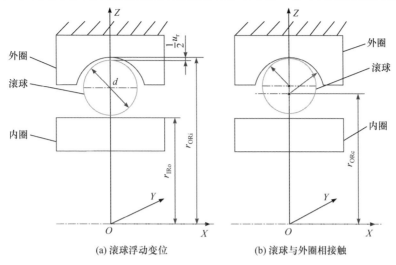

(a) 滚球浮动变位   (b) 滚球与外圈相接触

图 3-5 浮动变位轴承各部件结构参数示意图

$$r_{ORi} = r_{IRo} + d + u_r \tag{3-32}$$

$$r_{ORc} = r_{ORi} - f_o d \tag{3-33}$$

2. 浮动变位轴承动力学建模过程

在浮动变位轴承中,滚球与内/外圈的相互作用关系如图 3-6 所示。由于浮动变位轴承采用球轴承的外圈,浮动变位轴承中滚球和外圈的相互作用关系与角接触球轴承和深沟球轴承类似。浮动变位轴承中滚球和外圈的相互作用建模方式与 3.2.1 小节中角接触球轴承相同,本节不再赘述,这里主要对滚球与内圈的相互作用建模进行详细说明。

图 3-6 中,(X^{ir}, Y^{ir}, Z^{ir}) 为内圈定体坐标系,θ_{bir} 为指定滚球相对于内圈定体坐标系转过的角度。将内圈定体坐标系逆时针转动 θ_{bir},即可得到指定滚球相对于内圈的球方位坐标系 $(X^{air}, Y^{air}, Z^{air})$。球方位坐标系是为了更好地描述滚球和套圈的相互作用关系而引入的。α_{or} 为滚球和外圈的实际接触角,Δx 表示轴承内圈相对于外圈发生的轴向位移量,β 表示轴承内圈绕 Y^i 轴的旋转角位移。

1) 滚球与内圈之间的相互作用关系

浮动变位轴承滚球-内圈的相互作用关系如图 3-7 所示。因为浮动变位轴承的内圈为圆柱滚子轴承的内圈,所以内圈的外滚道为圆柱表面。滚球与内圈外滚道发生接触时,始终处于垂直接触状态。为了更好地描述滚球和内圈的相互作用关系以及计算滚球与内圈之间的几何趋近量,本节在内圈定体系下的球方位坐标系中对滚球和内圈间的相互作用关系进行阐述。

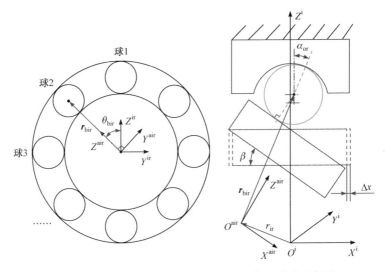

图 3-6 滚球与轴承内/外圈之间的相互作用关系示意图

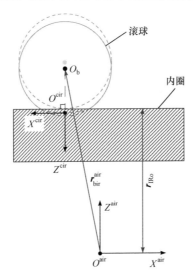

图 3-7 滚球-内圈相互作用关系示意图

图 3-7 中，坐标系 $(X^{\mathrm{cir}}, Y^{\mathrm{cir}}, Z^{\mathrm{cir}})$ 表示滚球与内圈的接触坐标系。由于滚球与内圈外滚道始终处于垂直接触状态，因此接触坐标系的 Z^{cir} 轴与内圈定体系下球方位坐标系的 Z^{air} 轴相互平行，但两者方向相反。

从内圈定体坐标系到滚球在内圈定体坐标系中的球方位坐标系的转换可表示为

$$\boldsymbol{T}_{\mathrm{irair}} = \boldsymbol{T}(\theta_{\mathrm{bir}}, 0, 0) \tag{3-34}$$

式中，θ_{bir} 为滚球在内圈定体坐标系中的方位角，如图 3-6 所示，可由式(3-35)确定：

$$\theta_{\text{bir}} = \arctan\left(\frac{-r_{\text{bir2}}^{\text{r}}}{r_{\text{bir3}}^{\text{r}}}\right) \tag{3-35}$$

式中，$r_{\text{bir2}}^{\text{r}}$ 和 $r_{\text{bir3}}^{\text{r}}$ 分别为矢量 $\boldsymbol{r}_{\text{bir}}^{\text{r}}$ 的第 2 个分量和第 3 个分量。

然后，在内圈定体坐标系下的球方位坐标系中，滚球质心相对于内圈质心的位置矢量可以表示为

$$\boldsymbol{r}_{\text{bir}}^{\text{air}} = \boldsymbol{T}_{\text{irair}}\boldsymbol{T}_{\text{iir}}\boldsymbol{r}_{\text{bir}}^{\text{i}} \tag{3-36}$$

式中，$\boldsymbol{T}_{\text{iir}}$ 为从惯性坐标系到内圈定体坐标系的转换矩阵。

在内圈定体坐标系下的球方位坐标系中，根据滚球和内圈之间的相互几何位置关系，滚球与内圈之间的几何趋近量(即赫兹接触变形量)可表示为

$$\delta_{\text{bir}} = r_{\text{IRo}} + \frac{1}{2}d - r_{\text{bir3}}^{\text{air}} \tag{3-37}$$

式中，$r_{\text{bir3}}^{\text{air}}$ 为 $\boldsymbol{r}_{\text{bir}}^{\text{air}}$ 在 Z 轴方向的标量值。

在获得滚球与内圈之间的接触形变量之后，根据赫兹接触理论，滚球和内圈之间的法向接触载荷可以表示为

$$Q_{\text{bir}} = \begin{cases} K_{\text{bir}}\delta_{\text{bir}}^{1.5}, & \delta_{\text{bir}} > 0 \\ 0, & \delta_{\text{bir}} \leqslant 0 \end{cases} \tag{3-38}$$

式中，K_{bir} 为滚球和内圈间的赫兹接触常数，该系数与相互接触两部件的材料弹性模量、泊松比及接触表面几何参数有关，如接触点处的主曲率和函数等[19]。

需要特别注意的是，由于滚球-内圈与滚球-外圈接触形式上的差异，在计算滚球和内圈间的赫兹接触系数时，需要考虑接触点处主曲率的差异。滚球与内/外圈几何接触形式的示意图如图 3-8 所示。

图 3-8(a)为滚球与外圈滚道的接触形式，为标准的赫兹点接触形式。图 3-8(a)和图 3-8(b)中，接触体 I 代表外滚道，接触体 II 代表滚球。主平面 1 为过轴承旋转轴线的轴向主平面，为接触点与旋转轴线构成的平面；主平面 2 为与主平面 1 正交的主平面。滚球或者滚道表面接触点处，在两个主平面中存在两个主曲率；凸面的主曲率取正号，曲率中心在物体内部；凹面的主曲率取负号，曲率中心在物体外部。滚球和外圈接触过程中，接触点处外滚道和滚球在两个主平面上的主曲率半径分别为

$$\begin{cases} r_{\text{I1}} = -f_{\text{o}}d, \ r_{\text{I2}} = -\dfrac{d(1+\gamma)}{2\gamma} \\ r_{\text{II1}} = d/2, \ r_{\text{II2}} = d/2 \end{cases} \tag{3-39}$$

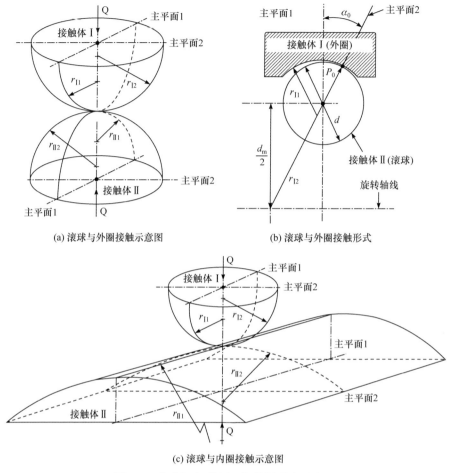

(a) 滚球与外圈接触示意图

(b) 滚球与外圈接触形式

(c) 滚球与内圈接触示意图

图 3-8   滚球与内/外圈几何接触形式示意图

式中，r_{I1} 表示接触体 I 在主平面 1 上接触点处的主曲率；$\gamma = \dfrac{d\cos\alpha_o}{d_m}$，$\alpha_o$ 为滚球和外滚道的接触角，d_m 为轴承节径。

在图 3-8(c)所示滚球与内圈接触形式中，接触体 I 代表滚球，接触体 II 代表内滚道。由于其特殊的接触形式，接触点处滚球和内滚道在两个主平面上的主曲率半径分别为

$$
\begin{cases}
r_{I1} = d/2, & r_{I2} = d/2 \\
r_{II1} = \infty, & r_{II2} = r_{IRo}
\end{cases}
\tag{3-40}
$$

由于赫兹接触系数与滚球-内滚道接触点处两主平面上的主曲率以及主曲率和函数相关，因此，在进行滚球-内滚道赫兹接触系数计算时需要综合考虑其特殊接触形式引起的差异。

此外，滚球-内滚道接触形式差异导致接触点处主曲率的差异，在计算滚球和内滚道之间的相对滑动速度和切向牵引力时需要特别注意。根据 Gupta 动力学模型[17]，在滚球和滚道接触过程中，接触点处由于挤压产生的形变表面曲率半径可以定义为

$$\rho_j = \frac{2f_j d}{2f_j + 1}, \quad j=\text{i 或者 o} \tag{3-41}$$

式中，f 为滚道的沟曲率半径系数，定义为滚道沟曲率半径与滚球直径的比值；下标 i 和 o 分别表示内圈和外圈；d 为滚球直径。

在浮动变位轴承中，内滚道在主平面 1 的沟曲率半径为 ∞，即 $r_{\text{III}} = \infty$。所以，内滚道的沟曲率半径系数 $f_i = \infty$；滚球与内滚道接触区形变表面的曲率半径 ρ_i 则可以表示为

$$\rho_i = \frac{2f_i d}{2f_i + 1}\Big|_{f_i = \infty} = d \tag{3-42}$$

通过上述分析可以发现，浮动变位轴承特殊的结构特点会引起接触点处主平面主曲率半径的差异，会影响到滚球与内圈间赫兹接触系数以及接触点处形变表面曲率半径的计算，进而影响到滚球与内滚道法向接触载荷、相对滑动速度以及切向牵引力的计算，因此需要特别注意。

通过对所有滚球作用求和，在惯性坐标系下所有滚球作用于内圈上的合力矢量为

$$\boldsymbol{F}_{\text{bir}}^{\text{i}} = \sum_{k=1}^{z} \boldsymbol{T}_{\text{ci}} \boldsymbol{F}_{\text{bir}k}^{\text{c}} \tag{3-43}$$

在内圈定体坐标系下，所有滚球作用于内圈上的合力矩矢量为

$$\boldsymbol{M}_{\text{bir}}^{\text{ir}} = \sum_{k=1}^{z} \boldsymbol{T}_{\text{cir}} \boldsymbol{M}_{\text{bir}k}^{\text{c}} \tag{3-44}$$

式中，$\boldsymbol{T}_{\text{cir}}$ 为从接触坐标系到内圈定体坐标系的转换矩阵。

浮动变位轴承动力学建模中，滚球与保持架、保持架与引导套圈之间的相互作用和角接触球轴承建模方法相同，这里不再赘述。

2) 轴承各部件动力学微分方程的建立

通过轴承各部件之间的相互作用关系，计算出轴承各部件所受的力和力矩矢量，即可建立轴承各部件的动力学运动微分方程。根据轴承各部件的动力学运动特性，轴承各部件的动力学运动微分方程在不同的坐标系下被定义。在惯性圆柱坐标系下，滚球的动力学运动微分方程定义为

$$\begin{cases} m_{\text{b}} \ddot{x}_{\text{b}} = F_{\text{b}x} \\ m_{\text{b}} \ddot{r}_{\text{b}} - m_{\text{b}} r_{\text{b}} \dot{\theta}_{\text{b}}^2 = F_{\text{b}r} \\ m_{\text{b}} r_{\text{b}} \ddot{\theta}_{\text{b}} + 2 m_{\text{b}} \dot{r}_{\text{b}} \dot{\theta}_{\text{b}} = F_{\text{b}\theta} \end{cases} \tag{3-45}$$

式中，m_b 为滚球质量；F_{bx}、F_{br}、$F_{b\theta}$ 为在惯性圆柱坐标系下作用在滚球上的力。

在笛卡儿坐标下，套圈和保持架的平动微分方程根据牛顿第二定律可以表示为

$$\begin{cases} m_{cr}\ddot{x} = F_x \\ m_{cr}\ddot{y} = F_y \\ m_{cr}\ddot{z} = F_z \end{cases} \tag{3-46}$$

式中，m_{cr} 为套圈或者保持架质量；F_x、F_y、F_z 为作用在套圈或者保持架上的作用力。

轴承各部件的旋转运动通过欧拉方程进行描述：

$$\begin{cases} I_1\dot{\omega}_1 - (I_2 - I_3)\omega_2\omega_3 = M_1 \\ I_2\dot{\omega}_2 - (I_3 - I_1)\omega_3\omega_1 = M_2 \\ I_3\dot{\omega}_3 - (I_1 - I_2)\omega_1\omega_2 = M_3 \end{cases} \tag{3-47}$$

式中，I_1、I_2、I_3 为转动惯量；ω_1、ω_2、ω_3 为对应轴承部件的角速度；M_1、M_2、M_3 为施加在对应部件上的力矩。

3.3 主轴转子-轴承-箱体系统耦合动力学建模

3.3.1 主轴有限元模型与轴承动力学模型耦合

一个典型的角接触球轴承-浮动变位轴承共同支承高速主轴轴承-转子耦合系统动力学模型结构如图 3-9 所示。在该主轴轴承-转子系统中，主轴前端由一对角接触球轴承支承，以背对背的形式(<>)安装；主轴后端由一个浮动变位轴承支承。主轴以弹簧预紧的方式进行预紧，预紧力施加在前端角接触球轴承对上。浮

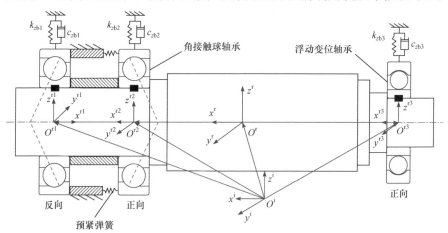

图 3-9 角接触球轴承-浮动变位轴承共同支承的高速主轴轴承-转子耦合系统动力学模型结构示意图

动变位轴承由于其特殊的结构设计,在该主轴系统中主要起到支承主轴,同时实现对主轴轴向热膨胀的补偿作用。

在图 3-9 所示的轴承-转子耦合系统动力学模型中,角接触球轴承和浮动变位轴承的模型均采用 3.2 节中构建的轴承动力学模型;主轴转子动力学模型采用基于 Timoshenko 梁单元的有限元转子模型。在该耦合系统动力学模型中,轴承内圈和转子上对应安装节点固结,两者拥有相同的振动响应(位移、速度、加速度),实现模型之间的振动响应耦合约束。图 3-9 中 k_{zb1} 和 c_{zb1} 分别代表轴承安装节点处轴承外圈与基座间 Z 方向的接触刚度和阻尼系数,Y 方向的接触刚度和阻尼系数在图中未绘出。关于轴承-转子耦合系统中各动力学模型间的坐标系耦合,如图 3-9 所示。定义初始转子定体坐标系的方向与系统惯性坐标系的方向一致。当轴承内圈初始定体坐标系 x 轴的方向与系统惯性坐标系 x 轴的方向一致时,本节定义轴承为正向安装。当轴承内圈初始定体坐标系 x 轴的方向与系统惯性坐标系相反时,本节定义轴承为反向安装。在图 3-9 所示的耦合系统动力学模型中,轴承 1 为反向安装,轴承 2 为正向安装,浮动变位轴承 3 为正向安装。在进行系统轴承动力学模型和转子动力学模型之间力参数和振动响应参数传递时,需要考虑各模型坐标系之间的相互关系,经过调整之后再进行参数的传递。

为了综合考虑转子的弯曲、剪切变形、转动惯量以及高速下转子离心力和陀螺力矩的影响,本节基于 Timoshenko 梁单元建立主轴转子的有限元动力学模型。首先对高速主轴转子进行有限元单元节点划分,并对各个梁单元的质量、刚度、阻尼矩阵进行装配。同时考虑轴承动力学模型作用于转子相应安装节点上的作用力,即可得到高速主轴转子的动力学微分方程为

$$M\ddot{x} + C\dot{x} + Kx = F_b + F_u + F_e \tag{3-48}$$

式中,M、C、K 分别为基于 Timoshenko 梁单元的转子系统整体质量、阻尼和刚度矩阵;F_b 为主轴上所有轴承传递给转子的作用力和力矩矢量;F_u 为转子不平衡作用力矢量;F_e 为其他作用于转子上的外力矢量。

通过采用有限元瞬态动力学积分方法 Newmark-β 数值积分算法,对高速主轴转子动力学微分方程进行求解,即可获得主轴系统各个节点的瞬态振动响应。

基于建立的高速角接触球轴承、浮动变位轴承动力学模型以及主轴转子有限元动力学模型,搭建高速主轴轴承-转子系统耦合动力学模型。轴承-转子系统动力学模型的耦合约束关系如图 3-10 所示。

如图 3-10 所示的耦合系统动力学模型中,轴承-转子动力学模型之间的耦合约束,主要是通过轴承内圈与其在转子上相应安装节点之间的作用力参数和振动响应参数相互传递来实现的。轴承内圈和主轴转子对应安装节点固结,两者拥有相同的振动响应(位移、速度和加速度)。由于轴承动力学模型不同于拟静力学模型,无法获得轴承的刚度矩阵。轴承和转子动力学模型之间,一方面通过轴承传

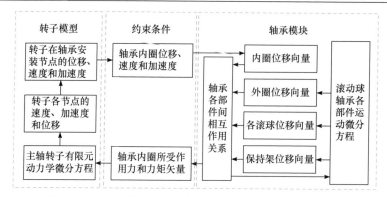

图 3-10　高速主轴轴承-转子系统动力学模型耦合约束关系

递给转子的作用力和力矩来实现两者间的耦合；另一方面通过轴承内圈和转子对应节点之间相同的振动响应，来实现两者间的振动响应耦合约束。

对于当前时刻 t_i，首先利用角接触球轴承、浮动变位轴承动力学模型，根据轴承内部各部件(内圈、外圈、滚动体和保持架)上一时刻的位移、速度、加速度，通过对 3.2 节中介绍的系统动力学微分方程的数值积分，获得当前时刻轴承各部件的振动响应。根据轴承动力学模型中各部件之间的相互作用关系和赫兹接触理论，计算轴承各部件之间的相互作用力和力矩。通过式(3-16)、式(3-17)、式(3-43)和式(3-44)等，计算获得轴承内部滚球和保持架作用于轴承套圈上的作用力和力矩。在考虑轴承安装方向的情况下，将轴承内圈上所承受的力和力矩矢量传递到转子有限元模型中相应的轴承安装节点，从而实现耦合系统模型之间相互作用力的传递，如式(3-48)所示。然后，利用数值积分运算方法，对式(3-48)所示的转子有限元动力学模型进行数值求解，计算有限元转子各节点在轴承作用力和力矩、自身转子不平衡作用力以及外载荷作用下的振动位移、速度和加速度响应。最后，将有限元转子模型中轴承安装节点位置处的振动响应反向传递回对应的轴承动力学模型，如图 3-10 所示。将转子节点的振动响应赋值给对应的轴承内圈，从而实现耦合系统模型中轴承和转子之间振动响应耦合约束。传递回轴承内圈的振动响应，将用于下一时刻轴承动力学模型中各部件间相互作用力的计算。在本节建立的耦合系统动力学模型中，轴承动力学微分方程通过龙格-库塔-费尔贝格(Runge-Kutta-Fehlberg)数值积分算法进行求解，主轴转子有限元动力学模型通过Newmark-β 数值积分算法进行求解，并基于 Fortran 语言完成整个系统动力学模型的程序实现。

3.3.2　主轴转子-轴承-箱体模型耦合

为了实现对高速主轴系统的精确建模，进而获得主轴系统准确的振动响应，本节建立含主轴箱高速主轴系统动力学模型，同时考虑主轴箱振动和主轴箱安装节点等因素的影响。含主轴箱角接触球轴承-浮动变位轴承共同支承高速主轴系统动力学模型结构如图 3-11 所示。

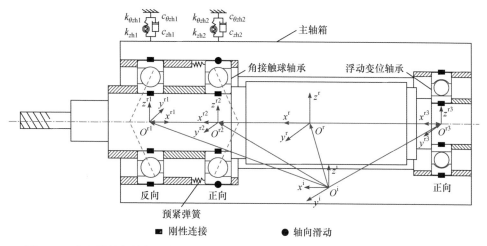

图 3-11　含主轴箱角接触球轴承-浮动变位轴承共同支承高速主轴系统动力学模型结构

图 3-11 所示模型中,假设主轴箱为刚体,考虑 4 个自由度,即沿径向 Y、Z 轴的平动自由度和绕 Y、Z 轴的旋转自由度。角接触球轴承 1 和浮动变位轴承 3 外圈与主轴箱固结。根据主轴系统的预紧方式,角接触球轴承 2 外圈和主轴箱可以发生相对轴向运动。k_{yh1}、k_{yh1}、$k_{\theta yh1}$、$k_{\theta zh1}$、c_{yh1}、c_{zh1}、$c_{\theta yh1}$ 和 $c_{\theta zh1}$ 为主轴箱和机床安装立柱间第一个等效安装节点处的等效刚度和阻尼系数。在该动力学模型中,等效安装节点的个数和位置需要根据主轴箱的实际安装情况确定。同时,该模型可以对刀柄和刀具进行建模,刀柄和刀具均采用 5 自由度 Timoshenko 梁单元进行建模,刀柄-主轴以及刀具-刀柄之间均采用刚性连接方式进行建模。通过对含刀具、刀柄以及主轴箱的主轴系统整体建模,可以实现对主轴的切削振动响应仿真研究。

1. 主轴箱动力学模型

如果将第 k 个轴承外圈所受的沿径向 Y、Z 轴方向的作用力和绕 Y、Z 轴的力矩分别表示为 $\{F_{boyk}, F_{bozk}\}$ 和 $\{M_{boyk}, M_{bozk}\}$,那么主轴系统中所有支承轴承作用于主轴箱上的作用力和力矩可以表示为

$$\begin{cases} F_{bhy} = \sum_{k=1}^{m_0} F_{boyk} \\ F_{bhz} = \sum_{k=1}^{m_0} F_{bozk} \end{cases}$$

(3-49)

$$
\begin{cases}
M_{\mathrm{bh}y} = \sum_{k=1}^{m_0} -F_{\mathrm{bo}zk} l_{\mathrm{b}k} + M_{\mathrm{bo}yk} \\
M_{\mathrm{bh}z} = \sum_{k=1}^{m_0} F_{\mathrm{bo}yk} l_{\mathrm{b}k} + M_{\mathrm{bo}zk}
\end{cases}
\tag{3-50}
$$

式中，m_0 为主轴系统中支承轴承的总个数；$l_{\mathrm{b}k}$ 为第 k 个轴承外圈质心相对于刚性主轴箱体质心沿轴向的距离，同时考虑外圈质心相对于主轴箱质心的方向。如果轴承外圈质心在主轴箱定体坐标系 X 轴正方向，$l_{\mathrm{b}k}$ 取正值，如果在 X 轴负方向，$l_{\mathrm{b}k}$ 取负值。

如果将主轴箱上第 g 个等效安装节点处平动运动的位移和速度分别表示为 $\{y_{\mathrm{hg}}, z_{\mathrm{hg}}\}$ 和 $\{\dot{y}_{\mathrm{hg}}, \dot{z}_{\mathrm{hg}}\}$，以及旋转运动的角位移和角速度分别表示为 $\{\theta_{y\mathrm{hg}}, \theta_{z\mathrm{hg}}\}$ 和 $\{\dot{\theta}_{y\mathrm{hg}}, \dot{\theta}_{z\mathrm{hg}}\}$，那么基座作用于主轴箱上的作用力和力矩则可以表示为

$$
\begin{cases}
F_{\mathrm{ph}y} = \sum_{g=1}^{n_0} -k_{y\mathrm{hg}} y_{\mathrm{hg}} - c_{y\mathrm{hg}} \dot{y}_{\mathrm{hg}} \\
F_{\mathrm{ph}z} = \sum_{g=1}^{n_0} -k_{z\mathrm{hg}} z_{\mathrm{hg}} - c_{z\mathrm{hg}} \dot{z}_{\mathrm{hg}}
\end{cases}
\tag{3-51}
$$

$$
\begin{cases}
M_{\mathrm{ph}y} = \sum_{g=1}^{n_0} -(-k_{z\mathrm{hg}} z_{\mathrm{hg}} - c_{z\mathrm{hg}} \dot{z}_{\mathrm{hg}}) l_{\mathrm{pg}} - k_{\theta y\mathrm{hg}} \theta_{y\mathrm{hg}} - c_{\theta y\mathrm{hg}} \dot{\theta}_{y\mathrm{hg}} \\
M_{\mathrm{ph}z} = \sum_{g=1}^{n_0} (-k_{y\mathrm{hg}} y_{\mathrm{hg}} - c_{y\mathrm{hg}} \dot{y}_{\mathrm{hg}}) l_{\mathrm{pg}} - k_{\theta z\mathrm{hg}} \theta_{z\mathrm{hg}} - c_{\theta z\mathrm{hg}} \dot{\theta}_{z\mathrm{hg}}
\end{cases}
\tag{3-52}
$$

式中，n_0 为轴箱上等效安装节点总个数；l_{pg} 为主轴箱上第 g 个等效安装节点距主轴箱质心沿轴向的距离，同时考虑等效安装节点相对于主轴箱质心的方向。如果等效安装节点在主轴箱定体坐标系 X 轴正方向，l_{pg} 取正值，如果等效安装节点在主轴箱定体坐标系 X 轴负方向，l_{pg} 取负值。

根据牛顿第二定律，主轴箱质心平动运动可以表示为

$$
\begin{cases}
m_{\mathrm{h}} \ddot{y}_{\mathrm{h}} = F_{\mathrm{ph}y} + F_{\mathrm{bh}y} \\
m_{\mathrm{h}} \ddot{z}_{\mathrm{h}} = F_{\mathrm{ph}z} + F_{\mathrm{bh}z}
\end{cases}
\tag{3-53}
$$

式中，m_{h} 为主轴箱质量。

根据欧拉运动方程，主轴箱旋转运动可以表示为

$$
\begin{cases}
I_{\mathrm{h}2} \dot{\omega}_{\mathrm{h}2} - (I_{\mathrm{h}3} - I_{\mathrm{h}1}) \omega_{\mathrm{h}3} \omega_{\mathrm{h}1} = M_{\mathrm{ph}y} + M_{\mathrm{bh}y} \\
I_{\mathrm{h}3} \dot{\omega}_{\mathrm{h}3} - (I_{\mathrm{h}1} - I_{\mathrm{h}2}) \omega_{\mathrm{h}1} \omega_{\mathrm{h}2} = M_{\mathrm{ph}z} + M_{\mathrm{bh}z}
\end{cases}
\tag{3-54}
$$

式中，$I_{\mathrm{h}1}$、$I_{\mathrm{h}2}$、$I_{\mathrm{h}3}$ 为主轴箱的转动惯量；$\omega_{\mathrm{h}1}$、$\omega_{\mathrm{h}2}$、$\omega_{\mathrm{h}3}$ 为主轴箱的旋转角速度

分量。

在获得刚性主轴箱体质心的平动加速度 a_h^i 和旋转角加速度 α_h^h 之后，主轴箱质心的平动速度 v_h^i 和旋转角速度 ω_h^h 可以通过数值积分获得。然后，第 k 个轴承外圈质心的平动加速度 a_{bok}^i 和旋转角加速度 α_{bok}^{bok} 可以表示为

$$
\begin{cases}
a_{bok}^i = a_h^i + T_{hi}\alpha_h^h \times \overline{o^h o^{rk}} + T_{hi}\omega_h^h \times (\omega_h^h \times \overline{o^h o^{rk}}) \\
\alpha_{bok}^{bok} = \alpha_h^h
\end{cases}
\tag{3-55}
$$

式中，T_{hi} 为从主轴箱体定体坐标系到惯性坐标系的转换矩阵；$\overline{o^h o^{rk}}$ 为第 k 个轴承外圈质心相对于主轴箱质心的位置向量。

第 k 个轴承外圈质心的平动速度 v_{bok}^i 和旋转角速度 ω_{bok}^{bok} 可以表示为

$$
\begin{cases}
v_{bok}^i = v_h^i + T_{hi}\omega_h^h \times \overline{o^h o^{rk}} \\
\omega_{bok}^{bok} = \omega_h^h
\end{cases}
\tag{3-56}
$$

获得各个支承轴承外圈质心的运动加速度和速度之后，这些参数将会被传递到相应的轴承动力学模型中，通过数值积分运算获得下一时刻轴承各部件的振动响应以及轴承各部件之间的相互作用力和力矩，并用于下一时刻系统各部件振动响应的求解。

2. 主轴转子-轴承-主轴箱模型耦合过程

高速主轴转子-轴承-主轴箱耦合系统动力学模型中，高速主轴转子和轴承动力学模型之间的耦合约束和参数传递，主要是通过转子上轴承内圈安装节点和轴承内圈之间的相互作用力传递与振动响应约束来实现的。高速主轴系统轴承和主轴箱动力学模型之间的耦合约束和参数传递，主要是通过轴承外圈和主轴箱对应外圈安装节点之间的相互作用力传递和振动响应约束来实现的；轴承传递给主轴箱的作用力通过式(3-49)和式(3-50)计算获得，主轴箱传递给轴承的振动响应通过式(3-54)、式(3-55)和式(3-56)计算获得。耦合系统模型中的耦合约束和参数传递关系类似于图3-10，但是需要在耦合系统模型中考虑主轴箱动力学方程以及轴承外圈与主轴箱的耦合关系。

高速主轴转子-轴承-主轴箱耦合系统动力学模型求解流程如图3-12所示。将系统各结构部件的几何和材料参数以及运行工况和牵引润滑参数等输入耦合系统动力学模型；利用拟静力学轴承模型计算轴承各部件响应的初值，作为耦合系统动力学模型求解的初值。在耦合系统动力学模型求解过程中，首先根据本章3.2 节介绍的轴承动力学模型计算轴承各部件间的相互作用力，获得滚球和保持架作用于轴承内、外圈上的作用力和力矩。然后，在考虑轴承安装方向的情况下，分别将轴承内、外圈上所受的作用力和力矩传递到 3.3.1 小节建立的主轴转子动

力学模型和主轴箱动力学模型对应的轴承内、外圈安装节点。利用建立的有限元主轴转子和刚性主轴箱动力学模型，对转子和主轴箱的振动响应进行数值求解，并获得有限元主轴转子和刚性主轴箱各节点振动响应。接下来，将主轴转子和主轴箱上对应于轴承内、外圈安装节点的振动响应反向传递回滚动轴承动力学模型，如图 3-12 所示，以实现转子-轴承、轴承-主轴箱之间的振动响应约束，这里的振动响应参数传递需要考虑轴承的安装方向。传递回 3.2 节建立的滚动轴承动力学模型的轴承内、外圈振动响应将用于下一时刻轴承内部各部件间相互作用力和力矩的计算。根据时间步长逐步计算耦合系统的振动响应，当达到程序设置的时间终止条件，输出系统振动响应，程序终止。

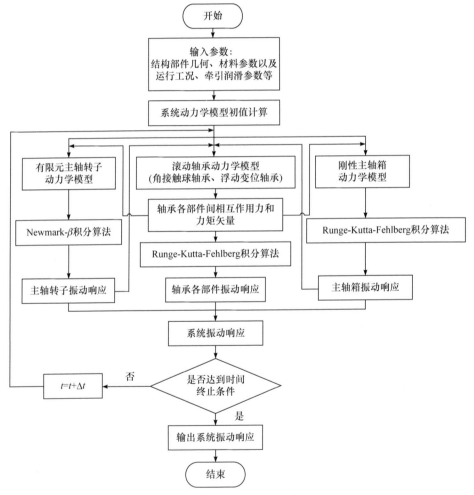

图 3-12　耦合系统动力学模型求解流程

3.3.3　耦合动力学模型实验验证

根据 3.3.2 小节中提出的含主轴箱高速主轴系统动力学建模理论,针对实验室一台三轴立式铣床,建立高速主轴系统动力学模型;同时,还考虑刀具的影响,建立含刀具高速主轴系统动力学模型;最后,仿真分析高速主轴系统动态特性并与实测结果进行对比,对本节提出的高速主轴系统动力学建模理论的有效性进行验证。

1. 含主轴箱高速主轴系统动力学建模验证

实验用机床主轴为德国凯斯勒高速电主轴(型号:Kessler DMS 080.34.FOS),主轴最高转速为 24000r/min,最大功率为 30kW。主轴前端由一对角接触球轴承(FAG HC 71914EDLR)支承,后端由一个浮动变位轴承(FAG 1011-DLR-T-P4S)支承,其支承结构形式见图 3-9。角接触球轴承和浮动变位轴承的相关结构和材料参数分别如表 3-1 和表 3-2 所示。

表 3-1　角接触球轴承参数

参数	数值
滚球个数	32
滚球直径/mm	6.26
初始接触角/(°)	25
轴承节径/mm	85
内圈沟曲率系数	0.54
外圈沟曲率系数	0.52
滚球/套圈/保持架泊松比	0.3/0.3/0.45
滚球/套圈/保持架密度/(kg/m³)	339.3/7800/200
滚球/套圈/保持架弹性模量/GPa	311/211/11

表 3-2　浮动变位轴承参数

参数	数值
滚球个数	17
滚球直径/mm	11
轴承节径/mm	72.5
外圈沟曲率系数	0.54
滚球/套圈/保持架泊松比	0.3/0.3/0.45
滚球/套圈/保持架密度/(kg/m³)	339/7800/200
滚球/套圈/保持架弹性模量/GPa	311/211/11

　　机床主轴实物及安装示意图如图 3-13 所示。高速主轴在机床上竖直安装，主轴端部由一个安装法兰盘支承，并与主轴箱头架通过多个长螺栓进行连接。主轴箱和主轴箱头架之间存在一段连接过渡表面，两者采用过渡配合，用于防止主轴发生倾斜，保证主轴的竖直安装。由于主轴箱在轴向方向通过多个螺栓与机床主轴箱头架进行连接，轴向刚度较大；在主轴系统动力学建模时，忽略主轴箱轴向平动自由度，考虑主轴箱沿径向 Y、Z 轴的平动自由度和绕 Y、Z 轴的转动自由度。因此，在对主轴箱与机床主轴箱头架之间的相互作用进行建模时，主轴箱头架与主轴箱之间的相互作用被等效为两个等效接触点。每个等效接触点通过 2 个平动和 2 个转动接触刚度 $[K_{yh}, K_{zh}, K_{\theta yh}, K_{\theta zh}]$ 与阻尼 $[C_{yh}, C_{zh}, C_{\theta yh}, C_{\theta zh}]$ 来进行建模。该模型可以综合考虑主轴箱沿径向的平动和绕 Y、Z 轴的旋转运动。这里需要注意的是动力学模型中的坐标系和机床坐标系存在差异，在进行结果对比的时候需要保持坐标系间的对应关系。两个等效安装节点分别位于连接表面的前后端，如图 3-14 所示。在该主轴模型中，两个等效节点分别选择位于前端两个轴承位置。

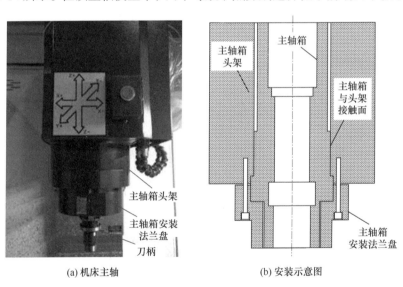

(a) 机床主轴　　　　　　　　　　(b) 安装示意图

图 3-13　机床主轴实物及安装示意图

　　根据 3.3 节提出的含主轴箱高速主轴系统动力学建模理论和实际主轴箱安装的等效接触模型，对机床高速主轴系统进行动力学建模，并利用实验测得的主轴频响函数对系统模型参数进行修正。由于主轴端部向外伸出部分很短，没有合适的测量位置，这里对含刀柄主轴系统进行建模，并通过主轴系统刀柄端部的频率响应函数对系统动力学模型进行修正。实验频响测试采用力锤敲击方式，刀柄端部频响函数的实验测试如图 3-15 所示。

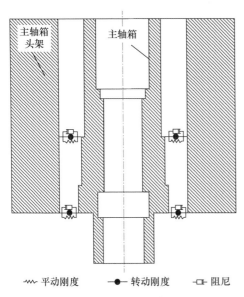

平动刚度　　●─ 转动刚度　　◻─ 阻尼

图 3-14　主轴箱头架-主轴箱相互作用模
型简化示意图

图 3-15　刀柄端部频响函数测试

实验采用 PCB 力锤(灵敏度：2.25mV/N)激励刀柄端部，同时采用一个 Dytran 300032A 加速度计(灵敏度：10mV/g)测量刀柄端部传感器安装位置处的加速度响应；由于刀柄前端为螺纹，无法安装加速度传感器，加速度传感器安装在距离刀柄端部 20mm 的位置。锤击激励力信号和振动加速度响应信号均由亿恒数据采集系统(简称数采系统)进行采集，并利用其模态分析软件计算系统频响函数。

在动力学模型频响仿真过程中，将记录的激励力信号作为激励施加在动力学模型的刀柄端部，仿真主轴系统模型对应于实验测量点处的振动加速度响应，计算系统频响函数。利用实测频响函数对系统模型中主轴箱与主轴箱安装头架间等效安装节点处的刚度和阻尼系数，以及轴承内圈转子安装节点处的阻尼系数进行修正，使仿真频响函数与实验测试结果尽可能匹配。最终修正后的接触刚度和阻尼系数如表 3-3 所示。

表 3-3　修正后接触点处的接触刚度和阻尼系数

参数	单位	数值
k_{yh1} / k_{zh1} / $k_{\theta yh1}$ / $k_{\theta zh1}$	N/m	9×10^8/9×10^8/2×10^8/2×10^8
k_{yh2} / k_{zh2} / $k_{\theta yh2}$ / $k_{\theta zh2}$	N/m	9×10^8/9×10^8/2×10^8/2×10^8
c_{yh1} / c_{zh1} / $c_{\theta yh1}$ / $c_{\theta zh1}$	N·s/m	500/500/10/10
c_{yh2} / c_{zh2} / $c_{\theta yh2}$ / $c_{\theta zh2}$	N·s/m	500/500/10/10

参数	单位	数值
$c_{xb1}\,/\,c_{yb1}\,/\,c_{zb1}\,/\,c_{\theta yb1}\,/\,c_{\theta zb1}$	N·s/m	10/25000/35000/40/150
$c_{xb2}\,/\,c_{yb2}\,/\,c_{zb2}\,/\,c_{\theta yb2}\,/\,c_{\theta zb2}$	N·s/m	10/10/10/10/0
$c_{xb3}\,/\,c_{yb3}\,/\,c_{zb3}\,/\,c_{\theta yb3}\,/\,c_{\theta zb3}$	N·s/m	10/1500/5000/8/0

刀柄前端测试点处两个径向方向，实验和仿真加速度频响函数对比如图 3-16 所示。从图 3-16 中可以看出，仿真刀柄端部测试点处频响函数能够很好地匹配实验频响结果。在[1000Hz, 4000Hz]频带范围，仿真频响函数前三阶固有频率及其幅值与实验结果在两个径向方向上都具有良好的一致性。在 X 方向上，前三阶固有频率仿真结果与实验结果的相对误差分别为 9.4%、1.52%、6.46%；在 Y 方向上，前三阶固有频率仿真结果与实验结果的相对误差分别为 11.5%、3.38%、6.23%。仿真与实验对比结果表明，本节建立的主轴系统动力学模型能够较好地反映系统的动态特性。

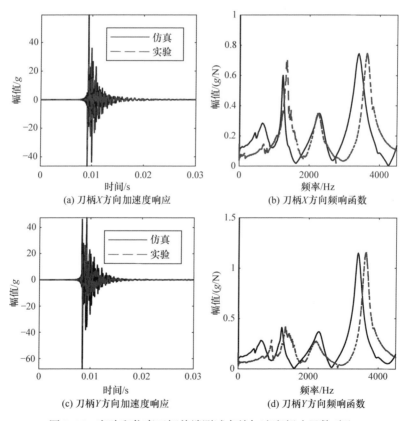

图 3-16　实验和仿真刀柄前端测试点处加速度频响函数对比

2. 含刀具高速主轴系统动力学模型验证

本小节对单刀粒端面铣刀的铣削振动响应进行研究。加工工件材料为牌号7075 的航空铝合金；端铣刀用于对工件进行端面铣削。两种刀具的直径均为12mm，加工过程中的安装悬伸均为 70mm；实验过程中，实验铝合金工件被安装在 Kistler 9129AA 动态测力仪上，实现对铣削过程中动态切削力信号的测量。同时，切削过程中刀具和刀柄的振动位移响应通过非接触式位移传感器进行测量。铣削过程中的动态切削力和振动位移响应均由亿恒数据采集器进行采集。测量获得的动态切削力信号，将用于高速主轴系统动态铣削振动响应的仿真研究。

如图 3-17(a)所示，在进行切削实验之前，首先利用锤击频响测试方法，对刀尖到刀尖(点 A)以及刀具前端一个振动位移响应测量位置(点 B)处的加速度频响函数进行测量。点 B 距离刀尖 40mm，为铣削过程中刀具振动位移响应的测点，如图 3-17(b)所示。在铣削加工过程中，采用雄狮电容式非接触位移传感器分别对刀具(点 B)以及刀柄测量位置 E 处的两个径向方向上的振动位移响应进行测量；切削过程中的动态切削力由 Kistler 动态测力仪进行测量，实验装置如图 3-17(b)所示。仿真刀具端部加速度频响函数与实验结果的对比如图 3-18 所示。

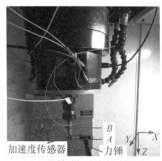
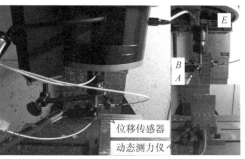

(a) 刀具前端加速度频响测试　　　　(b) 切削力振动位移响应测试

图 3-17　测试实验装置图

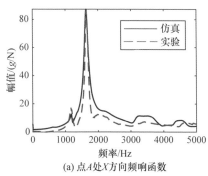
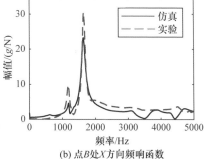

(a) 点 A 处 X 方向频响函数　　　　(b) 点 B 处 X 方向频响函数

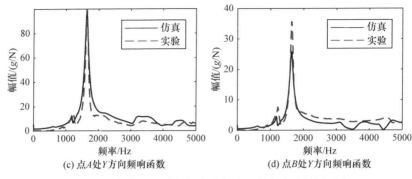

(c) 点A处Y方向频响函数　　　　　　(d) 点B处Y方向频响函数

图 3-18　仿真刀具端部加速度频响函数与实验结果对比

从图 3-18 中可以看出，不论是刀尖点 A 还是刀具测量点 B，在两个径向方向上的仿真加速度频率响应函数能够很好地匹配实验结果。在刀尖 A 处，不论是加速度频响函数的固有频率还是频响函数的幅值，仿真结果和实验结果基本一致。测量点 B 的频响函数仿真结果的幅值较实验结果稍微小一些，但是整体而言，主轴系统动力学模型能够较准确地仿真系统的动力学特性。

3.4　智能主轴非平稳振动响应分析

本节将基于建立的智能主轴动力学模型，开展主轴振动响应机理研究。首先分析浮动变位轴承间隙对主轴振动响应的影响，为主轴的设计和装配提供理论依据，从而从源头上减小主轴振动。然后，针对稳定铣削和颤振铣削两种加工状态，基于动力学模型计算主轴非平稳振动响应，并与实验测试数据进行对比验证，为后续智能主轴铣削颤振的检测、识别与控制提供理论基础。

3.4.1　浮动变位轴承间隙对主轴非平稳振动响应的影响

主轴不平衡是机床主轴系统最常见的故障，主轴不平衡往往会增大机床振动响应，影响机床主轴性能，在切削加工中可能会影响工件的尺寸精度和表面质量。本节基于建立的主轴系统动力学模型，通过浮动变位轴承间隙对主轴系统不平衡振动响应的影响进行仿真分析。相关仿真参数为：仿真主轴不平衡量为 $3\times10^{-4}\ \text{g}\cdot\text{mm}$，作用于转子的第一个节点位置；主轴预紧为 600N；转速为 10000r/min；考虑 5 种不同的浮动变位轴承径向间隙，分别取值为 4μm、2μm、0μm、−2μm 和−4μm。

仿真主轴系统的结构参数如图 3-19 所示。该主轴系统前端由两个角接触球轴承支承，采用背对背形式安装(<>)，后端采用一个浮动变位轴承支承。主轴转子有限元模型被划分为 11 个 Timoshenko 梁单元，共拥有 12 个节点，每个单元长度为 40mm。两个角接触球轴承分别被安装在转子的第 2 个和第 4 个节点位置，浮动变位轴承被安装在转子的第 11 个节点位置。仿真采用的角接触球轴承和浮动变位轴承相关参数分别如表 3-4 和表 3-5 所示，主轴转子参数及系统其他参数如表 3-6 所示。

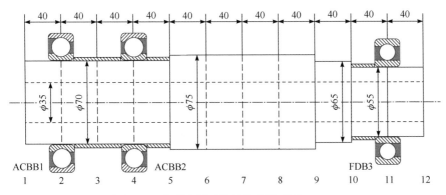

图 3-19　仿真主轴系统结构参数(单位：mm)

表 3-4　角接触球轴承参数

参数	单位	数值
滚球个数		32
滚球直径	mm	6.26
初始接触角	°	25
轴承节径	mm	85
内圈沟曲率系数		0.54
外圈沟曲率系数		0.52
滚球/套圈/保持架泊松比		0.3/0.3/0.45
滚球/套圈/保持架密度	kg/m³	339.3/7800/200
滚球/套圈/保持架弹性模量	GPa	311/211/11

表 3-5　浮动变位轴承参数

参数	单位	数值
滚球个数		17
滚球直径	mm	11
轴承节径	mm	72.5
外圈沟曲率系数		0.54

续表

参数	单位	数值
滚球/套圈/保持架泊松比		0.3/0.3/0.45
滚球/套圈/保持架密度	kg/m³	339/7800/200
滚球/套圈/保持架弹性模量	GPa	311/211/11

表 3-6　主轴转子参数及系统其他参数

参数	单位	数值
主轴转子泊松比		0.3
主轴转子密度	kg/m³	7800
主轴转子的弹性模量	GPa	211
主轴箱的质量	kg	100
$k_{zb1}/k_{zb2}/k_{zb3}/k_{yb1}/k_{yb2}/k_{yb3}$	N/m	$4×10^8$
$c_{zb1}/c_{zb2}/c_{zb3}/c_{yb1}/c_{yb2}/c_{yb3}$	N·s/m	1500

基于建立的主轴系统动力学模型，采用 Fortran 语言实现模型的数值求解运算。通过模型的数值求解运算可以获得主轴系统中各部件之间的相互作用力和力矩，以及各部件(包括转子和轴承各部件)的振动位移、速度、加速度响应。当浮动变位轴承径向间隙为–2μm，主轴系统中三个支承轴承内圈在不平衡激励下的轴向和径向振动位移响应分别如图 3-20 和图 3-21 所示。

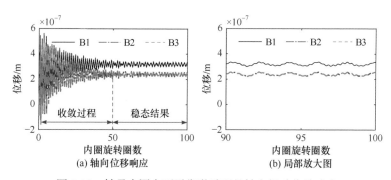

图 3-20　轴承内圈在不平衡激励下的轴向振动位移响应

图 3-20 和图 3-21 中，B1 和 B2 分别代表第 1 个和第 2 个角接触球轴承，B3 代表浮动变位轴承 3。从图 3-20(a)和图 3-21(a)中可以看出，在转子经过 50 圈左右的运行后，仿真结果逐渐收敛到一个稳定的结果，模型仿真结果比较理想。由于主轴系统在主轴端部受到不平衡离心力的作用，三个轴承内圈均出现一个很小

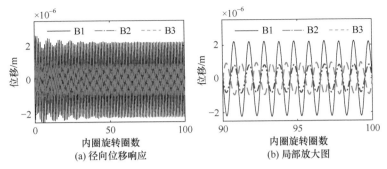

图 3-21　轴承内圈在不平衡激励下的径向振动位移响应

的轴向运动。从图 3-21 中可以看出，由于受到不平衡离心力的激励，三个轴承内圈在径向方向上均产生一个简谐运动，简谐运动的频率与主轴转频一致。由于不平衡力作用在主轴的第一个节点位置，角接触球轴承 1 处的内圈不平衡振动响应的幅值最大，而角接触球轴承 2 和浮动变位轴承 3 处内圈的不平衡响应由于距离不平衡激励点较远，幅值相对较小。此外，浮动变位轴承 3 内圈振动响应的相位与角接触球轴承 1 和 2 的相反。

为了深入地研究浮动变位轴承间隙对于主轴系统振动特性的影响，这里对不同径向间隙下三个轴承内部滚球和外圈的接触载荷进行仿真分析，仿真结果如图 3-22 所示。

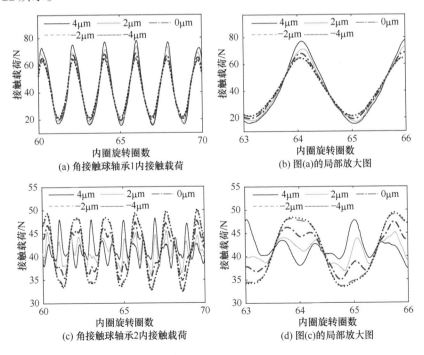

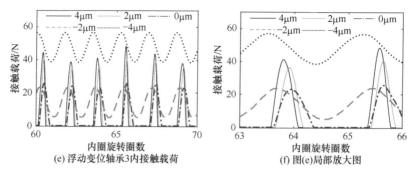

图 3-22　不同浮动变位轴承径向间隙下三个轴承内部滚球与外圈间接触载荷变化情况

图 3-22(a)为角接触球轴承 1 内部滚球与外圈间接触载荷，图 3-22(b)为其局部放大图。从图 3-22(a)中可以发现，角接触球轴承 1 内部滚球与外圈间接触载荷以近似简谐波的形式波动。在轴向预紧力、不平衡激励、重力的共同作用下，角接触球轴承 1 内部所有滚球均处于承载区，没有非承载区；当滚球运转到轴承底部时，承受的接触载荷较大，运行到轴承顶部时，承受的载荷较小。从图 3-22(b)中可以发现，浮动变位轴承径向间隙从 4μm 减小到−2μm，角接触球轴承 1 内部滚球与外圈间接触载荷波动的幅值减小；当浮动变位轴承的径向间隙从−2μm 减小到−4μm 时，对轴承 1 内部接触载荷的影响很小。

图 3-22(c)为角接触球轴承 2 内部滚球与外圈间接触载荷。从图中可以看出，当浮动变位轴承径向间隙为正时，角接触球轴承 2 内部滚球与外圈间接触载荷呈现为较复杂的波动规律。这是角接触球轴承 2 距离浮动变位轴承 3 较近，同时在不平衡激励力和浮动变位轴承径向间隙的共同作用下产生的结果。当浮动变位轴承径向间隙减小到−2μm 时，角接触球轴承内部滚球与外圈间接触载荷以近似谐波形式波动。从图 3-22(c)和图 3-22(d)中可以发现，浮动变位轴承径向间隙对于轴承 2 中滚球与外圈间接触载荷的幅值也有影响。

图 3-22(e)为浮动变位轴承 3 内部滚球与外圈间接触载荷在不同径向间隙下的波动情况。从图 3-22(f)中可以发现，浮动变位轴承径向间隙从 4μm 减小到 0μm 过程中，滚球与外圈间接触载荷持续时间在逐渐增大，即承载区的范围在逐渐增大，但是同时承载区内部最大接触载荷幅值在逐渐减小。当径向间隙为−2μm 时，轴承内部已经不存在非承载区，滚球与外圈的接触载荷呈简谐形式波动。当浮动变位轴承径向间隙从−2μm 减小到−4μm 时，轴承内部滚球与外圈间接触载荷增大。

综上可以发现，在该角接触球轴承-浮动变位轴承共同支承的主轴转子系统中，浮动变位轴承径向间隙对系统中各轴承内部的承载情况均有较大影响。但是需要注意的是，当浮动变位轴承径向间隙减小到一定程度时，间隙的改变对前端角接触球轴承内部接触载荷的影响减小。随着浮动变位轴承径向间隙的减小，浮动变位轴承自身内部的接触载荷不断增大。

不同浮动变位轴承径向间隙下，主轴轴承-转子系统不平衡响应轴心轨迹如图 3-23 所示。从图 3-23 中可以看出，随着浮动变位轴承径向间隙的减小，主轴轴承-转子系统的不平衡振动响应逐渐被抑制，尤其是浮动变位轴承安装端的转子振动响应。此外，从图 3-23 中可以发现，随着浮动变位轴承径向间隙的减小，主轴转子上振动响应幅值最小的节点位置在改变，逐渐往浮动变位轴承安装端移动。

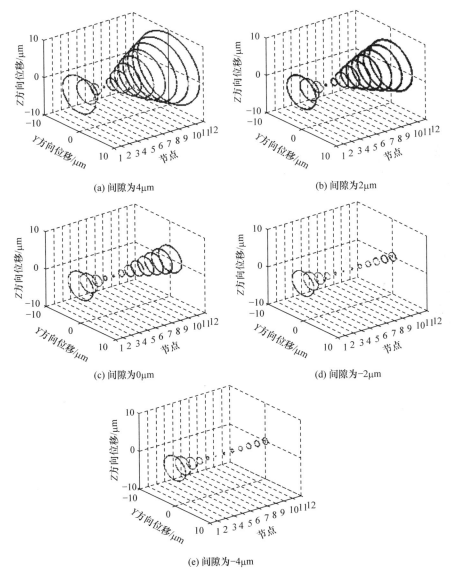

(a) 间隙为4μm

(b) 间隙为2μm

(c) 间隙为0μm

(d) 间隙为-2μm

(e) 间隙为-4μm

图 3-23　不同浮动变位轴承径向间隙下主轴轴承-转子系统不平衡响应的轴心轨迹

为了准确分析浮动变位轴承间隙改变对于主轴不平衡振动响应的影响，这里对不同浮动变位轴承径向间隙下，转子节点 1 和节点 12 的径向振动位移响应进行考察，结果如图 3-24 所示。从图 3-24 中可以看出，在浮动变位轴承径向间隙从 4μm 减小到–2μm 过程中，转子的不平衡振动响应幅值逐渐被显著地抑制。但是随着浮动变位轴承径向间隙的进一步减小，抑制作用逐渐减弱。

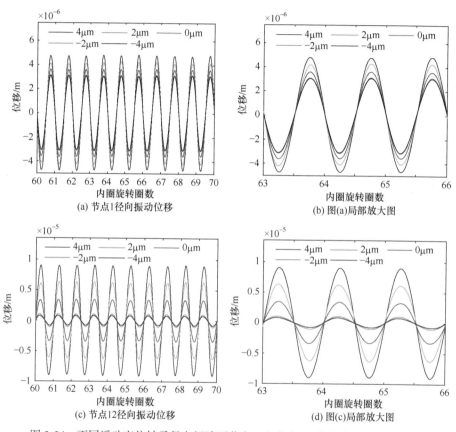

图 3-24　不同浮动变位轴承径向间隙下节点 1 和节点 12 的径向振动位移响应

通过图 3-22、图 3-23 和图 3-24 可以明显地发现，浮动变位轴承径向间隙对系统不平衡振动响应有着显著的影响，负的浮动变位轴承径向间隙能够很好地抑制转子的不平衡振动响应，改善轴承内部的承载情况。需要指出的是，当浮动变位轴承径向间隙减小到一定程度时，径向间隙的继续减小对转子不平衡响应的抑制作用逐渐减弱。但是浮动变位轴承径向间隙的持续减小，会逐渐增大浮动变位轴承内部滚球与外圈间的接触载荷。随着轴承内部接触载荷的逐渐增大，轴承内部的摩擦生热会逐渐增加，而增加的轴承产热会增加轴承内部滚球和外圈的径向热膨胀，进一步减小轴承内部的径向间隙，从而进入一种恶性循环。当浮动变位轴承径向间隙过小，接触载荷过大时，一方面会使浮动变位轴承补偿主轴轴向热伸长的作用减弱；另一方面，严重时会导致主轴轴承的抱死，主轴失效。因此，浮动变位轴承径向间隙对于主轴转子系统来说是一个十分重要的参数，需要结合主轴的运行工况、安装预紧以及冷却等因素进行设计。分析结果表明，本章建立的角接触球轴承和浮动变位轴承共同支承主轴系统动力学模型能够有效地对主轴动态特性进行分析，并对浮动变位轴承间隙的设计提供指导。

3.4.2　智能主轴铣削过程中的非平稳振动响应预测

本节针对端面铣削加工中的稳定和颤振两种状态，利用建立的主轴系统动力学模型对两种切削过程进行时域振动响应仿真，并与实测振动响应进行对比。

1. 切削工况 1：稳定铣削

具体切削实验参数为：主轴转速为 12300r/min，进给速度为 600mm/min，轴向切深为 1mm，径向切深为 5mm，单刃铣刀以顺铣的方式对航空铝合金工件进行端面铣削加工。切削过程中，动态切削力信号和刀具振动位移响应的测试如图 3-17(b) 所示。最终通过动态测力仪测得的两个径向 X 和 Y 方向的动态切削力信号及其频谱如图 3-25 所示。最终工件的加工表面如图 3-26 所示。

在图 3-25 中，f_T 为刀齿通过频率。由于本组实验所采用的刀具为单齿刀具，因此刀齿通过频率等于主轴的转频。从图 3-25 中可以看出，当切削状态为稳定铣削时，切削力信号主要由刀齿通过频率及其谐波分量组成。由于切削状态稳定，最终加工表面质量良好，如图 3-26 所示。

压电传感器由于自身结构的特性，自身阻尼系数一般较小，压电式动态测力仪的线性频带范围也较小。在较高的频带范围内，频率响应的幅值较大，对应测得的切削力信号幅值将会被放大，从而导致实测切削力信号的失真。实验所用动态测力仪为 Kistler 9129AA，厂家提供的设备输出力和输入力之间的频率响应函数如图 3-27 所示。

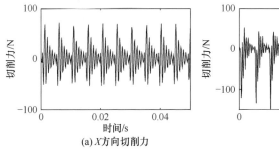
(a) X方向切削力

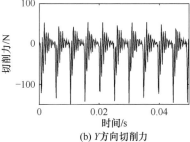
(b) Y方向切削力

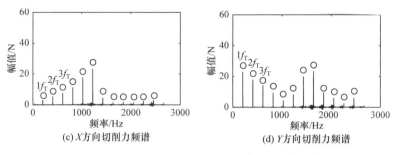

(c) X方向切削力频谱　　　　　　　　　(d) Y方向切削力频谱

图 3-25　稳定铣削实测径向切削力信号及其频谱

〇：刀齿通过频率及其谐波分量

图 3-26　稳定铣削最终工件加工表面

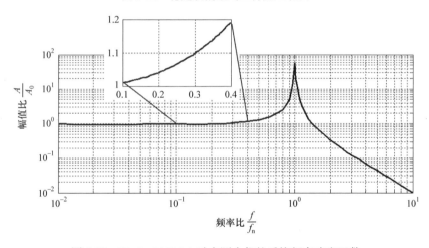

图 3-27　Kistler 9129AA 动态测力仪的系统频率响应函数

从图 3-27 中可以看出，对一个固定方向，当切削力中某个频率分量为该方向测力仪系统固有频率的 0.3 倍时，切削力中该频率分量的幅值会被放大 10%，将产生 10%的测量误差。随着频率逐渐接近系统固有频率，误差会急剧增大，如图 3-27 所示。动态测力仪系统在刚性连接情况下各个方向的固有频率如表 3-7 所示。从表 3-7 中可以发现，动态测力仪系统在各个方向上的固有频率都不高，最高约为 4.5kHz；再结合其系统频率响应函数对于高频率处幅值放大作用的影响，导致测力仪实际测量中的有效频带范围较窄，测力仪输出的无误差切削力频率范围为 0～1000Hz。然而，在实际切削加工过程中，特别是在采用多刃铣刀的高速切削工况中，切削力中刀齿通过频率高次谐波分量往往无法被准确测量。此外，当切削过程中出现铣削颤振时，颤振频率往往高于测力仪的无误差频带范围，使得铣削颤振发生时，测力仪测得的切削力往往大于真实的切削力。因此，需要基于测力仪系统的振动特性对实测的切削力信号进行一定的修正。

表 3-7　动态测力仪系统固有频率

测力仪型号	系统各方向固有频率/kHz		
	$f_n(x)$	$f_n(y)$	$f_n(z)$
9129AA	3.5	4.5	3.5

本节采用基于动态测力仪的系统频率响应函数，对切削力信号在频域内进行对应的频率分量幅值修正；然后，采用逆傅里叶变换的方法获得修正后真实的切削力信号。通过从测力仪系统频响函数中提取相关信息，并结合测力仪系统各方向固有频率，利用样条拟合插值方法获得测力仪在 X、Y 方向不同切削力频率分量对应的幅值放大因子，如图 3-28 所示。由于傅里叶变换频谱的对称性，当采样频率为 6000Hz 时，可以得到 X、Y 方向切削力在频域内对应频率分量的幅值修正因子如图 3-29 所示。

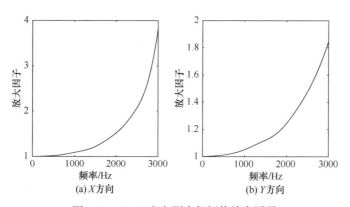

图 3-28　X、Y 方向测力仪幅值放大因子

对于给定方向的实测切削力信号，将切削力信号傅里叶变换得到的每个离散频率位置处的幅值(这里是指傅里叶变换得到的复数值)与该方向对应每个离散频率位置处的切削力幅值修正因子相乘，得到修正后真实的切削力频谱。然后，将修正后的切削力傅里叶变换频谱采用逆傅里叶变换的方法，即可获得切削过程的真实动态切削力。此处，为了更清晰地表明切削力修正前后的差异，这里针对一组铣削颤振切削力数据进行分析，修正前后的切削力时域波形及其频谱的对比如

图 3-30 所示。

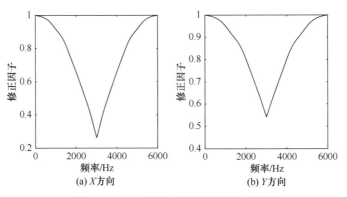

图 3-29　X、Y方向测力仪幅值修正因子

　　从图 3-30 中可以发现，在时域波形上修正后的切削力幅值较修正前有所减小；由于 X 方向的测力仪固有频率较低，修正后的切削力幅值减小较大，切削力最大幅值减小约 120N；Y 方向修正后切削力幅值减小较少，切削力最大幅值减小约 80N；从频谱中可以发现，随着频率的增大，对应频率分量的频响幅值减小较大，X 方向 2400Hz 附近频率分量的幅值减小约 50%。因此，从修正后的结果来看，对于测得的切削力进行修正是十分必要的。

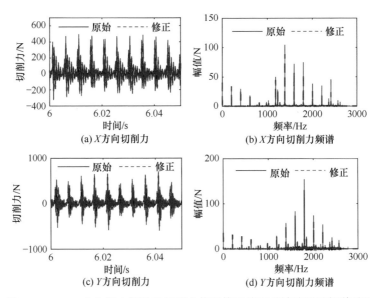

图 3-30　X、Y方向测力仪输出切削力信号修正前后时域波形及频谱对比

　　在进行高速主轴切削振动响应仿真时，首先利用本节提出的切削力修正方法

对测力仪直接测得的切削力数据进行修正，得到真实的切削力数据；然后，将修正后得到的真实切削力施加到建立的高速主轴系统动力学模型刀尖位置，仿真主轴系统在切削力激励下的振动响应。在刀具测试点 B 位置两个正交径向方向上，实验和仿真所得振动位移响应的时域波形和频谱的对比如图 3-31 所示；在刀柄测试点 E 位置 X 方向上，实验和仿真所得振动位移响应的时域波形和频谱的对比如图 3-32 所示。

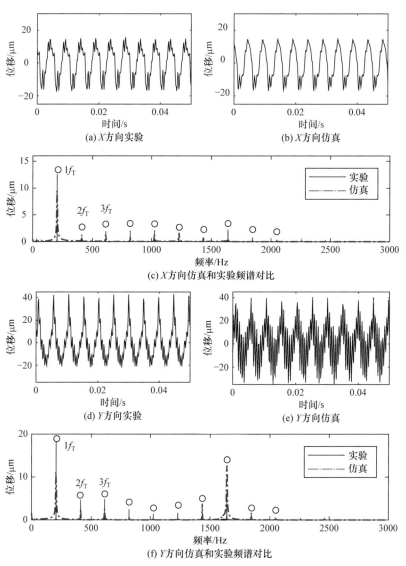

图 3-31　刀具 B 点实验与仿真振动位移响应结果对比

○：刀齿通过频率及其谐波分量

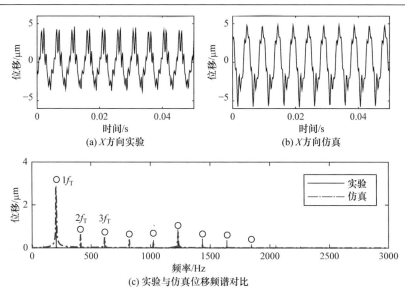

图 3-32　刀柄 E 点实验与仿真振动位移响应结果对比

○：刀齿通过频率及其谐波分量

从图 3-31 和图 3-32 可以看出，不论是在刀具还是刀柄位置，仿真获得的系统振动位移响应和实验结果能够良好匹配。不论是振动位移响应的时域波形还是频谱，仿真结果和实验结果都基本一致。由于铣削过程为稳定切削，系统的振动位移响应成分比较简单，振动位移响应的频谱主要是由刀齿通过频率及其谐波分量组成。由于刀具为单齿铣刀，刀具和刀柄位置处的振动位移响应频谱中刀齿通过频率 1 倍频处的幅值最大，且能量主要集中在低频位置。但是系统在刀齿通过频率 8 次谐波 1640Hz 周围也存在较大的振动响应幅值，这是该阶刀齿通过频率的谐波与系统第二阶固有频率 1644Hz 接近的缘故。在图 3-31(f)所示刀具 B 点处 Y 方向振动响应频谱中可以发现，仿真振动位移响应在刀齿通过频率第 8 次谐波处的幅值比实验结果大。这可能是由于在实际切削过程中，受益于铣削过程刀具和工件间的接触阻尼，系统在固有频率附近的振动响应被有效地衰减，但在仿真过程中该因素无法被有效考虑，因此固有频率位置处幅值较大。整体而言，仿真结果与实验结果匹配良好，表明本章建立的高速主轴系统动力学能够对系统切削振动响应进行准确的仿真。

2. 切削工况 2：颤振铣削

具体切削实验参数为：主轴转速仍为 12300r/min；进给速度为 600mm/min；轴向切深为 1mm；径向切深增大到 10mm，相对于第一组稳定铣削增加 5mm；仍然采用顺铣的方式对航空铝合金工件进行端面铣削加工。最终通过动态测力仪测得两个径向 X 和 Y 方向的动态切削力信号及其频谱如图 3-33 所示，最终工件的加工表面如图 3-34 所示。

通过图 3-33 可以发现，当切削过程发生异常颤振时，切削力的时域波形相对于稳定切削时变得有些杂乱。在切削力信号的频谱中可以发现，当颤振发生时切削力信号的频谱变得异常杂乱，频谱中出现大量异常颤振频率分量；颤振频率分量主要集中在系统刀尖固有频率附近的高频位置，即 1000～2600Hz 频带。从图 3-33 中可以发现，颤振频率分量也存在一定规律，相邻两个颤振频率分量的间隔为系统刀齿通过频率(主轴转频)，而且每一个颤振频率都比与其相邻的刀齿通过频率谐波分量大 60%。通过大量切削实验研究发现，当系统发生铣削颤振时，在其他加工参数相同的情况下，端面铣削的颤振频率随轴向切深的增大而增大；在圆周铣削中，颤振频率随径向切深的增大而增大。这是由于随着切深的增大，刀具和工件之间的切削厚度逐渐增大，切削力逐渐增大，耦合系统的约束增大，系统固有频率也随之增大，进而颤振频率随切深增加而增大。因此，在不同的切削参数下，颤振频率与相邻刀齿通过频率分量的差值并不相同。最终工件的加工表面如图 3-34 所示，由于系统在切削过程中发生铣削颤振，最终工件加工表面质量较差，存在轻微的颤振纹理，不如稳定铣削时加工表面质量好。

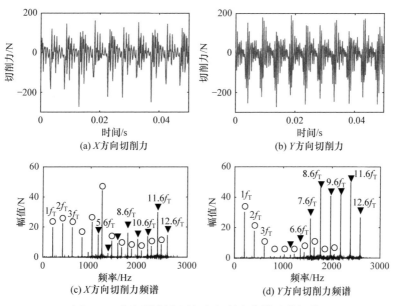

图 3-33　颤振铣削实测径向切削力信号及其频谱

○：刀齿通过频率及其谐波分量；▼：颤振频率分量

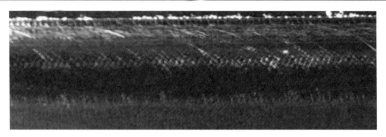

图 3-34　颤振切削最终工件加工表面

将颤振铣削过程中实测切削力信号通过本节中提出的修正方法进行修正，然后施加到高速主轴系统动力学模型刀尖位置，仿真系统在切削激励下的振动响应。刀具 B 点两个径向方向仿真振动位移响应与实验结果的对比如图 3-35 所示；刀柄 E 位置处 X 方向上振动位移响应仿真和实验结果的对比如图 3-36 所示。

从图 3-35 和图 3-36 可以看出，仿真振动位移响应和实验结果能够良好地匹配，表明动力学模型能够很好地仿真系统在切削过程中的振动响应。通过图 3-35 和图 3-36 可以发现，当系统在铣削过程中发生异常颤振时，主轴系统振动位移响应时域波形变得杂乱，信号频率成分变得复杂；除了刀齿通过频率谐波分量外，在振动信号频谱中出现大量异常颤振频率分量。这些颤振频率分量多集中在系统固有频率附近的高频位置。颤振频率分量在系统各阶固有频率附近的幅值最大，远离固有频率位置的幅值较小。颤振频率在频谱中表现出一定的周期性，相邻两个颤振频率之间的间隔为主轴的转频。颤振频率与相邻刀齿通过频率谐波分量相差 0.6 倍的主轴转频。

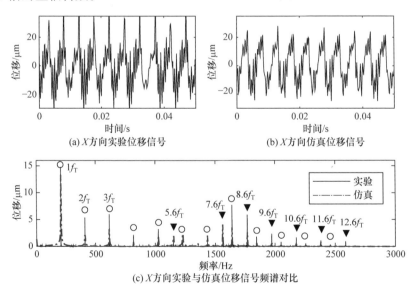

(a) X 方向实验位移信号　　　　　　(b) X 方向仿真位移信号

(c) X 方向实验与仿真位移信号频谱对比

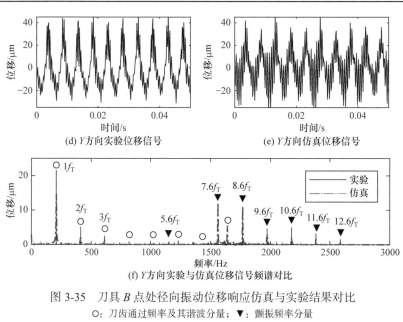

(d) Y 方向实验位移信号　　　　　　　(e) Y 方向仿真位移信号

(f) Y 方向实验与仿真位移信号频谱对比

图 3-35　刀具 B 点处径向振动位移响应仿真与实验结果对比

○：刀齿通过频率及其谐波分量；▼：颤振频率分量

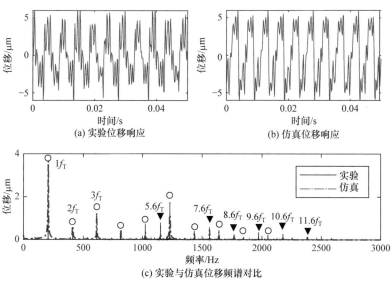

(a) 实验位移响应　　　　　　　　　(b) 仿真位移响应

(c) 实验与仿真位移频谱对比

图 3-36　刀柄 E 点处 X 方向振动位移响应仿真与实验结果对比

○：刀齿通过频率及其谐波分量；▼：颤振频率分量

参 考 文 献

[1] 曹宏瑞, 李亚敏, 何正嘉, 等. 高速滚动轴承–转子系统时变轴承刚度及振动响应分析[J]. 机械工程学报, 2014, 50(15): 73-81.

[2] CAO H, NIU L, XI S, et al. Mechanical model development of rolling bearing-rotor systems: A

review[J]. Mechanical Systems and Signal Processing, 2018, 102: 37-58.

[3] 曹宏瑞, 何正嘉. 机床-主轴耦合系统动力学建模与模型修正[J]. 机械工程学报, 2012, 48(3): 88-94.

[4] 曹宏瑞, 李兵, 陈雪峰, 等. 高速主轴离心膨胀及对轴承动态特性的影响[J]. 机械工程学报, 2012, 48(19): 59-64.

[5] 曹宏瑞, 李兵, 何正嘉. 高速主轴动力学建模及高速效应分析[J]. 振动工程学报, 2012, 25(2): 103-109.

[6] CAO H, BING L, HE Z. Chatter stability of milling with speed-varying dynamics of spindles[J]. International Journal of Machine Tools and Manufacture, 2012, 52(1): 50-58.

[7] CAO H, HOLKUP T, ALTINTAS Y. A comparative study on the dynamics of high speed spindles with respect to different preload mechanisms[J]. International Journal of Advanced Manufacturing Technology, 2011, 57(9): 871-883.

[8] CAO H, HOLKUP T, CHEN X, et al. Study on characteristic variations of high-speed spindles induced by centrifugal expansion deformations[J]. Journal of Vibroengineering, 2012, 14(3): 1278-1291.

[9] HOLKUP T, CAO H, KOLÁR P, et al. Thermo-mechanical model of spindles[J]. CIRP Annals - Manufacturing Technology, 2010, 59(1): 365-368.

[10] KANG T, CAO H. Prediction of rotational accuracy of machine tool spindle driven by dynamic model[C]. The 18th International Manufacturing Conference in China, Shenyang, 2019.

[11] XI S, CAO H, CHEN X. Dynamic modeling of spindle bearing system and vibration response investigation[J]. Mechanical Systems and Signal Processing, 2019,114: 486-511.

[12] XI S, CAO H, CHEN X, et al. Dynamic modeling of machine tool spindle bearing system and model based diagnosis of bearing fault caused by collision[J]. Procedia CIRP, 2018, 77: 614-617.

[13] GUPTA P K. Dynamics of rolling-element bearings—Part Ⅳ: Ball bearing results[J]. Journal of Tribology, 1979, 101(3): 319-326.

[14] GUPTA P K. Dynamics of Rolling-element bearings—Part Ⅲ: Ball bearing analysis[J]. Journal of Tribology, 1979, 101(3): 312-318.

[15] XI S, CAO H, CHEN X, et al. A dynamic modeling approach for spindle bearing system supported by both angular contact ball bearing and floating displacement bearing[J]. Journal of Manufacturing Science and Engineering, 2018, 140(2): 021014.

[16] 席松涛. 高速主轴振动特性分析及铣削颤振特征识别[D]. 西安:西安交通大学, 2018.

[17] GUPTA P K. Advanced Dynamics of Rolling Elements[M]. Germany:Springer Science and Business Media, 2012.

[18] GAGNOL V, BOUZGARROU B C, RAY P, et al. Model-based chatter stability prediction for high-speed spindles[J]. International Journal of Machine Tools and Manufacture, 2007, 47(7-8): 1176-1186.

[19] HARRIS T A, MINDEL M H. Rolling element bearing dynamics[J]. Wear, 1973, 23(3): 311-337.

第 4 章 智能主轴刚体单元建模法及动态回转误差分析

4.1 引　言

　　智能主轴是滚动轴承支承的转子系统，其动力学建模的一个关键问题是轴承模型与转子模型的耦合。轴承模型包括集中参数模型、拟静力学模型、动力学模型等，而转子模型包括 DeLaval/Jeffcott 模型、刚性轴/转子模型、传递矩阵模型和有限元模型等[1]。由于转子和滚动轴承之间的复杂耦合关系，大量的主轴模型根据研究的侧重，或简化轴承，或简化转子。刚体单元(rigid body element，RBE)建模法是一种有效的转子动力学建模方法[2]，它将转子划分为若干个离散的刚体单元，任意相邻的两个刚体单元之间通过四个假想的弹簧连接，即一个限制平移运动的拉伸弹簧和三个限制旋转运动的扭转弹簧，通过求解各个刚体单元的动力学方程来获得转子真实运动。该模型采用了与第 3 章所述滚动轴承动力学模型同一类型的动力学方程，可以与轴承的动力学方程统一求解，因而无须采用任何假设，可以很好地与轴承动力学模型进行耦合。

　　本章首先介绍转子的刚体单元建模法的基本原理，然后将转子的刚体单元模型与滚动轴承动力学模型进行耦合，得到主轴系统动力学模型，并以某磨齿机主轴为对象进行实验验证。在主轴刚体单元模型的基础上开展动态回转误差分析研究，系统分析轴承配合间隙、转速及切削载荷对主轴回转误差的影响规律，从而为智能主轴回转精度的提高提供依据。

4.2 刚体单元建模法

　　主轴转子的柔性在动力学建模研究中往往被忽视，为了考虑主轴转子的柔性，以及能够更好地将转子动力学模型与轴承动力学模型耦合，本章采用刚体单元模型对主轴转子进行建模分析。该方法将转子划分为若干个连续相连的刚体单元。每个刚体单元运动包括平动和转动，各相邻单元之间的相互作用用弹簧来模拟，求出每个刚体单元的合力与合力矩就可进一步得到各个单元的动力学方程，从而建立起整个转子的动力学模型[3-9]。

4.2.1 刚体单元及相邻刚体单元之间的相互作用

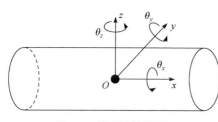

图 4-1 转子刚体单元

图 4-1 所示为单个转子的刚体单元 (RBE)模型,每个 RBE 是一个有确定长度 l 和统一直径 d(包括内直径 d_i 和外直径 d_o) 的圆柱刚体;每个 RBE 有 6 个自由度 (DOF),包括 3 个平动自由度(x, y, z)和 3 个转动自由度$(\theta_x, \theta_y, \theta_z)$。每个单元的质量 m 和转动惯量 I 可由转子单元的几何尺寸 以及材料属性计算得到。

每个转子刚体单元的动力学行为可用平动动力学方程和转动动力学方程描述。根据牛顿第二定律,刚体单元的平动动力学方程可表示为

$$m\ddot{u} = F \tag{4-1}$$

式中,m 为刚体单元质量;u 为刚体单元位移向量,$u = [x, y, z]^T$;F 为刚体单元所受合力矢量,$F = [F_x, F_y, F_z]^T$。

刚体单元的转动动力学方程可由欧拉旋转方程表示为

$$I \cdot \dot{\omega} + \omega \times (I \cdot \omega) = M \tag{4-2}$$

式中,I 为刚体单元的转动惯量,$I = [I_x, I_y, I_z]^T$;ω 为刚体单元转动角速度矢量,$\omega = [\omega_x, \omega_y, \omega_z]^T$;$M$ 为刚体单元所受的合力矩矢量,$M = [M_x, M_y, M_z]^T$。

主轴转子建模时被划分为若干个连续相连的刚体单元,相邻两个刚体单元之间存在相互作用力和力矩,两者之间的相互作用用一个约束平动的拉伸弹簧和三个约束旋转的扭转弹簧来模拟,弹簧刚度由相邻两转子刚体单元的几何参数和材料属性决定。如图 4-2 所示,以第 j 和 $j+1$ 两个相邻的刚体单元为例,分析刚体

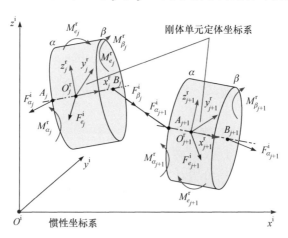

图 4-2 相邻两刚体单元之间相互作用

单元之间的相互作用。$i(x_j, y_j, z_j)$ 是转子的惯性坐标参考系，$r_j(x_j^r, y_j^r, z_j^r)$ 和 $r_{j+1}(x_{j+1}^r, y_{j+1}^r, z_{j+1}^r)$ 分别是第 j 个和第 $j+1$ 个 RBE 的定体坐标系，O_j^r 和 O_{j+1}^r 分别为其坐标原点，也是其几何中心。每个 RBE 有两个端面，即 α 平面和 β 平面；点 A_j 和 B_j 分别为第 j 个单元两个端面 α 和 β 的中心。

转子在无载荷的自由状态下，第 j 个单元 β 平面中心 B_j 与第 $j+1$ 个单元 α 平面中心 A_{j+1} 重合，此时两者之间无相对位移，无相互作用产生。当有力或力矩作用在转子上时，两个相邻单元之间发生相对运动，产生相互作用，其作用力和力矩可表示为

$$\begin{cases} \boldsymbol{F}_{\beta_j}^i = -\boldsymbol{F}_{\alpha_{j+1}}^i \\ \boldsymbol{M}_{\beta_j}^r = -\boldsymbol{M}_{\alpha_{j+1}}^r \end{cases} \tag{4-3}$$

式中，$\boldsymbol{F}_{\beta_j}^i$ 为作用在第 j 个 RBE 的 β 端面的相互作用力 $\boldsymbol{F}_{\beta_j}^i(F_{\beta_j}^x, F_{\beta_j}^y, F_{\beta_j}^z)$；$\boldsymbol{F}_{\alpha_{j+1}}^i$ 为作用在第 $j+1$ 个 RBE 的 α 端面的相互作用力 $\boldsymbol{F}_{\alpha_{j+1}}^i(F_{\alpha_{j+1}}^x, F_{\alpha_{j+1}}^y, F_{\alpha_{j+1}}^z)$；$\boldsymbol{M}_{\beta_j}^r$ 为作用在第 j 个 RBE 的 β 端面的相互作用力矩 $\boldsymbol{M}_{\beta_j}^r(M_{\beta_j}^x, M_{\beta_j}^y, M_{\beta_j}^z)$；$\boldsymbol{M}_{\alpha_{j+1}}^r$ 为作用在第 $j+1$ 个 RBE 的 α 端面的相互作用力矩 $\boldsymbol{M}_{\alpha_{j+1}}^r(M_{\alpha_{j+1}}^x, M_{\alpha_{j+1}}^y, M_{\alpha_{j+1}}^z)$。

第 j 个 RBE 所受的合力 $\boldsymbol{F}_j^i = \begin{bmatrix} F_j^{ix} & F_j^{iy} & F_j^{iz} \end{bmatrix}^T$ 在惯性坐标系中可表示为

$$\boldsymbol{F}_j^i = \boldsymbol{F}_{\alpha_j}^i + \boldsymbol{F}_{\beta_j}^i + \boldsymbol{F}_{e_j}^i \tag{4-4}$$

式中，$\boldsymbol{F}_{e_j}^i$ 为作用在第 j 个 RBE 上的外力 $\boldsymbol{F}_{e_j}^i(F_{e_j}^x, F_{e_j}^y, F_{e_j}^z)$。

第 j 个 RBE 所受的合力矩 $\boldsymbol{M}_j^r = \begin{bmatrix} M_j^{rx} & M_j^{ry} & M_j^{rz} \end{bmatrix}^T$ 在定体坐标系中可表示为

$$\boldsymbol{M}_j^r = \boldsymbol{M}_{\alpha_j}^r + \boldsymbol{M}_{\beta_j}^r + \boldsymbol{M}_{F_{\alpha_j}}^r + \boldsymbol{M}_{F_{\beta_j}}^r + \boldsymbol{M}_{e_j}^r \tag{4-5}$$

式中，$\boldsymbol{M}_{e_j}^i$ 为作用在第 j 个 RBE 上的外力矩 $\boldsymbol{M}_{e_j}^i(M_{e_j}^x, M_{e_j}^y, M_{e_j}^z)$。

由力 $\boldsymbol{F}_{\alpha_j}^i$ 和 $\boldsymbol{F}_{\beta_j}^i$ 分别产生的力矩 $\boldsymbol{M}_{F_{\alpha_j}}^r$ 和 $\boldsymbol{M}_{F_{\beta_j}}^r$ 可表示为

$$\begin{cases} \boldsymbol{M}_{F_{\alpha_j}}^r = \overrightarrow{O_j^r A_j} \times \boldsymbol{T}_j^{ir} \boldsymbol{F}_{\alpha_j}^i \\ \boldsymbol{M}_{F_{\beta_j}}^r = \overrightarrow{O_j^r B_j} \times \boldsymbol{T}_j^{ir} \boldsymbol{F}_{\beta_j}^i \end{cases} \tag{4-6}$$

式中，$\boldsymbol{T}_j^{ir}$ 为从转子惯性坐标系到转子单元定体坐标系的变换矩阵。

4.2.2 刚体单元动力学方程

每个RBE的运动包括其质心的平动运动和绕质心的转动运动，求得每个RBE的合力和合力矩，可以写出第 j 个 RBE 的平动动力学方程为

$$\begin{cases} m_j \ddot{x}_j = F_{\alpha_j}^x + F_{\beta_j}^x + F_{c_j}^x + F_{e_j}^x \\ m_j \ddot{y}_j = F_{\alpha_j}^y + F_{\beta_j}^y + F_{c_j}^y + F_{e_j}^y \\ m_j \ddot{z}_j = F_{\alpha_j}^z + F_{\beta_j}^z + F_{c_j}^z + F_{e_j}^z + G_j \end{cases} \tag{4-7}$$

式中，$(F_{c_j}^x, F_{c_j}^y, F_{c_j}^z)$ 为该 RBE 上不平衡质量引起的不平衡力；G_j 为 RBE 的自身重力。

不平衡力 $\boldsymbol{F}_{c_j}^i (F_{c_j}^x, F_{c_j}^y, F_{c_j}^z)$ 可表达为

$$\boldsymbol{F}_{c_j}^i = \boldsymbol{T}_j^{ri} \begin{Bmatrix} 0 \\ m_{uj} r_{uj} \dot{\eta}_j^2 \cos\alpha_j \\ m_{uj} r_{uj} \dot{\eta}_j^2 \sin\alpha_j \end{Bmatrix} \tag{4-8}$$

式中，$m_{uj} r_{uj}$ 为不平衡质径积；η_j 为第 j 个 RBE 姿态角分量；α_j 为不平衡质量初始相位角；$\boldsymbol{T}_j^{ri}$ 为从转子单元定体坐标系到惯性坐标系的变换矩阵。

RBE 的转动动力学方程可描述为

$$\begin{cases} I_{jx} \dot{\omega}_{jx} - (I_{jy} - I_{jz}) \omega_{jy} \omega_{jz} = M_{\alpha_j}^x + M_{\beta_j}^x + M_{F\alpha_j}^x + M_{F\beta_j}^x + M_{e_j}^x \\ I_{jy} \dot{\omega}_{jy} - (I_{jz} - I_{jx}) \omega_{jz} \omega_{jx} = M_{\alpha_j}^y + M_{\beta_j}^y + M_{F\alpha_j}^y + M_{F\beta_j}^y + M_{e_j}^y \\ I_{jz} \dot{\omega}_{jz} - (I_{jx} - I_{jy}) \omega_{jx} \omega_{jy} = M_{\alpha_j}^z + M_{\beta_j}^z + M_{F\alpha_j}^z + M_{F\beta_j}^z + M_{e_j}^z \end{cases} \tag{4-9}$$

4.3　基于刚体单元法的主轴动力学建模

4.3.1 滚动轴承各部件动力学方程

根据 3.1 节中滚动轴承动力学模型计算得到了滚球与滚道之间相互作用的接触力 $\boldsymbol{Q}_k^c$ 和牵引力 $\boldsymbol{f}_k^c$，因此可得套圈作用于滚球合力为

$$\boldsymbol{F}_k^c = \boldsymbol{Q}_k^c + \boldsymbol{f}_k^c \tag{4-10}$$

滚球作用于套圈的力与套圈作用于滚球的力互为作用力与反作用力，其大小相等方向相反。因此，作用于套圈的总的合力为

$$F_{rk}^{i} = \sum_{z=1}^{z_k} T_{ci}\left(-F_{kz}^{c}\right) \tag{4-11}$$

式中，F_{rk}^{i} 为第 k 个轴承在惯性坐标系中各滚球作用于套圈上的合力；z_k 为第 k 个轴承的滚球数；F_{kz}^{c} 为第 k 个轴承中第 z 个滚球所受滚道的合力。

除了有相互作用力以外，还会产生力矩。滚球受到的关于其质心的合力矩 M_{bk}^{c} 和轴承套圈受到的关于其质心的合力矩 M_{rk}^{rk} 可写为

$$\begin{cases} M_{bk}^{c} = r_{pk}^{c} \times F_{k}^{c} \\ M_{rk}^{rk} = \sum_{z=1}^{z_k} r_{prkz}^{rk} \times F_{rk}^{rk} \end{cases} \tag{4-12}$$

式中，向量 r_{pk}^{c} 为某接触点相对于滚球中心的位置向量；向量 r_{prkz}^{rk} 为某接触点相对于套圈中心的位置向量。

主轴轴承在旋转过程中，各部件的运动包括质心的平动运动和绕各自质心的转动运动两种形式。对于滚球的平动运动的动力学方程，在惯性柱坐标系中可表示为

$$\begin{cases} m_b \ddot{x} = F_x \\ m_b \ddot{r} - m_b r \dot{\theta}^2 = F_r \\ m_b r \ddot{\theta} + 2 m_b \dot{r} \dot{\theta} = F_{\theta} \end{cases} \tag{4-13}$$

式中，m_b 为滚球质量；F_x、F_r、F_{θ} 为惯性柱坐标系中滚球所受合力在各坐标轴方向上的分量。

对于轴承套圈、保持架的平动运动方程可在惯性三维笛卡儿坐标系中描述为

$$\begin{cases} m_c \ddot{x} = F_x \\ m_c \ddot{y} = F_y \\ m_c \ddot{z} = F_z \end{cases} \tag{4-14}$$

式中，m_c 为轴承套圈或保持架质量；F_x、F_y、F_z 为笛卡儿坐标系中套圈或保持架所受合力的分量。

一般来说，机床主轴转子由多个轴承支承，轴承再通过支座固定在机架上。因此，轴承外圈除了受到与滚球之间的相互作用之外，还存在与轴承支座间的相互作用。轴承与轴承支座相互作用模型如图 4-3 所示，两者之间的相互作用力用一系列沿径向均匀分布在轴承外圈和轴承支座之间的弹簧-阻尼模拟。在本节研究中将轴承支座和机床主轴壳体看作一体，建模成等效质量块。轴承支座通过一组两个正交方向上的弹簧-阻尼模拟。因此，可得到轴承外圈在 y 方向和 z 方向的动力学方程为

$$
\left\{
\begin{array}{l}
m_{\mathrm{or}}\ddot{y} + \sum_{i=1}^{N_{\mathrm{p}}}\left[k_{\mathrm{p}i}\left(y\cos\theta_{\mathrm{p}i} + z\sin\theta_{\mathrm{p}i} \right) + c_{\mathrm{p}i}\left(\dot{y}\cos\theta_{\mathrm{p}i} + \dot{z}\sin\theta_{\mathrm{p}i} \right) \right]\cos\theta_{\mathrm{p}i} = F_y \\[2mm]
m_{\mathrm{or}}\ddot{z} + \sum_{i=1}^{N_{\mathrm{p}}}\left[k_{\mathrm{p}i}\left(y\cos\theta_{\mathrm{p}i} + z\sin\theta_{\mathrm{p}i} \right) + c_{\mathrm{p}i}\left(\dot{y}\cos\theta_{\mathrm{p}i} + \dot{z}\sin\theta_{\mathrm{p}i} \right) \right]\sin\theta_{\mathrm{p}i} = F_z
\end{array}
\right.
\tag{4-15}
$$

式中，m_{or} 为轴承外圈质量；N_{p} 为弹簧-阻尼器总数，本节研究中取 $N_{\mathrm{p}} = 16$；$k_{\mathrm{p}i}$ 为分布在轴承外圈与支座之间的第 i 个弹簧刚度；$c_{\mathrm{p}i}$ 为分布在轴承外圈与支座之间的第 i 个阻尼器的阻尼；$\theta_{\mathrm{p}i}$ 为分布在轴承外圈与支座之间的第 i 个弹簧-阻尼器的方位角；F_y、F_z 分别为滚球作用于轴承外圈的合力在 y 和 z 方向的分量。

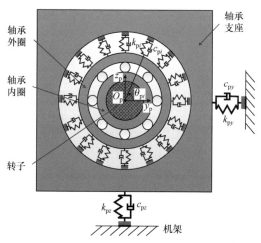

图4-3　轴承与轴承支座相互作用模型

同样，轴承外圈和支座相互作用于彼此的力互为作用力与反作用力，支座的动力学方程可表述为

$$
\left\{
\begin{array}{l}
m_{\mathrm{p}}\ddot{y} + c_{\mathrm{p}y}\dot{y} + k_{\mathrm{p}y}y = \sum_{i=1}^{N_{\mathrm{p}}}\left[k_{\mathrm{p}i}\left(y\cos\theta_{\mathrm{p}i} + z\sin\theta_{\mathrm{p}i} \right) + c_{\mathrm{p}i}\left(\dot{y}\cos\theta_{\mathrm{p}i} + \dot{z}\sin\theta_{\mathrm{p}i} \right) \right]\cos\theta_{\mathrm{p}i} \\[2mm]
m_{\mathrm{p}}\ddot{z} + c_{\mathrm{p}z}\dot{z} + k_{\mathrm{p}z}z = \sum_{i=1}^{N_{\mathrm{p}}}\left[k_{\mathrm{p}i}\left(y\cos\theta_{\mathrm{p}i} + z\sin\theta_{\mathrm{p}i} \right) + c_{\mathrm{p}i}\left(\dot{y}\cos\theta_{\mathrm{p}i} + \dot{z}\sin\theta_{\mathrm{p}i} \right) \right]\sin\theta_{\mathrm{p}i}
\end{array}
\right.
$$

$$
\tag{4-16}
$$

式中，m_{p} 为轴承支座质量；$c_{\mathrm{p}y}$、$c_{\mathrm{p}z}$ 分别为分布在轴承支座与机架之间在 y 和 z 方向的阻尼器阻尼；$k_{\mathrm{p}y}$、$k_{\mathrm{p}z}$ 分别为分布在轴承支座与机架之间在 y 和 z 方向的弹簧刚度。

此外，轴承外圈还会受到预紧力或其他约束，其轴向 x 方向的动力学方程可写为

$$
m_{\mathrm{or}}\ddot{x} + c_{\mathrm{p}x}\dot{x} = F_x
\tag{4-17}
$$

式中，c_{px} 为 x 方向阻尼；F_x 为轴承外圈 x 方向受到的合力，包括轴向预紧力。

　　轴承各部件除了平动运动以外还存在旋转运动。对于旋转的部件其转动动力学方程可在其各自定体坐标系中由欧拉方程描述为

$$\begin{cases} I_1 \dot{\omega}_1 - (I_2 - I_3)\omega_2\omega_3 = M_1 \\ I_2 \dot{\omega}_2 - (I_3 - I_1)\omega_3\omega_1 = M_2 \\ I_3 \dot{\omega}_3 - (I_1 - I_2)\omega_1\omega_2 = M_3 \end{cases} \tag{4-18}$$

式中，I_1、I_2、I_3 为对应轴承部件的主惯性质量；ω_1、ω_2、ω_3 为对应轴承部件的角速度分量；M_1、M_2、M_3 为对应轴承部件的合力矩分量。

4.3.2　转子刚体单元与轴承动力学模型耦合

　　前面研究了轴承、转子以及轴承支座不同部件的动力学建模方法，描述了各自动力学建模的过程，将三者相互耦合可建立起完备的机床主轴的动力学模型[10]。通常主轴转子与支承轴承内圈是过盈紧配合，在正常运转过程中两者固连在一起不发生相对运动，因此可将支承轴承内圈与相应配合部分的转子刚体单元视为一个整体。耦合时，转子与轴承之间的相互作用就是通过相对应的刚体单元与各个轴承作用。考虑到轴承滚球作用于内圈的合力 $\boldsymbol{F}_{rk}^{i}(F_{rk1}^{i}, F_{rk2}^{i}, F_{rk3}^{i})$（由式(4-11)计算）和作用于内圈的合力矩 $\boldsymbol{M}_{rk}^{rk}(M_{rk1}^{rk}, M_{rk2}^{rk}, M_{rk3}^{rk})$（由式(4-12)计算）在耦合时直接作用于 RBE 上，则配合处的 RBE 平动动力学方程可写为

$$\begin{cases} m_j \ddot{x}_j + c_{bx} \dot{x}_j = F_{\alpha_j}^x + F_{\beta_j}^x + F_{c_j}^x + F_{e_j}^x + F_{rk1}^i \\ m_j \ddot{y}_j + c_{by} \dot{y}_j = F_{\alpha_j}^y + F_{\beta_j}^y + F_{c_j}^y + F_{e_j}^y + F_{rk2}^i \\ m_j \ddot{z}_j + c_{bz} \dot{z}_j = F_{\alpha_j}^z + F_{\beta_j}^z + F_{c_j}^z + F_{e_j}^z + F_{rk3}^i + G_j \end{cases} \tag{4-19}$$

式中，c_{bx}、c_{by}、c_{bz} 为由轴承产生的在三个平动方向上的阻尼系数。

　　转动动力学方程为

$$\begin{cases} I_{jx} \dot{\omega}_{jx} - (I_{jy} - I_{jz})\omega_{jy}\omega_{jz} + c_{brx}\omega_{jx} = M_{\alpha_j}^x + M_{\beta_j}^x + M_{F\alpha_j}^x + M_{F\beta_j}^x + M_{e_j}^x + M_{rk1}^{rk} \\ I_{jy} \dot{\omega}_{jy} - (I_{jz} - I_{jx})\omega_{jz}\omega_{jx} + c_{bry}\omega_{jy} = M_{\alpha_j}^y + M_{\beta_j}^y + M_{F\alpha_j}^y + M_{F\beta_j}^y + M_{e_j}^y + M_{rk2}^{rk} \\ I_{jz} \dot{\omega}_{jz} - (I_{jx} - I_{jy})\omega_{jx}\omega_{jy} + c_{brz}\omega_{jz} = M_{\alpha_j}^z + M_{\beta_j}^z + M_{F\alpha_j}^z + M_{F\beta_j}^z + M_{e_j}^z + M_{rk3}^{rk} \end{cases} \tag{4-20}$$

式中，c_{brx}、c_{bry}、c_{brz} 为由轴承产生的在三个转动方向上的阻尼系数。

　　图 4-4 显示了整个机床主轴动力学模型数值计算的流程图。开始时先输入模型参数，包括：几何参数，如各转子单元长度 L_i、直径 d_i，轴承尺寸参数等；材料参数，如各部件材料密度 ρ_i 等；运行参数，如主轴转速 n、负载等；润滑模型

参数等。然后利用轴承的拟静力学模型计算出各部件的位移和速度用以初始化程序，以便启动整个程序的求解；接下来由各部件之间相对位置确定各部件之间的相互作用关系，包括转子各单元之间相互作用、滚球与套圈之间相互作用、套圈与转子之间相互作用以及轴承与支座之间相互作用等，由此计算出各部件所受的合力和合力矩，得到各个部件的动力学方程(包括平动动力学方程和转动动力学方程)，并求解各部件的位移和速度；然后用可变步长的四阶龙格-库塔-费尔贝

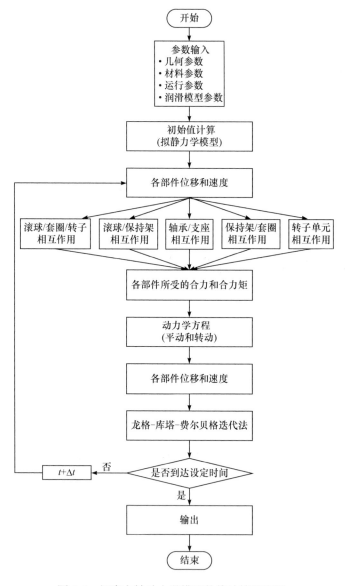

图 4-4　机床主轴动力学模型数值计算流程图

格迭代法求解整个动力学方程。如果没有到达设定的时间，返回此时的各部件位移和速度，继续求解下一时刻的动力学方程，直至到达指定的设定时间输出求解结果，得到机床主轴系统的动力学响应。

4.3.3 主轴动力学模型实验验证

图 4-5 为 YK73200 磨齿机主轴结构简图。该机床用于重型机械装备(如舰船、发电机组)中的大中型传动齿轮的高效、高精度磨削加工。该主轴前端由 4 个相同的角接触球轴承两两串联背对背组合安装，轴承型号为 SKF-7016ACD.T.P4A.DB.B；后端由 2 个相同的角接触球轴承背对背组合，轴承型号为 SKF-7013ACD.T.P4A.QBC.B。

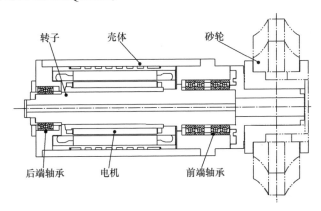

图 4-5　磨齿机主轴结构简图

根据主轴的结构，建立其动力学模型如图 4-6 所示。沿轴向将主轴转子划分为 27 个刚体单元，砂轮建模成附着在转子上的等效质量块，转子上的套筒等与转子一起转动的部件当作转子一部分，壳体支座用等效质量块模拟，外部固定在机架上。主轴轴承参数和转子刚体单元尺寸参数分别如表 4-1 和表 4-2 所示。

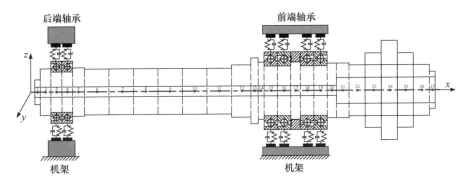

图 4-6　磨齿机主轴动力学模型

表 4-1　主轴轴承参数

参数	数值	
	前端轴承	后端轴承
滚动体个数 z	20	20
轴承宽度 B/mm	22	18
滚动体直径 D/mm	14.288	11.112
轴承内径 d_i/mm	80	65
轴承外径 d_o/mm	125	100
节圆直径 d_m/mm	102.5	82.5
轴承初始接触角 α_0/(°)	25	25
内圈曲率因子 f_i	0.54	0.54
外圈曲率因子 f_o	0.54	0.54
滚动体/内外圈和转子材料泊松比 μ	0.3	0.3
滚动体/转子密度 ρ/(kg/m³)	7850	7850
轴承部件和转子材料弹性模量 E/GPa	210	210
轴承座质量 m_p/kg	18.5	6.4

表 4-2　转子刚体单元尺寸参数

长度 L_i	数值/mm	外径 D_i	数值/mm	内径 d_i	数值/mm
L_1	9	D_1	40	d_1	16
L_2	18	D_2	75	d_2	16
L_3、L_4	18	D_3、D_4	65	d_3、d_4	16
L_5	20	D_5	78	d_5	16
L_6～L_{11}	40.5	D_6～D_{11}	74	d_6～d_{11}	16
L_{12}	32	D_{12}	84	d_{12}	16
L_{13}	12	D_{13}	106	d_{13}	16
L_{14}	10	D_{14}	92	d_{14}	16
L_{15}、L_{16}	22	D_{15}、D_{16}	80	d_{15}、d_{16}	16
L_{17}	16	D_{17}	92	d_{17}	16
L_{18}、L_{19}	22	D_{18}、D_{19}	80	d_{18}、d_{19}	16
L_{20}	15	D_{20}	88	d_{20}	16
L_{21}	21	D_{21}	88	d_{21}	42
L_{22}～L_{26}	26.6	D_{22}～D_{26}	82	d_{22}～d_{26}	42
L_{27}	10	D_{27}	60	d_{27}	42

　　验证模型的准确性，对模型进行修正使其能准确模拟主轴的动力学特性。本节通过对比实验和仿真得到的主轴系统频率响应函数来验证动力学模型。

　　图 4-7 为敲击法测 YK73200 磨齿机主轴频率响应函数。实验中，沿着机床主轴轴向在主轴轴承座壳体上布置多个加速度传感器，加速度传感器灵敏度为 100.0mV/g，采样频率 f_s=12000Hz，力锤传感器灵敏度为 12.85mV/N。用力锤在主轴悬伸端砂轮附近沿径向敲击，施加一冲击力，各加速度传感器可捕捉到主轴系统的脉冲响应信号。将力锤冲击力信号作为系统输入，传感器测得的脉冲响应信号作为系统输出，根据输入和输出信号可计算出系统的频率响应函数曲线。同样，在主轴的动力学模型中，给主轴前端同样位置施加一脉冲力序列作为系统的输入信号，仿真得到轴承座的加速度振动信号作为系统的输出响应，这样就可以计算得到主轴系统仿真的频率响应函数。

图 4-7　敲击法测主轴频率响应函数

　　图 4-8 为实验和仿真得到的主轴前端轴承支座处的冲击响应信号结果对比，从图中可以看到两者均在短时间内迅速衰减，衰减趋势基本吻合。

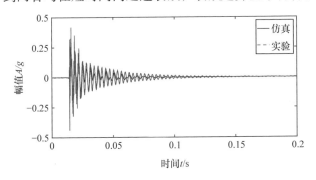

图 4-8　前端轴承支座处的冲击响应信号

　　图 4-9 为实验和仿真得到的主轴系统的频率响应曲线，主要显示前三阶的情况。同样可以看到实验和仿真的频率响应曲线匹配良好。表 4-3 列出了实验和仿

真得到的主轴前三阶固有频率及相对误差，从表中结果可以看出实验和仿真结果吻合得很好，误差均在3%以内。

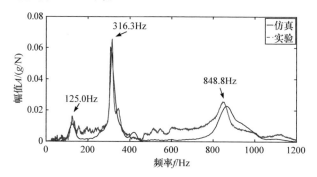

图 4-9　　主轴系统实验和仿真的频率响应曲线

表 4-3　　主轴前三阶固有频率及相对误差

项目	一阶固有频率 f_1	二阶固有频率 f_2	三阶固有频率 f_3
实验结果/Hz	125.0	316.3	848.8
仿真结果/Hz	123.5	308.8	864.7
相对误差/%	1.20	2.37	−1.87

以上实验和仿真的对比结果证明了该磨齿机主轴动力学模型的准确性，为后续机床主轴动力学模型应用研究提供了有力的支撑。

4.4　基于动力学模型的智能主轴动态回转误差分析

机床主轴的回转精度直接影响加工零件的形状误差与表面质量，是衡量主轴综合性能的重要指标之一[11]。主轴根据回转精度的量级不同分为普通主轴、精密主轴和超精密主轴。普通主轴的回转精度在 1μm 量级，精密主轴的回转精度在 0.1μm 量级，而以液体静压轴承和气体静压轴承承载的超精密主轴的回转精度可达到亚微米级。当主轴在高速切削工况下运行时，配合间隙、转速、切削载荷等条件的变化会引起主轴回转精度的变化，低速空转条件下测量的主轴回转精度难以反映主轴在实际加工过程的运行精度。本节将基于建立的智能主轴刚体单元动力学模型，系统分析轴承配合间隙、转速及切削载荷对主轴回转误差的影响规律，从而为智能主轴回转精度的提高提供依据。

4.4.1　主轴回转误差简介

　　主轴回转精度也叫回转误差,是描述主轴回转误差运动,评定其误差大小的量。主轴旋转时,在同一时刻,主轴上所有线速度为零的点的连线,组成了该时刻主轴的回转中心线。理想状态下,主轴的回转中心线相对于某一固定参考系始终是静止不变的。但实际情况中,由于主轴转子和支承轴承的加工误差以及配合安装误差,加之工作过程中,载荷、热变形、磨损、机械振动等因素,主轴回转中心线在空间位置每一时刻都有可能是变动的[12-16]。主轴瞬时回转中心线的空间位置相对于理想回转中心线的空间位置的偏离,就是主轴回转时的瞬时误差运动。这些瞬时误差运动轨迹构成了主轴的回转误差运动轨迹,而主轴误差运动的范围,就是主轴的“回转精度”或者“回转误差”。主轴回转精度表征主轴回转中心的稳定性,是衡量机床主轴性能的重要指标[17]。

　　主轴回转误差是一项综合误差,包括纯轴向窜动、纯径向跳动和纯角度摆动三种形式。图 4-10 为机床主轴回转误差运动简图,图中描述了三种误差运动的形成过程。主轴的径向回转误差是纯径向跳动 E_r 和纯角度摆动 E_δ 的综合作用结果,是影响机床主轴加工误差的主要因素。

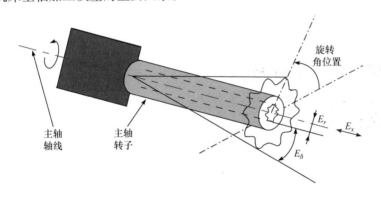

图 4-10　机床主轴回转误差运动简图

E_x:纯轴向窜动；E_r:纯径向跳动；E_δ:纯角度摆动

　　回转精度是表示回转误差大小的特征量,求回转误差的大小就是回转误差的评定。主轴回转误差的评定是在回转误差运动轨迹基础上采用不同方法计算误差大小。常用的方法是基于回转误差运动圆图像的误差评定方法。该方法先将主轴回转误差运动叠加到一个基圆上形成圆图像,然后以包含回转误差运动轨迹的两个同心圆的半径差来表征回转误差的大小,即为回转精度值。确定同心圆圆心的方法有最小包容区域法、最小外接圆法、最大内切圆法及最小二乘圆法四种,其中最小二乘圆法计算的圆心唯一,精度高,便于计算机程序处理,因此应用最多。本节采用基于回转误差运动圆图像的最小二乘圆圆心法评定回转误差,计算机床主轴的回转精度。

对于机床主轴来说，其回转误差运动可以分解为同步误差运动(synchronous error motion)和非同步误差运动(asynchronous error motion)。一般情况下，如无特殊说明，回转误差运动均指总误差运动(total error motion)。对于主轴来说，总误差运动是描述主轴完整的运动，即位移传感器测量到的运动轨迹。同步误差运动是指总误差运动中的转频整数倍的部分，等价于"平均误差运动"。例如，采集了主轴旋转 N 圈的数据，在误差运动圆图像上每一个角位置处的所有圈对应的 N 个值的平均值就是同步误差运动。非同步误差运动是总误差运动中发生在非整数倍转频的部分，总误差运动去除同步误差运动部分剩下的就是非同步误差运动。每个角位置对应的峰谷值中的最大值就是非同步误差运动的误差评定值。图 4-11 所示是主轴回转误差运动圆图像及最小二乘圆圆心法误差评定的示例图。图中多圈的黑色轨迹就是总误差运动，灰色曲线就是总误差运动各个角位置对应的平均值曲线，即同步误差运动。同步误差运动轨迹点的最小二乘圆圆心记为 LSC(least-squares circle centre)，误差运动极坐标圆图像的中心点记为 PC(centre of the polar chart)。图中以 LSC 为圆心的两个点划线同心圆分别是总误差运动轨迹的内切和外接圆，两圆半径差 a 就是总误差运动的评定值；同样两个虚线同心圆以 LSC 为圆心，两者半径差 b 就是同步误差运动的评定值；而同一角位置处的总误差运动的峰谷值的最大值 c 就是以 PC 为中心评定的非同步误差。

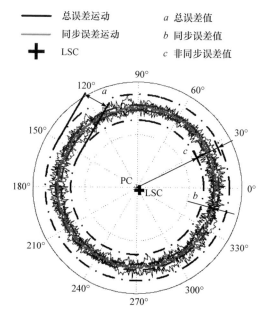

图 4-11　主轴回转误差运动圆图像及最小二乘圆圆心法误差评定

4.4.2 主轴回转误差的影响因素分析

1. 不同轴承配合间隙下主轴回转精度分析

4.2.2 小节建立了磨齿机主轴的动力学模型,并通过对比实验和仿真得到的主轴系统的频率响应曲线验证了该模型的准确性。下面以该主轴的动力学模型为基础,定量考虑主轴轴承外圈与轴承座内孔之间的配合间隙,研究主轴轴承配合间隙对回转精度的影响。由于该主轴是卧式安装,磨削加工齿轮时,水平 Y 方向为加工误差敏感方向,该方向的主轴误差运动直接影响齿轮齿形和齿面精度。因此,这里以主轴砂轮中心位置处的径向水平 Y 方向的总误差运动圆图像为基础评定回转误差值。为了方便,假定磨齿机主轴的前后端支承轴承与轴承座的配合间隙同步变化,使之从 $0\mu m$ 逐步增大到 $10\mu m$,设定转速为主轴常用的工作转速 3000r/min。仿真不同轴承配合间隙下的主轴径向回转误差运动,并以基于误差运动圆图像的最小二乘圆圆心法评定误差值。

图 4-12 展示了以配合间隙 $\delta = 10\mu m$ 为例得到的主轴砂轮中心处回转误差运动圆图像及其误差评定,其中图 4-12(a)为径向回转误差,图 4-12(b)为纯角度摆动误差。表 4-4 是评定得到的对应的同步误差、非同步误差以及总误差的具体数值。

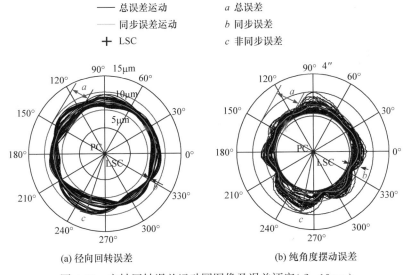

(a) 径向回转误差　　　　　　　(b) 纯角度摆动误差

图 4-12　主轴回转误差运动圆图像及误差评定($\delta = 10\mu m$)

表 4-4　误差运动值(配合间隙10μm , 转速 3000r/min)

误差运动	同步误差	非同步误差	总误差
径向回转误差	0.12μm	3.42μm	3.43μm
纯角度摆动误差	0.45″	1.17″	1.22″

用相同的方法处理 0～10μm 不同间隙下的误差运动数据，得到图 4-13 所示的主轴回转误差随轴承配合间隙的变化趋势。从图 4-13 可以看出，主轴的回转误差随着轴承配合间隙的增大呈非线性增大趋势。从图 4-13(a)中可知配合间隙增大后主轴径向回转误差主要是非同步误差运动成分，同步误差很小，间隙从 0μm 增大到 10μm 过程中，径向回转误差从 0μm 增大到 4.6μm。配合间隙 δ 在 5μm 以内变化时，回转误差在 1.5μm 以内，而且随配合间隙的变化平缓；配合间隙 δ 从 6μm 开始，随间隙增大，径向回转误差增长也明显加快。图 4-13(b)中结果显示，配合间隙在 0～10μm 变化，纯角度摆动误差影响较小，最大误差为 1.4″(1° = 3600″)。

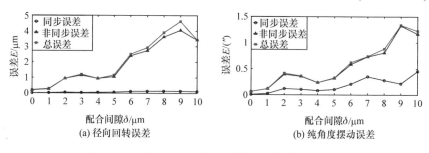

图 4-13　主轴回转误差随轴承配合间隙的变化趋势

图 4-14 所示为转速 3000r/min，不同配合间隙下的主轴径向水平 Y 方向位移信号的频谱，图中 x 为转频。从图中可以看出，间隙出现以后频谱上转频非整数倍频率成分占比越来越多，而配合间隙达到 5μm 以上，转频的非整数倍频率成分明显增多；评定主轴回转误差时要剔除 1 倍转频成分，这也就解释了上面所说的非同步误差运动是总误差运动的主要成分，而且配合间隙 δ 达到 5μm 以后，径向回转误差增长也明显加快。

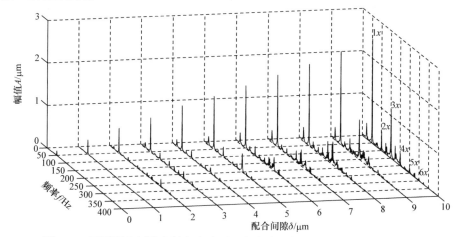

图 4-14　不同配合间隙主轴径向水平 Y 方向位移信号频谱(转速 3000r/min)

2. 不同转速下主轴回转精度分析

机床主轴在正常工作时，工作转速通常在某一范围内，不同转速主轴回转精度可能不同。该磨齿机主轴工作转速一般不超过 3000r/min，为了研究轴承配合间隙作用下转速对主轴回转精度的影响，设定前后端轴承配合间隙为 5μm，分别计算转速在 500r/min、1000r/min、1500r/min、2000r/min、2500r/min 及 3000r/min 下的主轴回转误差，结果见图 4-15。

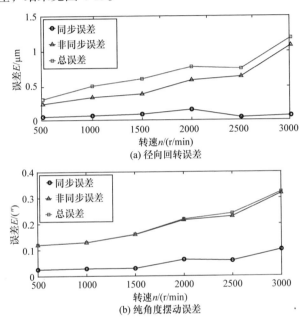

图 4-15　不同转速下主轴回转误差(配合间隙δ=5μm)

从图 4-15 分析结果来看，在配合间隙 5μm 下，转速变化会对径向回转误差和纯角度摆动误差有一定影响。但是随转速增加，误差增长缓慢，径向回转误差在 1.2μm 以内相对较小，纯角度摆动误差在 0.35″以内，几乎无影响。

4.4.3　切削工况下智能主轴动态回转误差预测

1. 主轴回转精度动态预测方法提出

对于机床主轴来说，其回转误差运动可以分解为同步误差运动和异步误差运动。主轴在切削工况下噪声较大，噪声会严重影响异步误差的评定。由于动力学模型无法考虑实际切削过程中的噪声，因此本节只说明基于主轴动力学模型的同步误差预测[11,18]。图 4-16 为提出的动力学模型驱动的主轴回转精度预测流程。

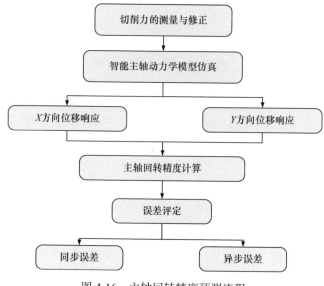

图 4-16　主轴回转精度预测流程

具体步骤如下。

1) 切削力的测量与修正

通过测力仪获得主轴在切削过程中的实测切削力，接着对实测切削力进行修正，具体修正过程如图 4-17 所示。

基于样条插值拟合方法从测力仪系统频响函数曲线和系统固有频率中计算得到系统在 X、Y、Z 三个方向中的幅值频域修正因子。针对实际测量得到的某一特定方向的切削力信号，通过快速傅里叶变换计算该信号的频域分布，将切削力频域信号与同一方向测力仪幅值频域修正因子对应相乘，由此获得修正后的切削力频域信号。最后，使用快速傅里叶逆变换处理修正后的切削力频域信号，计算得到主轴工作过程中的实际切削力的时域信号。

切削力的修正是准确预测主轴回转精度的关键一步。图 4-18 为主轴转速 6000r/min、切深 1.6mm、切宽 2mm、进给速度 500mm/min 工况下的 Z 方向切削力修正前后时域波形及其频谱的对比。从修正后的结果来看，对于测得的切削力进行修正是十分必要的。

2) 智能主轴动力学模型仿真

由于主轴切削状态下切削力作用于主轴刀尖位置，这就要求主轴系统的动力学模型中不仅应包含主轴转子和轴承，还应含有刀柄和刀具。同时，主轴动力学模型与实际主轴结构越接近，预测的结果越有效。因此本章使用第 2 章建立的主轴系统动力学模型，该模型包括主轴转子、轴承、箱体、刀柄和刀具，其中刀具为单刃铣刀。将修正后的切削力信号作用于高速主轴动力学模型刀尖位置处，仿

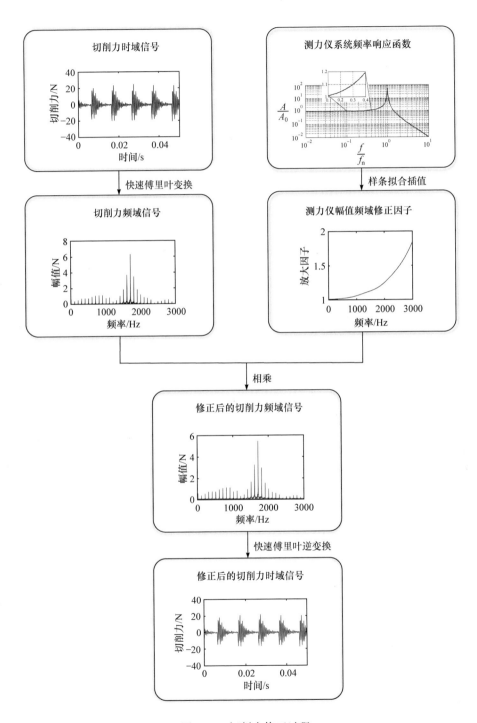

图 4-17 切削力修正过程

真得到刀柄相应节点处 X 和 Y 方向的振动位移响应。这里需要注意的是，主轴动力学模型中的切削力激励点和振动位移响应测点应与实验保持一致，如图4-19所示。

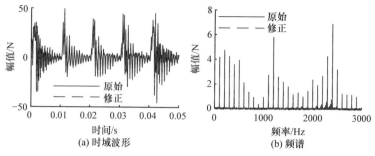

图 4-18　切削力修正前后时域波形和频谱对比

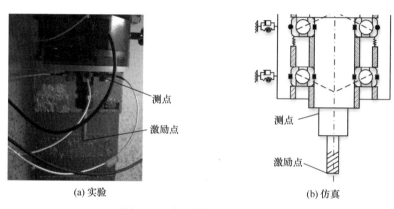

图 4-19　实验与仿真条件对比

3) 主轴回转精度计算

将仿真得到的主轴 X 方向和 Y 方向的振动位移信号经过重采样，去偏心后代入式(4-21)计算得到主轴的回转精度 $E(\theta)$：

$$E(\theta) = \Delta X(\theta) \times \cos\theta + \Delta Y(\theta) \times \sin\theta \tag{4-21}$$

4) 误差评定

采用基于回转误差运动圆图像的最小二乘圆圆心法评定回转精度(同步误差和异步误差)的大小。

2. 切削工况下主轴回转精度测量方案

由于多点法可以实现主轴回转精度的在线测量，且与其他方法相比能够在保证测量精度的同时更容易实现，因此选用多点法测量主轴的回转精度。

1) 测量原理

使用多点法测量主轴回转误差时通常需要至少三个传感器共同采集数据。在主轴某一截面上按照一定角度依次布置多个传感器，然后对传感器采集的数据根据误差分离算法分离出测量截面圆度误差与主轴回转误差。大多数情况下测量时使用三个传感器，故而多点法又叫三点法。

基于三点法测量主轴回转误差时传感器布置如图 4-20 所示。在主轴某一圆周测量截面上依次布置 3 个传感器 S_1、S_2、S_3。其中，传感器 S_1 与 S_2 的夹角表示为 α，传感器 S_1 与 S_3 的夹角表示为 β。在主轴旋转过程中，3 个传感器 S_1、S_2、S_3 同时测量主轴沿径向方向的位移数据，传感器 S_1、S_2、S_3 采集的数据依次记为 $S_1(\theta)$、$S_2(\theta)$、$S_3(\theta)$。$S_1(\theta)$、$S_2(\theta)$、$S_3(\theta)$ 中同时含有传感器安装截面的圆度误差和主轴回转误差。$S_1(\theta)$、$S_2(\theta)$、$S_3(\theta)$ 与圆度误差和回转误差存在如下关系：

$$\begin{cases} S_1(\theta) = R(\theta) + x(\theta) \\ S_2(\theta) = R(\theta - \alpha) + x(\theta)\cos\alpha + y(\theta)\sin\alpha \\ S_3(\theta) = R(\theta + \beta) + x(\theta)\cos\beta - y(\theta)\sin\beta \end{cases} \tag{4-22}$$

式中，$R(\theta)$ 为被测截面圆度误差；$x(\theta)$、$y(\theta)$ 分别为主轴回转误差在 x、y 方向上的分量。

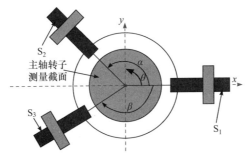

图 4-20　三点法误差分离示意图

将 $S_1(\theta)$、$S_2(\theta)$、$S_3(\theta)$ 用系数 a、b 线性组合成 $S(\theta)$：

$$S(\theta) = S_1(\theta) + aS_2(\theta) + bS_3(\theta) \tag{4-23}$$

将式(4-22)代入式(4-23)，可得

$$\begin{aligned} S(\theta) = R(\theta) &+ a \times R(\theta - \alpha) + b \times R(\theta + \phi) \\ &+ x(\theta)(a\cos\theta + b\cos\beta + 1) + y(\theta)(a\sin\alpha - b\sin\beta) \end{aligned} \tag{4-24}$$

令式(4-24)中 $x(\theta)$、$y(\theta)$ 的系数均为 0，得到

$$\begin{cases} a\cos\alpha + b\cos\beta + 1 = 0 \\ a\sin\alpha - b\sin\beta = 0 \end{cases} \tag{4-25}$$

根据式(4-25)则可以得到系数 a、b。

由三个传感器信号组成的线性信号中仅仅包含圆度误差，对该线性信号作傅里叶变换，根据傅里叶变换的时延和相移性质从而计算出圆度误差，即

$$R(\omega) = \frac{S(\omega)}{H(\omega)} \tag{4-26}$$

式(4-26)中 $H(\omega)$ 是权函数，表达式为

$$H(\omega) = e^{j\omega 0} + ae^{j\omega\alpha} + be^{j\omega\beta} \tag{4-27}$$

由此可求出圆度误差 $R(\theta)$，由式(4-28)求出主轴回转误差 $E(\theta)$：

$$E(\theta) = S_1(\theta) - R(\theta) \tag{4-28}$$

由权函数公式(4-27)可知，要想实现测量截面圆度误差和主轴回转误差的准确分离，权函数的形式至关重要。三个传感器之间的角度直接决定了权函数的形式，本节选取三个传感器的安装角度为 α=45°，β=51.6°。

2) 测量方案

三点误差分离算法要求对各个传感器的信号等角度采样。一些学者用等时间采样信号代替等角度采样信号，但是如果主轴存在转速波动，这样的处理方式会使测量得到的主轴回转精度存在较大误差[19,20]。尤其是当主轴在切削工况下工作时，主轴的转速波动和随机噪声都会增大，如果将此时的等时间采样信号认为是等角度采样信号则会得到错误的回转误差测量结果。因此，借助机床主轴编码器信号和 NI PXI5122 采集仪器从硬件上实现位移信号的等角度采样[21]。主轴编码器每转产生 512 个等间隔的脉冲，512 个脉冲触发位移传感器等角度采集位移信号。

图 4-21 所示为基于三点法的切削工况下主轴回转精度测量。测量主轴回转精度的同时使用奇石乐测力仪测量切削力信号，切削力信号通过亿恒数据采集器采集，送入计算机进行数据存储并显示，切削力信号的采样频率为 6000Hz。回转精度测量截面为主轴刀柄位置处一光滑测量面，在该截面上分别布置 3 个雄狮位移传感器。使用设计的分度盘安装并固定传感器，选取三个传感器的安装角度为 $\alpha = 45°$，$\beta = 51.6°$。位移传感器灵敏度为 80.000mV/μm，量程为 0～250μm。三个传感器采集的位移信号先经过信号调理器，然后经过数据采集器处理，送入计算机进行数据存储。图 4-22 为回转误差计算流程。在该流程图中，同步平均是降低位移信号中噪声的关键一步。将采集到的三个传感器的位移信号经过图 4-22 所示回转误差计算流程从而得到不同工况下的回转精度。

首先采集 2 组不同转速(主轴空转)下的信号对上述信号预处理过程以及误差分离算法进行验证。经过误差分离得到 2 种不同转速下的圆度误差如图 4-23 所示，从图中可以看出，主轴转速为 100r/min 和 500r/min 时分离得到的圆度误差吻合得很好，说明了本节误差分离方法的正确性。

图 4-21　切削工况下主轴回转精度测量

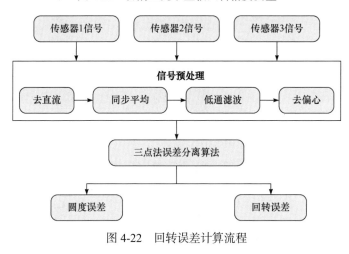

图 4-22　回转误差计算流程

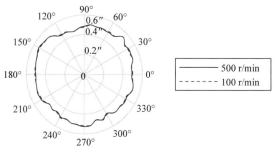

图 4-23　不同转速下的圆度误差

3. 不同切深下的主轴回转精度测量及结果分析

1) 变切深实验

设置主轴转速为 6000r/min，进给速度为 500mm/min，切宽为 2mm，分别设置切深 0.2mm、0.4mm、0.6mm、0.8mm、1.0mm、1.2mm、1.4mm、1.6mm。按照图 4-21 的实验设置测试不同切深下三个传感器的位移信号，使用图 4-22 所示的信号预处理和误差分离算法计算得到不同切深下的回转误差，如图 4-24 所示。

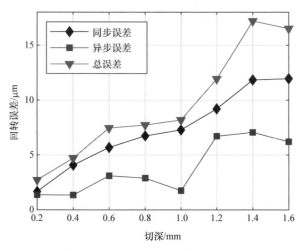

图 4-24　不同切深下的回转误差

从图 4-24 中可以看出，随着切削深度的增加，主轴的同步误差持续增大。异步误差幅值的差异主要体现在两个阶段，分别是 0.2mm 切深到 1.0mm 切深和 1.2mm 切深到 1.6mm 切深。结合图 4-25 中 X、Y、Z 三个方向的切削力可以看出，随着切深的增加，切削力的幅值增加，这就是同步误差持续增大的原因。从图 4-24 中还可以看出此时的同步误差始终比异步误差大，这说明切深的增加会使切削力明显增加，切深对切削力的影响显著，进而对同步误差的影响较大。

2) 切削载荷对主轴回转精度影响分析

通过对不同切削深度下的回转精度和切削力的分析可以看出，切削工况的变化实际体现为切削力的变化，切削力的变化进而引起主轴回转精度的变化。为了进一步分析切削载荷对主轴回转精度的影响，本小节将不同切深下 X 方向的切削

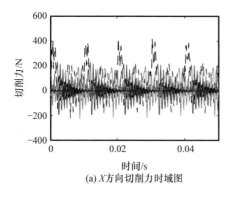

(a) X 方向切削力时域图

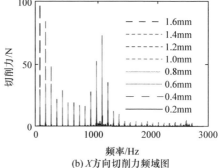

(b) X 方向切削力频域图

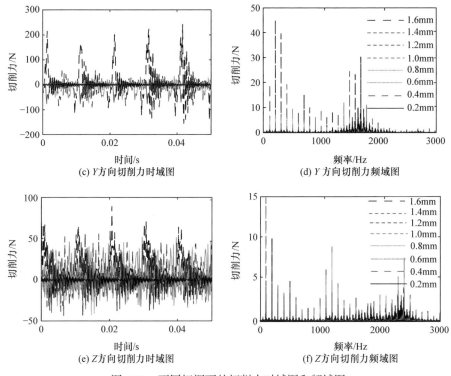

(c) Y 方向切削力时域图

(d) Y 方向切削力频域图

(e) Z 方向切削力时域图

(f) Z 方向切削力频域图

图 4-25 不同切深下的切削力时域图和频域图

力平均幅值和回转精度分别归一化。不同切深下的切削力幅值和回转精度归一化结果如图 4-26 所示。可以看到，同步误差随切深变化规律与切削力幅值变化规律一致，异步误差随机变化，这是只预测同步误差的主要原因。同时，图 4-26 反映了切削载荷对主轴回转精度具有极大的影响，尤其体现为同步误差随切削载荷增大而增大，更加说明了研究切削工况下主轴回转精度问题才具有实际意义。

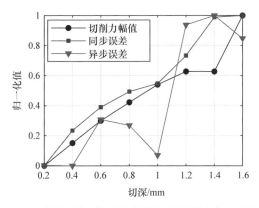

图 4-26 不同切深下切削力幅值与回转精度归一化结果

3) 结果对比与分析

将测得的不同切削工况下的 X、Y、Z 三个方向的切削力信号经过修正后施加到建立的主轴动力学模型刀尖位置处。图 4-27 为切宽 2mm、切深 0.2mm、进给速度 500mm/min 工况下动力学模型仿真得到的图 4-19 测点处的 X 方向和 Y 方向振动位移响应。从图中可以看出，切削工况下的位移响应曲线较粗糙。

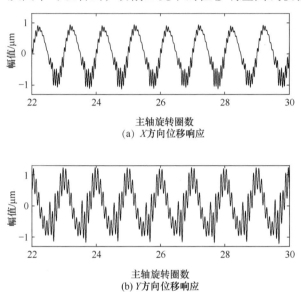

(a) X方向位移响应

(b) Y方向位移响应

图 4-27　仿真振动位移响应结果

采用前面介绍的回转精度计算和误差评定方法处理不同切深下仿真得到的振动位移响应，图 4-28 为不同切深下仿真同步误差与实验同步误差对比。

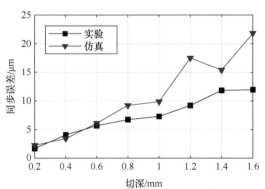

图 4-28　不同切深下仿真与实验同步误差对比

从图 4-28 中可以看出，在变切深工况下，切深较小时仿真结果与实验结果吻合很好，但是当切深较大时，两者相差较大。这主要是由于切深较大时振动较大，实际测得的位移信号中含有较大噪声。噪声严重影响了误差分离的精度，导致分离出来的圆度误差不准确,这也进一步说明了基于模型预测主轴回转精度的重要性。

主轴在低速下空转时的噪声很小，此时分离出来的圆度误差可认为是主轴测量截面实际圆度误差。因此，将主轴 6000r/min 时切削工况下分离出来的圆度误差与主轴 100r/min 空转分离得到的圆度误差进行对比。图 4-29 为几种切削深度下分离出来的圆度误差与主轴 100r/min 空转分离得到的圆度误差对比。

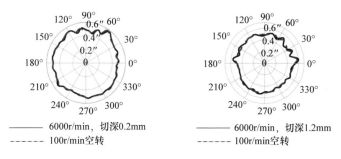

图 4-29　不同切削深度下圆度误差与 100r/min 空转时圆度误差对比

从图 4-29 中可以看出，在变切深工况下，切深为 0.2mm 时的圆度误差与 100r/min 空转时大致吻合。但是切深为 1.2mm 时分离出来的圆度误差与 100r/min 空转时分离得到的圆度误差差别较大，这是因为切深增大，测量的位移传感器信号的噪声增大。在误差分离时权函数会将噪声进一步放大，所以得到的回转误差不准确。

以上不同切削深度工况下实验同步误差和仿真同步误差的对比结果很好地证明了提出的动力学模型驱动的切削工况下主轴回转精度预测方法的有效性。基于该方法可构建主轴回转误差实时动态预测系统，具体实现过程如下：主轴在切削过程中同时使用测力仪测试主轴的切削力，数据采集器存储并实时记录测得的切削力。主轴每旋转 30 圈数采系统将上一时刻存储的 30 圈切削力经过数据传输系统传递到数据处理系统，数据处理系统对传输过来的切削力按照前面的切削力修正方法进行修正，从而得到处理后的主轴 X、Y、Z 三个方向的切削力。之后将处理后的切削力经过数据传输系统传递到主轴动力学模型仿真系统，主轴动力学模型仿真系统将传递过来的切削力施加到主轴动力学模型的刀尖位置处，经过仿真得到主轴 X、Y 两方向的振动位移响应。最后将仿真得到的位移响应传递到主轴回转精度计算系统，经过系统分析计算得到主轴的回转精度，从而实现主轴回转精度的动态预测。

参 考 文 献

[1] CAO H, NIU L, XI S, et al. Mechanical model development of rolling bearing-rotor systems: A review[J]. Mechanical Systems and Signal Processing, 2018, 102: 37-58.

[2] CAO H, LI Y, CHEN X. A new dynamic model of ball-bearing rotor systems based on rigid body element[J]. Journal of Manufacturing Science and Engineering-Transactions of the ASME, 2016, 138(7): 071007.

[3] 曹宏瑞, 李笔剑, 陈雪峰, 等. 一种基于动力学模型的机床主轴轴承配合间隙设计方法[P]. 中国, CN105930576A, 2016.

[4] 李笔剑. 机床主轴高精度运行的关键动力学问题研究[D]. 西安:西安交通大学, 2017.

[5] 李亚敏. 滚动轴承-转子系统动力学建模与分析研究[D]. 西安:西安交通大学, 2015.

[6] CAO H, LI B, LI Y, et al. Model-based error motion prediction and fit clearance optimization for machine tool spindles[J]. Mechanical Systems and Signal Processing, 2019, 133:106252.

[7] CAO H, LI Y, CHENG W, et al. Rolling bearing modeling with localized defects and vibration response simulation of a rotor-bearing system[J]. Zhendong Ceshi Yu Zhenduan/Journal of Vibration Measurement & Diagnosis, 2014, 34(3): 549-552.

[8] LI Y, CAO H, NIU L, et al. A general method for the dynamic modeling of ball bearing-rotor systems[J]. Journal of Manufacturing Science and Engineering, 2015, 137(2):021016.

[9] LI Y, CAO H, ZHU Y. Study on nonlinear stiffness of rolling ball bearing under varied operating conditions[C]. 2013 IEEE International Symposium on Assembly and Manufacturing (ISAM), Xi'an, 2013:8-11.

[10] 曹宏瑞, 李亚敏, 何正嘉, 等. 高速滚动轴承-转子系统时变轴承刚度及振动响应分析[J]. 机械工程学报, 2014, 50(15): 73-81.

[11] 康婷, 曹宏瑞. 切削工况下机床主轴回转精度动态预测方法[J]. 机械工程学报, 2020, 56(17): 240-248.

[12] 马军旭, 赵万华, 张根保. 国产数控机床精度保持性分析及研究现状[J]. 中国机械工程, 2015, 26(22): 3108-3115.

[13] 黄强, 于宗玲, 魏坤. 主轴回转精度的综合建模及仿真分析方法[J]. 机床与液压, 2015, 43(15): 146-150.

[14] 李树森, 刘暾. 精密离心机静压气体轴承主轴系统的动力学特性分析[J]. 机械工程学报, 2005, 41(2): 28-32.

[15] 熊万里, 侯志泉, 吕浪. 液体静压主轴回转误差的形成机理研究[J]. 机械工程学报, 2014, 50(7): 112-119.

[16] AN C H, ZHANG Y, XU Q, et al. Modeling of dynamic characteristic of the aerostatic bearing spindle in an ultra-precision fly cutting machine - ScienceDirect[J]. International Journal of Machine Tools and Manufacture, 2010, 50(4): 374-385.

[17] 曹宏瑞, 康婷, 陈雪峰, 等. 一种主轴回转误差测量装置[P]. 中国, CN109781042B, 2021.

[18] KANG T, CAO H. Prediction of rotational accuracy of machine tool spindle driven by dynamic model[C]. The 18th International Manufacturing Conference in China, Shenyang, 2019.

[19] MA P, ZHAO C, LU X, et al. Rotation error measurement technology and experimentation research of high-precision hydrostatic spindle[J]. International Journal of Advanced Manufacturing Technology, 2014, 73(9): 1313-1320.

[20] SHI S, LIN J, WANG X, et al. A hybrid three-probe method for measuring the roundness error and the spindle error[J]. Precision Engineering, 2016, 45: 403-413.

[21] 康婷. 机床主轴回转精度分析与振动噪声监测[D]. 西安:西安交通大学, 2020.

第二篇：智能主轴颤振监测

第5章　智能主轴铣削颤振监测特征提取

5.1　引　　言

智能主轴在提高切削加工效率的同时，也带来了切削过程中振动的不确定性问题，使正常的切削状态可能会演变为颤振失稳。研究智能主轴铣削颤振的监测问题，对于提升加工速度、精度和可靠性，充分发挥高速主轴的性能，提高工件加工质量和加工效率，保证切削加工过程稳定进行，具有重要研究意义和应用价值[1]。

学者们尝试将切削力、振动、声发射、伺服电流、声音等应用于颤振监测[2-7]，其中振动信号采集方便、反应迅速，在颤振监测中应用广泛。然而，铣削振动信号具有典型的非平稳、非线性、时变性等特征，特别在颤振发生初期，颤振信号往往比较微弱，很容易被切削力激励下的强迫振动以及噪声所湮没，而等到颤振发展至成熟时工件表面已经留下了振纹。因此，首先通过预处理方法消除强迫振动和其他频段成分对颤振成分的干扰，而只对颤振敏感频带分析显得十分必要。其次，颤振特征提取是把铣削信号映射到反映铣削状态变化的特征空间，它直接关系到颤振在线辨识的准确性和可靠性。提取的颤振特征如果没有包含尽可能完备的信息，就难以准确描述铣削状态的变化。目前用于在线辨识的颤振特征通常是使用一种方法来提取，如时域统计特征、频域统计特征、时序模型特征和非线性时间序列特征等[8-10]。单一的特征提取方法，没有充分利用高速铣削颤振发生时的多特征域信息，造成颤振辨识信息的不完备。另外，由于主客观方面的原因，提取的特征中存在大量相关或冗余信息。因此，对提取的特征进行优化选择，筛选出对铣削颤振状态敏感、相互独立、信息互补的最优特征子集，对于提高颤振辨识精度具有重要的作用。

本章首先对智能主轴在铣削过程中的振动信号进行时域和频域特性分析，利用滤波等信号预处理技术消除强迫振动对颤振信号的影响。其次，在信号预处理基础上，构建时域、频域、时频域以及非线性指标。最后，提出一种基于距离特征评估技术的无监督敏感特征选择方法，实现颤振敏感特征的优选[11,12]。

5.2　铣削振动信号时域与频域特性分析

5.2.1　时域特性

稳定铣削状态下，振动信号主要是周期性铣削强迫振动成分以及背景噪声成分，且铣削振动较小，相应振幅也较小。但当进入颤振过渡状态时，铣削信号开始发生变化：成分组成变为较强的周期性强迫振动成分、较弱的周期性颤振成分以及随机噪声成分；铣削振动由小变大，信号振幅逐渐增加，能量也随之增大；随着颤振能量的不断积聚，达到一定程度后颤振将会爆发，但不会无限上升，在达到一定程度时会自行稳定下来，进入平稳期，即颤振成熟期。这种颤振振幅自稳定性的现象，可以理解为系统内部的一些非线性因素的表现[13]。

图 5-1 是一段高速铣削颤振加速度信号的时域图。在 16～18s 时间段，可以发现幅值增大明显，是能量不断积聚阶段，之后全面爆发，但在 20 s 左右开始平稳，进入颤振成熟期。因为要以发现早期颤振征兆为目的，所以信号在时域明显的幅值和能量增长是颤振监测辨识的关键参考点。

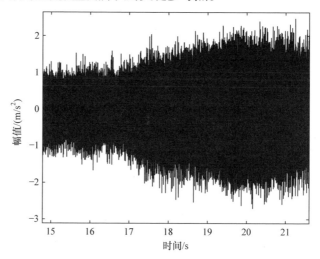

图 5-1　高速铣削颤振加速度信号时域图

5.2.2　频域特性

铣削稳定阶段信号主要是由铣削强迫振动成分和噪声成分构成，所以反映到频谱上就是占主导地位的强迫振动频率和随机噪声频率，其包括主轴转频 f_{SR} 及其倍频和铣削频率及其倍频 f_{TP}，计算方法见式(5-1)和式(5-2)：

$$f_{SR} = \frac{n}{60} \tag{5-1}$$

$$f_{TP} = z\frac{n}{60} \tag{5-2}$$

式中，n 为主轴转速，单位为 r/min；z 为刀齿数。

当铣削从稳定向颤振过渡时，会出现新的颤振成分，对应地就会出现颤振频率，并且逐渐占据主导地位。Insperger 等提出铣削颤振系统 3 种失稳形式，包括霍普夫(Hopf, H)分岔、1 周期(period one, P1)分岔和倍周期(period doubling, PD)分岔，同时每种形式对应一种颤振频率，其计算方法如下[14]。

(1) 霍普夫分岔形式的颤振频率 f_H：

$$f_H = \pm\frac{\omega}{2\pi} + k\frac{zn}{60} = \pm\frac{\omega}{2\pi} + kf_{TP}, \quad k = 0,1,2,\cdots \tag{5-3}$$

式中，ω 为铣削时滞微分方程的特征乘子在复平面的相位角[15]。

(2) 1 周期分岔形式的颤振频率 f_{P1}：

$$f_{P1} = 0 + k\frac{zn}{60} = kf_{TP}, \quad k = 0,1,2,\cdots \tag{5-4}$$

(3) 倍周期分岔形式的颤振频率 f_{PD}：

$$f_{PD} = \frac{zn}{120} + k\frac{zn}{60} = \left(k + \frac{1}{2}\right)f_{TP}, \quad k = 0,1,2,\cdots \tag{5-5}$$

这 3 种颤振频率计算方法仅是理想状态下的理论算法，而实际铣削过程中会存在各种不确定因素，所以颤振频率是很难精确计算出来的。但是大量的研究和实验发现，当进入颤振过渡阶段至发展成熟时，在切削频率及其倍频附近会产生新的频率成分，主峰频率会向新频率处逐渐转移，最终稳定在接近主轴-刀柄-刀具系统的固有频率处，并逐渐占据振动频率组成的主要地位，这就是主颤振频率。由各种外界干扰力引起的强迫振动，其频率一般比机床固有频率高，而颤振频率又接近于系统固有频率，所以当发生颤振时，主频带会由高频段向低频段移动，由宽带向窄带转变。

图 5-2 展示了某高速铣削在稳定及不同颤振程度下的加速度信号频谱。图 5-2(a)是高速铣削稳定信号的频谱，可以看出主频带较宽，且高频成分比较多，基本全都是主轴转频 f_0 和铣削频率 f 及其谐倍频 $2f_0$、$2f$、$3f$；从图 5-2(b)开始，主频带逐渐变窄，而且从高频段转移到了低频段，开始出现新的微弱颤振频率成分，如图中的 f_1、f_2、f_3、f_4 等，而且从图 5-2(c)中可以明显看到颤振频率成分逐渐增强，发展到图 5-2(d)成熟阶段时，颤振频率取代原周期性的铣削频率及其谐倍频占据整个频域的主导地位，整体频带变窄且集中在低频区，表明颤振发展成熟，进入颤振稳定期。

所以在频域方面，颤振频率接近主轴-刀柄-刀具系统固有频率、颤振频带从高频向低频转移的特性以及由宽带向窄带转变的特性是进行征兆辨识的重要参考依据。

实际切削工况的多变性和不稳定性等因素可能导致某些一般性的颤振特性有些许改变，如果只根据某一方面特点进行特征指标提取，会对辨识结果产生一定的影响。例如，有些切削过程确实发生了颤振，但由于颤振较为微弱或者切削量较小等，可能采集到的信号在时域没有明显的幅值增大现象，而在频域则已经

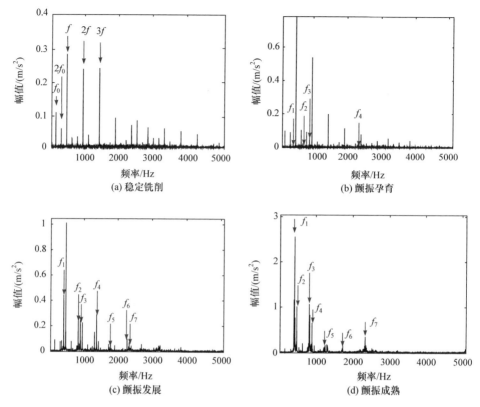

图 5-2　不同情况下高速铣削加速度信号频谱

出现微小的颤振频率，工件加工表面也产生了振纹。此时如果只从时域角度观察信号并进行分析处理和特征指标提取，会造成指标的不敏感，进而导致对颤振的漏判。

例如，图 5-3 是某颤振信号的时域和频域结果对比分析图，从图 5-3(a)中可以看出信号的波形没有明显变化，没有幅值增大现象，也不存在能量积累、爆发然后平稳的过程，即没有明显的时域特性。当从波形、幅值等角度考虑指标时，也不会反映出明显变化，如图 5-3(b)中展示的信号方差，在 30～55s 这个时间段基本没有突变，如果只是将方差作为指标时，不会判别为颤振信号。但是对信号进行频谱分析，如图 5-3(c)和图 5-3(d)所示可以看出，在 35～40s，信号的频率主要是基频及其倍频，但是在 45～55s，虽然还没有明显的主频带转移，但是可以发现很多新的频率成分，分布在谐倍频两侧，根据频率特性分析，可以初步判定为颤振频率。所以对比相同一段信号的时域和频域分析结果，可能会得到不同的辨识结果。

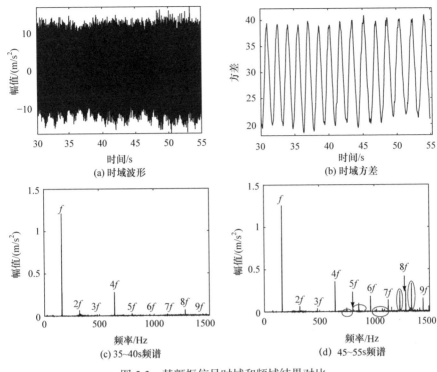

图 5-3　某颤振信号时域和频域结果对比

如果只根据时域或者频域某一特性进行信号处理和指标提取，会把两个域的信息割裂开，不能整体把握颤振信号的所有特性，容易发生漏判和误判，进而影响颤振辨识时间的准确性。因此，不能完全的依靠单一领域的特性作为辨识依据，要根据实际情况，进行多领域特征指标提取，实现有效的颤振辨识。

5.2.3　铣削振动信号预处理技术

1. 强迫振动频率滤波

高速铣削稳定状态的振动信号及其频谱如图 5-4(a)所示，频谱中能量主要集中分布在转频及其谐波处、铣削频率及其谐波处，振动信号组成成分与前述分析相符。高速铣削颤振状态的振动信号及其频谱如图 5-4(b)所示。铣削信号在时域内幅值并没有明显变化，而在频域内可看到频谱中除了强迫振动频率成分(转频及其谐波、铣削频率及其谐波)外又出现了新的频率成分即颤振频率，这充分说明了频域相比时域能更好地发现颤振征兆。在颤振尚未完全发展成熟阶段，工件表面不会出现明显的颤振纹路，若能及时实现颤振辨识并采取后续的颤振控制措施，就可以确保加工稳定进行。但由于颤振成分常被强切削激励所掩盖，难以提取有效的颤振特征。为了更早地辨识到颤振，有必要对铣削信号进行滤波处理，消除强迫振动频率成分的干扰，增强颤振成分的相对能量。信号强迫振动频率滤波的具体流程如图 5-5 所示。

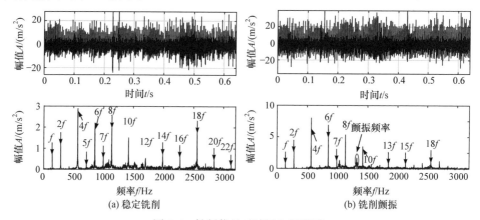

(a) 稳定铣削　　　　　　　　　　　(b) 铣削颤振

图 5-4　铣削信号时域图和频谱[16]

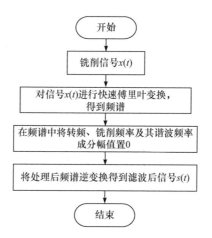

图 5-5　信号强迫振动频率滤波流程

如图 5-6(a)所示，稳定铣削状态的信号经过强迫振动频率滤波后，剩余成分主要是随机噪声，对应着较为均匀的谱成分和能量分布；图 5-6(b)所示颤振状态下的振动信号经过强迫振动频率滤波后，剩余成分主要是颤振成分和噪声成分，且颤振成分相比图 5-4(b)的信噪比得到增强。

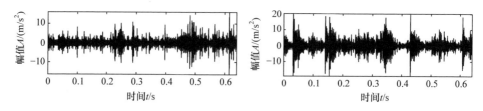

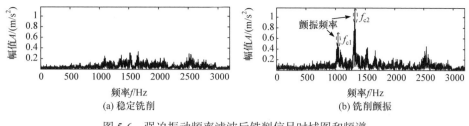

图 5-6　强迫振动频率滤波后铣削信号时域图和频谱

2. 颤振敏感频带滤波

高速铣削颤振时,信号频谱中首先出现的是接近主轴-刀柄-刀具系统或工件系统低阶固有频率的主颤振频率成分,一些颤振频率会被转频或其谐波所调制[4]。根据倍周期分岔颤振频率理论公式可粗知当前转速下的所有颤振频率可能值,结合系统的低阶固有频率值就可确定颤振敏感频带范围。由于颤振出现的主要征兆是主颤振频带内能量急剧增加,因此只需将该频带内成分单独滤出,而无需对铣削信号的所有频率成分进行监测,这样不仅可以将颤振成分从强噪声背景中分离出来,相当于提高了信噪比,而且还可有效消除其他频段成分对该频率段的影响,从而有利于更好地提取颤振辨识特征。

颤振敏感频带滤波是利用谐波小波滤波器[17]对高速铣削信号进行快速傅里叶变换(FFT)及其逆变换(IFFT)实现的,该方法运算速度快,精度高。由于谐波小波本质上是一个理想的带通滤波器,在频域紧支且具有完全的“盒形”频谱,因此谐波小波相比传统的数字信号滤波具有良好的滤波特性。在对高速铣削信号的谐波小波分解进行重构时可将其他频段的谐波小波系数置为“0”,只保留该段的小波系数。谐波小波滤波过程如图 5-7 所示,由于谐波小波的正交性,重构后的信号将只包含高速铣削信号在颤振敏感频带的成分,而其余成分都被剔除了[18]。

图 5-7　谐波小波滤波过程

5.3　基于铣削振动信号的颤振监测指标构建

实际铣削加工过程中,一般直接通过检测铣削信号难以发现颤振征兆,因此要以各种信号处理方法为工具从原始信号中提取出能反映切削加工状态的特征量。颤振发生时高速铣削信号的时域、频域特性都会发生相应的变化,这里将从时域分析(包括波形分析、包络分析和统计分析等)、频域分析(包括幅值谱分析和包络谱分析等)、非线性时间序列特征和时频域分析多角度提取颤振辨识特征指标，确保高速铣削过程中颤振辨识所需信息的完备性、有效性。

5.3.1 时域统计指标

在高速铣削状态由稳定向颤振过渡过程中，时域内信号幅值会在短时间内产生大波动且逐渐增大，时域信号的这一变化过程可以通过时域统计特征指标进行度量。常用的有量纲时域统计指标包括均值、均方根值、方差、峰值、峰峰值等。其中，均值是反映信号中心趋势的一个指标，反映了铣削信号中的静态部分；均方根值反映了高速铣削信号的振动强度；方差反映了铣削信号幅值偏离均值的大小；峰值、峰峰值能够反映高速铣削信号幅值的增大过程。有量纲指标能够从信号时域内幅值和能量的角度反映高速铣削状态的变化，但对工况敏感。量纲为 1指标一般是信号统计量的比值，可以克服有量纲指标的缺点，基本不受转速、载荷等因素的影响。常用的量纲为 1 指标有偏斜度指标、峭度指标等。偏斜度指标反映了铣削信号概率密度函数的中心偏离正态分布的程度，反映信号幅值分布相对其均值的不对称性；峭度指标反映了信号概率密度函数峰顶的凸平度。表 5-1为时域统计特征指标的表达式，表中 $\{X_l\}$ 表示铣削信号序列，$x_l = X_l - \overline{X}$。前 10个时域指标为有量纲指标，后 6 个时域指标为量纲为 1 指标。$\overline{X}$、X_{rms}、X_{S}、X_{a} 反映高速铣削时域信号的振动幅值和能量；C_{P}、C_{PP}、C_{I}、C_{L}、C_{S}、C_{K} 则反映高速铣削信号的时域分布。

表 5-1　时域统计特征指标表达式

时域统计量	表达式	时域统计量	表达式
均值	$\overline{X} = \dfrac{1}{N}\sum_{l=1}^{N} X_l$	最小值	$X_{\min} = \min(x)$
均方根值	$X_{\text{rms}} = \sqrt{\dfrac{1}{N}\sum_{l=1}^{N} x_l^2}$	峰峰值	$X_{\text{PP}} = X_{\max} - X_{\min}$
方根幅值	$X_{\text{S}} = \left(\dfrac{1}{N}\sum_{l=1}^{N}\sqrt{|x_l|}\right)^2$	波形指标	$C_{\text{P}} = \dfrac{X_{\text{rms}}}{X_{\text{a}}}$
平均幅值	$X_{\text{a}} = \dfrac{1}{N}\sum_{l=1}^{N}|x_l|$	峰值指标	$C_{\text{PP}} = \dfrac{X_{\max}}{X_{\text{rms}}}$
偏斜度	$S = \dfrac{1}{N}\sum_{l=1}^{N}|x_l|^3$	脉冲指标	$C_{\text{I}} = \dfrac{X_{\max}}{X_{\text{a}}}$
峭度	$K = \dfrac{1}{N}\sum_{l=1}^{N} x_l^4$	裕度指标	$C_{\text{L}} = \dfrac{X_{\max}}{X_{\text{S}}}$
方差	$\sigma^2 = \dfrac{1}{N}\sum_{l=1}^{N} x_l^2$	偏斜度指标	$C_{\text{S}} = \dfrac{S}{\sigma^3}$
最大值	$X_{\max} = \max(x)$	峭度指标	$C_{\text{K}} = \dfrac{K}{\sigma^4}$

5.3.2　频域统计指标

高速铣削信号的频谱反映信号振动幅值大小随频率的分布情况，即反映了信号中的频率成分以及各频率成分的能量大小情况。当高速铣削出现颤振时，信号频谱中除强迫振动频率成分外还会出现新的颤振频率成分，且随着颤振的发展，频谱中的主能量谱峰位置逐渐集中到颤振频率附近处。因此，通过描述高速铣削信号频谱中谱能量的大小变化、分布的分散程度以及主频带位置的变化，就可以较好地描述铣削信号的频域信息，从而揭示颤振的出现。表 5-2 是频域统计特征指标的表达式。其中 y_l 表示铣削信号的频谱；$l = 1, 2, \cdots, N$ 表示谱线数；f_l 表示第 l 个谱线的频率值。频域特征 F_1 反映高速铣削信号频域振动能量的大小；F_2、F_3、F_4、F_6、$F_{10} \sim F_{13}$ 反映铣削信号频谱的集中或分散程度；F_5、$F_7 \sim F_9$ 反映铣削信号主频带位置的变化[19]。

表 5-2　频域统计特征指标表达式

频域统计量	表达式	频域统计量	表达式
F_1	$F_1 = \dfrac{1}{N} \sum\limits_{l=1}^{N} y_l$	F_8	$F_8 = \sqrt{\dfrac{\sum\limits_{l=1}^{N}\left(f_l^4 \times y_l\right)}{\sum\limits_{l=1}^{N}\left(f_l^2 \times y_l\right)}}$
F_2	$F_2 = \dfrac{1}{N-1} \sum\limits_{l=1}^{N}\left(y_l - F_1\right)^2$	F_9	$F_9 = \dfrac{\sum\limits_{l=1}^{N}\left(f_l^2 \times y_l\right)}{\sqrt{\sum\limits_{l=1}^{N} y_l \times \sum\limits_{l=1}^{N}\left(f_l^4 \times y_l\right)}}$
F_3	$F_3 = \dfrac{\sum\limits_{l=1}^{N}\left(y_l - F_1\right)^3}{N \times \sqrt{F_2^3}}$	F_{10}	$F_{10} = \dfrac{F_6}{F_5}$
F_4	$F_4 = \dfrac{\sum\limits_{l=1}^{N}\left(y_l - F_1\right)^4}{N \times F_2^2}$	F_{11}	$F_{11} = \dfrac{\sum\limits_{l=1}^{N}\left(\left(f_l - F_5\right)^3 \times y_l\right)}{N \times F_6^3}$
F_5	$F_5 = \dfrac{\sum\limits_{l=1}^{N} f_l y_l}{\sum\limits_{l=1}^{N} y_l}$	F_{12}	$F_{12} = \dfrac{\sum\limits_{l=1}^{N}\left(\left(f_l - F_5\right)^4 \times y_l\right)}{N \times F_6^4}$
F_6	$F_6 = \sqrt{\dfrac{1}{N} \sum\limits_{l=1}^{N}\left(\left(f_l - F_5\right)^2 \times y_l\right)}$	F_{13}	$F_{13} = \dfrac{\sum\limits_{l=1}^{N}\left(\sqrt{f_l - F_5} \times y_l\right)}{N \times \sqrt{F_6}}$
F_7	$F_7 = \sqrt{\dfrac{\sum\limits_{l=1}^{N}\left(f_l^2 \times y_l\right)}{\sum\limits_{l=1}^{N} y_l}}$		

5.3.3　时频域统计指标

高速铣削颤振失稳过程中，铣削信号表现为非平稳性，而小波包分解适合非平稳信号的分析。小波包分解通过在全频带内对铣削信号频带进行多层次的划分得到相互独立、相互衔接的各频带，信息既无冗余也无疏漏。高速铣削颤振爆发时，信号频谱内能量分布会由宽带分布过渡集中于接近系统低阶固有频率的窄频带处，此时每个小波包分解频带内信号能量占信号总能量的比例将随之变化。因此，可通过构建时频域指标小波包能量熵实现小波包频带能量变化的定量监测，进而对铣削加工状态进行动态监测。

高速铣削信号 $x(t)$ 的小波包分解和对应的频带如图 5-8 所示，其中信号 $x(t)$ 的频率上限为 f_N。若 $j=0$，原始信号 $x(t)$ 记为 $x_{(1)}$。在小波包分解 $j=1$ 尺度得到分解信号 $x_{(2)}$ 和 $x_{(3)}$。若把 $x_{(1)}$ 分解 2 次，则在小波包分解 $j=2$ 尺度得到分解信号 $x_{(4)}$、$x_{(5)}$ 、 $x_{(6)}$ 、 $x_{(7)}$ 。

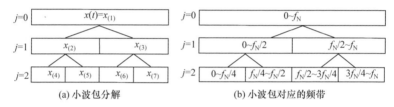

图 5-8　信号 $x(t)$ 的小波包分解及对应的频带

设高速铣削信号 $x(t)$ 在 j 尺度变换后各个频带信号的能量为 $E(k) = \sum_{i=1}^{n} (x(i)^2)$ 。式中，$k = 1, 2, \cdots, n$ ，为频带序号；$i = 1, 2, \cdots, n$ ，为每个频带振动信号包含离散点个数；$x(i)$ 为信号离散点幅值。定义小波包能量熵为

$$H = -\sum_{k=1}^{2^j} p(k) \log_{2^j} p(k) \tag{5-6}$$

式中，$p(k) = E(k) \Big/ \sum_{k=1}^{2^j} E(k)$ ；$k = 1, 2, \cdots, 2^j$ 。

5.3.4　非线性指标

1. 非线性时间序列特征指标

1) Lempel-Ziv 复杂度

复杂度指标已广泛应用于医学领域，其能够通过少量的数据对非线性时间序列进行度量，主要用来描述时间序列信号的复杂程度。1976 年，Lempel 和 Ziv 提

出了一种度量有限时间序列复杂度的简易算法，称为 Lempel-Ziv 复杂度[20]。图 5-9 是高速铣削信号序列 Lempel-Ziv 复杂度的算法流程，具体步骤如下[21]。

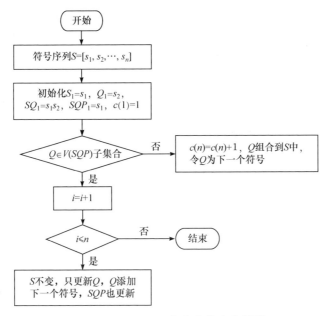

图 5-9　Lempel-Ziv 复杂度算法流程[22]

(1) 有限长高速铣削信号序列的粗粒化。设有限长的高速铣削信号序列 $X = [x(1), x(2), \cdots, x(n)]$，对 X 求均值 $\overline{X}$，将大于 $\overline{X}$ 的数 $x(i) = (i = 1, 2, \cdots, n)$ 记为 "1"，小于或等于 $\overline{X}$ 的数 $x(i) = (i = 1, 2, \cdots, n)$ 记为 "0"，此过程称为粗粒化操作。经过粗粒化操作，铣削信号序列 X 变为一个由 "0" "1" 符号组成的符号序列 $S = [s_1, s_2, \cdots, s_n]$。

(2) 令 $c(n)$ 为某符号序列 $S = [s_1, s_2, \cdots, s_n]$ 的复杂度，S、Q 分别为两个字符串，SQ 表示将两字符串 S、Q 相加得到的总字符串，SQP 表示删去 SQ 中末尾字符后的字符串(P 表示删除末尾字符的操作)。令 $V(SQP)$ 表示 SQP 所有可能子串构成的集合。初始化 $c(n)$、S、Q 为 $c(1) = 1$，$S_1 = s_1$，$Q_1 = s_2$，因此 $SQ_1 = s_1 s_2$，$SQP_1 = s_1$。假定 $S = s_1 s_2 \cdots s_r$，$Q = s_{r+1}$，若 $Q \in V(SQP)$，则表示 s_{r+1} 是字符串 $S = s_1 s_2 \cdots s_r$ 的一子串，保持 S 不变，只将 Q 更新为 $Q = s_{r+1} s_{r+1}$，再判断 Q 是否属于 $V(SQP)$(S 不变，Q 更新了，则 SQP 也同步更新)，如此循环进行，直至出现 $Q \notin V(SQP)$ 为止。设此时 $Q = s_{r+1} s_{r+1} \cdots s_{r+i}$，即表明 $s_{r+1} s_{r+1} \cdots s_{r+i}$ 不是 $s_1 s_2 \cdots s_r s_{r+1} \cdots s_{r+i-1}$ 的子串。因而将 $c(n)$ 的值加 1。随后将上面的 Q 组合到 S 中，使 S 更新为 $S = s_1 s_2 \cdots s_r s_{r+1} \cdots s_{r+i}$，而取 Q 为 $Q = s_{r+i+1}$。重复上述流程，直到 Q 取至最后一位字符为止，从而将 $s_1 s_2 \cdots s_n$ 分割为 $c(n)$ 个不同子串。

对几乎所有属于[0,1]，高速铣削信号序列 X 对应的二进制分解所表示的序列都按概率趋向一个稳定的数值，即

$$\lim_{n \to \infty} c(n) = b(n) = \frac{n}{\log_2 n} \tag{5-7}$$

出于对不同数据复杂度结果可比性的考虑，可利用 Lempel-Ziv 复杂度的归一化基准公式，将 $c(n)$ 的值归一化在[0,1]，称为"归一化复杂度"。

$$0 \leqslant C_{\mathrm{LZ}} = c(n) / b(n) \leqslant 1 \tag{5-8}$$

当样本数 n 足够大时，式(5-7)才能成立。有关文献给出了 n 的经验取值，当 $n \geqslant 3600$ 时，计算得到的 C_{LZ} 值趋于稳定[23]。

根据上述 Lempel-Ziv 复杂度的算法和相关文献可知，Lempel-Ziv 复杂度的物理意义在于它反映了一个时间序列在窗口长度时期内随着序列长度的增加出现新模式的速率。稳定状态下的铣削信号经过强迫振动频率滤波后，剩余成分主要是随机噪声成分，即这一时期内信号序列的变化是无序而复杂的。因此，在计算信号序列复杂度的过程中，需要的添加操作多，即序列中出现的新模式多，从而复杂度值比较大。颤振状态下的铣削信号经过强迫振动频率滤波后，剩余成分主要是周期性的颤振成分和随机噪声成分，且随着颤振的发展，信号序列的周期性将变强，因此铣削信号序列复杂度计算过程中的复制操作也多，即序列中出现新模式的速率慢，从而复杂度的值较小。因此，通过高速铣削信号序列的 Lempel-Ziv 复杂度指标能够客观反映出高速铣削状态的变化情况。

2) C_0 复杂度

C_0 复杂度是由 Chen 等[24]于 1997 年提出的一种新的非线性时间序列分析方法。2005 年，Shen 等[25]提出了 C_0 复杂度的改进形式，并严格证明了它的相关重要性质。2009 年，Cai 等[26]证明了 C_0 复杂度的收敛性，证实了即使对很短的时间序列，C_0 复杂度也能很快收敛。目前，C_0 复杂度已经成功运用在生物医学领域作为度量生物医学信号混沌动力学特性的有效指标[27,28]。

C_0 复杂度算法是基于复杂时间序列可分解为规则部分和非规则部分两部分的假设，将信号变换域中规则部分去掉，留下非规则部分。序列中非规则部分能量所占比例越大，即对应时域信号越接近随机序列，信号随机成分越多，C_0 复杂度的值越大。

记 $X = \{x(k), k = 1, 2, \cdots, n\}$ 是长度为 n 的高速铣削时间序列，有

$$F_n(j) = \frac{1}{n} \sum_{k=1}^{m} x(k) W_n^{-kj}, \quad j = 1, 2, \cdots, n \tag{5-9}$$

式中，$F_n(j)$ 为信号序列 X 的傅里叶变换序列；$W_n = \exp\left(\frac{2\pi i}{n}\right)$，$i = \sqrt{-1}$。

设 $\{F_n(j), j = 1, 2, \cdots, n\}$ 的均方值为 $G_n = \dfrac{1}{n}\sum\limits_{j=1}^{n}|F_n(j)|^2$，引入参数 r，保留超过均方值 r 倍的频谱，而将其余部分置为 0，即

$$\widetilde{F}_n(j)\begin{cases} F_n(j), & |F_n(j)|^2 > rG_n \\ 0, & |F_n(j)|^2 \leqslant rG_n \end{cases} \tag{5-10}$$

式中，$r(r>1)$ 为一个给定的正常数，在实际应用中 r 取 5～10 较为合适。对 $\{\widetilde{F}_n(j), j = 1, 2, \cdots, n\}$ 作傅里叶逆变换：

$$\tilde{x}(k) = \sum_{j=1}^{n} F_n(j)W_n^{kj}, \quad k = 1, 2, \cdots, n \tag{5-11}$$

定义高速铣削信号序列的 C_0 复杂度为

$$C_0 = \frac{\sum\limits_{k=1}^{n}|x(k) - \tilde{x}(k)|^2}{\sum\limits_{k=1}^{n}|x(k)|^2} \tag{5-12}$$

根据 Shen 等[25]等证明的性质，C_0 复杂度的值介于 0 和 1 之间，对于常数序列和周期序列来说，其值趋于 0，而对于满足一定条件的随机序列来说则以概率 1 收敛于 1。因此，量纲为 1 指标 C_0 复杂度把序列接近随机的程度作为复杂度的度量。对于稳定状态下的铣削信号，经过强迫振动频率滤波后主要是随机噪声成分，其 C_0 复杂度的值较大；对于颤振状态下的铣削信号，经过强迫振动频率滤波后，剩余成分主要是周期性的颤振成分和随机噪声成分，且随着颤振程度的增加，信号序列的随机程度将减弱，其 C_0 复杂度的值也将不断减小。因此，通过高速铣削信号序列的 C_0 复杂度指标能够客观反映出高速铣削状态的变化情况。另外，由于 C_0 复杂度算法的主要计算量来自快速傅里叶变换，因此 C_0 复杂度的计算非常快，这符合高速铣削颤振在线辨识的实时性要求。

Lempel-Ziv 复杂度是从时域内研究信号序列随序列长度的增加出现新模式的速率，新模式的产生概率越大，信号序列就越复杂。C_0 复杂度则是从频域角度分析序列非规则部分在信号序列中的比例，进而度量信号序列的复杂度。另外，结合使用 C_0 复杂度还可以弥补 Lempel-Ziv 复杂度计算过程中可能存在的过度粗粒化造成信号序列细节信息丢失的缺陷。

3) 功率谱熵

熵是度量不确定性的一个定量指标，最初用于信息论领域。信息熵是从平均意义上表征信息源总体信息状态的一个测度，在设备诊断中可以判断系统的复杂性、分布的不均匀性、系统的依赖性、设备的可维护性[29]。

功率谱熵借鉴了熵的概念，用于描述高速铣削信号频域内频谱成分的分布情

况。高速铣削信号功率谱熵的计算步骤如下。

(1) 高速铣削信号样本 $\{x(k), k = 1,2,\cdots,N\}$ 经过 FFT 得到其功率谱：

$$s(f) = \frac{1}{2\pi N}\left|X(w)\right|^2 \tag{5-13}$$

式中，N 为信号样本的长度；$X(w)$ 为信号样本的傅里叶变换。

(2) 功率谱密度函数可通过归一化所有频率成分进行估计：

$$P_i = s(f_i) / \sum_{i=1}^{N_f} s(f_i), \quad i = 1,2,\cdots,N \tag{5-14}$$

式中，$s(f_i)$ 为频率成分 f_i 的谱能量；P_i 为相应的概率密度；N_f 为总的频率点数。

(3) 定义高速铣削信号的功率谱熵为

$$H = -\sum_{i=1}^{N} P_i \cdot \ln P_i \tag{5-15}$$

为了便于不同工况下的比较，功率谱熵通常用 $\ln N$ 进行归一化，得到归一化功率谱熵：

$$E = \frac{H}{\ln N} = \frac{-\sum_{i=1}^{N} P_i \cdot \ln P_i}{\ln N} \tag{5-16}$$

功率谱熵是范围在[0,1]的量纲为 1 指标。经过强迫振动频率滤波预处理后，高速铣削稳定状态下，信号余下的噪声成分能量在整个谱型结构上的分布均匀，即信号的不确定性大，从而功率谱熵值较大。反之，颤振状态下频谱的频率成分主要是颤振频率，能量较为集中，则功率谱熵值较小，表明信号的复杂度和不确定性也较小。

2. 非线性时间序列特征指标试验验证

1) 仿真分析

首先通过仿真信号来验证 3 个非线性时间序列特征指标 Lempel-Ziv 复杂度、C_0 复杂度和功率谱熵在度量信号复杂度方面的能力。图 5-10(a)所示为周期信号 $x(t) = \sin(160\pi t) + \sin(300\pi t)$ 的时域波形，图 5-10(b)为信号 $x(t)$ 叠加上均值为 0、方差为 1 的白噪声 $r(t)$ 后的时域波形，直观上可看出信号 $x(t) + r(t)$ 比信号 $x(t)$ 的时域波形要复杂得多。

由表 5-3 的仿真计算结果可看出，3 个非线性时间序列特征指标计算得到的信号 $x(t) + r(t)$ 的复杂度比信号 $x(t)$ 的复杂度大得多，即越复杂的信号其复杂度值越大，从而表明 Lempel-Ziv 复杂度、C_0 复杂度和功率谱熵均可以很好地用来表征信号的复杂度。

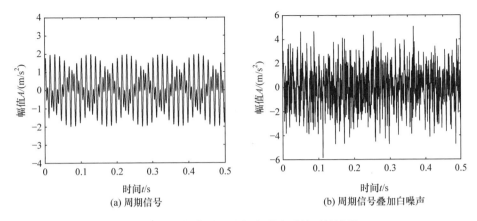

图 5-10　周期信号及叠加白噪声后的时域波形

表 5-3　信号 $x(t)$ 和信号 $x(t)+r(t)$ 复杂度及功率谱熵

非线性时间序列特征指标	信号 $x(t)$	信号 $x(t)+r(t)$
Lempel-Ziv 复杂度	0.3516	0.9961
C_0 复杂度	1.23×10^{-28}	0.6931
功率谱熵	0.1111	0.7773

2) 实验分析

接着通过分析高速铣削加工试验数据来验证三个非线性时间序列特征指标 Lempel-Ziv 复杂度、C_0 复杂度和功率谱熵对不同铣削加工状态的区分能力。高速铣削实验设备如图 5-11 所示，工件为 Al-7050 航空铝合金工件块，刀具为 2 刃硬质合金铣刀，采样频率 6400Hz，保持主轴转速 8500r/min 和进给速度 1500mm/min 不变，分别以 1.0mm、3.0mm、5.0mm 三种切削深度铣削工件并采集振动加速度信号，铣削方式为顺铣且不加切削液。实验数据包含了稳定铣削、颤振级别 I 和颤振级别 II 三种典型的高速铣削状态，如表 5-4 所示。

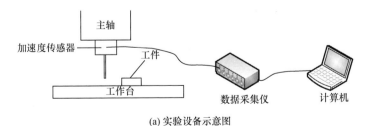

(a) 实验设备示意图

(b) 实验设备实物图

图 5-11　高速铣削实验设备

表 5-4　三种高速铣削状态实验数据

铣削状态	切削深度/mm	主轴转速/(r/min)	进给速度/(mm/min)
稳定铣削	1	8500	1500
颤振级别 I	2	8500	1500
颤振级别 II	5	8500	1500

图 5-12 为经过强迫振动频率滤波预处理后三种铣削状态下信号的时域图和频谱。稳定铣削状态下(图 5-12(a)),信号主要成分是由系统噪声、材料不均匀等随机扰动因素带来的噪声成分,大部分频率成分杂乱分布于 500~3000Hz 的频率范围;铣削状态处于颤振级别 I (图 5-12(b))时,信号时域幅值相比稳定状态增大将近 1 倍且存在明显调幅现象,频谱中颤振频率($f_{c1} = 1042Hz$, $f_{c2} = 1327Hz$)幅值很大且被转频 f 及其谐波所调制;铣削状态处于颤振级别 II (图 5-12(c))时,信号时域幅值已非常大,频谱非常干净且主要由颤振频率($f_{c1} = 1030Hz$, $f_{c2} = 1314Hz$)构成,颤振频率仍被转频 f 及其谐波所调制。由于在颤振级别 I 、II 状态下,信号主要成分是颤振成分和噪声成分,随着颤振级别的增大,信号中颤振成分的幅值不断增大,最终聚集在系统固有频率附近,颤振成分的周期性特点将使信号的复杂度不断减小。

由表 5-5 可看出,在高速铣削状态由稳定向颤振失稳过渡的过程中,Lempel-Ziv 复杂度、C_0 复杂度和功率谱熵 3 个特征指标计算得到的复杂度值总体趋势是不断减小,说明铣削信号中颤振成分的比例不断增大,这与前面的理论分析相符合,验证了 3 个特征指标检测颤振的有效性。

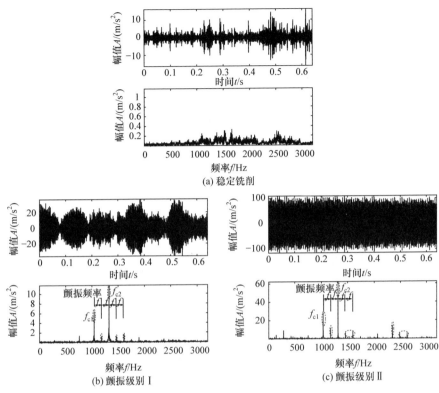

图 5-12　强迫振动频率滤波预处理后三种铣削状态下信号的时域图和频谱

表 5-5　三种铣削状态下的复杂度与功率谱熵

铣削状态	Lempel-Ziv 复杂度	C_0 复杂度	功率谱熵
稳定铣削	0.8643	0.4143	0.7031
颤振级别 Ⅰ	0.7031	0.1922	0.5174
颤振级别 Ⅱ	0.3457	0.0917	0.3244

5.4　颤振敏感特征优选方法

实际中要想获得满意的高速铣削颤振在线辨识结果，必须提取并选择能够最大程度地利用铣削状态信息、充分反映颤振本质的敏感特征，提高颤振辨识系统的鲁棒性。然而，敏感特征指标往往会因研究对象的差异而不同，在没有先验知识的情况下单凭主观感觉盲目选择特征指标，缺乏针对性，常常很难对高速铣削状态做出较为准确的识别。为选择适用于通过特征融合技术构建高速铣削颤振辨识指标的敏感特征子集,本节研究了一种基于距离特征评估技术的无监督敏感特征选择方法,实现冗余特征的删减,进而提高特征融合指标的性能,降低计算量,增强颤振在线辨识的效果。

特征评估技术是基于特征间距离的大小来评估不同特征的敏感度,其评估原则是:同一类的类内特征距离最小,不同类的类间特征距离最大,符合评估原则的特征就被认为是敏感特征,即某一特征的同类的类内距离越小,不同类的类间距离越大,则这一特征越敏感[19]。

假定某特征集具有 C 个类别:

$$\left\{q_{m,c,j}, m=1,2,\cdots,M_c; c=1,2,\cdots,C; j=1,2,\cdots,J\right\} \tag{5-17}$$

式中,$q_{m,c,j}$ 为第 C 类中样本 m 的第 j 个特征;M_c 为第 C 类中的样本数;J 为各类包含的特征数。基于距离的特征评估技术可以描述如下。

(1) 计算同类中总体样本的类内平均距离

$$d_{c,j} = \frac{1}{M_c \times (M_c-1)} \sum_{l,m=1}^{M_c} \left|q_{m,c,j} - q_{l,c,j}\right|, \quad l,m=1,2,\cdots,M_c, \quad l \neq m \tag{5-18}$$

进而求得 C 个类内距离的平均值

$$d_j^{(w)} = \frac{1}{C} \sum_{c=1}^{C} d_{c,j} \tag{5-19}$$

(2) 定义并求得类内距离的差异性因子

$$v_j^{(w)} = \frac{\max(d_{c,j})}{\min(d_{c,j})} \tag{5-20}$$

(3) 计算同类中总体样本的各个特征的平均值

$$u_{c,j} = \frac{1}{M_c} \sum_{m=1}^{M_c} q_{m,c,j} \tag{5-21}$$

进而求得不同类之间的平均距离

$$d_j^{(b)} = \frac{1}{C(C-1)} \sum_{c,e=1}^{C} \left|u_{e,j} - u_{c,j}\right|, \quad c,e=1,2,\cdots,C, \quad c \neq e \tag{5-22}$$

(4) 定义并求得类间距离的差异性因子

$$v_j^{(b)} = \frac{\max\left(\left|u_{e,j} - u_{c,j}\right|\right)}{\min\left(\left|u_{e,j} - u_{c,j}\right|\right)}, \quad c,e=1,2,\cdots,C, \quad c \neq e \tag{5-23}$$

(5) 定义并求得加权因子

$$\lambda_j = \left[\frac{v_j^{(w)}}{\max\left(v_j^{(w)}\right)} + \frac{v_j^{(b)}}{\max\left(v_j^{(b)}\right)}\right]^{-1} \tag{5-24}$$

(6) 计算带有加权因子的类间和类内距离比值

$$\alpha_j = \lambda_j \frac{d_j^{(b)}}{d_j^{(w)}} \tag{5-25}$$

然后利用最大值进行归一化得到距离评估因子

$$\overline{\alpha_j} = \frac{\alpha_j}{\max(\alpha_j)} \tag{5-26}$$

式中，较大的$\overline{\alpha_j}$（$j=1,2,\cdots,J$）意味着相应的特征对 C 个类有更好的区分度。因此，依据距离评估因子$\overline{\alpha_j}$值的排序可以从特征集$q_{m,c,j}$中选择出敏感特征。

针对前文所述的稳定铣削、颤振级别 I 和颤振级别 II 三种典型的高速铣削状态，构建振动信号特征集，并利用基于距离的特征评估技术筛选出颤振敏感特征子集。由于颤振发生时，其时域信号的幅值会增大，因此可通过其包络线反映信号幅值变化趋势。铣削信号经过包络处理之后，还可以突出颤振信号，提高信噪比，从而提高颤振特征的敏感度[10]。因此，在时域特征提取中，对铣削振动信号及其包络信号分别提取 16 个时域指标，其中包含了 8 个有量纲指标和 8 个量纲为 1 指标；在频域特征提取中，对铣削振动信号及其包络信号分别提取 13 个频域指标；在时频域特征提取中，对铣削振动信号及其包络信号分别提取 1 个时频域指标；在非线性时间序列特征提取中，对铣削振动信号提取 3 个复杂度指标。每种状态下的振动信号提取的多征兆域特征集共包含 63 个特征指标。

选取三种铣削状态下的特征样本集各 20 组，利用基于距离的特征评估算法筛选颤振敏感特征子集，评估结果如图 5-13 所示。

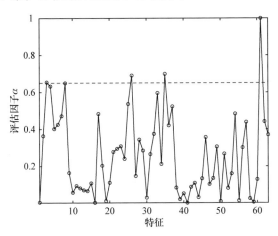

图 5-13　敏感颤振特征评估结果

这里定义评估因子 α 的阈值为 0.65，则基于改进距离的特征敏感技术筛选的

5 个敏感颤振特征分别是：方根幅值、有效值、频率指标 F_{10}、包络信号最小值和 Lempel-Ziv 复杂度。筛选出的颤振敏感特征子集对稳定铣削、颤振级别 I 和颤振级别 II 三种铣削状态的分类效果如图 5-14 所示。

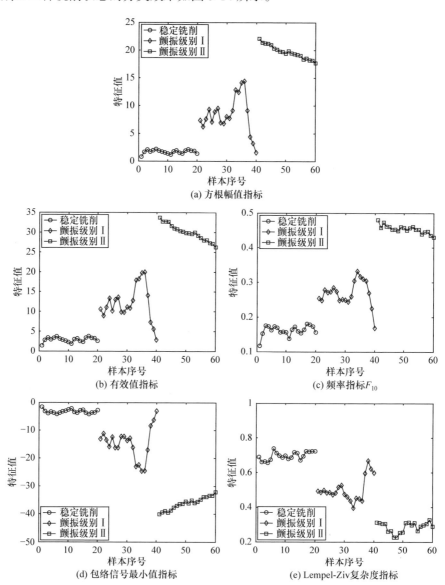

图 5-14 颤振敏感特征子集分类效果

参 考 文 献

[1] 罗作国. 切削颤振辨识及主动抑制策略的研究[D]. 武汉:华中科技大学, 2007.

[2] FU Y, ZHANG Y, ZHOU H, et al. Timely online chatter detection in end milling process[J]. Mechanical Systems and Signal Processing, 2016, 75: 668-688.

[3] KAKINUMA Y, SUDO Y, AOYAMA T. Detection of chatter vibration in end milling applying disturbance observer[J]. CIRP Annals, 2011, 60(1): 109-112.

[4] LAMRAOUI M, THOMAS M, EL BADAOUI M, et al. Indicators for monitoring chatter in milling based on instantaneous angular speeds[J]. Mechanical Systems and Signal Processing, 2014, 44(1-2): 72-85.

[5] YANG K, WANG G, DONG Y, et al. Early chatter identification based on an optimized variational mode decomposition[J]. Mechanical Systems and Signal Processing, 2019, 115: 238-254.

[6] ZHANG Z, LI H, MENG G, et al. Chatter detection in milling process based on the energy entropy of VMD and WPD[J]. International Journal of Machine Tools and Manufacture, 2016, 108: 106-112.

[7] ZHU L, LIU C. Recent progress of chatter prediction, detection and suppression in milling[J]. Mechanical Systems and Signal Processing, 2020, 143: 106840.

[8] AL-REGIB E, NI J. Chatter detection in machining using nonlinear energy operator[J]. Journal of Dynamic Systems Measurement and Control-Transactions of the ASME, 2010, 132(3): 034502.

[9] BEDIAGA I, MUNOA J, HERNANDEZ J, et al. An automatic spindle speed selection strategy to obtain stability in high-speed milling[J]. International Journal of Machine Tools & Manufacture, 2009, 49(5): 384-394.

[10] LAMRAOUI M, BARAKAT M, THOMAS M, et al. Chatter detection in milling machines by neural network classification and feature selection[J]. Journal of Vibration and Control, 2015, 21(7): 1251-1266.

[11] 周凯. 高速铣削颤振在线辨识方法研究[D]. 西安:西安交通大学, 2016.

[12] CAO H, ZHOU K, CHEN X. Stability-based selection of cutting parameters to increase material removal rate in high-speed machining process[J]. Proceedings of the Institution of Mechanical Engineers, Part B: Journal of Engineering Manufacture, 2016, 230(2): 227-240.

[13] 师汉民. 金属切削理论及其应用新探[M]. 武汉:华中科技大学出版社, 2003.

[14] INSPERGER T, MANN B P, SURMANN T, et al. On the chatter frequencies of milling processes with runout[J]. International Journal of Machine Tools and Manufacture, 2008, 48(10): 1081-1089.

[15] INSPERGER T, STÉPÁN G, BAYLY P, et al. Multiple chatter frequencies in milling processes[J]. Journal of Sound and Vibration, 2003, 262(2): 333-345.

[16] CAO H, ZHOU K, CHEN X. Chatter identification in end milling process based on EEMD and nonlinear dimensionless indicators[J]. International Journal of Machine Tools and Manufacture, 2015, 92: 52-59.

[17] NEWLAND D E. Harmonic wavelet analysis[J]. Proceedings of the Royal Society of London. Series A: Mathematical and Physical Sciences, 1993, 443(1917): 203-225.

[18] 何正嘉, 訾艳阳, 张西宁. 现代信号处理及工程应用[M]. 西安:西安交通大学出版社, 2007.

[19] 雷亚国. 混合智能技术及其在故障诊断中的应用研究[D]. 西安: 西安交通大学, 2007.

[20] LEMPEL A, ZIV J. On the complexity of finite sequences[J]. IEEE Transactions on Information Theory, 1976, 22(1): 75-81.

[21] 解幸幸, 李舒, 张春利, 等. Lempel-Ziv 复杂度在非线性检测中的应用研究[J]. 复杂系统与复杂性科学, 2005(3): 61-66.

[22] 唐友福, 刘树林, 刘颖慧, 等. 基于非线性复杂测度的往复压缩机故障诊断[J]. 机械工程学报, 2012, 48(3): 102-107.

[23] 朱永生, 袁幸, 张优云, 等. 滚动轴承复合故障振动建模及 Lempel-Ziv 复杂度评价[J]. 振动与冲击, 2013, 32(16): 23-29.

[24] CHEN F, PING L Z, XU J, et al. A new measurement of complexity for studying EEG mutual information[C]. 5th International Conference on Neural Information Processing: ICONIP'98, Kitakyushu, 1998, 435-437.

[25] SHEN E, CAI Z, GU F. Mathematical foundation of a new complexity measure[J]. Applied Mathematics and Mechanics, 2005, 26(9): 1188-1196.

[26] CAI Z, SUN J. Convergence of C_0 complexity[J]. International Journal of Bifurcation and Chaos, 2009, 19(3): 977-992.

[27] GU F, MENG X, SHEN E, et al. Can we measure consciousness with EEG complexities?[J]. International Journal of Bifurcation and Chaos, 2003, 13(3): 733-742.

[28] TAO Z, ZHUO Y. Measurement of the complexity for low-dimensional non-linear structure of respiratory network in human[J]. Shengwu Wuli Xuebao, 2005, 21(2): 157-165.

[29] 屈梁生, 张西宁, 沈玉娣. 机械故障诊断理论与方法[M]. 西安:西安交通大学出版社, 2009.

第 6 章　基于 3σ 准则的智能主轴铣削颤振在线检测

6.1　引　　言

铣削颤振监测一直是研究的热点，国内外学者在这方面开展了大量的研究[1-6]。多数研究专注于颤振辨识的准确率以及如何建立与切削条件无关的颤振指标，提出了阈值法、人工神经网络和支持向量机等离线检测方法[7-17]，而对于颤振在线检测的实时性关注不多。早期颤振的及时辨识至关重要，发现越早，越易于控制。正如西班牙赫罗纳大学 Quintana 等[18]在其撰写的切削颤振综述文章里面指出，颤振检测的目的在于尽早发现颤振，即颤振刚刚发生，而未完全发展成熟之时。现有的颤振在线检测算法多是基于单一特征域指标，设置报警阈值来判断颤振是否发生，加工过程中切削参数会经常发生改变，而报警阈值往往不能自适应调整，导致漏报率和误报率高。

本章在第 5 章颤振监测指标构建的基础上，将时域、频域和时频域等特征指标进行融合，提出四个相互独立的颤振在线检测量纲为 1 指标，将四个指标结合使用不仅充分利用了铣削状态信息，还能有效提高在线辨识的可靠性[19-21]。针对报警阈值难以准确设置的问题，提出基于 3σ 准则的高速铣削颤振自动报警阈值设置策略，通过变切深高速铣削实验来验证方法的有效性[22]。

6.2　颤振在线检测量纲为 1 指标构建

6.2.1　最小量化误差

自组织映射(self-organizing map, SOM)神经网络通过训练可以使权值向量依据它们和输入向量之间的距离进行分类。不同的归类代表输入向量中不同铣削状态的数据，状态的转变可以通过 SOM 神经网络中最佳匹配单元的运行轨迹来描述。在稳定铣削状态，最佳匹配单元聚集同一区域，当有颤振状态出现时，最佳匹配单元就会偏离稳定铣削状态的匹配单元区，偏离大小取决于颤振的严重程度。所以基于偏离稳定铣削状态的量化误差可以评估当前高速铣削运行状态，基于最小量化误差的颤振在线辨识流程如图 6-1 所示。

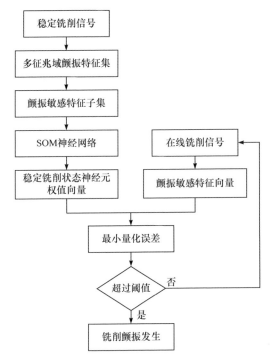

图 6-1　基于最小量化误差的颤振在线辨识流程

(1) 采集稳定铣削状态下的信号，利用前述的特征提取技术，从中提取时域统计特征指标、频域统计特征指标、时频域特征指标和非线性时间序列特征指标，构成多征兆域颤振特征集。

(2) 利用基于距离的特征评估技术对多征兆域颤振特征集进行降维，从中剔除不相关或冗余的特征，筛选出颤振敏感特征子集。

(3) 将稳定铣削状态下提取的颤振敏感特征子集输入到 SOM 神经网络进行训练，得到稳定铣削状态的神经元权值向量。

(4) 提取当前高速铣削状态下信号的颤振敏感特征向量，并将其和映射层中所有稳定铣削状态的神经元权值向量作比较，计算其欧氏距离。

(5) 定义与输入向量距离最小的神经元为最佳匹配单元(best matching unit, BMU)，并计算其最小量化误差(minimum quantification error, MQE)作为一种颤振在线辨识指标。若最小误差超过了阈值，则表示当前颤振敏感特征集对应的铣削状态已不属于由原稳定铣削数据训练得到的特征空间，可能已是颤振状态[23]。

BMU 和输入特征向量之间的距离本质是当前铣削状态偏离稳定铣削状态的距离，定义 MQE 为

$$MQE = \|\boldsymbol{D} - \boldsymbol{m}_{\mathrm{BMU}}\|$$ (6-1)

式中，$\boldsymbol{D}$ 为输入向量；$\boldsymbol{m}_{\mathrm{BMU}}$ 为 BMU 的权值向量。

MQE 值越大，表示当前铣削加工状态偏离稳定铣削状态的程度越大，即越接近铣削颤振，因此通过追踪 MQE 值，可以定量描述当前铣削加工状态。

6.2.2　标准差比

高速铣削颤振发生时，铣削信号的幅值会随之增大，时域信号的标准差指标可以有效反映信号幅值的增大过程。然而不同铣削加工条件下，切削参数的差异常常使稳定铣削信号的幅值相差很大，造成铣削稳定状态的判别阈值难以确定。因此，以有量纲指标标准差作为高速铣削颤振辨识的指标，难以消除稳定铣削时切削参数对振动幅值和颤振报警阈值的影响。此外，铣削信号标准差计算还易受其他频带噪声成分的干扰，造成误报[24]。

鉴于此，这里构建量纲为 1 的标准差比(standard deviation ratio, SR)指标来反映铣削信号瞬时幅值相对于稳定幅值(平均幅值)的增长情况，从而消除稳定铣削时切削参数差异带来的指标变化。图 6-2 为基于标准差比的颤振在线辨识流程。在高速铣削过程中，首先将采集的铣削信号进行强迫振动频率滤波处理，消除信号中与切削参数有关的转频、铣削频率及其谐波成分，从而减小切削参数差异对信号幅值的影响；然后利用谐波小波滤波器单独滤出信号中颤振敏感频带并计算其标准差，避免与颤振无关的频带成分对标准差指标计算的干扰。标准差比指标的定义为

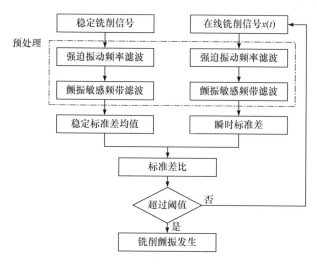

图 6-2　基于标准差比的颤振在线辨识流程

$$SR = \frac{\sigma}{\dfrac{1}{N}\displaystyle\sum_{i=1}^{N}\sigma_i}, \quad 1 \leqslant i \leqslant N \tag{6-2}$$

式中，σ 为当前铣削状况下采样小样本计算的瞬时标准差；N 为稳定铣削状态下的采样总次数；σ_i 为稳定铣削状态下第 i 次采样的标准差。

标准差比指标反映了铣削信号中颤振成分幅值相对稳定状态的增长情况。稳定铣削状态下，经过预处理的信号主要为噪声成分，因而标准差比指标较小。当颤振发生时，预处理后的铣削信号除噪声成分外还包含颤振成分，且随着颤振的发展幅值不断增大，因而当前铣削状况下信号的瞬时标准差不断增大，与稳定铣削状态下标准差的比值即 SR 也将不断增大。因此标准差比指标可以有效描述铣削加工状态的转变。

6.2.3　模型残差和模型特征根

任何待研究对象都可以看成是一个系统，并经过数学抽象建立能够反映其本质特征的数学模型。系统动态过程状态的变化将反映在其数学模型的结构、参数和特征函数的变化[25]。

基于模型残差和模型特征根的颤振在线辨识方法的主要思想是通过对高速铣削过程中的铣削信号建立时序模型，借助系统辨识方法得到其模型参数在整个铣削历程中的变化趋势，通过比较当前铣削加工中模型参数值和稳定铣削下模型参数值的偏离情况，从而间接辨识铣削颤振的发生。稳定状态下的铣削信号主要包括转频、切削频率及其谐波成分和随机噪声成分，为减少稳定切削时切削参数差异对铣削信号能量的影响，信号先经过强迫振动频率滤波预处理以滤除谐波成分，此时信号剩余成分主要为随机噪声，能量在整个频谱内分布较为均匀，随后继续经过颤振敏感频带滤波预处理将与颤振相关的主颤振频率窄频带滤出，从而避免其他频带成分的干扰，此时整个信号的能量变化只与颤振的发生与否有关。稳定铣削状态下，主颤振窄频带能量 E 的变化是一个随机游走过程[26]，考虑到一些外在噪声干扰因素，建立一阶时变 AR(1)模型：

$$E(k+1) = \beta(k) \cdot E(k) + a(k) \tag{6-3}$$

式中，$E(k)$ 为铣削信号主颤振窄频带的能量；$\beta(k)$ 为时变 AR(1)模型的系数；$a(k)$ 为时变 AR(1)模型的残差。

时变 AR(1)模型的特征根 R 为

$$R = 1/\beta \tag{6-4}$$

图 6-3 显示了基于模型残差和模型特征根的高速铣削颤振在线辨识的整个流程。通过带遗忘因子的递归最小二乘(recursive least-squares, RLS)法可以得到整个

铣削历程中一阶时变 AR(1) 模型的残差 $a(k)$ 和特征根 R 的变化趋势，从而可以对高速铣削颤振进行在线辨识。

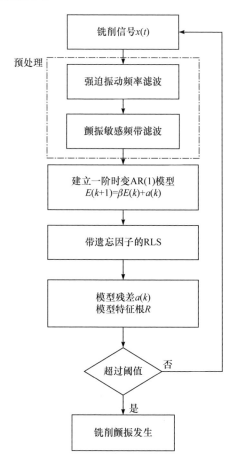

图 6-3　基于模型残差和模型特征根的高速铣削颤振在线辨识流程

　　利用模型残差 $a(k)$ 进行颤振在线辨识的原理是：稳定铣削状态下，带遗忘因子的 RLS 能够很快跟踪到模型参数 β 的准确值，此后模型可以准确预测铣削信号主颤振窄频带能量 E 的变化，因此模型残差 $a(k)$ 的值变化平稳且较小，$a(k)$ 的值符合正态随机过程；当高速铣削颤振发生时，由于此时主颤振窄频带能量 E 中包含了颤振成分，稳定状态下建立的一阶时变 AR(1) 模型已不能正确地反映主颤振窄频带能量 E 的动态变化，原先的 RLS 也不能提供最优的模型参数估计，因此模型残差 $a(k)$ 的值将变化很大，当 $a(k)$ 的值超过预设的阈值时就认为颤振已发生。

　　利用模型特征根进行颤振在线辨识的原理是：高速铣削过程由稳定状态过渡到颤振状态，从系统角度来看，相当于系统从稳定到发散的一个变化过程。当主轴处于稳定铣削状态时，由于主颤振窄频带能量 E 是一个平稳序列，递推最小二乘算法所估计的参数模型是稳定的。当颤振出现时，主颤振窄频带能量 E 就会出现发散现象，所估计的参数模型就不再稳定。因此，高速铣削颤振状态的辨识可以转化为系统 AR(1) 模型的稳定性判断。根据控制系统理论，模型稳定的充要条件是多项式的特征根全部在复平面的单位圆之外。因此，通过判断特征根的模是否都大于 1，就可以知道模型的稳定性，进而实现高速铣削颤振状态的在线辨识，即当 $R>1$ 时，高速铣削处于稳定状态；当 $R \leqslant 1$ 时，高速铣削处于颤振状态。由此可知，通过 AR(1) 模型的特征根就可以对高速铣削颤振进行在线辨识。

因此，基于高速铣削过程建立的一阶时变 AR(1) 模型，可以提取模型残差 $a(k)$ 和模型特征根 R 两个颤振在线辨识指标，其中模型特征根 R 是从系统稳定性角度研究颤振在线辨识，而模型残差 $a(k)$ 是从观测数据的平稳性角度研究系统的变化。

实际应用中，考虑到高速铣削颤振成熟时间短、危害不可逆的特点，将最小量化误差、标准差比、模型残差和模型特征根这 4 个高速铣削颤振在线辨识指标结合使用，将其独立辨识到颤振爆发的最早时间作为高速铣削颤振的发生时刻，从而避免工件表面出现鱼鳞状表面缺陷。

6.3 颤振在线检测报警阈值设置的 3σ 准则

颤振报警阈值设置的合理性与高速铣削颤振在线辨识方法的可靠性密切相关。高速铣削加工总是由稳定铣削状态向颤振状态演化，基于数理统计理论利用稳定状态下的历史数据进行阈值设定是一种有效方法。通常假定稳定状态的颤振辨识特征数据符合正态分布，设稳定铣削状态特征值数据的均值为 μ，方差为 σ，则

$$\mu = \frac{1}{N}\sum_{i=1}^{n}x_i \tag{6-5}$$

$$\sigma = \sqrt{\frac{1}{n}\sum_{i=1}^{n}(x_i-\overline{x})^2} \tag{6-6}$$

式中，x_i 为稳定状态下的数据。

根据统计理论，在误报率 σ 下，特征值分布于置信水平为 $1-\alpha$ 的正常区间内的概率为

$$P\{|x-\mu|<z\sigma\}=1-\alpha \tag{6-7}$$

取置信水平为 99.7%(即 $\alpha=0.0003$)，则 $z=3$。

基于 3σ 准则的阈值设定策略是遵照小概率事件理论：在稳定铣削状态下，

振动数据在 $[\mu-3\sigma,\mu+3\sigma]$ 的约占 99.7%；在 $[\mu-3\sigma,\mu+3\sigma]$ 之外的小于 0.3%。由于稳定铣削状态时，颤振辨识指标也会发生波动，为进一步减小颤振误报的概率，将颤振辨识指标连续三次超过阈值的时刻作为颤振报警时刻，这一原则最大限度地降低了高速铣削稳定状态出现误报的可能性。

　　由于 3σ 准则是以数据服从正态分布假设为前提，因此在使用该法则确定颤振辨识阈值前，有必要先对稳定铣削状态下颤振辨识特征数据服从正态分布的假设进行检验。通常先采用正态概率图和累积分布函数图进行定性分析检验。随后，采用正态分布假设定量检验方法进行分析[27]。单样本 Kolmogorov-Smirnov(KS)检验通过将样本的累积分布函数与特定理论分布的分布函数进行比较来推断一组样本是否来自某一特定分布，若二者间的差距很小，则推论该样本取自某一特定分布族。Lilliefors 将 KS 检验方法进行改进以适用于一般的正态性检验，即 H_0：总体服从标准正态分布 $N(\mu,\sigma^2)$。当样本总体均值和标准差未知时，Lilliefor 采用样本均值 $\bar{x}$ 和标准差 s 代替总体的均值 μ 和标准差 σ，然后再使用 KS 检验，这就是 Lilliefors 检验。Lilliefors 检验可借助 Matlab 统计工具箱实现。

　　模型特征根指标具有严格的理论阈值 1，因而不需要正态分布假设检验。这里采集高速铣削稳定状态下的振动信号，并计算稳定状态时最小量化误差 MQE、标准差比 SR 和模型残差 $a(k)$ 这 3 种辨识指标值，利用正态概率图和累积分布函数图进行定性分析，并用 Lilliefors 检验对稳定铣削状态下 3 种辨识指标遵循正态分布假设进行验证。正态分布在正态概率图中是一条直线，在累积分布函数图中是一条 S 曲线。由图 6-4 知，稳定铣削状态下 3 种颤振在线辨识指标的正态概率曲线和理论上的正态概率曲线基本吻合，除了在两端有若干点偏离较大外，其余"+"均在理论正态分布 S 曲线附近；累积分布函数图中，样本的分布函数与理论正态分布曲线的位置和走势也基本一致。因此，由图 6-4 可直观定性判断稳定铣削状态时最小量化误差 MQE、标准差比 SR 和模型残差 $a(k)$，3 种辨识指标值服

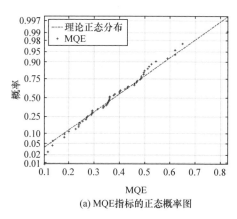

(a) MQE指标的正态概率图

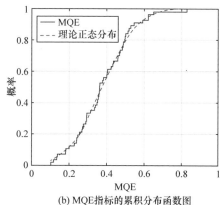

(b) MQE指标的累积分布函数图

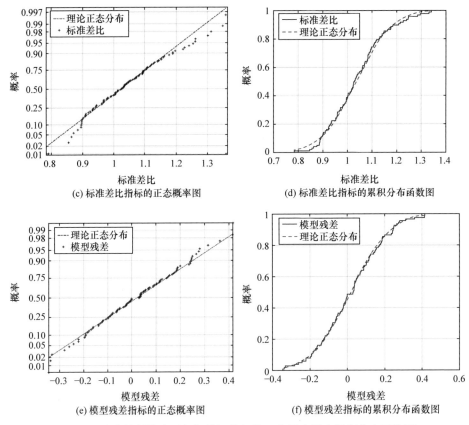

(c) 标准差比指标的正态概率图　　　　　　(d) 标准差比指标的累积分布函数图

(e) 模型残差指标的正态概率图　　　　　　(f) 模型残差指标的累积分布函数图

图 6-4　稳定铣削状态下颤振辨识指标的正态概率图和累积分布函数图

从正态分布。同时，基于 Matlab 统计工具箱进行的 Lilliefors 检验也最终接受在显著性水平 $\alpha < 0.001$ 下样本服从正态分布的假设。

6.4　颤振在线检测实验

6.4.1　变切深高速铣削颤振实验方案设计

铣削稳定性叶瓣图是用主轴转速与刀具轴向切削深度二者的变化关系来描述切削过程中稳定切削域和颤振域的临界条件，临界线上方为颤振区，下方为稳定切削区。当选定的切削参数组合在稳定区时，切削过程不会发生颤振，反之则会引起颤振爆发。根据颤振稳定性叶瓣图(图 6-5)可知，当保证切削速度不变时，连续改变切削深度会使切削过程由稳定区进入颤振区。因此本次实验方案设计采用变切深高速铣削实验法，通过在工件表面加工斜面，从而使整个高速铣削加工获得连续变化的切深。变切深高速铣削实验法可以很好地映射铣削由稳定到颤振发生的整个历程，进而通过信号来辨识高速铣削加工的稳定性。变切深高速铣削实验原理如图 6-6 所示。

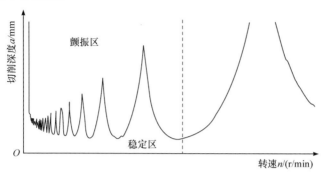

图 6-5　颤振稳定性叶瓣图

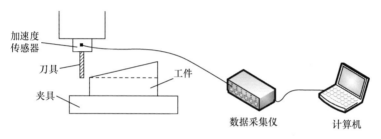

图 6-6　变切深高速铣削实验原理

高速铣削实验是在 BCH850 三轴高速数控机床上进行，刀具采用 3 刃硬质合金立铣刀，刀径 ϕ10 mm，刀具螺旋角 45°，刀体长度 75mm，装夹时刀具悬长 55mm。工件为 Al-7075 航空铝合金薄壁板，通过虎钳装夹在工作台上，薄壁板厚 10mm，工件正面尺寸见图 6-7。高速铣削实验方案如表 6-1 所示，铣削过程中刀具进给速度

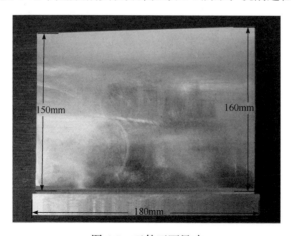

图 6-7　工件正面尺寸

保持 400mm/min 不变，实验 I 中主轴转速保持 9600r/min(轴承内径 D 和主轴转速 N 的乘积，即 DN 值为 $1.032 \times 10^6 \, mm \cdot r/min$)，实验 II 中主轴转速保持 10200r/min(DN 值为 $1.0965 \times 10^6 \, mm \cdot r/min$)，刀具沿工件斜面方向顺铣，轴向切削深度从 0mm 连续增大至 10mm，铣削过程为干切削。

表 6-1　高速铣削实验方案

项目	转速/(r/min)	切宽/mm	进给速度/(mm/min)
实验 I	9600	2	400
实验 II	10200	2	400

压电式振动加速度计具有测量范围广、结构紧凑、可靠性好、安装方便等优点，广泛应用于切削振动信号的测量。实验中选用量程为 $\pm 50g$ 、灵敏度为 $1000 mV/g$ 的 PCB 型号 333B50 压电加速度传感器，高速铣削实验台如图 6-8 所示。将传感器布置在主轴箱上测量铣削过程中的 X 和 Y 两正交方向的振动信号，利用型号 AVANT MI-7008 的亿恒数据采集系统存储数据，采样频率设为 10240Hz，连续采样。

(a) 外部设备

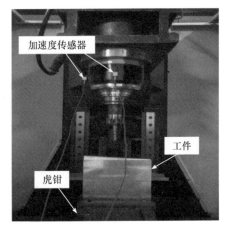

(b) 内部设备

图 6-8　高速铣削实验台

6.4.2　频响函数测试实验

当颤振刚发生而尚未完全发展成熟之时，振动信号的频谱中首先出现的是接近主轴-刀柄-刀具系统或工件系统低阶固有频率的主颤振频率成分[28]。通过频响函数测试确定系统的低阶固有频率并结合理论颤振频率公式，借助谐波滤波方法单独滤出主颤振频带成分进行分析，能有效能提高早期微弱颤振信息的信噪比，同时也消除了实际铣削过程中其他频带成分的干扰[12]。

频响函数测试实验是针对高速铣削加工的主轴-刀柄-刀具系统以及工件系统，采用单点激励多点响应的测试方法对系统响应函数进行频响分析，采样频率为 6000Hz。虽然当主轴高速运动时，陀螺效应和铣削加工过程会影响模态参数，但实际中测量模态参数以及计算稳定性叶瓣图仍然主要采用静态锤击测试的方法[29]。另外，这里对系统固有频率的精确值要求也不高，一方面是铣削加工中工件材料的去除本身就会造成固有频率的时变，另一方面颤振敏感频带滤波也只需找到主颤振频率所在的大致频带范围。激振力锤采用钢头材料，利用力锤 Kistler 9722(灵敏度：12.85mV/N)先后激励刀尖及工件，并利用 PCB 型号 333B50 振动加速度传感器(灵敏度：1000mV/g)分别测量主轴和工件处 X 向和 Y 向的振动响应，最后通过亿恒设备自带的模态分析软件计算出系统的频率响应函数。实验仪器布置如图 6-9 所示。

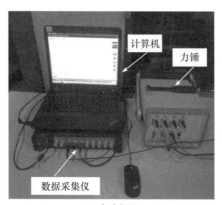

(a) 实验仪器

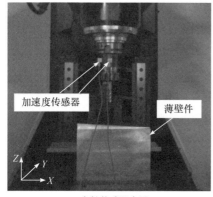

(b) 主轴传感器布置

(c) 工件传感器布置

图 6-9　主轴-刀柄-刀具系统频响函数测试实验仪器布置

主轴-刀柄-刀具系统在 X 和 Y 向频响函数的实部和虚部曲线见图 6-10。主轴-刀柄-刀具系统的低阶主固有频率在 X 向测得是 814.5Hz 和 1154.3Hz，在 Y 向测得是 804.1Hz 和 1151Hz。工件系统在 X 和 Y 向频响函数的实部和虚部曲线见图 6-11。工件系统的低阶主固有频率在 X 向测得是 421.5Hz、521Hz、829.5Hz 和 1536.0Hz，在 Y 向测得是 422.2Hz 和 821.5Hz。根据主颤振频率接近系统低阶固有频率的性质，将 400～1700Hz 范围的频带作为系统主颤振频率所在频带，并通过谐波滤波预处理的方法将颤振敏感频带单独滤出来，这样既能消除其他频带频率成分对颤振在线辨识的干扰，又能达到增强颤振信息的目的。

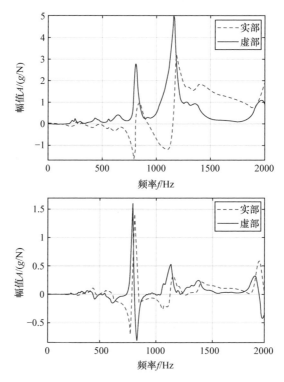

图 6-10　主轴-刀柄-刀具系统频响函数测试结果

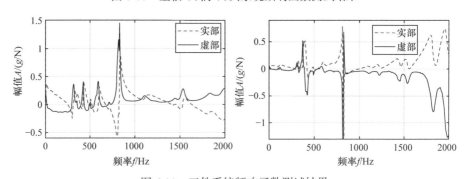

图 6-11　工件系统频响函数测试结果

6.4.3　高速铣削颤振在线辨识

图 6-12 是变切深高速铣削实验 I 中振动加速度信号的时域图。从图中可看出，在 0~1.8s 阶段，刀具处于空转状态，振动加速度信号幅值很小。在 1.8s 后刀具由空转进入铣削状态，且随着切削深度的增加，振动信号的幅值缓慢增大。在 8.3s 时刻，振动加速度信号的幅值陡然增大，随后继续缓慢增加但不再出现大的陡变。在 25.5s 后，刀具完全退出工件，振动加速度信号的幅值随之迅速减小。

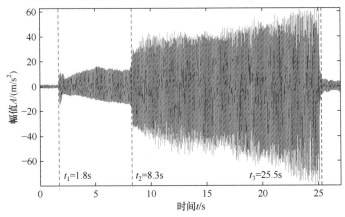

图 6-12　实验 I 振动加速度信号时域图

图 6-13(a)是高速铣削 3~4s 阶段振动信号的频谱。从图中发现，该阶段频谱内主要成分为转频 $f(f=160\text{Hz})$ 及其各次谐波，其中转频的 6 倍频幅值最大，频谱中没有其他明显频率成分，说明此时高速铣削处于稳定状态。图 6-13(b)是高速铣削 7~8s 阶段振动信号的频谱，该阶段频谱内主要成分仍是转频 f 及其各次谐波，且转频的 6 倍频幅值最大，此外频谱中还出现了新的频率成分 $f_{c1}(f_{c1}=888.9\text{Hz}, f_{c2}=1369\text{Hz})$ 且接近系统低阶固有频率，但新频率成分幅值较小，说明

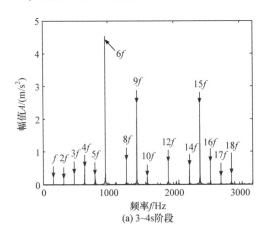

(a) 3~4s阶段

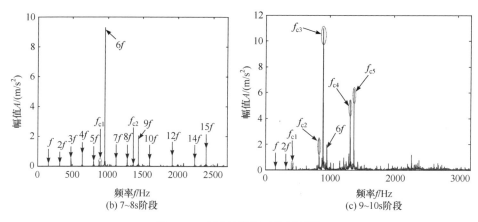

图 6-13　高速铣削振动信号频谱

此时高速铣削正处于颤振孕育阶段。图 6-13(c)是高速铣削 9～10s 阶段振动信号的频谱，频谱中除转频、铣削频率及其谐波成分外，还出现了新的频率成分（f_{c1} = 419Hz, f_{c2} = 837.9Hz, f_{c3} = 898.9Hz, f_{c4} = 1318Hz, f_{c5} = 1379Hz），且新频率成分在频谱中占主导，说明此时高速铣削已处于颤振发展成熟阶段。表 6-2 显示了三个时间段内铣削信号对应的颤振敏感特征值，通过分析发现敏感特征值呈单调变化，均能很好地反映铣削状态的转变。

表 6-2　高速铣削信号颤振敏感特征值

铣削信号	方根幅值	有效值	频率指标 F_{10}	包络信号最小值	Lempel-Ziv 复杂度
3～4s 阶段	3.0798	4.3475	0.0922	− 0.0776	0.1974
7～8s 阶段	5.3093	7.0267	0.1171	− 0.4266	0.2034
9～10s 阶段	8.0701	12.4176	0.2410	− 14.2783	0.5411

接着通过分析变切深高速铣削实验采集的振动信号来验证前面提出的高速铣削颤振在线辨识方法的有效性。首先对振动信号进行强迫振动频率滤波和颤振敏感频带谐波滤波预处理，然后用本章提出的方法分别计算出振动信号的最小量化误差 MQE、标准差比 SR、模型残差 $a(k)$ 和模型特征根 R 进行颤振的在线辨识。

图 6-14 是通过 SOM 神经网络技术将实验 I 的 5 个颤振敏感特征进行特征融合，从而得到消噪前的 MQE 曲线。MQE 曲线在 7s 之前变化平稳且幅值较小，在接近 8s 时则出现小峰，说明铣削状态已经出现了变化征兆，此刻应对应于颤振的孕育阶段；随后曲线继续迅速陡升表明铣削状态发生了明显的变化，颤振已经发展成熟。直到 25s 后刀具离开工件时，MQE 曲线重新恢复至稳定铣削状态的

水平。由于铣削过程中各种随机扰动因素，MQE 曲线中存在很多"毛刺"，给颤振辨识带来很多干扰，需进行消噪处理。

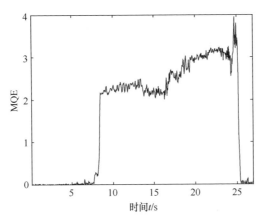

图 6-14　实验 I 消噪前 MQE 曲线

采用基于经验模式分解(empirical mode decomposition, EMD)的趋势分析法对 MQE 曲线进行消噪，根据图 6-15 所示的基本模式分量(intrinsic mode function, IMF)累加均值曲线发现，当分量累加至 IMF3 时均值开始偏离 0，因此将 IMF3 及以后的各分量累加作为趋势项。图 6-16 为消噪处理后实验 I 的 MQE 曲线，与消噪前相比，高频噪声部分得到消除，余下的低频趋势项很平滑，这对高速铣削颤振的在线辨识很有意义。

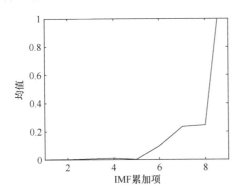

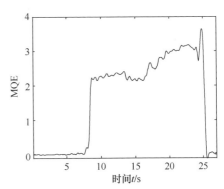

图 6-15　实验 I MQE 的 IMF 累加均值曲线　　　图 6-16　实验 I 消噪后 MQE 曲线

图 6-17 是实验 I 消噪前的 SR 曲线。曲线在 7s 之前变化平稳且值较小，在接近 8s 时出现小的凸起，说明铣削状态已经出现了变化征兆，此刻应对应于颤振的孕育阶段；随后曲线迅速陡升且指标值增大数倍，表明铣削状态发生了明显的变化，颤振已经发展成熟。直到 25s 后刀具离开工件时，曲线重新恢复至稳定

铣削状态的水平。同样，曲线中间段由于各种随机扰动因素而存在很多"毛刺"，给颤振辨识带来很多不便。

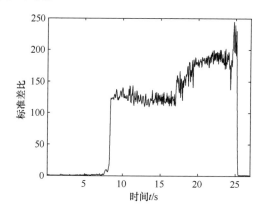

图 6-17　实验 I 消噪前 SR 曲线

采用基于 EMD 的趋势分析法对 SR 曲线进行消噪，由图 6-18 所示的 IMF 累加均值曲线发现，当分量累加至 IMF3 时均值开始偏离 0，因此将 IMF3 及以后的各分量累加作为趋势项。图 6-19 为实验 I 消噪处理后的 SR 曲线，与消噪前相比，消噪后的 SR 指标曲线很平滑，这对高速铣削颤振在线辨识的可靠性和准确性很有意义。

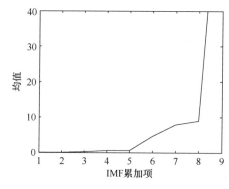

图 6-18　实验 I SR 的 IMF 累加均值曲线

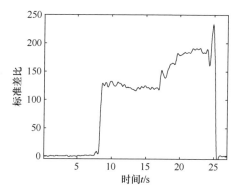

图 6-19　实验 I 消噪后 SR 曲线

图 6-20 为实验 I 模型残差 $a(k)$ 曲线，在 8s 之前 $a(k)$ 的幅值较小且变化比较平稳，随后 $a(k)$ 的幅值迅速增大且剧烈波动，并且随着时间的推移幅值波动不断增大，直到 25s 后刀具完全离开工件时，$a(k)$ 的幅值又重新恢复至稳定铣削状态的水平。

图 6-21 为实验 I 模型特征根 R 曲线，在 0～1.8s 阶段，R 大于 1；在接近 1.8s 时刻，R 的值突然下降至 0.6，原因是此时刀具刚开始进入工件，刀具对工件产生的冲击作用造成振动信号中包含新的冲击频率成分，从而使这一时刻模型误差增

大，时序模型特征根异常减小。但当 2s 后刀具完全进入工件时，AR(1)模型就恢复稳定，此后 R 仍保持大于 1，直到颤振出现重新造成系统的不稳定，使得 R 的值在 1 附近波动。在 25s 刀具退出工件以后，系统重新恢复稳定，此时 R 又重新大于 1。通过 R 的值可以很好地映射整个高速铣削加工历程。

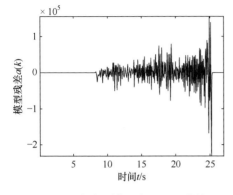

图 6-20　实验 I 模型残差 $a(k)$ 曲线

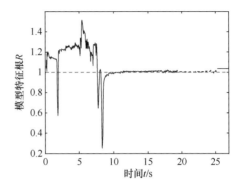

图 6-21　实验 I 模型特征根 R 曲线

由于稳定铣削状态下，最小量化误差 MQE、标准差比 SR 和模型残差 $a(k)$ 这 3 种颤振在线辨识指标的值符合正态分布，因此选取 0～6s 阶段 3 种辨识指标的值，基于 3σ 准则分别确定其相应的阈值曲线，从而辨识高速铣削颤振的发生时刻。对于模型特征根指标，由于其给出了高速铣削颤振在线辨识的严格理论阈值，即稳定铣削状态时 R 的值大于 1，颤振状态时 R 的值小于或等于 1，因此可通过值为 1 的阈值曲线辨识颤振的发生。4 种高速铣削颤振在线辨识指标的辨识结果如图 6-22～图 6-25 所示。

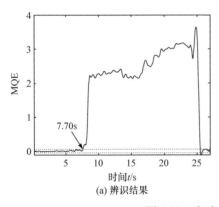

(a) 辨识结果

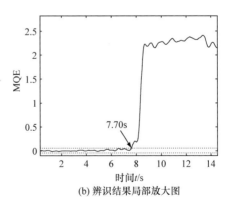

(b) 辨识结果局部放大图

图 6-22　实验 I MQE 辨识结果

如图 6-22～图 6-25 所示，最小量化误差 MQE、标准差比 SR、模型残差 $a(k)$ 和模型特征根 R 分别在 7.70s、7.75s、7.45s 和 7.63s 辨识到高速铣削颤振的发生。

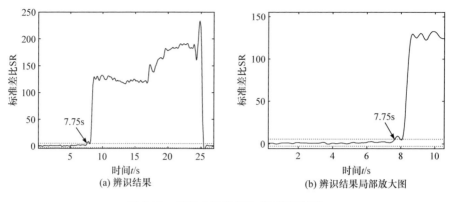

图 6-23   实验 I 标准差比 SR 辨识结果

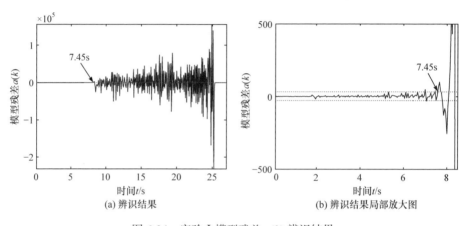

图 6-24   实验 I 模型残差 $a(k)$ 辨识结果

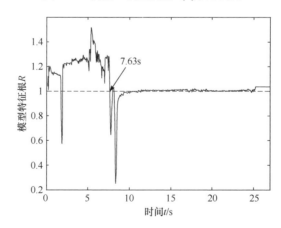

图 6-25   实验 I 模型特征根 R 辨识结果

鉴于高速铣削颤振爆发速度快、危害不可逆的特点，将 4 个相互独立指标辨识到颤振爆发的最早时间作为颤振的发生时刻。因此,最终认为实验 I 中在 7.45s 时发生高速铣削颤振。结合铣削过程中刀具进给速度 400mm/min 和刀具 1.8s 时进入铣削,可推算此刻刀具加工到工件 3.77cm 处。实验 I 中高速铣削加工后的工件表面如图 6-26 所示。在工件表面 0~4cm 处,加工表面较平整,随着刀具切削深度的增加,工件在 4~5cm 处开始出现极其细小但不明显的振纹,随后振纹越来越明显。

图 6-26 实验 I 高速铣削加工后的工件表面

图 6-27 是通过 MZDH0670 单筒视频显微系统观察到的实验 I 中工件表面 3.77cm 附近处的切削纹路,从图中可看出高速铣削颤振在线辨识的位置早于工件表面出现第一条明显颤振振纹的位置,从而证明了本章提出的高速铣削颤振在线辨识方法的有效性,通过进一步的分析可以得到该方法提前了 0.34s 辨识到颤振的发生。

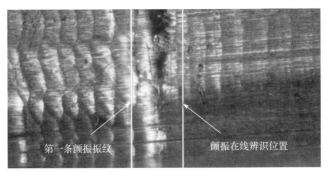

图 6-27 实验 I 工件表面切削纹路

实验 II 中高速铣削加工振动信号的时域波形如图 6-28 所示。刀具在 0~1.8s 阶段处于空转状态,振动信号幅值很小;在 1.8s 后,刀具开始由空转进入铣削状态,振动信号幅值随着切深的增加而缓慢增大;在 12s 后,振动信号的幅值基本保持稳定,直到刀具在 25.5s 前完全退出工件时有所增大,之后在刀具退出工件的过程中,振动信号的幅值迅速减小。

这里采用与实验 I 中相同的铣削振动信号分析步骤和颤振在线辨识方法,可得到实验 II 中最小量化误差 MQE、标准差比 SR、模型残差 $a(k)$ 和模型特征根 R 这 4 种指标的颤振在线辨识结果,如图 6-29~图 6-32 所示。

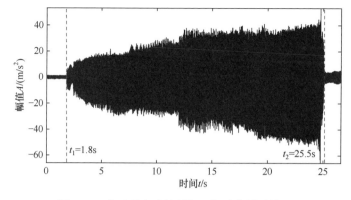

图 6-28　实验 II 高速铣削加工振动信号时域图

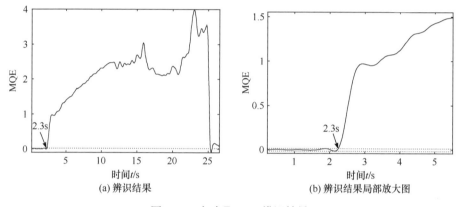

(a) 辨识结果　　　　　　　(b) 辨识结果局部放大图

图 6-29　实验 II MQE 辨识结果

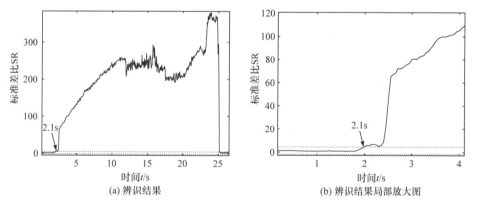

(a) 辨识结果　　　　　　　(b) 辨识结果局部放大图

图 6-30　实验 II 标准差比 SR 辨识结果

如图 6-29～图 6-32 所示，最小量化误差 MQE、标准差比 SR、模型残差 $a(k)$ 和模型特征根 R 分别在 2.3s、2.1s、2.1s 和 2.3s 辨识到高速铣削颤振的发生。将这 4 个相互独立的指标辨识到颤振爆发的最早时间作为颤振的发生时刻。因此，

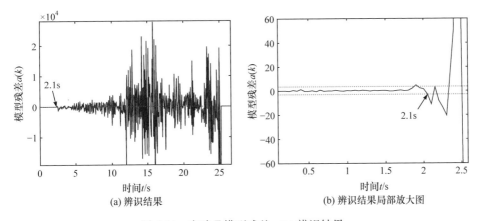

(a) 辨识结果　　　　　　　　　　　　　(b) 辨识结果局部放大图

图 6-31　实验 II 模型残差 a(k) 辨识结果

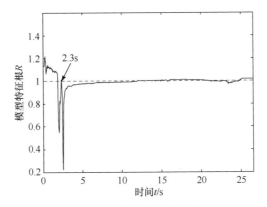

图 6-32　实验 II 模型特征根 R 辨识结果

最终认为实验 II 在 2.1s 时发生高速铣削颤振。结合铣削过程中刀具进给速度 400mm/min 和刀具 1.8s 时进入铣削，可推算此刻刀具加工到工件 0.2cm 处，刀具刚进入工件就发生颤振现象，说明实验 II 中的切削参数组合基本在颤振域内。实验 II 中高速铣削加工后的工件表面如图 6-33 所示。工件表面一开始就出现极其微小的振纹，且随着刀具切削深度的增加，振纹越来越明显。但和实验 I 相比，实验 II 的振纹整体没有前者显著。

图 6-33　实验 II 高速铣削加工后的工件表面

　　图 6-34 是通过 MZDH0670 单筒视频显微系统观察到的实验 Ⅱ 中工件表面 0.2cm 附近处的切削纹路，从图中可看出高速铣削颤振在线辨识的位置略早于工件表面出现第一条明显颤振振纹的位置，通过进一步的分析可以得到该方法提前了 0.2s 辨识到颤振的发生。

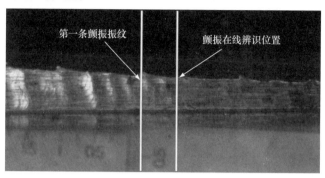

图 6-34　实验 Ⅱ 工件表面切削纹路

参 考 文 献

[1] FU Y, ZHANG Y, ZHOU H, et al. Timely online chatter detection in end milling process[J]. Mechanical Systems and Signal Processing, 2016, 75: 668-688.

[2] KAKINUMA Y, SUDO Y, AOYAMA T. Detection of chatter vibration in end milling applying disturbance observer[J]. CIRP Annals, 2011, 60(1): 109-112.

[3] LAMRAOUI M, THOMAS M, EL BADAOUI M, et al. Indicators for monitoring chatter in milling based on instantaneous angular speeds[J]. Mechanical Systems and Signal Processing, 2014, 44(1-2): 72-85.

[4] YANG K, WANG G, DONG Y, et al. Early chatter identification based on an optimized variational mode decomposition[J]. Mechanical Systems and Signal Processing, 2019, 115: 238-254.

[5] ZHANG Z, LI H, MENG G, et al. Chatter detection in milling process based on the energy entropy of VMD and WPD[J]. International Journal of Machine Tools and Manufacture, 2016, 108: 106-112.

[6] ZHU L, LIU C. Recent progress of chatter prediction, detection and suppression in milling[J]. Mechanical Systems and Signal Processing, 2020, 143: 106840.

[7] 王艳鑫. 钛合金高速铣削过程振动检测[D]. 哈尔滨:哈尔滨理工大学, 2012.

[8] 夏添. 基于主轴电机电流信号的铣削稳定性监测研究[D]. 武汉:华中科技大学, 2012.

[9] CHEN B, YANG J, ZHAO J, et al. Milling chatter prediction based on the information entropy and support vector machine[C]. 2015 International Industrial Informatics and Computer Engineering Conference, Xi'an, 2015: 376-380.

[10] GOVEKAR E, GRADIŠEK J, GRABEC I. Analysis of acoustic emission signals and monitoring of machining processes[J]. Ultrasonics, 2000, 38(1-8): 598-603.

[11] HINO J, YOSHIMURA T. Prediction of chatter in high-speed milling by means of fuzzy neural

networks[J]. International Journal of Systems Science, 2000, 31(10): 1323-1330.

[12] LAMRAOUI M, BARAKAT M, THOMAS M, et al. Chatter detection in milling machines by neural network classification and feature selection[J]. Journal of Vibration and Control, 2015, 21(7): 1251-1266.

[13] SEONG S T, JO K O, LEE Y M. Cutting force signal pattern recognition using hybrid neural network in end milling[J]. Transactions of Nonferrous Metals Society of China, 2009, 19: 209-214.

[14] TANGJITSITCHAROEN S, PONGSATHORNWIWAT N. Development of chatter detection in milling processes[J]. The International Journal of Advanced Manufacturing Technology, 2013, 65(5): 919-927.

[15] WANG L, LIANG M. Chatter detection based on probability distribution of wavelet modulus maxima[J]. Robotics and Computer-Integrated Manufacturing, 2009, 25(6): 989-998.

[16] WU S, JIA D, LIU X, et al. Application of continuous wavelet features and multi-class sphere SVM to chatter prediction[C]. Advanced Materials Research, 2011: 675-680.

[17] YAO Z, MEI D, CHEN Z. On-line chatter detection and identification based on wavelet and support vector machine[J]. Journal of Materials Processing Technology, 2010, 210(5): 713-719.

[18] QUINTANA G, CIURANA J. Chatter in machining processes: A review[J]. International Journal of Machine Tools and Manufacture, 2011, 51(5): 363-376.

[19] 周凯. 高速铣削颤振在线辨识方法研究[D]. 西安:西安交通大学, 2016.

[20] CAO H, ZHOU K, CHEN X. Chatter identification in end milling process based on EEMD and nonlinear dimensionless indicators[J]. International Journal of Machine Tools and Manufacture, 2015, 92: 52-59.

[21] CAO H, ZHOU K, CHEN X. Stability-based selection of cutting parameters to increase material removal rate in high-speed machining process[J]. Proceedings of the Institution of Mechanical Engineers, Part B: Journal of Engineering Manufacture, 2016, 230(2): 227-240.

[22] CAO H, ZHOU K, CHEN X, et al. Early chatter detection in end milling based on multi-feature fusion and 3σ criterion[J]. The International Journal of Advanced Manufacturing Technology, 2017, 92(9): 4387-4397.

[23] QIU H, LEE J, LIN J, et al. Robust performance degradation assessment methods for enhanced rolling element bearing prognostics[J]. Advanced Engineering Informatics, 2003, 17(3-4): 127-140.

[24] 徐志明, 贺勇, 孙涛, 等. 切削颤振综合预报函数的构建研究[J]. 组合机床与自动化加工技术, 2014(9): 17-20.

[25] 刘党辉. 系统辨识方法及应用[M]. 北京:国防工业出版社, 2010.

[26] MA L, MELKOTE S N, CASTLE J B. A model-based computationally efficient method for on-line detection of chatter in milling[J]. Journal of Manufacturing Science and Engineering, 2013, 135(3): 031007.

[27] 谢中华. MATLAB 统计分析与应用:40个案例分析[M]. 北京:北京航空航天大学出版社, 2010.

[28] VAN DIJK N, DOPPENBERG E, FAASSEN R, et al. Automatic in-process chatter avoidance in the high-speed milling process[J]. Journal of Dynamic Systems, Measurement, and Control, 2010, 132(3): 031006.

[29] ALTINTAS Y, WECK M. Chatter stability of metal cutting and grinding[J]. CIRP Annals, 2004, 53(2): 619-642.

第7章 时变切削力强激励下智能主轴早期微弱颤振辨识

7.1 引 言

智能主轴在高速高效加工过程中颤振发生机理复杂,早期颤振信号微弱,并且与时变切削力强激励下的强迫振动、主轴固有模态振动及干扰噪声相互耦合,具有明显的非平稳特性,辨识难度非常大。如何对铣削振动信号的时变、非平稳特征进行准确刻画,对于切削过程早期微弱颤振辨识至关重要。传统的时域和频域信号处理方法,仅能从时域或者频域单一维度对信号特征进行表征,无法全面反映切削过程振动信号的时变、非平稳特性。时频分析方法同时在时间和频率两个维度空间对信号进行描述,可以在检测颤振发生时刻的同时识别出相应的颤振频率,已成为颤振辨识方法的发展趋势之一。目前应用于主轴切削振动响应分析的时频分析方法主要有短时傅里叶变换、连续小波变换和希尔伯特-黄变换等[1-3],这些时频分析方法能够在一定程度上对切削振动信号的时变、非平稳特性进行刻画。由于受到海森堡不确定性原理的限制,这些时频分析方法的时频分辨率和时频聚集性较低,会影响颤振辨识的准确性。因此,研究时频分辨率高、聚集性好的时频分析方法,对于早期微弱颤振特征提取具有重要的意义。

同步压缩变换(synchro squeezing transform, SST)是由法国著名小波分析领域专家 Daubechies 等于 2011 年提出的一种时频后处理方法[4]。它相对于线性时频分析方法具有较高的时频分辨特性和时频凝集特性,与二次时频分析方法相比又没有交叉干扰项的影响,同时能够实现重构。同步压缩变换已被广泛应用于旋转机械故障诊断[5-7]、生物医学[8]、地震检测[9]、地质气象[10]等领域中[11]。同步压缩变换在一定程度上能够改善时频分布的时频分辨特性,但是由于它仍然受到海森堡不确定性原理以及运算量的制约,无法实现在较小运算量的情况下同时获得良好的时频分辨特性。

针对这些问题,本章提出频移同步压缩变换和细化同步压缩变换,分别用于处理频率慢变和频率快变非平稳信号[12,13]。基于时频分析获得的信号时频分布以及铣削颤振响应非平稳特性,利用其瞬时频谱中频率谱线分布和能量聚集分布的变化特性,构造颤振监测指标。在变工况下对智能主轴铣削实验进行验证。

7.2 同步压缩变换简介

同步压缩变换是一种时频后处理方法，时频后处理方法主要是指对预先获得的信号原始时频分布，如通过连续小波变换、短时傅里叶变换等时频分析方法获得时频分布，根据计算的理论瞬时频率进行一些时频能量的重排等二次处理方法，从而改善时频分布的时频凝聚特性，获得更加理想的时频分布。

同步压缩变换是一种特殊的时频重排算法，仅对预先获得时频分布沿频率轴进行时频能量重排从而获得高的时频凝聚特性，而且可以实现信号的逆变换，即信号的重构。基于连续小波变换的同步压缩变换算法如下。

对于给定信号 $s(t)$，其连续小波变换可以表示为

$$W_s(a,b) = \int s(t) a^{-1/2} \overline{\psi\left(\frac{t-b}{a}\right)} \mathrm{d}t \tag{7-1}$$

式中，a 为尺度因子；b 为时移因子；ψ 为选取的小波基函数。

对于一个单分量谐波信号 $s(t) = A\cos(\omega t)$，它的连续小波变换根据 Plancherel 定理可以重新表示为

$$
\begin{aligned}
W_s(a,b) &= \frac{1}{2\pi} \int \hat{s}(\xi) a^{1/2} \overline{\hat{\psi}(a\xi)} \, \mathrm{e}^{ib\xi} \mathrm{d}\xi \\
&= \frac{A}{4\pi} \int [\delta(\xi-\omega) + \delta(\xi+\omega)] a^{1/2} \overline{\hat{\psi}(a\xi)} \, \mathrm{e}^{ib\xi} \mathrm{d}\xi \\
&= \frac{A}{4\pi} a^{1/2} \overline{\hat{\psi}(a\omega)} \, \mathrm{e}^{ib\omega}
\end{aligned}
\tag{7-2}
$$

式中，$\hat{s}(\xi)$ 为信号 $s(t)$ 的傅里叶变换；$\overline{\hat{\psi}(\xi)}$ 为所选小波基 ψ 傅里叶变换的共轭。对于任意 (a,b) 满足 $W_s(a,b) \neq 0$，信号 $s(t)$ 在时频分布中对应于 (a,b) 的一个理论瞬时频率 $W_s(a,b) \neq 0$ 可以通过式(7-2)两端分别对频移因子 b 求偏导获得。$\omega_s(a,b)$ 可以表示为

$$\omega_s(a,b) = -\mathrm{i}(W_s(a,b))^{-1} \frac{\partial}{\partial b} W_s(a,b), \quad |W_s(a,b)| > \gamma \tag{7-3}$$

式中，γ 为实际算法中设定的阈值，常取 10^{-8}，用于克服数值运算中的不稳定性。

然后，根据映射关系 $(b,a) \rightarrow (b, \omega_s(a,b))$，将"时间-尺度"平面的信息转换到"时间-频率"平面。对于满足一定条件的时频分布中的瞬时能量进行重新排布，但这种排布仅沿频率轴进行。具体的离散同步压缩变换形式如下：

$$T_s(\omega_l, b) = (\Delta\omega)^{-1} \sum_{a_k : |\omega(a_k,b) - \omega_l| \leqslant \Delta\omega/2} W_s(a_k, b) a_k^{-3/2} (\Delta a)_k \tag{7-4}$$

式中，ω 为计算的理论瞬时频率；$\Delta\omega$ 为频率分辨率；Δa 为离散的尺度分辨率。

通过对时频分布沿频率轴进行能量的重新排布，同步压缩变换时频分布相对于连续小波变换时频分布，时频凝聚特性有很大的改善。对于瞬时频率线性变化的仿真信号 $f(t) = 2\sin(20\pi t + 25\pi t^2)$，其连续小波变换和同步压缩变换的结果对比如图 7-1 所示。

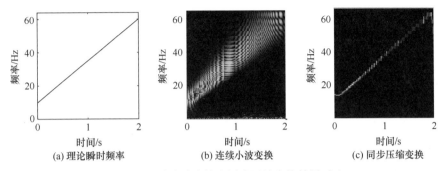

图 7-1　连续小波变换和同步压缩变换结果对比

通过图 7-1 对比可以发现，同步压缩变换时频分布相对于连续小波变换时频分布，其时频凝聚特性得到了极大的改善。但是由于同步压缩变换是基于连续小波变换实现的，其时频分布存在着与连续小波变换相同的特性，即其时间和频率分辨率在整个时频分布上是不一致的。在同步压缩变换时频分布中，低频位置处频率分辨率较好而时间分辨率较差；高频位置处时间分辨率较好而频率分辨率较差。该特性在图 7-1(c)同步压缩时频分布中能够被明显地发现，由于高频处较差的频率分辨率，对于线性调频信号其高频处的时频凝聚特性较低频处要差一些。因此，对于处于时频分布高频位置，同时具有较小瞬时频率幅值波动的信号而言，同步压缩变换不易获得良好的时频分布结果和准确的瞬时频率提取结果。

7.3　频移与细化同步压缩变换

7.3.1　频移同步压缩变换

针对瞬时频率中心频率较高、幅值波动较小且波动速度较慢的时变-非平稳信号，本节提出一种频移同步压缩变换的算法。该算法的目的在于改变时变-非平稳信号的中心频率位置，实现信号瞬时频率分量在时频分布中相对位置的改变。然后，利用同步压缩变换时频分布时频分辨率不一致的特性，针对所分析时变-非平稳信号获得具有更好时频分辨率和时频凝聚特性的时频分布。频移同步压缩的具体算法[7,14-16]如下。

频移思想来源于傅里叶变换的频移特性。对于信号 $x(t)$，其傅里叶变换可以表示为

$$X(\omega) = \int x(t) e^{-i\omega t} dt \tag{7-5}$$

针对信号 $x(t)$ 的傅里叶变换频移特性可以表示为

$$\int x(t) e^{\mp i\omega_0 t} e^{-i\omega t} dt = \int x(t) e^{-i(\omega \pm \omega_0)} dt = X(\omega \pm \omega_0) \tag{7-6}$$

式中，$\omega_0 > 0$。

通过式(7-6)可以发现，将给定的信号乘以频移因子 $e^{\mp i\omega_0 t}$，即可实现将原始信号频率成分在频谱中往高频/低频处的平移(频移因子中的 "−" 实现往低频平移；"+" 实现往高频平移)。因此，通过对原始信号进行频移处理，即可实现信号瞬时频率在时频分布上位置的改变。但需要注意的一点是，为了克服频移引入的负频率成分的干扰，在进行频移处理之前需要对信号进行希尔伯特变换。对于单分量谐波信号 $e^{\mp i\omega_0 t}$，构造解析信号

$$\tilde{s}(t) = s(t) + iH(s(t)) \tag{7-7}$$

式中，$H(s(t))$ 为信号 $s(t)$ 的希尔伯特变换。

对构造的解析信号 $\tilde{s}(t)$ 进行频移处理，便可获得解析信号 $\tilde{s}(t)$ 频移处理后的信号 $s^*(t)$，以实现将谐波信号瞬时频率往低频频移 ω_0 的目的，具体表达式如下：

$$s^*(t) = \tilde{s}(t) e^{-i\omega_0 t} \tag{7-8}$$

式中，$0 < \omega_0 < \omega$，$\omega_0 = 2\pi f_0$，f_0 为频移量，其选择需要根据实际需求来确定，具体的选择方法在后续详细介绍。

如果信号 $\tilde{s}(t)$ 的傅里叶变换表示为 $S(\omega)$，那么根据傅里叶变换的频移特性，频移信号 $\tilde{s}(t) e^{-i\omega_0 t}$ 的傅里叶变换可以表示为 $S(\omega + \omega_0)$。频移信号 $s^*(t)$ 的连续小波变换 $W_s^*(a,b)$ 可以表示为

$$\begin{aligned}
W_s^*(a,b) &= \int s^*(t) a^{-1/2} \overline{\psi\left(\frac{t-b}{a}\right)} dt \\
&= \int \tilde{s}(t) e^{-i\omega_0 t} a^{-1/2} \overline{\psi\left(\frac{t-b}{a}\right)} dt
\end{aligned} \tag{7-9}$$

根据 Plancherel 定理，将连续小波变换转换到频域可以表示为

$$W_s^*(a,b) = \frac{1}{2\pi} \int \hat{s}^*(\xi) a^{1/2} \overline{\hat{\psi}(a\xi)} \, \mathrm{e}^{ib\xi} \mathrm{d}\xi$$

$$= \frac{1}{2\pi} \int \hat{s}(\xi + \omega_0) a^{1/2} \overline{\hat{\psi}(a\xi)} \, \mathrm{e}^{ib\xi} \mathrm{d}\xi$$

$$= \frac{A}{4\pi} \int \{\delta[\xi - (\omega - \omega_0)] + \delta[\xi + (\omega - \omega_0)]\} a^{1/2} \overline{\hat{\psi}(a\xi)} \, \mathrm{e}^{ib\xi} \mathrm{d}\xi \qquad (7\text{-}10)$$

$$= \frac{A}{4\pi} a^{1/2} \overline{\hat{\psi}(a(\omega - \omega_0))} \, \mathrm{e}^{ib(\omega - \omega_0)}$$

将式(7-10)两边分别对时移因子 b 求偏导。当 $W_s^*(a,b) \neq 0$ 时，即可推导出频移信号 $s^*(t)$ 在每一个时频点的本征瞬时频率 $\omega^*(a,b)$：

$$\omega^*(a,b) = -\mathrm{i}(W_s^*(a,b))^{-1} \frac{\partial}{\partial b} W_s^*(a,b) = \omega(a,b) - \omega_0 \qquad (7\text{-}11)$$

最终，离散形式的频移同步压缩变换可以表示为

$$T_s(\omega_l^*, b) = T_s(\omega_l - \omega_0, b)$$

$$= (\Delta\omega)^{-1} \sum_{a_k : |\omega^*(a_k,b) - \omega_l| \leqslant \Delta\omega/2} W_s^*(a_k,b) a_k^{-3/2} (\Delta a)_k \qquad (7\text{-}12)$$

假设从频移同步压缩变换时频分布中提取的瞬时频率为 $f_l^*(t)$，则信号 $s(t)$ 的真实提取瞬时频率可通过式(7-13)恢复获得：

$$f_l(t) = f_l^*(t) + f_0 \qquad (7\text{-}13)$$

式中，$f_l(t) = \omega_l(t)/(2\pi)$；$f_l^*(t) = \omega_l^*(t)/(2\pi)$。

1) 关于频移量 f_0 的选择

对于给定原始信号 $s(t)$，假设离散化采样频率为 f_s，采样周期为 T，总采样点数为 n。离散信号的时间间隔 Δt 满足 $\Delta t = 1/f_s$，周期 T 满足 $T = n \times \Delta t$，则信号 $s(t)$ 的连续小波变换时频分布 W_s 为一个大小为 $na \times N$ 的时频矩阵，其中 N 是大于 n 的下一个 2 的指数；$na = (\log_2 N - 1) \times n_v$ 为整个时频分布中总的离散频带个数，其中 n_v 为一个尺度划分因子。

构造中间变量 L_f 和 H_f，分别定义如下：

$$\begin{cases} L_f = \log_2\left(\frac{1}{T}\right) \\ H_f = \log_2\left(\frac{1}{2\Delta t}\right) \end{cases} \qquad (7\text{-}14)$$

同步压缩时频分布的离散频率序列可以表示为

$$F_s(k) = 2^{\left[L_f + \frac{H_f - L_f}{na-1}(k-1)\right]}, \quad k = 1, 2, \cdots, na \tag{7-15}$$

通过对离散频率序列求差分，即可获得同步压缩变换时频分布的频率间隔序列，其具体表达式为

$$\begin{aligned}
\Delta f(p) &= F_s(p) - F_s(p-1) \\
&= 2^{\left[L_f + \frac{H_f - L_f}{na-1}(p-1)\right]}\left(1 - 2^{-\frac{H_f - L_f}{na-1}}\right), \quad p = 1, 2, \cdots, na
\end{aligned} \tag{7-16}$$

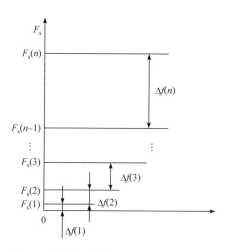

图 7-2　频率间隔序列随离散频率序列的
变化规律

通过式(7-16)可以看出，同步压缩变换时频分布的频率间隔序列是以指数形式递增。在时频分布中，随着频率点位置的提高，其频率分辨率越来越差，如图 7-2 所示。

频移量 f_0 的选择根据最终要满足的频率分辨率 Δf 来确定。首先，根据需要满足的频率分辨率 Δf 以及时频分布离散频率间隔序列表达式(7-16)，确定频率分辨率 Δf 在离散频率间隔序列中所对应的频率序列号 n_0。然后，根据确定的频率序列号 n_0 以及离散频率序列表达式(7-15)，确定对应于时频分布的频率值 f'。如果待分析信号的中心频率为 f，则需要频移的频率值 f_0 可由式(7-17)确定：

$$f_0 = f - f' \tag{7-17}$$

通过频移同步压缩变换，可以将信号在满足需要的频率分辨率下进行分析，获得时频凝聚特性较高的时频分布，进而得到更精确的瞬时频率提取结果。

2) Viterbi 算法

关于时频分布中瞬时频率分量的提取，本节采用 Viterbi 算法。Viterbi 算法是一种有效的时频脊线提取方法。研究表明，Viterbi 算法的性能比峰值检测算法更为优越，尤其在高噪声的情况下。Viterbi 算法的实现主要是基于以下两个假设：

(1) 对于当前时刻，如果时频分布中能量最大的点不是真实瞬时频率点，那么前几个能量最大的瞬时频率点是当前时刻瞬时频率点的可能性最大。

(2) 根据瞬时频率在实际工况下连续波动的特点，假设两个连续时刻之间的瞬时频率波动不是特别大。

对于时频分布 $T_s(\omega_l^*, b)$，考虑时间间隔 $n \in [n_1, n_2]$，令从 n_1 时刻到 n_2 时刻所有的路径都属于集合 $\boldsymbol{K}$。Viterbi 算法规定，从 n_1 时刻到 n_2 时刻时频分布中的瞬时频率满足如下表达式：

$$\hat{\omega}(n) = \arg \min_{k^*(n) \in \boldsymbol{K}} \left[\sum_{n=n_1}^{n_2-1} g(k^*(n), k^*(n+1)) + \sum_{n=n_1}^{n_2} f(T_s^*(k^*(n), n)) \right] \tag{7-18}$$
$$= \arg \min_{k^*(n) \in \boldsymbol{K}} p((k^*(n); n_1, n_2))$$

式中，$p(k^*(n); n_1, n_2)$ 为从 n_1 时刻到 n_2 时刻所有罚函数 $g(x,y)$ 和 $f(x)$ 之和。罚函数 $f(x)$ 根据假设(1)确定。首先，对当前时刻时频分布各频率点根据能量进行降序排列。然后，定义罚函数 $f(x)$ 为

$$f(T_s(\omega_l^*, n)) = q - 1 \tag{7-19}$$

式中，$q = 1, 2, \cdots, m$ 为当前时刻各个频率点按照能量大小降序排列之后的序号。罚函数 $g(x,y) = g(|x-y|)$ 是根据假设(2)定义的一个非减函数，用于保证两个相邻时刻的瞬时频率波动不至于过大。在本节中，罚函数 $g(x,y)$ 的定义如下：

$$g(x,y) = \begin{cases} 0, & |x-y| \leqslant \Delta \\ c(|x-y|-\Delta), & |x-y| > \Delta \end{cases} \tag{7-20}$$

式中，Δ 为相邻两个数值之差的阈值；c 为惩罚因子。研究表明，当 $\Delta = 3$，$c = 10$ 时能够提取理想的瞬时频率结果。

7.3.2　细化同步压缩变换

由于同步压缩变换是基于连续小波变换来实现的，在整个时频分布中其时频分辨率存在不一致性。在同步压缩变换时频分布的低频位置，其频率分辨率好而时间分辨率差；在时频分布的高频位置，其时间分辨率较好而频率分辨率较差。

对于如图 7-3(a)所示瞬时频率波动幅值较小，且瞬时频率波动速度较慢的时变-非平稳信号，频移同步压缩变换能够取得较好的处理结果。另一种快时变-非平稳信号的瞬时频率波动情况如图 7-3(b)所示，这种时变-非平稳信号的瞬时频率由多个谐波分量叠加而成，瞬时频率的波动频率较高；同时瞬时频率的幅值波动较小，且两个相邻瞬时频率波峰间的幅值差异较小。对于第二种快时变-非平稳信号，频移同步压缩变换也无法获得理想的时频分析结果。其主要原因在于频移同步压缩变换是在降低一定时间分辨率的情况下提高频率分辨率，改善时频分析时的频率分辨率和时频凝聚特性，进而更加准确地刻画时变-非平稳信号的瞬时频率波动规律。同时需要保障时间分辨率的降低不会影响分析的需求，因此频移同步压缩变换比较适用瞬时频率波动较慢的时变-非平稳信号。总体而言，同步

压缩变换和频移同步压缩变换都无法在时频分布上获得同时优异的时间分辨率和频率分辨率。因此，对于瞬时频率如图 7-3(b)所示的时变-非平稳信号都无法获得优异的分析结果。

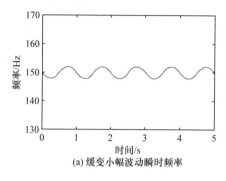

(a) 缓变小幅波动瞬时频率

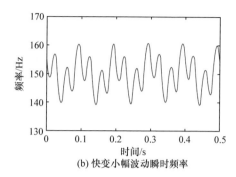

(b) 快变小幅波动瞬时频率

图 7-3   不同波动规律的瞬时频率信号

对图 7-3(b)所示的瞬时频率进行进一步分析可以发现：一方面由于瞬时频率中存在大量高频谐波分量，瞬时频率波动快，因此需要极高的时间分辨率才能够对瞬时频率的快速波动特性进行准确的刻画。另一方面，由于瞬时频率的波动幅值较小，相邻波峰幅值差异较小，因此只有极高的频率分辨率才能够对瞬时频率幅值波动上的差异进行精确的刻画。对于拥有图 7-3(b)所示瞬时频率的时变-非平稳信号，只有同时获得优异时间分辨率和频率分辨的时频分析方法，才能够对其瞬时频率进行准确刻画。针对这一难题，本章提出一种细化同步压缩变换的算法[17,18]，可以实现在一定的频带范围内获得同时优异的时间分辨率和频率分辨率，实现对图 7-3(b)所示的瞬时频率进行准确刻画。同时，具有良好的时频凝聚特性，能够准确地对快时变-非平稳信号的时变、非平稳特性进行刻画，并实现对其瞬时频率的准确提取[19]。

1. 基于连续小波变换的细化同步压缩变换算法

在实际工程信号分析处理中，对于给定的某信号，信号中有价值的分量往往仅存在于信号中的某个较小的频带范围内，而不是分布在整个分析频带范围内。因此，在对信号进行分析处理时，并不需要对整个分析频带范围内的所有频率成分进行精细化的处理，仅需要对所关注的有效频带范围内的有价值频率分量进行精细化地分析处理，以便于提取最优价值的特征信息。细化同步压缩变换的思路便是来源于此。通过在一个有限带宽的频率范围内对信号中有效的分量进行精细化分析处理，在该频带范围内可以同时获得优异的时间分辨率和频率分辨率以及具有良好时频凝聚特性的时频分布，进而实现对有效分量的时频特性精确地刻画，以及信号时变-非平稳特征的准确提取。

本章提出的基于连续小波变换的细化同步压缩变换主要分为两部分：高频平移处理和局部细化压缩变换，细化同步压缩变换的具体原理如图 7-4 所示。这里提出的细化同步压缩变换是基于连续小波变换同步压缩变换提出的，同时利用同步压缩变换时频分布时间、频率分辨率不一致的特性实现的。

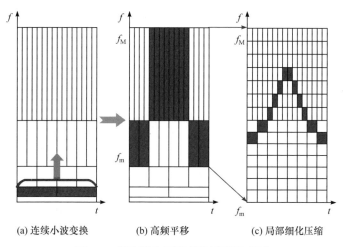

(a) 连续小波变换　　　(b) 高频平移　　　(c) 局部细化压缩

图 7-4　细化同步压缩变换原理示意图

第一步高频平移处理：不同于频移同步压缩变换中将信号的中心频率从高频位置往低频平移，细化同步压缩变换中高频平移处理将信号的瞬时频率往更高频率处平移，从而获得连续小波变换高频处优异的时间分辨率，实现对非平稳信号瞬时频率快变高频分量的准确刻画，如图 7-4(a)和(b)所示。

第二步局部细化压缩变换：将包含频移后有效分量的关注频带进行高精度细化，使信号的瞬时能量在进行能量重排时能够压缩到更加准确的瞬时频率位置，从而获得高的频率分辨率和优异的时频能聚特性，如图 7-4(b)和(c)所示。

经过上述两步处理，即可实现对给定信号中有效频率分量在选定的频带范围内，采用同时优异的时间分辨率和频率分辨率进行处理，获得具有良好时频分辨特性和时频凝聚特性的时频分布。实现对含有图 7-3(b)所示瞬时频率波动幅值较小、波动速度较快的时变-非平稳信号有效分量的准确时频特性刻画，进而准确提取时变-非平稳信号特征信息。

1) 高频平移处理

关于高频平移处理方法，采用 7.3.1 小节中介绍的频移算法。但需要注意的是，不同于频移同步压缩变换中将信号瞬时频率从高频往低频平移，在细化同步压缩变换中将信号的瞬时频率从低频往高频平移。对于待分析信号的解析信号 $\tilde{s}(t)$，其高频平移处理操作可以表示为

$$s^*(t) = \tilde{s}(t)e^{i\omega_0 t} \tag{7-21}$$

式中，$\omega_0 > 0$，$\omega_0 = 2\pi f_0$，f_0 为频移量。通过式(7-21)即可实现对解析信号 $\tilde{s}(t)$ 瞬时频率往高频平移 ω_0 的目的。

此外，由于细化同步压缩变换是针对信号中被关注的有价值频带进行的，因此，在实施频移处理时应该更多地关注感兴趣频带的频移。

2) 局部细化压缩变换

标准的同步压缩变换算法对时频分布在整个分析频域内沿频率/尺度方向进行能量的重排压缩。这样的处理方法在分析信号时，一方面会产生巨大的运算量，另一方面，由于运算量的限制无法获得较高的频率分辨率。不同于标准同步压缩变换，细化同步压缩变换仅考虑包含有效频率分量的关注频带范围，对关注频带范围沿频率方向进行更加精细的频率划分；在进行信号瞬时能量的重排压缩时，仅对关注频带范围内的有效频率分量进行，从而实现在局部细化压缩变换时，信号的瞬时能量能够被重排到更加准确的瞬时频率点处，这样可以大大改善时频分布分频率分辨率。结合第一步高频平移处理获得的高时间分辨率，从而获得分析频带范围内的时频分布同时具有良好的时间分辨率和频率分辨率以及时频凝聚特性。

本节提出两种局部细化压缩变换算法：一种为线性频率尺度局部细化压缩变换，另一种为指数频率尺度局部细化压缩变换。线性频率尺度局部细化压缩变换可以在关注的频带范围内获得一致的频率分辨率。指数频率尺度局部细化压缩变换获得的频率分辨率是不一致的，同原始同步压缩变换，其频率分辨率以指数形式变化。

(1) 线性频率尺度局部细化压缩变换。

假设包含有效频率分量的被关注频带经第一步高频平移处理后，其频带范围变为 $[f_m, f_M]$。这里仅对关注的频带 $[f_m, f_M]$ 进行局部细化压缩处理，以减小数据处理的运算量和所需的存储空间。针对关注频带 $[f_m, f_M]$，其线性频率尺度细化同步压缩时频分布的离散频率序列定义为

$$f_{li}^*(l) = f_m + \frac{l}{na}(f_M - f_m), \qquad l = 0, 1, \cdots, na \tag{7-22}$$

式中，na 为选定频带范围内总的细化频带数目，其值和频带范围共同决定最终细化同步压缩的频率分辨率。式(7-22)角频率形式可以重写为

$$\omega_{li}^*(l) = 2\pi \left[f_m + \frac{l}{na}(f_M - f_m) \right] \tag{7-23}$$

线性频率尺度局部细化压缩变换的离散形式可以表示为

$$T_{\mathrm{lizs}}(\omega_{li}^*,b) = (\Delta\omega_{li}^*)^{-1} \sum_{a_k:|\omega^*(a_k,b)-\omega_{li}^*|\leqslant\Delta\omega_{li}^*/2} W_s^*(a_k,b)a_k^{-3/2}(\Delta a)_k \tag{7-24}$$

式中，$W_s^*(a_k,b)$ 为经第一步高频平移处理后解析信号的连续小波变换；$\omega_{li}^*\in[f_{\mathrm{m}},f_{\mathrm{M}}]$，为局部细化压缩变换时频分布的离散频率序列，$\Delta\omega_{li}^*(l)=\omega_{li}^*(l)-\omega_{li}^*(l-1)$；$\omega^*(a_k,b)$ 为根据 Plancherel 定理计算所得，经高频平移后解析信号对应于时延因子 b 和尺度因子 a_k 的理论瞬时频率值。经过线性频率尺度局部细化压缩变换得到的时频分布拥有相同的频率分辨率。

(2) 指数频率尺度局部细化压缩变换。

对于关注频带 $[f_{\mathrm{m}},f_{\mathrm{M}}]$，首先构造两个中间变量 lf_{m} 和 lf_{M}，具体定义如下：

$$\begin{cases} lf_{\mathrm{m}} = \log_2 f_{\mathrm{m}} \\ lf_{\mathrm{M}} = \log_2 f_{\mathrm{M}} \end{cases} \tag{7-25}$$

然后，构造细化的指数频率尺度局部细化同步压缩时频分布的离散频率序列为

$$f_{\mathrm{ex}}^*(l) = 2^{\left[lf_{\mathrm{m}}+\frac{l}{na}(lf_{\mathrm{M}}-lf_{\mathrm{m}})\right]}, \quad l=0,1,\cdots,na \tag{7-26}$$

式中，na 为给定频带范围内总的细化频带数目，其值和选定频带范围共同决定最终时频分布的频率分辨率。式(7-26)的角频率形式又可重写为

$$\omega_{\mathrm{ex}}^*(l) = 2\pi\times 2^{\left[lf_{\mathrm{m}}+\frac{l}{na}(lf_{\mathrm{M}}-lf_{\mathrm{m}})\right]} \tag{7-27}$$

类似于线性频率尺度局部细化压缩变换，指数频率尺度局部细化压缩变换的离散形式可以表示为

$$T_{\mathrm{exzs}}(\omega_{\mathrm{ex}}^*,b) = (\Delta\omega_{\mathrm{ex}}^*)^{-1} \sum_{a_k:|\omega^*(a_k,b)-\omega_{\mathrm{ex}}^*|\leqslant\Delta\omega_{\mathrm{ex}}^*/2} W_s^*(a_k,b)a_k^{-3/2}(\Delta a)_k \tag{7-28}$$

式中，$W_s^*(a_k,b)$ 为经第一步高频平移处理后解析信号的连续小波变换；$\omega_{\mathrm{ex}}^*\in[f_{\mathrm{m}},f_{\mathrm{M}}]$ 为局部细化压缩变换时频分布的离散频率序列，$\Delta\omega_{\mathrm{ex}}^*(l)=\omega_{\mathrm{ex}}^*(l)-\omega_{\mathrm{ex}}^*(l-1)$。

在指数频率尺度局部细化压缩变换中，时频分布中离散频率序列的值以指数的形式变化，时频分布拥有不一致的频率分辨率。高频位置处频率分辨率较差而时间分辨率较好，低频处频率分辨率较好而时间分辨率较差。

2. 基于短时傅里叶变换的细化同步压缩变换算法

1) 基于短时傅里叶变换的同步压缩变换

基于短时傅里叶变换(STFT)的同步压缩变换采用改进的短时傅里叶变换。对于给定的信号 $x(t)$，改进的短时傅里叶变换被定义为

$$S_x^g(u,\xi) = \int_{-\infty}^{\infty} x(t)g(t-u)\mathrm{e}^{-\mathrm{i}2\pi\xi(t-u)}\mathrm{d}t \tag{7-29}$$

式中，$g(t)$ 为窗函数。不同于传统的短时傅里叶变换，改进的 STFT 被一个调制因子 $\mathrm{e}^{\mathrm{i}2\pi\xi u}$ 调制。

对于给定的简谐信号 $x(t) = A\cos(\omega_0 t)$，根据 Plancherel 定理，信号 $x(t)$ 的短时傅里叶变换可以在频域里表述为

$$
\begin{aligned}
S_x^g(u,\xi) &= \int_{-\infty}^{\infty} x(t)g(t-u)\mathrm{e}^{-\mathrm{i}2\pi\xi(t-u)}\mathrm{d}t \\
&= \frac{1}{2\pi}\int_{-\infty}^{\infty} F(\omega)\overline{G(\varpi-\omega)\mathrm{e}^{-\mathrm{i}\varpi u}}\mathrm{d}\varpi \\
&= \frac{1}{2\pi}\int_{-\infty}^{\infty} \delta(\varpi-\omega_0)G(\varpi-\omega)\mathrm{e}^{\mathrm{i}\varpi u}\mathrm{d}\varpi \\
&= \frac{A}{2\pi}\mathrm{e}^{\mathrm{i}\omega_0 u}G(\omega_0-\omega)
\end{aligned}
\tag{7-30}
$$

式中，$F(\omega)$ 为信号 $x(t)$ 的傅里叶变换；$\overline{G(\varpi-\omega)\mathrm{e}^{-\mathrm{i}\varpi t}}$ 为调制窗函数 $g(t-u)\mathrm{e}^{-\mathrm{i}2\pi\xi t}$ 的复共轭形式。分别在式(7-30)两边对变量 u 求偏导，可以得到

$$\frac{\partial}{\partial u}S_x^g(u,\xi) = \mathrm{i}\omega_0\frac{A}{2\pi}\mathrm{e}^{\mathrm{i}\omega_0 u}G(\omega_0-\omega) = \mathrm{i}\omega_0 S_x^g(u,\xi) \tag{7-31}$$

根据式(7-31)，对任意满足 $S_x^g(u,\xi) \neq 0$ 的一组 (u,ξ)，信号 $x(t)$ 对应于 (u,ξ) 的理论瞬时频率可以通过式(7-32)求得

$$\hat{\omega}_x(u,\xi) = \omega_0 = \frac{\partial_t S_x^g(u,\xi)}{\mathrm{i}S_x^g(u,\xi)} = -\mathrm{i}(S_x^g(u,\xi))^{-1}\frac{\partial}{\partial t}S_x^g(u,\xi), \quad \left|S_x^g(u,\xi)\right| > \gamma \tag{7-32}$$

式中，γ 为阈值，常取 10^{-8}，用于避免数值运算中的不稳定性。

最终，根据计算获得理论瞬时频率，对原时频分布的瞬时能量沿频率轴进行重排分布，基于短时傅里叶变换的同步压缩变换离散形式可以表示为

$$T_s(u,\omega_l) = \sum_{k:|\hat{\omega}_x(u,\xi_k)-\omega_l|\leqslant\Delta\omega/2} S_x^g(u,\xi_k)(\Delta\xi) \tag{7-33}$$

式中，ξ_k 为短时傅里叶变换的离散频率序列，且 $\Delta\xi = \xi_k - \xi_{k-1}$；$\omega_l$ 为同步压缩变换频率序列。对于任何理论瞬频属于 $[\omega_l - 1/2\Delta\omega, \omega_l + 1/2\Delta\omega]$，且 $S_x^g(u,\xi_k) \geqslant \gamma \geqslant 0$ 的瞬时频率能量将被重排到 ω_l 位置处。

2) 基于短时傅里叶变换的细化同步压缩变换

对于选定包含颤振敏感频带的细化频带 $[f_\mathrm{m}, f_\mathrm{M}]$，基于短时傅里叶变换的细化同步压缩变换时频分布的频率序列采用 7.2.2 小节中介绍的线性频率尺度划分

方式，其离散角频率序列 $\omega_{zs}^*(l)$ 的表达式同式(7-20)。

基于短时傅里叶变换的细化同步压缩变换离散形式可以表示为

$$T_{zs}(u,\omega_l^*) = \sum_{k:|\hat{\omega}_x(u,\xi_k)-\omega_{zs}^*(l)| \leqslant \Delta\omega_{zs}^*/2} S_x^g(u,\xi_k)(\Delta\xi) \tag{7-34}$$

细化同步压缩变换将关注的频带范围进行频率序列的精细划分，从而实现在将信号瞬时能量进行重排时，能够将信号瞬时能量重排到更加准确的瞬时频率位置处，进而实现提高时频分布的频率分辨率和能量聚集特性的目的。对于时间分辨的提升，基于短时傅里叶变换的细化同步压缩变换通过使用较窄的窗函数来实现。本节中采用的窗函数为高斯窗函数，如式(7-35)所示：

$$g(t) = (\pi\sigma^2)^{-1/4}e^{-t^2/(2\sigma^2)} \tag{7-35}$$

式中，σ 为高斯函数的方差，它决定高斯窗函数的宽度。本节采用调节 σ 的取值来调整高斯窗函数的宽度。σ 取值越小，高斯窗函数越窄，细化同步压缩的时间分辨率越高。

与基于连续小波变换的细化同步压缩变换相比，基于短时傅里叶变换的细化同步压缩变换在细化的频带范围内能够获得更好的时间和频率分辨率一致时频分布，适合用于要求获得一致时间和频率分辨率的时频分布场合，而基于连续小波变换的细化同步压缩变换适用于需要获得变时频分辨特性的时频分布场合。

3. 仿真研究

本节构造单分量强时变、瞬时频率非线性调制仿真信号，验证细化同步压缩变换对于时变-非平稳信号处理的性能，所构造的非线性调频信号为

$$x(t) = 5\sin(2\pi f_0 t + 0.2\sin(6\pi t) + 0.5\sin(20\pi t) + 0.2\cos(60\pi t)) \tag{7-36}$$

式中，f_0 为瞬时频率波动的中心频率。仿真过程中 f_0 分别取 100Hz 和 400Hz，用于仿真信号瞬时频率中心频率分别在低频位置和高频位置处的时变-非平稳信号。

仿真信号 $x(t)$ 的理论瞬时频率为 $f(t) = f_0 + 0.6\cos(6\pi t) + 5\cos(20\pi t) - 6\sin(60\pi t)$，由三个频率和幅值都不相同简谐波叠加而成。其中，瞬时频率中瞬时波动成分 $f_1(t) = 0.6\cos(6\pi t) + 5\cos(20\pi t) - 6\sin(60\pi t)$ 的时域波形如图 7-5 所示，离散采样频率为 1024Hz，信号长度为 0.5s。

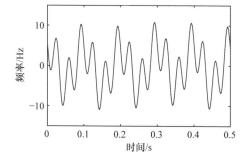

图 7-5　理论瞬时频率的波动分量

　　在该仿真案例中,仿真时变-非平稳信号中心频率 f_0 分别取 100Hz 和 400Hz,用于阐述同步压缩时频分布时、频分辨率的不一致性。$f_0 = 100Hz$ 和 $f_0 = 400Hz$ 时仿真信号的时域波形和同步压缩变换时频分布分别如图 7-6 和图 7-7 所示。

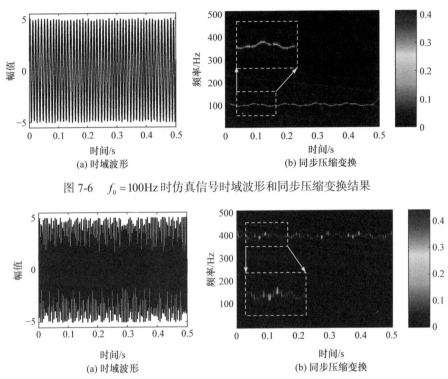

图 7-6　$f_0 = 100Hz$ 时仿真信号时域波形和同步压缩变换结果

图 7-7　$f_0 = 400Hz$ 时仿真信号时域波形和同步压缩变换结果

　　从图 7-6(b)可以看出,当仿真时变-非平稳信号瞬时频率的中心频率 $f_0 = 100Hz$ 时,信号瞬时频率处于时频分布的低频位置。由于时频分布低频位置处时间分辨率很差,同步压缩变换仅能刻画出瞬时频率波动中的低频波动分量,其中的高频波动分量几乎全部被滤除掉,无法被准确刻画,如图 7-6(b)中局部放大图所示。当仿真时变-非平稳信号瞬时频率的中心频率 $f_0 = 400Hz$ 时,信号瞬时频率处于时频分布的高频位置。由于时频分布高频处的时间分辨率较好,同步压缩变换时频分布能够表征出其中的高频波动分量,如图 7-7(b)中局部放大图所示。但是由于时频分布中高频处频率分辨率较差,瞬时频率中微小的瞬时频率幅值波动差异无法被准确刻画。通过对比可以发现,同步压缩变换时频分布由于其时间、频率分辨率的不一致性,无法同时获得优异的时间和频率分辨率来对信号进行分析,也很难准确地刻画和提取时变-非平稳信号中具有快时变、微小幅值波动差异的瞬时频率。对仿真时变-非平稳信号采用本节提出的细化同步压缩变换方法进行处理，这里保持时变-非平稳信号瞬时频率的中心频率 $f_0 = 400$ Hz，细化频带选择为[350Hz，450Hz]，采用细化同步压缩变换的时频分布结果如图 7-8 所示。

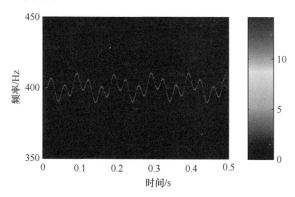

图 7-8　仿真信号细化同步压缩变换结果

图 7-8 表明，细化同步压缩变换能够准确地刻画时变-非平稳信号的瞬时频率；即使瞬时频率中存在高频波动成分，且其波动幅值存在很小的幅值差异，细化同步压缩变换也可以有效刻画其特征。对比图 7-6、图 7-7 和图 7-8 可以发现，细化同步压缩变换相对同步压缩变换具有更加优越的时频凝聚特性。细化同步压缩变换优越的时频凝聚特性不仅能从时频分布的瞬时频率曲线中看出，从时频分布右侧色度变化幅值中也能够明显发现。同步压缩变换时频分布的最大能量幅值约为 0.43，而细化同步压缩时频分布的最大能量幅值为 14，最大能量是同步压缩变换的 32 倍，说明细化同步压缩变换大大提高了时频分布的能量聚集特性。

细化同步压缩变换时频分布以及图 7-6 和图 7-7 所示同步压缩变换时频分布提取的瞬时频率波动分量与理论瞬时频率波动分量的结果对比如图 7-9 所示。可以发现，当信号中心频率位于同步压缩变换低频位置时，低频位置处较差的时间分辨率导致信号中瞬时频率中的高频波动分量无法被准确刻画，仅能显示瞬时频率中的低频波动分量；当信号中心频率位于同步压缩变换高频位置时，高频处较差的频率分辨率导致信号中瞬时频率较小的幅值波动差异无法被准确刻画；但由于其时间分辨率较好，瞬时频率中的高频波动分量在一定程度上被刻画出来。细化同步压缩变换由于可以同时获得优异的时间和频率分辨率，不仅能对信号瞬时频率波动中高频波动分量进行准确刻画，而且可以对瞬时频率中微小的幅值波动差异进行准确刻画，进而实现对时变-非平稳信号的瞬时频率及其时变-非平稳特性的准确刻画。结果表明，采用细化同步压缩变换提取的瞬时频率与理论瞬时频率基本一致。

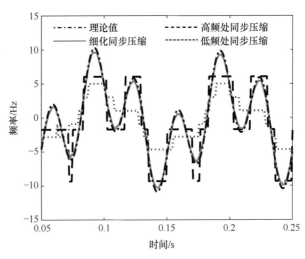

图 7-9　细化同步压缩变换、同步压缩变换提取结果与理论瞬时频率对比

7.4　基于同步压缩变换的早期微弱颤振检测指标构建方法

7.4.1　基于同步压缩变换的颤振检测指标构建

本节从能量角度和奇异值分解(singular value decomposition, SVD)角度对时频矩阵进行处理，提取时频域指标。

1) 颤振敏感频带能量比

在高速铣削由稳定到颤振状态转变过程中，铣削信号成分会发生相应的变化，由周期性铣削成分占主导地位逐渐变为周期性颤振成分占据主导，这些主颤振频率出现在接近主轴-刀具系统的固有频率附近，这些位置称为颤振敏感频带。

失稳过程中信号的主频带会发生变化，由高频段向低频段移动，且由宽变窄，最终确定在颤振频率成分处，频率能量也会发生对应的改变。早期过渡过程中，微弱颤振频率成分很容易被掩盖，经时频滤波后，可以消除铣削频率成分的干扰，所以当颤振敏感频带中微弱颤振频率出现后，该处的频率组成由原来的噪声成分变为颤振频率和噪声成分的结合，时频谱中能量分布情况也发生变化。根据这一特点，提出将颤振敏感频带在时频分布中所占的能量比例作为颤振时频指标，通过该指标的变化情况进行颤振检测。

根据同步压缩变换原理，同步压缩变换时频矩阵是根据短时傅里叶变换时频复矩阵重排而来的复矩阵。复数的模在一定意义上可以表征能量的大小，因此对复矩阵求模以转换为能量级别的数值，直接求取各时频点的能量和就可以得到能量谱。

设信号 $x(t)$ 在 Δt_i 内的时频分析和滤波得到的时频分布为 $\boldsymbol{T}_{ei}$，时频矩阵的频率划分总数为 N，A_j 为时频矩阵中每个频率处对应点的能量值，则整个时频矩阵的总能量 E_i 如式(7-37)所示。时频分布 $\boldsymbol{T}_{ei}$ 中有 l 个颤振敏感频带，通过时频滤波器将每个敏感频带提取出来，记为 C_l ($l=1,2,\cdots,M$)，分别对应包含的频率划分区间是 $\left(n_{ld},n_{lu} \right)$，则第 l 个敏感频带的能量为 ΔE_{li} (式(7-38))，所有颤振敏感频带的总能量为 ΔE_i (式(7-39))，所以 Δt_i 内的颤振敏感频带在整个时频分布中所占能量比例为 δ_{Ei}，如式(7-40)所示。对以后在时间 $\Delta t_{i+1},\Delta t_{i+2},\cdots,\Delta t_k$ 内得到的时频矩阵分别求取 $\delta_{E(i+1)},\delta_{E(i+2)},\cdots,\delta_{Ek}$，得到颤振敏感频带能量比曲线 δ_E，如式(7-41)所示。

$$E_i = \sum_{j=1}^{N} A_j \tag{7-37}$$

$$\Delta E_{li} = \sum_{j=n_{ld}}^{n_{lu}} A_j \tag{7-38}$$

$$\Delta E_i = \sum_{l=1}^{M} \Delta E_{li} \tag{7-39}$$

$$\delta_{Ei} = \frac{\Delta E_i}{E_i} \tag{7-40}$$

$$\delta_E = \left(\delta_{Ei},\delta_{E(i+1)},\delta_{E(i+2)},\cdots,\delta_{Ek} \right) \tag{7-41}$$

对指标 δ_E 以及后续其他颤振指标的可行性通过高速铣削实验数据进行验证。

实验在立式数控加工中心 VMC 2216 上进行，刀具为 2 刃硬质合金立铣刀，直径为 20mm，工件为 7075 航空铝合金块，铣削方向为顺铣，方式为干铣。在主轴末端布置两个灵敏度为 10.09mV/g 的加速度传感器，通过数据采集器进行数据采集，采样频率为 25600Hz。分别以 1mm、2mm、3mm 和 5mm 为切削深度对工件进行铣削，具体参数设置如表 7-1 所示。

表 7-1 4 种铣削状态实验参数

铣削状态	转速/(r/min)	进给速度/(mm/min)	切宽/mm	切深/mm
稳定铣削	8500	1500	20	1
过渡阶段 1	8500	1500	20	2
过渡阶段 2	8500	1500	20	3
严重颤振	8500	1500	20	5

4 种不同铣削状态，分别是稳定铣削、过渡阶段 1、过渡阶段 2 和严重颤振。分别对信号进行基于 STFT 的同步压缩变换以及时频滤波，结果如图 7-10 所示。

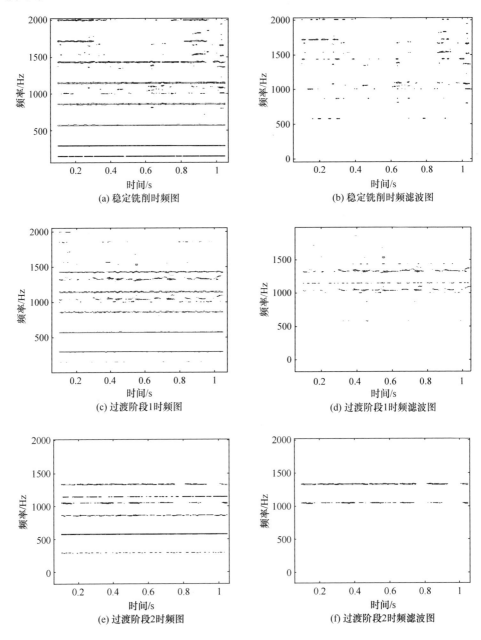

(a) 稳定铣削时频图

(b) 稳定铣削时频滤波图

(c) 过渡阶段1时频图

(d) 过渡阶段1时频滤波图

(e) 过渡阶段2时频图

(f) 过渡阶段2时频滤波图

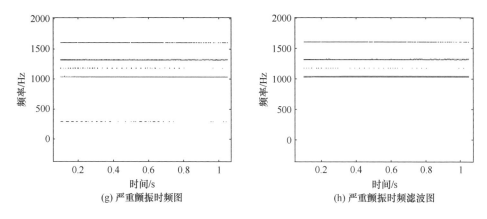

(g) 严重颤振时频图　　　　　　　　(h) 严重颤振时频滤波图

图 7-10　4 种不同铣削状态时频图同步压缩及时频滤波图

对信号时频处理结果进行时频指标颤振敏感频带能量比 δ_E 的提取。根据主轴-刀柄-刀具系统低阶固有频率(726Hz、1169Hz 和 1416Hz)，选择颤振敏感频带为 C_1 (650~800Hz)、C_2 (1050~1200Hz)及 C_3 (1350~1500Hz)，计算结果如图 7-11 所示。从图中可以发现，在稳定铣削状态时，δ_E 较为稳定且值较低；处于颤振过渡阶段时，指标 δ_E 明显变大，且波动较大，说明颤振敏感频带能量比增加，但是尚不稳定；当处于严重颤振阶段，颤振稳定后，δ_E 增长到一定数值并保持不变，与颤振发展成熟，频率不再有较大变动，进入稳定期等特性相对应，说明颤振敏感频带能量比指标可以反映铣削从稳定到失稳的状态变化情况，验证了该指标的可行性。

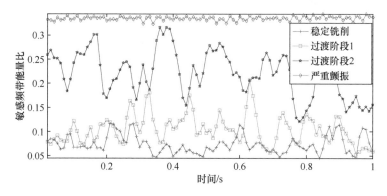

图 7-11　时频指标 δ_E 可行性验证

2) 基于 SVD 的奇异值指标

SVD 是线性代数中的一种矩阵分解方法，本质是谱分析理论在任意矩阵上的推广，后成为现代信号处理领域的有效方法之一。

根据奇异值分解理论，设信号 $x(t)$ 在 Δt 内经过 SST 和时频滤波得到的时频分布 T_e 是一个 $m \times n(m > n)$ 的实矩阵，秩为 $r(r \leqslant n)$，则存在两个正交矩阵 $U_{m \times m}$ 和 $V_{n \times n}$，使得

$$T_e = U \varLambda V^T \tag{7-42}$$

式中，$\varLambda = \begin{bmatrix} \lambda \cdots 0 \\ 0 \cdots 0 \end{bmatrix}$；$\lambda = \mathrm{diag}(\sigma_1, \sigma_2, \cdots, \sigma_r)$。

式(7-42)称为矩阵 T_e 的奇异值分解，$\varLambda$ 是 $m \times n$ 的非负对角矩阵，且 $\sigma_1 \geqslant \sigma_2 \geqslant \cdots \geqslant \sigma_r > 0$。奇异值分解相当于将秩为 r 的一个 $m \times n(m > n)$ 阶矩阵分解为 r 个秩为 1 的 $m \times n(m > n)$ 阶矩阵的加权和，每个矩阵由两个特征矢量(分别属于矩阵 U 和矩阵 V)相乘得到，权值即为矩阵 T_e 的奇异值。

SVD 是对矩阵进行正交处理，将一个比较复杂的矩阵用几个更小更简单的子矩阵相乘表示，这些子矩阵可以刻画矩阵的重要特性，而每阶奇异值是各子矩阵的权重，反映各个子空间包含信息量的多少，在一定程度上代表该矩阵的特征模式。因此，利用 SVD 对同步压缩变换得到的时频矩阵进行处理，提取关于奇异值的指标反映时频矩阵变化情况。而且奇异值是矩阵固有的特征，有很好的稳定性，符合特征指标的要求。

SVD 分解得到的各阶奇异值是按大小顺序排列的，越大的奇异值反映了越多的矩阵特征信息。而且各阶奇异值衰减很快，在很多情况下，前几阶奇异值的和就占了全部奇异值之和的 99%以上。

在现代信号处理中，奇异值在一定程度上代表了信号分量的能量大小，周期性成分的能量较大，所以通常情况下认为代表周期性成分的奇异值位于奇异值矢量前端，由较大的奇异值代表，而噪声成分属于无序成分，代表噪声特征的奇异值均匀地分布在整个奇异值曲线中。深入研究发现，在信噪比提高时，代表周期性成分的奇异值会向前移动，更加集中在前端部分，奇异值曲线衰减更快[20]。

例如，图 7-12 所示，在一段随机噪声信号上叠加一段周期信号，得到新的叠加信号，即在噪声背景下的周期信号，对其进行时频分析和 SVD 之后得到各自的奇异值谱，如图 7-13 所示。

图 7-13(a)中噪声信号的各阶有效奇异值分布比较均匀，衰减较为缓慢；图 7-13(b)中周期信号的奇异值衰减很快，且包含信号信息的奇异值基本都在奇异值矢量前几阶，数量级较大，特别是第一阶奇异值，是二阶奇异值的 12.5 倍；当噪声信号叠加上周期性信号后，如图 7-13(c)所示，各阶奇异值数值明显增大，尤其是第一阶奇异值，而且曲线衰减变快，不再是缓慢的均匀变化。

由此可见 SVD 得到的各阶奇异值大小能够反映矩阵信息的复杂程度和信息量的大小，而最大奇异值，即一阶奇异值，可在一定程度上代表时频矩阵的信息

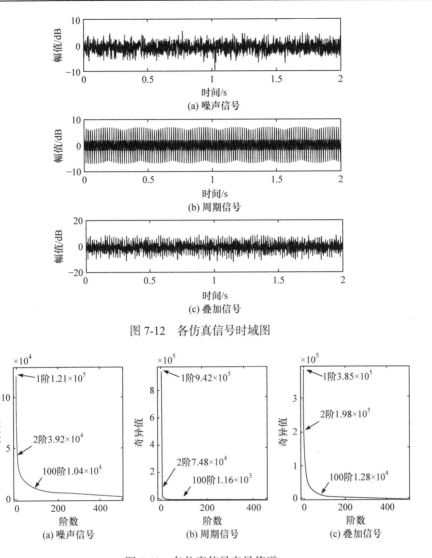

图 7-12　各仿真信号时域图

图 7-13　各仿真信号奇异值谱

变化情况。因此针对本节中经过时频滤波后的只含有噪声信号和周期性颤振频率成分的时频矩阵，结合 SVD 方法，提取奇异值曲线前端的第一阶奇异值(first singular value, FSV)作为颤振指标，以此来度量时频分布中周期性颤振成分能量的大小，进而反映信号成分的变化情况。

其具体算法是：设信号 $x(t)$ 在 Δt_i 内的时频分析和滤波得到的时频矩阵 $\boldsymbol{T}_{ei}$，按照式(7-42)进行 SVD 分解得到非零奇异值矩阵 $\lambda_i = \mathrm{diag}\left(\sigma_{1,i}, \sigma_{2,i}, \cdots, \sigma_{r,i}\right)$，提取出第一阶奇异值 $\sigma_{1,i}$ 作为特征指标。对以后在时间 $\Delta t_{i+1}, \Delta t_{i+2}, \cdots, \Delta t_k$ 内得到的时频

矩阵，分别对其做奇异值分解，得到非零奇异值矩阵 $\lambda_{i+1}, \lambda_{i+2}, \cdots, \lambda_k$，取每个矩阵中的第一阶奇异值，组成矢量 $\boldsymbol{P}_{FSV}$，表征信号 $x(t)$ 压缩后的时频矩阵的信息，通过分析其变化趋势来完成颤振特征的提取。

$$\boldsymbol{P}_{FSV} = \left(\sigma_{1,i}, \sigma_{1,i+1}, \cdots, \sigma_{1,k}\right) \tag{7-43}$$

同样对 4 组不同状态的高速铣削状态实验数据进行一阶奇异值指标的计算，其结果如图 7-14 所示。对经过铣削强迫振动频率滤波后的信号来说，失稳过程是从噪声成分为主导向颤振周期性成分为主导的转变，代表周期性成分的一阶奇异值随着状态的转变逐渐增大，很好地将铣削稳定状态、颤振过渡状态以及严重颤振状态区分开，证明了 $\boldsymbol{P}_{FSV}$ 作为颤振时频指标的可行性。

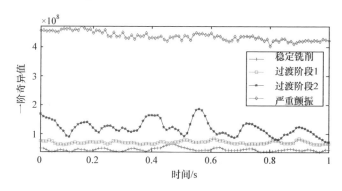

图 7-14　时频指标 $\boldsymbol{P}_{FSV}$ 可行性验证

7.4.2　基于细化同步压缩变换的颤振检测指标构建

1. 基于时频分析的瞬时频域统计指标构建

细化同步压缩变换可以获得同时具有良好时频分辨特性和时频凝聚特性的时频分布，可以实现对铣削振动响应时变、非平稳特性的准确刻画，进而可以增强时频分析结果和颤振识别指标的准确性。

基于细化同步压缩变换的铣削颤振异常特征提取和识别算法具体步骤如下。

(1) 采集高速主轴铣削过程的振动信号 $s(t)$，并进行适当的预处理。

(2) 根据主轴系统的动态特性测试结果，即系统的频率响应函数，分析颤振响应的敏感频带范围，确定振动信号细化同步压缩变换的频带范围 $[f_m, f_M]$。对振动信号进行细化同步压缩变换，获得信号细化同步压缩变换时频分布 $T_{zs}(t, f)$。

(3) 根据切削参数主轴转频 F_r 和铣削刀具刃数 z，计算刀齿通过频率 $F_t = z * F_r$。根据 F_r 和 F_t 对获得的细化同步压缩变换时频分布进行滤波处理，滤除 F_r 及 F_t 谐波分量对颤振识别指标性能的影响，得到最终滤波细化同步压缩变换时频分布

$T_{zsf}(t,f)$。

(4) 根据获得的滤波细化同步压缩变换时频分布和构建的异常特征识别指标，计算每一瞬时时刻各颤振异常特征指标值，完成特征的提取。

在步骤(2)中，对于振动信号 $s(t)$，其细化同步压缩变换可以表示为

$$T_{zs}(t,f_l^*) = \sum_{k:|f_x(t,\xi_k)-f_{zs}^*(l)|<\Delta f_{zs}^*/2} S_s^g(t,\xi_k)(\Delta\xi) \tag{7-44}$$

式中，$f_{zs}^*(l)\in[f_m,f_M]$，为细化时频分布的离散频率序列；$S_s^g(t,\xi_k)$ 为信号 $s(t)$ 的短时傅里叶变换，所采用的窗函数为高斯窗函数 $g(t)=(\pi\sigma^2)^{-1/4}e^{-t^2/(2\sigma^2)}$。

根据自激型颤振原理，颤振频率主要出现在主轴系统固有频率附近。在本节中，将包含系统重要模态固有频率的频带，即铣削颤振频率容易出现的敏感频带，作为细化同步压缩变换的细化频带 $[f_m,f_M]$。该细化频带的选择可以通过刀尖频响函数测试，或者实测颤振信号分析的方式来进行选择。细化频带选取的原则为：在包含各主模态固有频率的条件下，尽可能减小频带的宽度。这样可以有效地提高细化同步压缩变换时频分布的时频分辨特性和时频凝聚特性。

在步骤(3)中，细化同步压缩变换时频分布中转频和刀齿通过频率对应谐波的滤除可以通过时频掩模的方式实现，具体实现如下所示：

$$T_{zsf}(t_i,f_k)=T_{zs}(t_i,f_k)\big|_{\{f_k\in[nF_r-\Delta f/2,\,nF_r+\Delta f/2]\}}=0, \quad n=0,1,2,\cdots \tag{7-45}$$

式中，Δf 为滤波频带的宽度。

该步骤中滤波的目的在于滤除 F_r 和 F_t 的谐波分量对颤振识别指标性能的影响。因为在实际切削过程中，随着切削参数的改变，如轴向切深的增加，振动信号频谱中接近刀具-工件耦合系统固有频率附近，也会出现许多主轴转频和刀齿通过频率谐波分量，这些频率分量会影响特征指标的结果。尤其是在一些特殊工况下，当刀齿通过频率某阶谐波分量和耦合系统固有频率十分接近时，此时主轴转速对应于系统铣削稳定性叶瓣图上的局部最大值。在此平稳铣削工况下，随切削参数的改变，在信号频谱中耦合系统固有频率附近，会出现大量与切削相关的主轴转频和刀齿通过频率的谐波分量，而这些谐波分量会对颤振异常特征的提取和识别性能产生极大的影响。因此，主轴转频和刀齿通过频率谐波分量的有效滤除，可以在一定程度上去除切削参数对颤振识别指标性能的影响。

在步骤(4)中，基于获得的滤波细化同步压缩变换时频分布，为了对铣削振动信号中瞬时频率谱线和瞬时能量分布变化特征进行提取，构建 13 个瞬时频域统计指标；通过考察各个指标在不同工况下对铣削颤振的识别效果，寻找最适用于基于滤波细化同步压缩变换的铣削颤振识别的瞬时频率统计指标。

在一个有限且易出现颤振频率的敏感频带范围内，通过消除主轴转频和刀齿

通过频率谐波分量的影响，重点关注铣削颤振发生导致的瞬时频率谱线以及瞬时能量分布的改变，从而提取更具针对性和代表性的特征信息。同时，该操作可以有效抑制平稳铣削时切削参数对指标性能的影响。

13 个频域统计指标的定义如表 7-2 所示。

表 7-2　颤振识别频域统计指标

指标表达式	指标表达式	指标表达式
$P_1 = \dfrac{\sum\limits_{k=1}^{K} S_{zs}(k)}{K}$	$P_2 = \dfrac{\sum\limits_{k=1}^{K} (S_{zs}(k)-P_1)^2}{K-1}$	$P_3 = \dfrac{\sum\limits_{k=1}^{K} (S_{zs}(k)-P_1)^4}{K}$
$P_4 = \dfrac{\sum\limits_{k=1}^{K} (S_{zs}(k)-P_1)^3}{K}$	$P_5 = \dfrac{\sum\limits_{k=1}^{K} f_k S_{zs}(k)}{\sum\limits_{k=1}^{K} S_{zs}(k)}$	$P_6 = \sqrt{\dfrac{\sum\limits_{k=1}^{K} (f_k-P_5)^2 S_{zs}(k)}{K}}$
$P_7 = \sqrt{\dfrac{\sum\limits_{k=1}^{K} f_k^2 S_{zs}(k)}{\sum\limits_{k=1}^{K} S_{zs}(k)}}$	$P_8 = \sqrt{\dfrac{\sum\limits_{k=1}^{K} f_k^4 S_{zs}(k)}{\sum\limits_{k=1}^{K} f_k^2 S_{zs}(k)}}$	$P_9 = \dfrac{\sum\limits_{k=1}^{K} f_k^2 S_{zs}(k)}{\sqrt{\sum\limits_{k=1}^{K} S_{zs}(k)\sum\limits_{k=1}^{K} f_k^4 S_{zs}(k)}}$
$P_{10} = \dfrac{P_6}{P_5}$	$P_{11} = \dfrac{\sum\limits_{k=1}^{K} (f_k-P_5)^3 S_{zs}(k)}{K P_6^3}$	$P_{12} = \dfrac{\sum\limits_{k=1}^{K} (f_k-P_5)^4 S_{zs}(k)}{K P_6^4}$
$P_{13} = \dfrac{\sum\limits_{k=1}^{K} (f_k-P_5)^{1/2} S_{zs}(k)}{K \sqrt{P_6}}$		

在表 7-2 中，K 为所选频带范围内的总频带数，f_k 代表所选频带内第 k 条频率处的频率值，$S_{zs}(k)$ 代表对应于瞬时频率 f_k 的瞬时频谱幅值，即 $S_{zs}(k)=T_{zsf}(t_i,f_k)$。所有的指标数值都是针对某一瞬时 t_i 计算的，在细化同步压缩时频分布中对应为某一列数据，反映信号瞬时频谱在瞬时 t_i 的特征。

表 7-2 中，指标 P_1、P_2、P_3、P_4 分别代表信号在瞬时 t_i 细化同步压缩变换滤波时频分布瞬时频谱的均值、方差、峭度和偏斜度。指标 P_5 和 $P_7 \sim P_9$ 用于表征信号瞬时频谱中主频带位置的变化。指标 P_6 和 $P_{10} \sim P_{13}$ 用于反映瞬时频谱中瞬时频率谱线的分散或者集中程度。

在步骤(4)中，基于细化同步压缩变换时频分布的铣削颤振识别瞬时频域统计指标构建如图 7-15 所示。针对测量的铣削振动信号，计算信号的细化同步压缩变换滤波时频分布。然后，针对某一瞬时 t_i，即滤波时频分布的某一列数据，计算各个瞬时频域统计指标的指标值。沿信号的时间轴向后移动，依次计算各个时刻信号的瞬时频率的统计指标，即可获得信号各个特征指标随时间的变化情况。当颤振发生时信号瞬时频谱中出现异常颤振频率分量，信号瞬时频谱中瞬时频率分量成分和频谱分布发生改变。有效的瞬时频域统计指标能够明显地反映振动信号中频率分量以及瞬时频谱分布的改变，使得各个有效监测指标的计算结果发生显著的变化，当其超过给定的阈值时，即可判断颤振的发生。

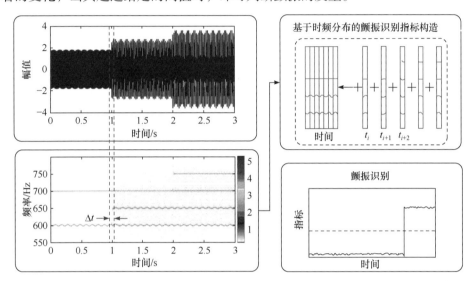

图 7-15　基于细化同步压缩变换时频分布的铣削颤振识别瞬时频域统计指标构建示意图

2. 基于时频分析的颤振瞬时能量比指标构建

根据颤振信号特征分析可知，当铣削过程为稳定切削时，切削振动信号的能量主要分布在主轴转频和刀齿通过频率的谐波分量上。当铣削状态失稳发生颤振时，信号的频率成分变得复杂，频谱中会出现大量异常颤振频率分量。随着颤振的加剧，这些颤振频率分量的幅值在短时间内增大，在频谱中占据主导地位。因此，在颤振的监测和识别中，通过对振动信号中颤振频率分量能量变化特征进行提取，也能够有效地实现异常颤振的识别。华中科技大学的张云团队[21]基于希尔伯特-黄变换研究信号的能量聚集特性，并用于刻画振动信号能量的分布变化情况。基于总体经验模式分解去增强本征模式分量的窄带特性，并用于端铣颤振的检测。

在本节中，基于细化同步压缩变换时频分布具有良好时频分辨特性和时频凝聚特性的优势，提出一种衡量时频分布瞬时频谱中颤振频率分量能量变化特征的能量比指标，并用于铣削颤振的识别。该能量比指标定义为：细化同步压缩时频分布中颤振分量的瞬时总能量与信号瞬时总能量的比值。

对于当前时刻 t_i，细化同步压缩变换时频分布中主轴转频和刀齿通过频率谐波分量的总能量 $E_{zstp}(t_i)$ 可以通过式(7-46)计算：

$$E_{zstp}(t_i) = \sum\nolimits_{\{f_k \in [nF_r - \Delta f/2, nF_r + \Delta f/2] \cap [f_m, f_M]\}} T_{zs}(t_i, f_k), \ \ n = 0,1,2,\cdots; k = 1,2,\cdots, na \quad (7\text{-}46)$$

在当前时刻 t_i，信号细化同步压缩变换时频分布的瞬时总能量 $E_{zsto}(t_i)$ 以及信号的总瞬时能量 $E_{sto}(t_i)$ 可以分别表示为

$$E_{zsto}(t_i) = \sum\nolimits_{\{f_k \in [f_m, f_M]\}} T_{zs}(t_i, f_k), \ \ k = 1,2,\cdots \quad (7\text{-}47)$$

$$E_{sto}(t_i) = \sum\nolimits_{\{f_l \in [0, f_s/2]\}} T_s(t_i, f_l), \ \ l = 1,2,\cdots \quad (7\text{-}48)$$

然后，从细化同步压缩变换时频分布总能量 $E_{zsto}(t_i)$ 中减去与主轴转频和刀齿通过频率相关谐波分量的总能量 $E_{zstp}(t_i)$，即可得到 t_i 时刻细化同步压缩变换时频分布中与颤振分量和噪声分量相关的总能量 $E_{zsc}(t_i)$，具体可以表示为

$$E_{zsc}(t_i) = E_{zsto}(t_i) - E_{zstp}(t_i) \quad (7\text{-}49)$$

最后，细化同步压缩变换时频分布中与颤振相关瞬时总能量 $E_{zsc}(t_i)$ 和信号瞬时总能量 $E_{sto}(t_i)$ 的比值，即为定义的颤振能量比检测指标 $\mathrm{ER}_{zs}(t_i)$，具体表示如下：

$$\mathrm{ER}_{zs}(t_i) = E_{zsc}(t_i) / E_{sto}(t_i) \quad (7\text{-}50)$$

由于该指标在计算过程中，有效地滤除了主轴转频和刀齿通过频率谐波分量的影响，能够有效对前文中指出的特殊工况进行考虑。当刀齿通过频率的某谐波分量接近系统固有频率时，虽然主轴系统处于平稳铣削状态下，但是在振动信号频谱中系统固有频率附近敏感频带范围内，出现大量主轴转频和刀齿通过频率谐波分量，而这些谐波分量对颤振异常特征提取和识别指标的性能会产生较大影响。同时，由于细化同步压缩变换具有良好的时频分辨特性和时频凝聚特性，相比于传统的时频分析方法，细化同步压缩变换能够更好地实现频率分量的滤除，减少相邻分量之间的干扰，实现对信号瞬时频谱中颤振分量能量变化的准确刻画，进而更好地实现对铣削颤振的检测和识别。

7.5 变工况下智能主轴铣削颤振辨识

7.5.1 不同切削参数下的铣削颤振辨识

1. 实验介绍

本节通过四组不同的铣削测试实验，对本章所构建的颤振识别指标的有效性进行验证。实验在一台三轴立式数控铣床上完成，分别采用两种不同形式的铣刀，

对牌号为 7075 的航空铝合金工件进行端面铣削和圆周铣削实验。端面铣削采用仅含一个刀粒的端面铣刀，圆周铣削采用三刃螺旋立铣刀；刀具的直径均为 12mm，刀具的安装悬长均为 70mm；切削实验均在无切削液的条件下进行。切削过程中，刀具和刀柄的振动位移通过雄狮位移传感器(Lion Precision C8-2.0，灵敏度 80 mV/μm)进行测量。测试数据由亿恒 8 通道数据采集器进行采集，采样频率为 6000Hz。实验装置图如图 7-16 所示。三组端面铣削实验和一组圆周铣削实验的切削加工参数分别如表 7-3 和表 7-4 所示。

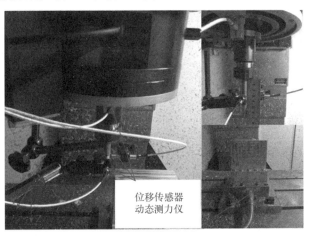

图 7-16　切削实验装置图

表 7-3　端面铣削实验参数

切削组	测试	轴向切深/mm	径向切深/mm	进给速度/(mm/min)	主轴转速/(r/min)	铣削方式(端铣\周铣)	切削状态
I	a1	0.2	5	300	6500	端铣	稳定
	a2	0.4	5	300	6500	端铣	稳定
	a3	0.6	5	300	6500	端铣	颤振
	a4	0.8	5	300	6500	端铣	颤振
	a5	0.9	5	300	6500	端铣	颤振
	a6	1.2	5	300	6500	端铣	颤振
II	b1	0.2	10	300	6500	端铣	稳定
	b2	0.4	10	300	6500	端铣	稳定
	b3	0.6	10	300	6500	端铣	颤振
	b4	0.8	10	300	6500	端铣	颤振
	b5	0.9	10	300	6500	端铣	颤振

续表

切削组	测试	轴向切深/mm	径向切深/mm	进给速度/(mm/min)	主轴转速/(r/min)	铣削方式(端铣\周铣)	切削状态
Ⅲ	c1	0.2	5	300	4000	端铣	稳定
	c2	0.4	5	300	4000	端铣	稳定
	c3	0.6	5	300	4000	端铣	稳定
	c4	0.8	5	300	4000	端铣	稳定

表 7-4　圆周铣削实验参数

切削组	测试	轴向切深/mm	径向切深/mm	进给速度/(mm/min)	主轴转速/(r/min)	铣削方式(端铣\周铣)	切削状态
Ⅳ	d1	10	0.2	1500	6200	周铣	稳定
	d2	10	0.5	1500	6200	周铣	稳定
	d3	10	1	1500	6200	周铣	稳定
	d4	10	2	1500	6200	周铣	颤振
	d5	10	2.5	1500	6200	周铣	颤振
	d6	10	3	1500	6200	周铣	颤振

2. 瞬时频谱频域统计指标验证

在切削组 Ⅰ 中，不同切深下的刀具 X 方向(轴向)振动位移信号时域波形及频谱如图 7-17 所示。不同轴向切深下的工件最终加工表面如图 7-18 所示。由于前三组端铣切削都采用一个刀粒的端铣刀，其刀齿通过频率与主轴的转频相同。在进行切削实验之前，首先采用锤击法对系统刀尖频响函数进行测量。实验测得 X 方向的前两阶固有频率分别为 1169Hz 和 1646Hz，其中 1646Hz 固有频率处幅值在频响函数中占主导地位。

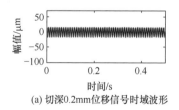
(a) 切深0.2mm位移信号时域波形

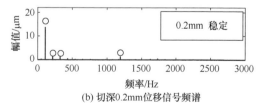
(b) 切深0.2mm位移信号频谱

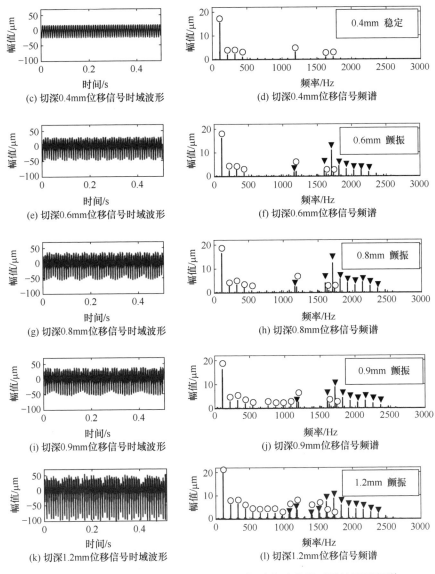

图 7-17 切削组 I 不同轴向切深下刀具振动位移信号时域波形及频谱
○：刀齿通过频率的谐波分量；▼：颤振频率分量

从图 7-17 中可以发现，随着端铣轴向切深的增大，刀具振动位移信号的幅值
不断增大。当铣削状态平稳时，刀具的振动位移信号主要由刀齿通过频率的谐波
分量组成；这些谐波分量主要是刀齿通过频率的低阶次谐波，主要分布在频谱的
低频位置。但是随着轴向切深的增大，频谱中系统固有频率附近的中、高频位置
处，也出现刀齿通过频率的谐波分量。随着切深的进一步增大，铣削颤振逐渐发

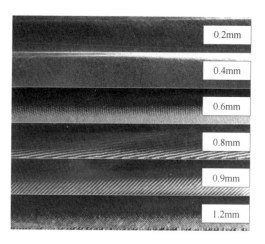

图 7-18　切削组Ⅰ中不同轴向切深下的工件加工表面

生并加剧。当颤振发生时，大量异常颤振频率分量出现在信号频谱中接近系统固有频率的中、高频位置处，且随着颤振的加剧，颤振频率的幅值逐渐增大。但是同时需要指出的是，随着轴向切深的增大，刀齿通过频率的谐波分量也逐渐增多；随着轴向切深的增加，切削载荷增大，刀齿通过频率谐波分量的幅值也在逐渐增大，如图 7-17(j)和图 7-17(l)所示。

从图 7-18 可以看出，当轴向切深为 0.2mm 和 0.4mm，切削状态平稳时，加工表面很光滑，表面质量较好。当轴向切深增大至 0.6mm 时，系统发生轻微颤振，加工表面上存在轻微的振纹。随着轴向切深的进一步增大，颤振明显加剧，工件最终加工表面存在严重的振纹。

采用上述提出的细化同步压缩变换方法对实测不同切深下的振动位移信号进行分析。根据系统刀尖频响函数测试结果，选择细化同步压缩变换的敏感频带范围为[1000Hz，2500Hz]。不同轴向切深下振动位移信号滤除转频谐波分量后的细化同步压缩变换滤波时频分布对比如图 7-19 所示。

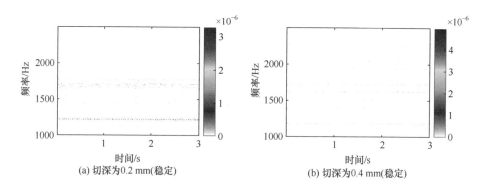

(a) 切深为 0.2 mm(稳定)　　　　　　　(b) 切深为 0.4 mm(稳定)

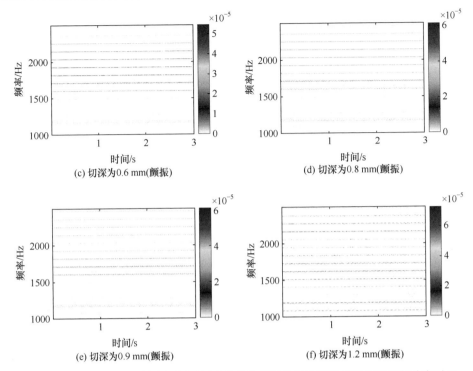

图 7-19　切削组 I 不同轴向切深下振动位移信号细化同步压缩变换滤波时频分布对比

从图 7-19 可以看出,当轴向切深较小,切削状态稳定时,滤波细化同步压缩变换时频分布主要由幅值极小的噪声分量构成,如图 7-19(a)和图 7-19(b)所示。从图 7-19(c)~图 7-19(f)可以发现,随着轴向切深的增大、颤振的发生和加剧,颤振敏感频带内出现颤振频率分量;颤振频率分量的数目和对应的频谱幅值也在逐渐增大。通过对比图 7-19 可以发现,稳定铣削状态和非稳定铣削颤振状态下颤振频率易出现敏感频带范围内,即细化同步压缩变换滤波时频分布内,瞬时频率谱线分布和能量分布等特性存在极大的差异。因此,基于滤除刀齿通过频率谐波分量的细化同步压缩变换时频分布,通过采用瞬时频域统计指标对瞬时频谱中瞬时频率谱线分布和瞬时能量分布的变化等特性进行准确的刻画和提取,能够很好地实现对高速铣削颤振异常特征的提取和识别。

基于图 7-19 中获得的滤除刀齿通过频率谐波分量的细化同步压缩变换时频分布,对前面提出的用于表征信号瞬时频谱中瞬时频率谱线分布和能量分布变化的 13 个瞬时频域统计指标值进行计算。不同轴向切深下,13 个频域统计指标的计算结果如图 7-20 所示。从图 7-20 中可以发现,频域统计指标 P_1、P_2、P_6、P_{10}、P_{12}、P_{13} 能够很好地对稳定铣削和非稳定铣削颤振进行识别。对于瞬时频域统计指标 P_1、P_2、P_6、P_{10}、P_{13},当铣削过程平稳无颤振发生时,指标的计算结果较小，不同切深下的指标计算结果在一个很小的幅值范围内波动，而且相互叠加在一起。当颤振发生并加剧时，瞬时频域统计指标 P_1、P_2、P_6、P_{10}、P_{13} 的计算结果较大，且与稳定铣削时的频域统计指标计算结果存在巨大的差异。以指标 P_1 为例，P_1 为滤除刀齿通过频率谐波分量后的细化同步压缩变换时频分布的幅值均值。当铣削过程平稳无颤振时，细化同步压缩变换滤波时频分布上仅剩下噪声分量，幅值均值很小，几乎为零。当颤振发生时，细化同步压缩变换滤波时频分布中出现大量颤振频率分量，滤波时频分布的瞬时频谱幅值均值会明显增大，与稳定状态时存在巨大的差异，能够有效地识别出颤振的发生。此外，需要说明的是，颤振过程是一个非线性、非平稳过程，当颤振发生时颤振频率分量的幅值，在极短的时间内会有较大的增加，这对于颤振的检测是十分有帮助的。

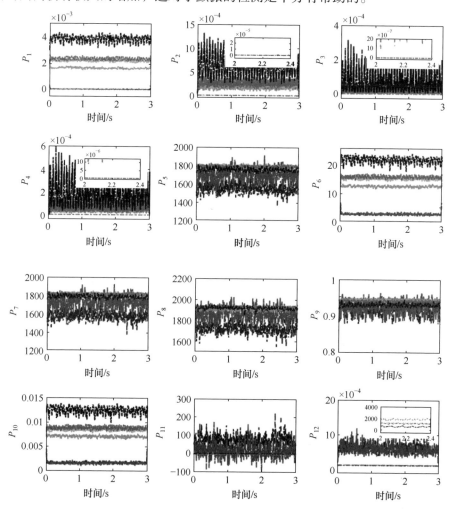

图 7-20　切削组 I 中不同轴向切深下基于细化同步压缩变换滤波时频分布的
频域统计指标计算结果

指标 P_2 表示瞬时频谱幅值的方差,是瞬时频谱中各频率点处幅值相对于整个瞬时频谱幅值均值之差的平方值的均值,用于表征各个瞬时频率处幅值的离散程度。当铣削过程为平稳铣削时,滤除刀齿通过频率谐波分量后的细化同步压缩时频分布主要由噪声分量组成;整个瞬时频谱各频率处的幅值均极小,且幅值相差不大。因此,在稳定铣削过程中细化同步压缩变换时频分布的瞬时频谱方差极小,近似为零。当颤振发生时,细化同步压缩变换时频分布中出现离散的颤振频率分量,且在颤振频率位置存在相对较大的幅值,导致此时的瞬时频谱方差为一个相对较大的数值。由图 7-20 中指标 P_2 统计结果知,稳定铣削时细化同步压缩滤波时频分布的瞬时频谱幅值的方差小于 1.5×10^{-6}(为 10^{-6} 数量级的值)。然而当颤振发生时,细化同步压缩变换时频分布的瞬频幅值方差为 10^{-4} 数量级的值。平稳铣削和非平稳颤振铣削对比,瞬时频率方差存在巨大的差异,该指标能够有效地进行颤振的监测和识别。

不同于指标 P_1、P_2、P_6、P_{10}、P_{13} 的值随颤振的发生而增大,指标 P_{12} 的值随颤振的发生和加剧而逐渐减小。当铣削状态为平稳铣削时,指标 P_{12} 的数值往往大于 2×10^4,而且其值随时间变化幅值波动很大,甚至超过 8×10^4。然而,当系统处于非平稳铣削并伴随有铣削颤振发生时,指标 P_{12} 的计算结果相对较小,往往小于 3×10^3;在给定切削工况下,指标值随时间的幅值波动很小。

此外,信号瞬时频谱的峭度 P_3 和偏斜度 P_4 也可以有效地对平稳铣削和颤振进行区分。当铣削过程为平稳铣削时,峭度 P_3 和偏斜度 P_4 的指标计算结果均十分小,几乎为零(小于 1×10^{-8})。当铣削过程演变为非平稳铣削并伴随有颤振发生时,振动信号瞬时频谱的峭度 P_3 和偏斜度 P_4 均发生很大的变化,增大到了 10^{-6} 数量级以上的数值。因此,瞬时频谱的峭度 P_3 和偏斜度 P_4 也可以用于铣削颤振的辨识。

3. 能量比指标验证

为了研究基于颤振信号瞬时频谱能量分布变化特性的颤振检测与识别,本节构建基于细化同步压缩变换的颤振识别能量比指标 ER_{zs}。本小节中将通过不同的铣削实验对该指标的性能进行验证。在四组实验中，不同切削参数下振动信号能量比指标计算结果如图 7-21 所示。

从图 7-21 中可以看出，对于不同刀具、不同铣削方式以及切削参数下的平稳铣削状态，能量比指标值往往比较小，一般都小于 0.2。这是因为在平稳铣削状态下，敏感频带范围内滤除转频及刀齿通过频率谐波分量之后的瞬时频谱主要由噪声分量组成，其能量相对于信号总能量往往较小。对于不同刀具、铣削方式以及切削参数下的非平稳颤振铣削状态，能量比指标值往往较大，一般大于 0.4。这是因为当非平稳铣削颤振发生时，信号敏感频带范围内出现大量异常颤振频率分量。由于颤振的非平稳特性，颤振分量幅值会迅速增大。随着切削深度增大，信

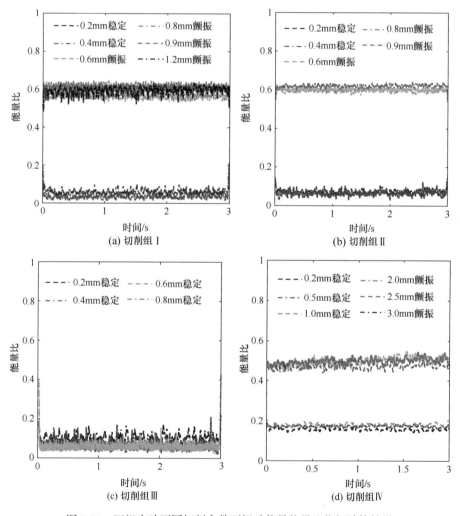

图 7-21　四组实验不同切削参数下振动信号能量比指标计算结果

号中主轴转频和刀齿通过频率及其谐波分量以及颤振频率分量的幅值都逐渐增大。颤振频率分量的能量相对于信号总能量维持在一个相对稳定的状态。

此外，通过图 7-21 可以发现，对于不同刀具、铣削方式以及切削参数下的相同铣削状态，能量比指标值往往在一个相对很小的幅值范围内波动。以切削组 Ⅰ 为例，当切削状态为稳定时，能量比指标小于 0.2，在 0~0.1 波动；当切削为非平稳铣削并伴随有颤振发生时，能量比指标在 0.55~0.65 波动。对于切削组Ⅲ的特殊切削工况，能量比指标计算结果如图 7-21(c)所示。从图 7-21(c)的计算结果可以看出，上述所提出的能量比指标能够有效地对特殊切削工况下的铣削状态进行有效的辨识。切削组Ⅲ中各个切削工况均为平稳铣削状态，各个工况下能量比指标计算结果均小于 0.2，与其他切削组平稳铣削指标计算结果一致。由于该指标能够有效去除切削参数引起的转频和刀齿通过频率及其谐波分量的影响，可以有效地实现切削状态辨识而不受切削参数的影响，具有辨识效果对切削参数不敏感的特性。在同一组铣削实验中，相同铣削状态下不同切削参数工况的能量比指标值往往彼此交叉混叠。对比结果表明本章提出的基于时频分析的能量比指标能够有效地对平稳铣削状态和非平稳颤振两种状态的差异特征进行刻画，进而实现对异常铣削颤振的准确辨识。

7.5.2　切削深度连续变化下的铣削颤振在线检测

1. 实验方案

1) 方案设计

高速铣削颤振一般是在某一工况下经历从稳定铣削状态到颤振过渡状态最终达到稳定颤振状态的完整过程，所以颤振辨识方法是否有效以及辨识结果的优劣不能只通过分离简单的不同铣削状态信号来证明，还需要通过辨识一个完整的颤振发生过程来验证。因此本次实验的目的是采集完整的高速铣削颤振实验信号，然后通过阈值判定结果与实际结果的比较来验证本章所提颤振辨识方法的有效性。

完整的颤振发生过程需要铣削状态从稳定域过渡到颤振域，而铣削稳定性叶瓣图中稳定域和颤振域的边界条件是由主轴转速和轴向切深的变化关系来描述的，其示意图如图 7-22(a)所示，所以在保证主轴转速不变的情况下，不断加深切削深度，使切削深度经历从小到大的过程，从而产生铣削状态经历从稳定域发展到颤振域的现象，采集到完整的铣削失稳信号。因此本次实验原理是采用主轴转速一定，通过铣削工件斜表面，使轴向切削深度逐渐增大的变切深高速铣削实验方案。工件示意图如图 7-22(b)所示。

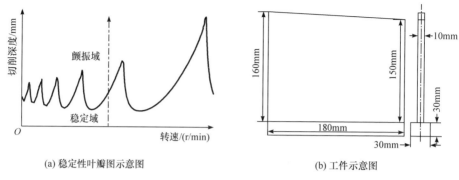

(a) 稳定性叶瓣图示意图　　　　　　　　　　(b) 工件示意图

图 7-22　实验方案示意图

本次实验分为三部分：第一部分是频响函数测试试验，在进行铣削实验之前先对机床主轴-刀柄-刀具系统进行频率响应函数测试以获得系统固有频率；第二部分是铣削实验，采集同一工况下的铣削振动加速度，观察信号时频处理结果、指标敏感度以及阈值判断效果；第三部分是进行不同工况条件的高速铣削实验，研究工况条件的改变对辨识效果的影响，并验证各颤振指标的敏感性以及阈值适用性。

2) 实验设备安装

变切深高速铣削实验台如图 7-23 所示，高速数控机床主轴型号为 Kessler DMS 080.34.FOS，最高转速可达 24000r/min，刀具采用 3 刃硬质合金立铣刀，刀具直径 10mm，刀具螺旋角 45°，刀具悬长 55mm。工件为 7075 航空铝合金薄壁板，板厚 10mm。铣削方式为干铣，方向为顺铣。

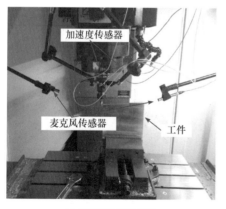

(a) 传感器及工件安装　　　　　　　　　　(b) 采集设备

图 7-23　变切深高速铣削实验台

主轴前端安装两个灵敏度为 1000mV/g 的 PCB 压电加速度传感器，在主轴两侧安置两个灵敏度为 52.3mV/Pa 的麦克风传感器，分别采集铣削过程中的振动加速度信号和声音信号，通过型号为 AVANT MI-7008 的亿恒数据采集系统采集和存储实验数据，采样频率为 10240Hz。

2. 铣削频响函数测试试验

因为颤振频率出现在机床主轴-刀具系统的低阶固有频率附近，并且早期能量比较微弱，容易被强铣削振动频率掩盖，所以在信号处理环节进行了时频滤波，并基于此提出了将颤振敏感频带的能量在时频域所占比例作为一个颤振指标。因此，需要对机床主轴-刀具系统进行频响函数测试试验，获得系统低阶固有频率。因为最终需要提取一定范围的颤振敏感频带，对所测主轴-刀柄-刀具(spindle-toolholder-tool, STT)系统固有频率的精确度要求不高，所以采用简单的力锤激励法对刀尖进行敲击来获得系统响应函数。

实验设备布置如图 7-24 所示。采用型号为 Kistler 9722d，灵敏度为 12.85mV/N 的钢头力锤，两个型号为 DYTRAN 3032A，灵敏度为 10mV/g 的加速度传感器分别安装在刀尖部分的 X 方向及 Y 方向，并用力锤敲击，通过亿恒的模态分析软件进行数据采集和分析，所得结果如图 7-25 所示。

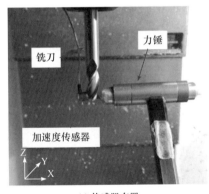
(a) 传感器布置

(b) 测试仪器

图 7-24　刀尖频响函数测试实验

从图 7-25(a)和(b)中的幅频特性曲线可以得出机床主轴-刀具系统在 X 方向的低阶固有频率为 703.8Hz、1243Hz 和 2006Hz，Y 方向的低阶固有频率为 725Hz、932Hz、1299Hz 和 2028Hz。因此，将颤振敏感频带设定为 C_1(700～950Hz)、C_2(1150～1400Hz)和 C_3(1900～2150Hz)，以此来计算颤振敏感频带能量比 δ_E。

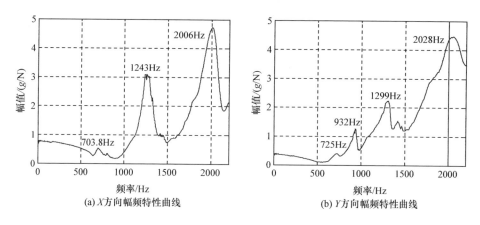

(a) X方向幅频特性曲线　　　　　　　　　(b) Y方向幅频特性曲线

图 7-25　刀尖频响函数测试结果

3. 铣削加速度信号采集

由于信号的采集是颤振辨识中第一个环节，因此所采集的信号的优劣对后续分析处理以及阈值辨识效果至关重要。在同一铣削工况和外在环境下，信号类型选择的不同可能导致信号中包含有效信息和干扰噪声成分的不同，进而影响颤振征兆辨识的准确性。信号的获取应该综合考虑信噪比、灵敏度以及设备安装便捷度三方面因素，所以本次实验采集了振动加速度信号。

加速度信号能直观地反映铣削状态信息，同时受实验条件的限制较小，实际操作也比较方便，所以是最常用的振动检测信号之一。本次实验通过两个安装在主轴下端的 X 和 Y 方向上的 PCB 加速度传感器，分别采集主轴两个方向的振动信号。

本次信号类型对比分析实验，设定转速为 9600r/min，每齿进给量为 0.02mm，切宽为 0.2mm，对采集到的数据进行分析，刀具在 1.25s 由稳定的空转状态进入铣削状态，铣削过程历时 18.75s，在 20s 时结束铣削，其时域图如图 7-26(a) 和 (b) 所示。对各信号进行基于 STFT 的同步压缩变换，得到整个铣削过程的时频图，如图 7-26(c) 所示。

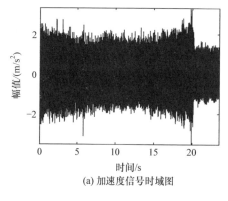

(a) 加速度信号时域图

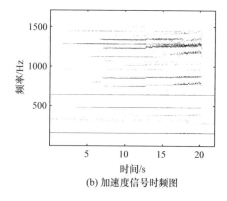

(b) 加速度信号时频图

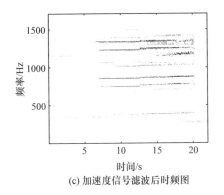

(c) 加速度信号滤波后时频图

图 7-26 加速度信号时域图及时频图

完成信号处理后得到加速度信号的时频分布,在此基础上进行指标构造,分别计算时频域指标和基于同步压缩重构的时域、频域指标,然后进行自适应阈值判别,通过硬阈值函数对指标发生异常的时刻进行辨识,根据警报设置方法,由加速度信号所得辨识结果为 6.44s,如图 7-27 所示。

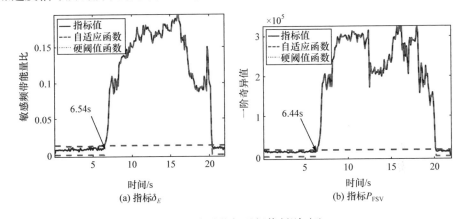

图 7-27 实验指标及阈值判别对比

4. 不同工况的变切深铣削实验分析

本章提出了基于同步压缩变换的高速铣削颤振辨识方法,通过不同铣削状态的离线数据对其中的信号处理方法、滤波方法以及指标构造部分进行了可行性验证。然而要证实该辨识方法的有效性和普遍适用性,仍需要通过铣削实验来验证。通过改变切削参数中的转速来进行实验分析,考察各颤振指标对该种工况下是否具有适用性和有效性。

对不同主轴转速的实验验证,选择在保证每齿进给量以及切宽相同的情况下,改变主轴转速,获得不同转速工况的实验数据,参数设定如表 7-5 所示。三组实验信号的时域图如图 7-28 所示。

表 7-5　不同转速下的切削参数

实验号	转速/(r/min)	每齿进给量/mm	切宽/mm
1	9300	0.01	0.2
2	9600	0.01	0.2
3	10200	0.01	0.2

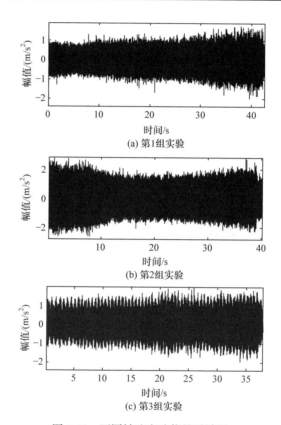

图 7-28　不同转速实验信号时域图

在第 1 组转速为 9300r/min 的实验中，8 个颤振指标的辨识结果如图 7-29 所示。随着切削深度的逐渐增加，铣削过程经历了从稳定到颤振的状态转变，而根据信号时频信息提取出的颤振指标将这一过程通过其趋势走向完整地反映了出来。对指标数据进行自适应阈值判别计算，根据提出的有两个及两个以上指标发出警告则进行颤振阈值警报的设定，判定颤振的警报时刻为 4.84s。

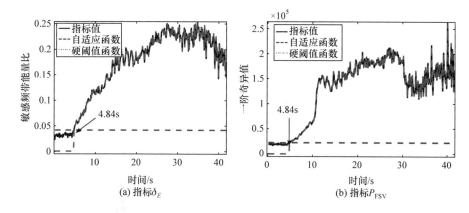

图 7-29　第 1 组实验颤振指标辨识结果

通过型号为 MZDH0670 的单筒时频显微镜放大工件实际加工表面,观察表面铣削振纹情况,在颤振过渡区出现第一条较为明显的颤振振纹为 10mm 附近,如图 7-30 所示,根据实验中开始铣削时间为 3.3s,进给速度为 279mm/min,可推算出振纹对应时刻为 5.45s。通过早期颤振辨识方法得到的辨识结果为 4.84s,所以该颤振辨识结果提前了 0.61s 发出颤振警报。

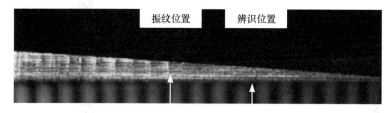

图 7-30　第 1 组实验工件

在第 2 组转速为 9600r/min 的实验中,同样进行同步压缩及时频滤波处理,基于处理结果构造各颤振指标,如图 7-31 所示,指标曲线的趋势走向与铣削过程中状态变化趋势一致。阈值辨识方法同样适用,根据所设定的报警方式,得到最终的辨识结果为 14.64s。

同样通过型号为 MZDH0670 的单筒时频显微镜放大并观察工件实际加工表面,从稳定铣削进入颤振过渡区,出现明显振纹的位置大约在 65mm 附近,如图 7-32 所示。根据铣削开始时间为 1.5s,进给速度为 288mm/min,可推算出对应时间为 15.04s,而根据辨识方法得出的结果为 14.64s,辨识结果提前了 0.4s 进行报警。

第 3 组转速实验中,将主轴转速增加到 10200r/min,对实验数据进行同步压缩变换及时频滤波处理,对得到的时频结果分别从时频域、时域和频域进行指标构造，根据指标趋势变化，结合自适应阈值判别方法进行颤振辨识，得到辨识结果为 8.64s，如图 7-33 所示。

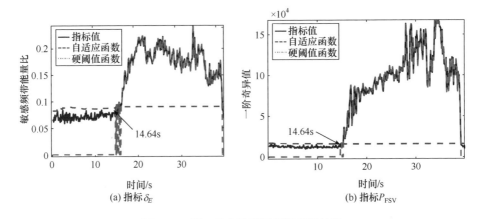

图 7-31　第 2 组实验颤振指标辨识结果

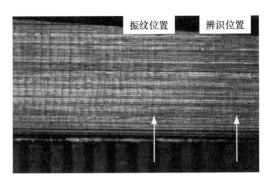

图 7-32　第 2 组实验工件

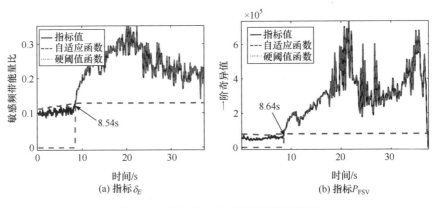

图 7-33　第 3 组实验颤振指标辨识结果

通过型号为 MZDH0670 的单筒时频显微镜放大并观察工件实际加工表面振

纹，工件的表面第一条明显振纹大约出现在 36.5mm 处，此后不规则的鱼鳞状颤振振纹开始增多，如图 7-34 所示。根据开始铣削时间为 2s，进给速度为 306mm/min，可推算出对应时间为 9.16s，则与辨识结果 8.64s 相比，辨识方法提前了 0.52s 进行颤振警报。

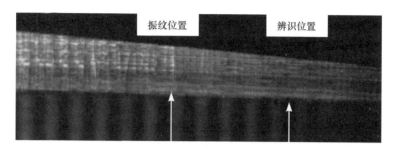

图 7-34　第 3 组实验工件

参 考 文 献

[1] 吴石, 刘献礼, 王艳鑫. 基于连续小波和多类球支持向量机的颤振预报[J]. 振动. 测试与诊断, 2012, 32(1): 46-50.

[2] CAO H, LEI Y, HE Z. Chatter identification in end milling process using wavelet packets and Hilbert-Huang transform[J]. International Journal of Machine Tools and Manufacture, 2013, 69: 11-19.

[3] UEKITA M, TAKAYA Y. Tool condition monitoring technique for deep-hole drilling of large components based on chatter identification in time-frequency domain[J]. Measurement, 2017, 103: 199-207.

[4] DAUBECHIES I, LU J, WU H T. Synchrosqueezed wavelet transforms: An empirical mode decomposition-like tool[J]. Applied and computational harmonic analysis, 2011, 30(2): 243-261.

[5] LI C, LIANG M. A generalized synchrosqueezing transform for enhancing signal time-frequency representation[J]. Signal Processing, 2012, 92(9): 2264-2274.

[6] WANG Z C, REN W X, LIU J L. A synchrosqueezed wavelet transform enhanced by extended analytical mode decomposition method for dynamic signal reconstruction[J]. Journal of Sound and Vibration, 2013, 332(22): 6016-6028.

[7] XI S, CAO H, CHEN X, et al. A frequency-shift synchrosqueezing method for instantaneous speed estimation of rotating machinery[J]. Journal of Manufacturing Science and Engineering, 2015, 137(3): 031012.

[8] CHAN Y H, WU H T, SHU-SHYA H, et al. ECG-Derived Respiration and Instantaneous Frequency based on the Synchrosqueezing Transform: Application to Patients with Atrial Fibrillation[J]. Applied & Computational Harmonic Analysis, 2011, 36(2): 354-359.

[9] WANG P, GAO J, WANG Z. Time-frequency analysis of seismic data using synchrosqueezing transform[J]. IEEE Geoscience and Remote Sensing Letters, 2014, 11(12): 2042-2044.

[10] THAKUR G, BREVDO E, FUČKAR N S, et al. The synchrosqueezing algorithm for time-

varying spectral analysis: Robustness properties and new paleoclimate applications[J]. Signal Processing, 2013, 93(5): 1079-1094.

[11] AUGER F, FLANDRIN P, LIN Y-T, et al. Time-frequency reassignment and synchrosqueezing: An overview[J]. IEEE Signal Processing Magazine, 2013, 30(6): 32-41.

[12] 席松涛. 高速主轴振动特性分析及铣削颤振特征识别[D]. 西安:西安交通大学, 2018.

[13] 岳忆婷. 基于同步压缩变换的高速铣削早期颤振辨识方法研究[D]. 西安:西安交通大学, 2017.

[14] CAO H, HE D, XI S, et al. Vibration signal correction of unbalanced rotor due to angular speed fluctuation[J]. Mechanical Systems and Signal Processing, 2018, 107: 202-220.

[15] CAO H, WANG X, HE D, et al. An improvement of time-reassigned synchrosqueezing transform algorithm and its application in mechanical fault diagnosis[J]. Measurement, 2020, 155: 107538.

[16] HE D, CAO H, WANG S, et al. Time-reassigned synchrosqueezing transform: The algorithm and its applications in mechanical signal processing[J]. Mechanical Systems and Signal Processing, 2019, 117: 255-279.

[17] CAO H, XI S, CHEN X, et al. Zoom synchrosqueezing transform and iterative demodulation: Methods with application[J]. Mechanical Systems and Signal Processing, 2016, 72: 695-711.

[18] XI S T, CAO H R, Chen X F. Zoom synchrosqueezing transform for instantaneous speed estimation of high speed spindle[C]. Materials Science Forum, 2016: 310-317.

[19] XI S, CAO H, ZHANG X, et al. Zoom synchrosqueezing transform-based chatter identification in the milling process[J]. The International Journal of Advanced Manufacturing Technology, 2019, 101(5): 1197-1213.

[20] 耿宇斌. 基于 Morlet 小波与 SVD 的旋转机械故障特征提取算法研究[D]. 广州: 华南理工大学, 2015.

[21] FU Y, ZHANG Y, ZHOU H, et al. Timely online chatter detection in end milling process[J]. Mechanical Systems and Signal Processing, 2016, 75: 668-688.

第8章 基于深度学习的智能主轴微弱颤振辨识方法

8.1 引　　言

传感器、物联网等技术的飞速发展以及在长时间运行中产生的海量监测数据推动智能主轴状态监测与健康管理迈入"大数据时代"。在传统的基于阈值报警的颤振检测方法中，特征提取方法和报警阈值设置大多是人工确定的，严重依赖操作人员的背景知识和技术水平。当数据量很大时，监测数据信息之间相互耦合，呈高维异构、分布不均等特点，再加上服役环境复杂、运行工况多变，致使传统的颤振检测方法困难重重。深度学习从原始数据出发，不需要其他信号预处理或降噪手段，强大的学习能力和表达能力更有助于颤振特征的提取，可以通过训练的方式从数据中学习出颤振敏感指标及其对应阈值。在大数据背景下，深度学习等新一代人工智能算法为智能主轴颤振辨识提供了新的途径，正推动颤振辨识从信号特征提取到大数据故障信息智能表征、从专家经验判断到智能监测诊断的方向发展。

本章分别构建有序长短时记忆神经网络和柔性高阶图卷积神经网络，以解决深度学习应用于颤振辨识的可解释性问题和抗噪性问题，最后通过大量的切削实验，对方法的有效性进行验证[1,2]。

8.2　早期微弱颤振辨识的有序长短时记忆神经网络方法

8.2.1　理论基础

1. 长短时记忆神经网络方法

颤振在线辨识可以看作时间序列的分类问题，循环神经网络是深度神经网络中最善于处理时间序列的网络，其中长短时记忆神经网络由于其在解决"长依赖问题"和梯度爆炸以及消失问题上的优势，成为循环神经网络中应用最广的一种。长短时记忆的概念在1997年由Hochreiter等[3]提出，目前广泛使用的长短时记忆神经网络是由Graves等[4]提出的，被认为是经典的长短时记忆神经网络结构。长短时记忆神经网络是针对序列数据的一种很有效并且可扩展的循环神经网络结构，该网络已经被用于很多领域，如手写识别与生成[5,6]、语言模型构建[7]和翻译[8]、口语分析[9]等。

长短时记忆神经网络能够有效应对序列任务的原因是它允许信息的持续存在，在计算当前时刻的输出时，所有历史时刻的输出信息都能够被直接或间接地利用上，这对于藏有周期性信息的时间序列数据是很有帮助的。学者们在对常规循环神经网络进行应用时，发现随着距离的增加，常规循环神经网络很难再利用到历史信息，这是其内在结构所带来的固有问题，同时常规循环神经网络在训练过程中还常出现梯度爆炸或梯度消失的问题。针对这些问题，长短时记忆神经网络被提出，长短时记忆神经网络区别于经典循环神经网络的特征有两点，其一是内部神经元状态的更新规律，其二是各种门控单元。内部神经元状态受每一项序列输入的影响，并且该影响是有时序的，内部神经元最终的状态决定着长短时记忆神经网络的输出。门控单元控制着信息在神经元内的流动，同时也在对输入进行着正则化，使训练过程能够快速平稳地进行。

令第 i 次高速铣削试验从传感器获得的信号为 $\boldsymbol{X}_i$，本章同时使用了 M 个传感器采集信号，故 $\boldsymbol{X}_i$ 是维度为 $M \times L_i$ 的矩阵，其中 L_i 为第 i 次高速铣削试验采集的信号长度。为了保证颤振在线辨识的实时性，仍然将原始信号分割为固定长度 L_0 的信号片段，用 $\boldsymbol{X}_{i,j}$ 表示分割后的第 j 个信号片段，则 $\boldsymbol{X}_{i,j}$ 的维度为 $M \times L_0$ 并成为长短时记忆神经网络的输入。

在长短时记忆神经网络中，需依时间顺序将 $\boldsymbol{X}_{i,j}$ 输入，令某时刻 t 输入向量为 $\boldsymbol{x}_{i,j}^{(t)}$，向量长度为 M，令长短时记忆神经网络的神经元数为 N_{L}。在长短时记忆神经网络的每个时间节点，首先需要决定的是要从上一次的神经元状态中遗弃的信息，因为只有遗弃一部分信息神经元才有接收新信息的能力，神经元遗弃信息的过程由遗忘门实现，遗忘门 $\boldsymbol{f}^{(t)}$ 的定义为

$$\boldsymbol{f}^{(t)} = \sigma(\boldsymbol{W}_{\mathrm{f}}\boldsymbol{x}_{i,j}^{(t)} + \boldsymbol{R}_{\mathrm{f}}\boldsymbol{y}^{(t-1)} + \boldsymbol{b}_{\mathrm{f}}) \tag{8-1}$$

式中，$\boldsymbol{W}_{\mathrm{f}} \in \mathbb{R}^{N_{\mathrm{L}} \times M}$，为遗忘门的输入权重；$\boldsymbol{R}_{\mathrm{f}} \in \mathbb{R}^{N_{\mathrm{L}} \times N_{\mathrm{L}}}$，为遗忘门的循环权重；$\boldsymbol{y}^{(t-1)} \in \mathbb{R}^{N_{\mathrm{L}}}$，为上一时刻长短时记忆神经网络的输出；$\boldsymbol{b}_{\mathrm{f}} \in \mathbb{R}^{N_{\mathrm{L}}}$，为遗忘门的偏置；$\boldsymbol{W}_{\mathrm{f}}$、$\boldsymbol{R}_{\mathrm{f}}$、$\boldsymbol{b}_{\mathrm{f}}$ 都是可训练参数；σ 表示非线性激活函数 Sigmoid：

$$\sigma(x) = \frac{1}{1 + \mathrm{e}^{-x}} \tag{8-2}$$

在 Sigmoid 函数的影响下，$\boldsymbol{f}^{(t)}$ 中元素的取值范围为 $(0,1)$。在每一时间节点，遗忘门都根据当前时刻的信息流入和前一时刻的信息流出控制神经元内的信息遗忘。在决定神经元遗忘信息的程度之后，还需要决定输入神经元的信息程度，

这部分分为两步，第一步是将原始输入转换为候选输入 $z^{(t)}$，第二步是计算输入门的值 $i^{(t)}$ 以控制输入神经元的信息，这两步的计算方式为

$$z^{(t)} = h(W_z x_{i,j}^{(t)} + R_z y^{(t-1)} + b_z) \tag{8-3}$$

$$i^{(t)} = \sigma(W_i x_{i,j}^{(t)} + R_i y^{(t-1)} + b_i) \tag{8-4}$$

式中，$W_z \in \mathbb{R}^{N_L \times M}$，为候选输入门的输入权重；$W_i \in \mathbb{R}^{N_L \times M}$，为输入门的输入权重；$R_z \in \mathbb{R}^{N_L \times N_L}$，为候选输入门的循环权重；$R_i \in \mathbb{R}^{N_L \times N_L}$，为输入门的循环权重；$b_z \in \mathbb{R}^{N_L}$，为候选输入门的偏置；$b_i \in \mathbb{R}^{N_L}$，为输入门的偏置；$h$ 为双曲正切函数 (tanh)。

候选输入门可以理解为将原始输入转换为长短时记忆神经网络便于处理的形式，而输入门则是控制当前时刻的输入流进神经元的程度。获得遗忘门、候选输入门和输入门值后，就可以对上一时刻神经元的状态 $c_{(t-1)}$ 进行更新：

$$c^{(t)} = z^{(t)} \odot i^{(t)} + c^{(t-1)} \odot f^{(t)} \tag{8-5}$$

式中，$z^{(t)}$、$i^{(t)}$、$c^{(t-1)}$ 和 $f^{(t)}$ 都是维度为 N_L 的向量，故获得的新神经元状态 $c^{(t)}$ 维度也是 N_L。

神经元的新状态由两部分组成，一部分是候选输入门与输入门的点积，这部分表示的是向神经元输入的新信息，另一部分是上一时刻神经元的状态与遗忘门的点积，这部分表示的是神经元历史信息的残留。在获得新的神经元状态之后，还需要计算输出门 $o^{(t)}$ 以控制神经元向外输出的信息，输出门 $o^{(t)}$ 的计算方式为

$$o^{(t)} = \sigma(W_o x_{i,j}^{(t)} + R_o y^{(t-1)} + b_o) \tag{8-6}$$

式中，$W_o \in \mathbb{R}^{N_L \times M}$，为输出门的输入权重；$R_o \in \mathbb{R}^{N_L \times N_L}$，为输出门的循环权重；$b_o \in \mathbb{R}^{N_L}$，为输出门的偏置。

将神经元状态正则化后，就可以通过输出门与其的点积获得当前时刻神经元的输出 $y^{(t)}$：

$$y^{(t)} = h(c^{(t)}) \odot o^{(t)} \tag{8-7}$$

长短时记忆神经网络的运作方式是从时间序列的第一个数据开始输入并更新网络内部神经元的状态，直到最后一个数据完成输入后内部神经元最终的输出就是长短时记忆神经网络的输出。如果需要输出序列，也可以将每一次数据输入时的输出合并成一个向量输出，就可以成为一个输出序列。长短时记忆神经网络的维度 N_L 实际上就是内部神经元的个数，也是其最终输出的特征维度。

长短时记忆神经网络虽然能够有效地完成时间序列任务，但是它的关注点在于信息的流动方式，即使获得了很好的颤振辨识效果，也无法知道效果好的原因。因此，还需要找到一种方式，对长短时记忆神经网络的运行结果给出合理化解释，

结合智能主轴高速切削中振动信号的周期性特点，找到一种通过给神经元划分层级找到神经元表达规律的解释方法。

2. 有序长短时记忆神经网络方法

有序长短时记忆神经网络于 2019 年由 Shen 等[10]提出，在有序长短时记忆神经网络中，一个新的归纳性偏置被引入长短时记忆神经网络。这一归纳性偏置使长短时记忆神经网络中的神经元在储存信息的能力上发生分化：高等级神经元用来存储长期信息，这些信息可以在经过很多时间节点后依然保存；低等级神经元则用来存储短期信息，这些信息在新的时间序列输入后很容易被遗忘。在实现这种存储能力分级时，为了避免神经元等级的严格划分，有序长短时记忆神经网络引入了一种新的激活函数，叫作累加逻辑回归函数 cumax，通过该函数赋予神经元等级并控制神经元内信息的输入与遗忘顺序。在累加逻辑回归函数的影响下，两组新的门控单元主遗忘门和主输入门会生成两组新向量，这两组新向量可以确保在某神经元的信息被遗忘时，层级比该神经元低的神经元信息也一定会被遗忘，在信息输入时也是优先输入层级较低的神经元中。有序神经网络就是基于累加逻辑回归函数和长短时记忆神经网络而提出的。

在有序长短时记忆神经网络中，为了强制限制神经元的更新频率，累加逻辑回归函数 cumax 被定义为

$$\hat{g} = \text{cumax}(\cdots) = \text{cumsum}(\text{softmax}(\cdots)) \tag{8-8}$$

式中，cumsum( ) 为序列累加和；softmax( ) 为归一化指数函数。

向量 $\hat{g}$ 可以看作是二元门 $g = (0,\cdots,0,1,\cdots,1)$ 的期望，该二元门将整个序列分为两部分：元素为 0 的片段和元素为 1 的片段。因此，累加逻辑回归函数可以在这两部分片段中应用不同的更新规则，以实现对长期信息和短期信息的分别处理。假设 d 为一个随机变量，代表 g 中第一次出现值 1 时的索引，将 d 定义为

$$P(d) = \text{softmax}(\cdots) \tag{8-9}$$

由于变量 d 表示的是两个片段之间的分隔点，因此当计算 g 中第 k 个索引为 1 的概率时，将分隔点在 k 之前的情况全部考虑即可，即 $d \leqslant k = (d=0) \vee (d=1) \vee \cdots \vee (d=k)$，由于 d 等于不同值的情况是相互独立的，可以通过计算累加分布来得到该概率：

$$p(g_k = 1) = p(d \leqslant k) = \sum_{l \leqslant k} P(d=l) \tag{8-10}$$

理想情况下，g 是一个离散变量，但是在深度神经网络中，是无法给一个离散变量计算偏微分和梯度的。因此，在实际应用中，使用逻辑回归函数的累加和来松弛化地计算 $p(d \leqslant k)$，由于 g_k 是二元变量，这和计算 g_k 的期望是等价的，因此 $\hat{g} = \mathbb{E}(g)$。

基于累加逻辑回归函数 cumax 的特性，同时也参考长短时记忆神经网络的结构，有序长短时记忆神经网络中提出了主遗忘门 f_m 和主输出门 i_m 的计算方式：

$$f_m^{(t)} = \text{cumax}(W_{fm}x_{i,j}^{(t)} + R_{fm}y^{(t-1)} + b_{fm}) \tag{8-11}$$

$$i_m^{(t)} = 1 - \text{cumax}(W_{im}x_{i,j}^{(t)} + R_{im}y^{(t-1)} + b_{im}) \tag{8-12}$$

式中，$W_{fm} \in \mathbb{R}^{N_L \times M}$，为主遗忘门的输入权重；$W_{im} \in \mathbb{R}^{N_L \times M}$，为主输入门的输入权重；$R_{fm} \in \mathbb{R}^{N_L \times N_L}$，为主遗忘门的循环权重；$R_{im} \in \mathbb{R}^{N_L \times N_L}$，为主输入门的循环权重；$b_{fm} \in \mathbb{R}^{N_L}$，为主遗忘门的偏置；$b_{im} \in \mathbb{R}^{N_L}$，为主输入门的偏置。

根据逻辑回归函数的性质可以得出，主遗忘门 $f_m^{(t)}$ 的值是从 0 单调递增至 1 的，而主输入门 $i_m^{(t)}$ 由于是用 1 减去逻辑回归函数，故其值是从 1 单调递减至 0 的。这两个门从较高的层面上控制着神经元内信息的更新方式，基于主遗忘门和主输入门，可以获得主遗忘门和主输入门的重叠部分 $\omega^{(t)}$、辅助主遗忘门 $f_m^{(t)'}$ 和辅助主输入门 $i_m^{(t)'}$。

$$\omega^{(t)} = f_m^{(t)} \odot i_m^{(t)} \tag{8-13}$$

$$f_m^{(t)'} = f^{(t)} \odot \omega^{(t)} + (f_m^{(t)} - \omega^{(t)}) = f_m^{(t)} \odot (f^{(t)} \odot i_m^{(t)} + 1 - i_m^{(t)}) \tag{8-14}$$

$$f_m^{(t)'} = i^{(t)} \odot \omega^{(t)} + (i_m^{(t)} - \omega^{(t)}) = i_m^{(t)} \odot (i^{(t)} \odot f_m^{(t)} + 1 - f_m^{(t)}) \tag{8-15}$$

在辅助主遗忘门和辅助主输入门的影响下，细胞元的更新方式变为

$$c^{(t)} = z^{(t)} \odot i_m^{(t)'} + c^{(t-1)} \odot f_m^{(t)'} \tag{8-16}$$

通过改变细胞元的更新方式，有序长短时记忆神经网络内部神经元的更新顺序也被强制规定，强制更新顺序的目的是令不同的神经元能够表达不同层级的信息。

8.2.2　早期微弱颤振辨识网络构建及可解释性分析

1. 早期微弱颤振辨识神经网络构建

为了实现早期微弱颤振的在线辨识，本章分别应用了长短时记忆神经网络和有序长短时记忆神经网络来构建颤振在线辨识的模型，本节从训练和测试数据集构建与深度神经网络的构建方式两方面介绍基于两种循环神经网络的早期微弱颤振在线辨识方法。

在获得原始试验数据后，首先需要给数据进行标注，保证数据标注的正确性才能通过损失函数的计算完成深度神经网络参数的训练。在对数据进行标注时，同样是分成两类讨论，对于整个高速铣削过程都是稳定切削状态的情况，可以直接把整个时间序列都归为正常切削状态，而对于从稳定切削变为颤振的情况，需要找到颤振开始的时间点，本章主要通过信号的时频变换和加工表面质量来判断

颤振的开始和结束时间，并将颤振时间段内的数据归到颤振类别中。

为了实现颤振的在线辨识，不可能在获得全部铣削信号后再对信号进行识别，而是要在尽量短的时间内完成颤振的辨识。因此，需要将原始信号切分为固定长度的时间序列片段，并且要尽可能减小该长度以达到更好的实时性。在试验中，综合考虑主轴回转速度和信号的采样频率，将原始信号切分为固定长度为 $L_0 = 250$ 的时间序列。从两个极端的主轴回转速度进行分析，当主轴回转速度分别为 6000r/min 和 12000r/min 时，考虑到采样频率为 24000Hz，则主轴回转一圈所采集到的点数为 120 个和 240 个，也就是说当固定长度为 250 时，该时间序列涵盖了主轴回转一周的信号，有利于颤振辨识的同时也不失实时性。

此外，庞大的数据库可以提高神经网络的泛化能力，尽管在高速铣削试验对不同主轴回转速度和切削宽度下的铣削情况进行信号采集，但是还有很多切削加工情况是没有覆盖的，本章使用了几个简单的信号预处理手段扩充训练和测试数据：

(1) 噪声的加入。在实验室环境下，通常噪声是较小的，采集到的多是一些高频环境噪声，而在工业现场，传感器很容易受到加工车间、邻近机械设备甚至是加工工人的影响而收集到很多复杂噪声成分。因此首先在原始数据集中使用低通滤波器，滤除高于 4000Hz 的实验室环境噪声，又向滤除噪声后的信号加入了一些高斯噪声以模拟工业现场的情况。

(2) 传感器的配置方式。传感器的粘贴方式并没有统一的规范标准，在工业现场布置的传感器可能并没有按照实验室的方向(尽管也是垂直放置)，针对这种情况，采取对原始数据集的幅值取相反数的方式来模拟传感器放置方向的不一致。

(3) 采样频率。考虑到不同的信号采集设备具有不同的信号采集能力，并且工业现场数据的存储处理能力也不一致，不同应用场景下会采用不同的信号采样频率。相同数据点数的情况下，不同的采样频率采集到的数据相差较大，因此在原始数据集中采取升采样和降采样的方式来对数据集进行扩充。

(4) 工件材料。不同应用场景下，高速铣削时所用到的材料也不同，不同材料会对应不同的切削力系数，即在相同的切削参数下，切削力的大小是不同的，由切削力导致的主轴系统振动幅值也会有变化。因此本章采用对振动信号的同比放大与缩小来模拟工件材料的不同。

试验中所用长短时记忆神经网络结构如图 8-1 所示，由于在试验中使用了 $M = 4$ 个加速度传感器，数据分割长度固定为 $L_0 = 250$，故数据的输入维度为 250×4。深度神经网络的第一层为长短时记忆神经网络，在该层数据依次进入并以最终神经元的输出作为该层的输出，输出的维度等于长短时记忆神经网络的神经元数 N_L，第二层是维度为 10 的全连接层，目的为特征的再提取，激活函数用

的是非线性整流函数，其输出 $\boldsymbol{y}_a$ 可以表示为

$$\boldsymbol{y}_a = \mathrm{ReLU}(\boldsymbol{W}_a \boldsymbol{y}^{(250)} + \boldsymbol{b}_a) \tag{8-17}$$

式中，$\boldsymbol{W}_a \in \mathbb{R}^{10 \times N_L}$，为第一个全连接层的权重矩阵；$\boldsymbol{b}_a \in \mathbb{R}^{10}$，为第一个全连接层的偏置；$\mathrm{ReLU}(\ )$ 为非线性整流函数：

$$\mathrm{ReLU}(x) = \max(0, x) \tag{8-18}$$

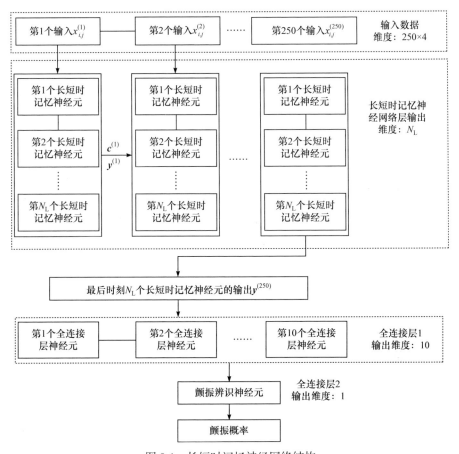

图 8-1　长短时记忆神经网络结构

第三层是维度为 1 的全连接层，激活函数为 Sigmoid 函数，用于最终输出颤振发生的概率 $\boldsymbol{y}_b$：

$$\boldsymbol{y}_b = \sigma(\boldsymbol{W}_b \boldsymbol{y}_a + b_b) \tag{8-19}$$

式中，$\boldsymbol{W}_b \in \mathbb{R}^{1 \times 10}$ 为第二个全连接层的权重矩阵；b_b 为第二个全连接层的偏置。

如果不考虑深度神经网络的可解释性，长短时记忆神经网络也可以在早期微弱颤振辨识中有很好的表现。为了得到一个能够完成早期微弱颤振辨识任务同时

具有可解释性的方法，有序长短时记忆神经网络被引入。有序长短时记忆神经网络中的主遗忘门和主输入门能够强制神经元更新信息的顺序，将神经元按照先后顺序赋予高低不同的层级结构，以此获得输入序列在每个时刻的层级。所用有序长短时记忆神经网络结构与长短时记忆神经网络相同，基于有序长短时记忆神经网络的早期微弱颤振在线辨识方法完整流程如图 8-2 所示。

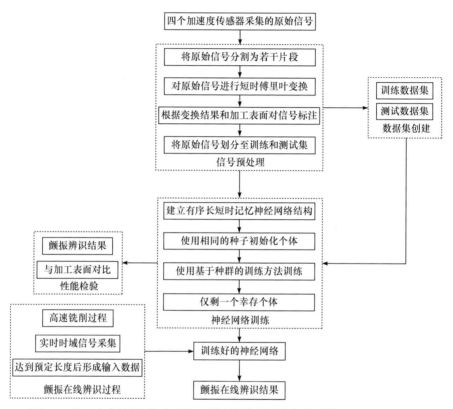

图 8-2　基于有序长短时记忆神经网络的早期微弱颤振在线辨识方法完整流程

该完整流程图由两大部分组成，分别为模型构建部分和模型应用部分，其中模型构建部分又包括信号预处理、数据集创建、神经网络训练和性能检验四部分。

2. 有序长短时记忆神经网络可解释性分析

为了解释新更新规则背后的设计意图，假设主遗忘门和主输入门都是二元的也就是非 0 即 1 的，则可以从以下三个角度对该更新规则进行说明：

其一是主遗忘门 $f_m^{(t)}$ 的作用。主遗忘门在有序长短时记忆神经网络中控制着历史信息的消除，假设主遗忘门 $f_m^{(t)} = (0,\cdots,0,1,\cdots,1)$ 且 0 与 1 片段的分离点为

$d_{\mathrm{f}}^{(t)}$。从式(8-14)和式(8-16)中可以看到，当前时刻神经元的状态实际上是由两部分组成，其一是从上一时刻神经元状态中汲取到的信息，其二是当前输入对神经元的影响。从前一时刻的神经元状态获得的信息 $c^{(t-1)} \odot f_{\mathrm{m}}^{(t)'}$ 由辅助主遗忘门 $f_{\mathrm{m}}^{(t)'}$ 控制，而 $f_{\mathrm{m}}^{(t)'}$ 由 $f_{\mathrm{m}}^{(t)}$ 与另一项的点积得到。在点积运算中，若其中一项为 0，则结果必为 0，因此分离点 $d_{\mathrm{f}}^{(t)}$ 索引前的神经元状态会被全部抹去。若 $d_{\mathrm{f}}^{(t)}$ 的值较大，则说明该时刻需要遗忘级别较高的数据，这些数据对结果无法造成影响，若 $d_{\mathrm{f}}^{(t)}$ 的值较小，则神经元对原有信息的保持都较好，说明该时刻的信息与之前时刻的信息有较好的连续性。

其二是主输入门 $i_{\mathrm{m}}^{(t)}$ 的作用。主输入门在有序长短时记忆神经网络中控制着当前时刻信息的输入，与主遗忘门类似，同样假设主输入门 $i_{\mathrm{m}}^{(t)} = (1,\cdots,1,0,\cdots,0)$ 且 1 与 0 片段的分离点为 $d_{\mathrm{f}}^{(t)}$。从式(8-15)和式(8-16)中可以看出，当 $i_{\mathrm{m}}^{(t)}$ 中的元素为 0 时，当前时刻的输入无法对神经元的状态造成影响，而当 $i_{\mathrm{m}}^{(t)}$ 中的元素为 1 时，当前神经元则可以完全接受外来输入的信息。因此，当 $d_{\mathrm{f}}^{(t)}$ 的值较大时，当前时刻信息可以输入层级较高的神经元，意味着该信息可以在神经元内持续存在较长时间，而当 $d_{\mathrm{f}}^{(t)}$ 较小时，当前时刻信息只能进入层级较低的神经元，在未来的若干个时间点内会被遗忘。

其三是表示主遗忘门 $f_{\mathrm{m}}^{(t)}$ 和主输入门 $i_{\mathrm{m}}^{(t)}$ 重叠部分的 $\boldsymbol{\omega}^{(t)}$。在 $\boldsymbol{\omega}^{(t)}$ 不等于 0 的部分，主遗忘门 $f_{\mathrm{m}}^{(t)}$ 和主输入门 $i_{\mathrm{m}}^{(t)}$ 的值是均不为 0 的，在这部分神经元中，历史信息不会被完全遗忘，输入信息也不会被完全输入，神经元新状态的更新由主遗忘门和主输入门共同控制，而 $\boldsymbol{\omega}^{(t)}$ 是用来控制历史信息遗忘的比例和当前信息输入的比例。

早期微弱颤振在线辨识中引入有序长短时记忆神经网络的目的是在完成颤振在线辨识任务的同时，提供一定的深度神经网络可解释性，探究深度神经网络实现颤振辨识的原因。相较经典的长短时记忆神经网络，有序长短时记忆神经网络不仅能够维持神经元状态的连续性，还能够对当前时刻神经元遗忘的层级和信号输入的层级进行标注，以辅助神经元按层级更新信息。在之前对主遗忘门和主输入门的层级分析中，均假设门中元素是二元化的，然而在实际应用中，门中元素并不是非 0 即 1 的，因此，需要用计算期望的方式找到二元化门中的"分隔点" $d_{\mathrm{f}}^{(t)}$ 和 $d_{\mathrm{i}}^{(t)}$。主遗忘门和主输入门的"分隔点"期望 $\hat{d}_{\mathrm{f}}^{(t)}$ 和 $\hat{d}_{\mathrm{i}}^{(t)}$ 的估计方法为

$$\hat{d}_{\mathrm{f}}^{(t)} = \mathbb{E}(d_{\mathrm{f}}^{(t)}) = \sum_{k=1}^{N_{\mathrm{L}}} k P_{\mathrm{f}}(d_{\mathrm{f}}^{(t)} = k) \tag{8-20}$$

$$\hat{d}_{\mathrm{i}}^{(t)} = \mathbb{E}(d_{\mathrm{i}}^{(t)}) = \sum_{k=1}^{N_{\mathrm{L}}} k P_{\mathrm{i}}(d_{\mathrm{i}}^{(t)} = k) \tag{8-21}$$

式中，P_{f} 为主遗忘门中"分割点"的离散概率分布函数；P_{i} 为主输入门中"分隔点"的离散概率分布函数；N_{L} 为有序长短时记忆神经网络中神经元的个数。

主遗忘门和主输入门的期望 $\hat{d}_{\mathrm{f}}^{(t)}$ 和 $\hat{d}_{\mathrm{i}}^{(t)}$ 代表 t 时刻信号的层级，分别为遗忘层级和输入层级。在统计学上，它们可以通过将每个神经元的索引和对应概率的乘积加和来获得，而在实际计算过程中，可以进一步简化。式(8-20)中，$P_{\mathrm{f}}(d_{\mathrm{f}}^{(t)} = k)$ 的计算方式为

$$P_{\mathrm{f}}(d_{\mathrm{f}}^{(t)} = k) = \mathrm{softmax}(\boldsymbol{W}_{fm}\boldsymbol{x}_{i,j}^{(t)} + \boldsymbol{R}_{fm}\boldsymbol{y}^{(t-1)} + \boldsymbol{b}_{fm})^{(k)} \tag{8-22}$$

由于主遗忘门 $\boldsymbol{f}_{\mathrm{m}}^{(t)}$ 中的第 k 个元素 $\boldsymbol{f}_{\mathrm{m}}^{(t,k)}$ 可以表示为

$$\boldsymbol{f}_{\mathrm{m}}^{(t,k)} = \sum_{i=1}^{k} \mathrm{softmax}(\boldsymbol{W}_{fm}\boldsymbol{x}_{i,j}^{(t)} + \boldsymbol{R}_{fm}\boldsymbol{y}^{(t-1)} + \boldsymbol{b}_{fm})^{(i)} \tag{8-23}$$

因此主遗忘门中所有元素的累加和 $\sum_{k=1}^{N_{\mathrm{L}}} \boldsymbol{f}_{\mathrm{m}}^{(t,k)}$ 可以表示为

$$\sum_{k=1}^{N_{\mathrm{L}}} \boldsymbol{f}_{\mathrm{m}}^{(t,k)} = \sum_{k=1}^{N_{\mathrm{L}}} (N_{\mathrm{L}} - k + 1)\mathrm{softmax}(\boldsymbol{W}_{fm}\boldsymbol{x}_{i,j}^{(t)} + \boldsymbol{R}_{fm}\boldsymbol{y}^{(t-1)} + \boldsymbol{b}_{fm})^{(k)} \tag{8-24}$$

根据 softmax 函数特性，有

$$\sum_{k=1}^{N_{\mathrm{L}}} \mathrm{softmax}(\boldsymbol{W}_{fm}\boldsymbol{x}_{i,j}^{(t)} + \boldsymbol{R}_{fm}\boldsymbol{y}^{(t-1)} + \boldsymbol{b}_{fm})^{(k)} = 1 \tag{8-25}$$

所以主遗忘门所有元素的累加和 $\sum_{k=1}^{N_{\mathrm{L}}} \boldsymbol{f}_{\mathrm{m}}^{(t,k)}$ 可以简化为

$$\begin{aligned}\sum_{k=1}^{N_{\mathrm{L}}} \boldsymbol{f}_{\mathrm{m}}^{(t,k)} &= N_{\mathrm{L}} - \sum_{k=1}^{N_{\mathrm{L}}} (k-1)\mathrm{softmax}(\boldsymbol{W}_{fm}\boldsymbol{x}_{i,j}^{(t)} + \boldsymbol{R}_{fm}\boldsymbol{y}^{(t-1)} + \boldsymbol{b}_{fm})^{(k)} \\ &= N_{\mathrm{L}} - \sum_{k=1}^{N_{\mathrm{L}}} k\,\mathrm{softmax}(\boldsymbol{W}_{fm}\boldsymbol{x}_{i,j}^{(t)} + \boldsymbol{R}_{fm}\boldsymbol{y}^{(t-1)} + \boldsymbol{b}_{fm})^{(k)} + 1 \end{aligned} \tag{8-26}$$

将式(8-22)代入可得

$$\begin{aligned}\sum_{k=1}^{N_{\mathrm{L}}} \boldsymbol{f}_{\mathrm{m}}^{(t,k)} &= N_{\mathrm{L}} - \sum_{k=1}^{N_{\mathrm{L}}} P_{\mathrm{f}}(d_{\mathrm{f}}^{(t)} = k) + 1 \\ &= N_{\mathrm{L}} - \hat{d}_{\mathrm{f}}^{(t)} + 1 \end{aligned} \tag{8-27}$$

故主遗忘门在 t 时刻的期望 $\hat{d}_{\mathrm{f}}^{(t)}$ 为

$$\hat{d}_{\mathrm{f}}^{(t)} = N_{\mathrm{L}} - \sum_{k=1}^{N_{\mathrm{L}}} \boldsymbol{f}_{\mathrm{m}}^{(t,k)} + 1 \tag{8-28}$$

同理可以得到主输入门在 t 时刻的期望 $\hat{d}_{\mathrm{i}}^{(t)}$ 为

$$\hat{d}_{\mathrm{i}}^{(t)} = N_{\mathrm{L}} - \sum_{k=1}^{N_{\mathrm{L}}} i_{\mathrm{m}}^{(t,k)} + 1 \tag{8-29}$$

与二元门的非 0 即 1 不同，在实际应用中主遗忘门是从 0 逐渐单调增加至 1 的，而主输入门则是从 1 逐渐减少至 0，在这种情况下，一个较大的主遗忘门期望意味着大部分神经元会遗忘很多历史信息，即使是层级较高的神经元也会进行信息遗忘，而一个较小的主遗忘门期望则意味着只有低层级的神经元会遗忘部分信息。主输入门的期望同理，当其期望较大时，会有更多的信息流入高层级的神经元。在每一个时间点，都会得到一组主遗忘门和主输入门期望，将所有时间点的期望串联，可以得到主遗忘门和主输入门的期望序列 $\hat{d}_{\mathrm{f}} = (\hat{d}_{\mathrm{f}}^{(1)} \cdots \hat{d}_{\mathrm{f}}^{(t)} \cdots)$ 和 $\hat{d}_{\mathrm{i}} = (\hat{d}_{\mathrm{i}}^{(1)} \cdots \hat{d}_{\mathrm{i}}^{(t)} \cdots)$。

在颤振在线辨识试验中采集的信号是振动信号，在回转切削过程中振动信号的最大特点是周期性。对于颤振来说，再生效应引发的颤振出现后，在信号的频谱中也会出现新的周期性成分。由于振动信号的周期性是其显著特征，那么神经元的层级在控制信息流动时，也可能学习到了信号的周期性信息。在有序长短时记忆神经网络中，主遗忘门和主输入门控制着神经元的遗忘层级和输入层级，当信号具有周期性时，在每一个周期的开始，可能会出现神经元的遗忘层级和输入层级增高，便于神经元学习下一个周期的特征，而在每个周期内部，神经元的遗忘层级和输入层级都会比较低，以维持周期内信号的连续性。为了验证这种猜想，对主遗忘门和主输入门的期望序列进行短时傅里叶变换，来观察其周期性变化：

$$X_{\mathrm{f}}(t,f) = \int_{-\infty}^{\infty} \omega(t-\tau)\hat{d}_{\mathrm{f}}(\tau)\mathrm{e}^{-\mathrm{j}2\pi f\tau}\mathrm{d}\tau \tag{8-30}$$

$$X_{\mathrm{i}}(t,f) = \int_{-\infty}^{\infty} \omega(t-\tau)\hat{d}_{\mathrm{i}}(\tau)\mathrm{e}^{-\mathrm{j}2\pi f\tau}\mathrm{d}\tau \tag{8-31}$$

式中，$\omega(\ )$ 为窗函数。

如果主遗忘门和主输入门学习到了信号的周期性变化，则说明有序长短时记忆神经网络可以跟踪信号的周期性，这在一定程度上解释了其在颤振在线辨识任务中有效的原因。此外，为了同时利用主遗忘门和主输入门的特点，使用主输入门和主遗忘门的差构建了混合门序列 $\hat{d}_{\mathrm{m}} = (\hat{d}_{\mathrm{i}}^{1} - \hat{d}_{\mathrm{f}}^{(1)} \cdots \hat{d}_{\mathrm{i}}^{t} - \hat{d}_{\mathrm{f}}^{(t)} \cdots)$，并对混合门的期望序列也进行短时傅里叶变换以观察其周期性变化：

$$X_{\mathrm{m}}(t,f) = \int_{-\infty}^{\infty} \omega(t-\tau)\hat{d}_{\mathrm{m}}(\tau)\mathrm{e}^{-\mathrm{j}2\pi f\tau}\mathrm{d}\tau \tag{8-32}$$

在之前的理论分析中，默认主遗忘门和主输入门的维度和有序长短时记忆神经网络的神经元个数一致。然而，在实际应用中，这种做法并不可取，因为神经元的个数 N_{L} 通常选取较大数值以保证网络学习能力，如果将主遗忘门和主输入门的维度和神经元设置一致，会带来大量且不必要的计算成本。因此，在应用有序长短时记忆神经网络时,将主遗忘门和主输入门的维度定为 $D_m = N_L/C$,其中 C 代表块因子,也就是说应用主遗忘门和主输入门时,需要将其中的值重复 C 次以实现和神经元同维,这 C 个神经元在层级上是一致的,该简化可以大幅降低计算和训练成本。

8.2.3 早期微弱颤振辨识实验研究

1. 基于斜切面工件的颤振试验设计

为了验证所提早期微弱颤振在线辨识算法的有效性,需要大量的高速铣削监测数据,因此在现有型号为 VMCV5 的高速铣削机床上开展了大量铣削实验,如图 8-3 所示。

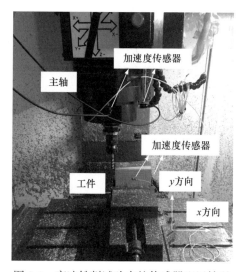

图 8-3　高速铣削试验中的传感器配置情况

根据颤振随切削参数的变化规律,在早期微弱颤振辨识试验中,为了获取早期微弱颤振时的信号,切削所用的工件被定制为斜面状,在每次高速铣削过程中,切削深度都会从 0mm 递增至 10mm,当切削深度很小时,切削状态是稳定的,根据稳定性叶瓣图的规律,随着切削深度的增加,切削状态可能会变为颤振。通过切削深度递增的方式,可以获得颤振萌芽期的监测信号。将大量颤振萌芽期的监测信号输入深度神经网络中进行训练,该神经网络就会获得辨识早期微弱颤振的能力。试验中所用工件材料是一种高强度铝合金 2A12。为了获取在不同切削条件下的监测数据,使用多组不同的主轴回转速度和切削宽度进行高速铣削试验,试验所用参数如表 8-1 所示。

表 8-1 高速铣削试验所用切削加工参数

实验序号	主轴回转速度/(r/min)	切削宽度/mm
1～15	6000	1.5,1.7,1.9,2.1,2.3,2.5,2.7*, 2.8,3,3.3,3.4,3.5*,3.6* 3.7*,3.8*
16～23	7000	1.8,2.4,2.9,3*,3.1,3.2*,3.3 3.4*
24～30	8000	2.8,3,3.1*,3.2,3.3*,3.4*,3.5*
31～38	9000	2.8,3*,3.1,3.2,3.3*,3.4,3.5*, 3.6
39～49	10000	1.8,1.9,2*,2.1*,2.2,2.3*, 2.4,2.5*,2.6*,2.7*,2.8*
50～59	11000	1.8,1.9,2,2.1,2.2*, 2.3*,2.4*,2.5*,2.6*,2.7
60～66	12000	1.8,1.9*,2*,2.1*, 2.2,2.3*,2.4*

*为发生颤振。

如表 8-1 所示，高速铣削试验中主轴回转速度选择在 6000～12000r/min，当主轴回转速度低于 6000r/min 时，切削加工过程中的阻尼较大，其颤振形成模式往往与高速铣削中的不同，因此不关注转速较低时的颤振问题，而当主轴回转速度大于 12000r/min 时，颤振发生时的噪声和振动都过于剧烈，考虑到试验的安全性，不再采用更高的主轴回转速度进行颤振试验。在高速铣削试验中，由于采用的是递增的切削深度，会有两种切削加工情况发生。第一种是随着切削加工深度的增加，切削状态由正常转为颤振；第二种是虽然切削加工深度增加，切削状态仍然处在切削稳定域内，保持着正常切削状态。在表 8-1 中，标有上标 * 的切削宽度就代表着第一种情况。

此外，在表 8-1 中出现了与稳定性叶瓣图不一致的现象，即当切削用量增加时，切削状况可能会从颤振状态变为稳定切削状态。例如，当主轴回转速度为 8000r/min，切削宽度为 3.1mm 时发生了颤振，而在切削宽度为 3.2mm 时没有发生颤振，在切削宽度增加至 3.3mm 时颤振又发生了。该现象与解析法中发现的孤岛效应[11]类似，通常情况下在切削深度增加时加工状况会从正常转为颤振，而在孤岛效应出现时，会在颤振区域内出现一小块儿正常切削区域，由于切削宽度和切削深度都属于切削用量，所以当增加切削宽度时也可能出现类似情况。

在早期微弱颤振辨识试验中，使用到了四个加速度传感器，分别粘贴到主轴和工件上，其中两个加速度传感器(型号为 IMI 608A11，灵敏度为 100mV/g)被粘贴在主轴的 x 和 y 方向上，另外两个加速度传感器(型号为 PCB 333B50，灵敏度为 1000mV/g)粘贴在工件的 x 和 y 方向上。数据采集系统为亿恒 AVANTMI 7008，采样频率为 24000Hz，传感器的配置情况如图 8-3 所示。与前面仅选用了一个传感器作为颤振辨识依据不同，本章选用全部四个传感器作为深度神经网络的输入，因为深度神经网络强大的表达能力使其自身具有筛选信号的功能。

从图 8-3 中可以看到工件上的斜面，在每次铣削加工过程，切削深度都会从 0mm 递增至 10mm。切削所用刀具为具有 3 个切削刃的高速钢，悬长为 60mm，悬长较长时刀具的振动会更加剧烈，颤振会在更小的切削参数下发生，以避免颤振对主轴系统造成损伤，切削中主轴的进给速度保持为 400mm/min。考虑到高速铣削颤振试验对于刀具的磨损很大，在每出现三次颤振情况后会对切削刀具进行更换。在表 8-1 所示的切削试验中，共进行了 66 组铣削试验，其中有 32 组全程稳定的铣削过程，34 组由稳定转为颤振的铣削过程。

2. 基于有序长短时记忆网络的颤振在线检测结果分析

前面几节在理论层面介绍了长短时记忆神经网络、有序长短时记忆神经网络和基于种群的训练方法，在本节中，通过试验来对前面几节提出的算法进行分析和验证。

图 8-4 中展示了一个完整铣削过程中四个传感器采集到的信号，其中主轴回转速度为 6000r/min，切削宽度为 1.5mm。自上而下，这四个信号分别对应着主轴

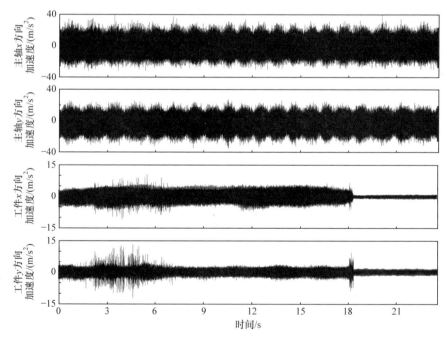

图 8-4　完整铣削过程中四个传感器采集的信号

主轴回转速度：6000r/min，切削宽度：1.5mm

在 x 方向的加速度信号、主轴在 y 方向的加速度信号、工件在 x 方向的加速度信号、工件在 y 方向的加速度信号。从工件加速度信号中可以明显看到主轴切削时和停止切削时的信号分割点，而在主轴加速度信号中信号幅值并没有明显变化，原因是主轴的自转带来的振动幅值较大。在信号标注过程中，将所有信号片段，包括退出切削的信号都标注为正常，因为模型的目的为颤振的辨识，将未发生颤振的信号均标注为正常对辨识结果不产生影响。

在颤振辨识领域，应用最为广泛的是基于时频域变换的颤振分析方法，在早期微弱颤振辨识试验中，时频域分析方法被用来寻找颤振发生的时刻，图 8-5 中展示了当主轴转速为 6000r/min 时，两种不同切削状况的短时傅里叶变换结果。

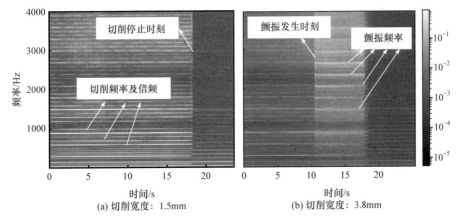

图 8-5　主轴转速为 6000r/min 时两种切削状况短时傅里叶变换结果

当主轴转速为 6000r/min 时，主轴的旋转频率为 100Hz，由于使用了具有三个切削刃的刀具，其切削频率为 300Hz。在图 8-5(a)中，三个能量最高的频率光带分别是 300Hz、600Hz 和 900Hz，这些都是切削频率和它的倍频，而在切削过程结束后，这三个频率光带也随之消失。图 8-5(b)展示了一个从稳定切削转变为颤振的状态，在横坐标为约 11s 的时候，信号的频率成分突然变得很模糊，在高频带部分出现了几个新的频带较宽的频率成分，通常称为颤振频率，随着切削加工的结束，这些频率成分也随之消失。从图 8-5(b)中已经能够清楚地辨认出颤振发生的时刻，但是短时傅里叶变换结果仍然不能用于早期微弱颤振辨识任务中，原因有以下两个。

其一是信号长度的问题。在图 8-5 中，进行短时傅里叶变换时用到的是足够完整的切削加工信号，所以能够看到明显的颤振发生时刻。在颤振的在线辨识中，为了保证实时性，能够分析的信号长度是很短的，而时频分析方法解析很短的信号时往往会造成时频分辨率的严重下降。另外，在早期微弱颤振的情况下，具有丰富信息的信号往往在信号的一端，而时频分析方法在信号一端的解析中会出现频率发散的情况，严重影响时频分析结果的频率分辨率。在基于深度学习的颤振在线辨识中，可以使用长度仅为250的时间序列作为输入，并且达到非常好的诊断效果，这意味着在采样频率为24000Hz的情况下，深度神经网络仅需要0.0104s内采集的数据，大幅提高了方法的实时性。

其二是特征指标的问题。当应用先进的时频分析方法将时域信号转换到时频域后，尽管信号的特征会更加显现，仍然需要构建指标以及其阈值来实现颤振的辨识。这一过程需要大量的金属切削和信号处理知识，如果指标构建不合理，则会严重影响颤振辨识的效果。机器学习算法可以对阈值进行训练设定，但是指标仍然需要工程师自己提取。在基于深度学习的颤振辨识方法中，深度神经网络可以直接利用原始时间序列作为输入并且直接输出颤振发生的概率，因此，深度神经网络具有自动提取敏感特征的能力。

为了验证训练得到的循环神经网络模型的有效性，随机从表8-1中选择了第37组和第65组切削加工试验作为测试集样本，而其他所有试验组作为训练样本。在这种情况下，训练样本中总计有813407个正常切削状态样本和135914个颤振状态样本，在长短时记忆神经网络中，神经元的个数 N_L 分别选择为32、64和128，训练时的损失变化如图8-6所示。

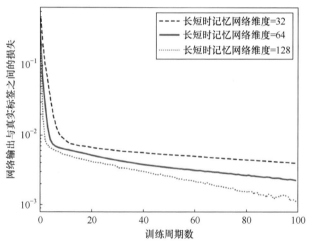

图 8-6 长短时记忆神经网络训练损失

训练损失在前几个训练周期内快速地下降，而在十几个训练循环后损失下降速度减慢。由于神经元个数越多的长短时记忆神经网络表达能力越强，故当神经元个数为128时训练损失下降是最快的，然而神经元个数的增多也可能会带来过拟合的问题。随着训练集损失的下降，长短时记忆神经网络向训练集数据逐渐拟合。随后，训练完成的长短时记忆神经网络被用来测试其辨识效果，其最后一层

Sigmoid 函数的输出如图 8-7 所示。

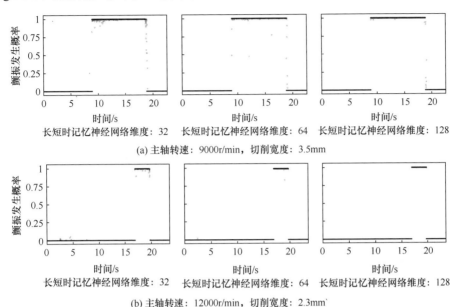

(a) 主轴转速：9000r/min，切削宽度：3.5mm

(b) 主轴转速：12000r/min，切削宽度：2.3mm`

图 8-7　基于长短时记忆神经网络的在线颤振辨识结果

图 8-7 展示了训练后长短时记忆神经网络的颤振发生概率预测结果。其中横坐标为时间，纵坐标为颤振发生概率。在图 8-7(a)中，主轴的回转速度为 9000r/min，切削宽度为 3.5mm，起初颤振发生的概率保持为 0，切削为稳定状态，在大约 8.6s 时，颤振发生的概率增至 1，神经网络检测到了早期微弱颤振的发生，从图中可以清晰地看到颤振辨识时刻。

颤振发生的可能性一直保持在 0 或 1，这意味着长短时记忆神经网络对于颤振的判断非常肯定，并能够有效地完成早期微弱颤振在线辨识任务。当长短时记忆神经网络维度为 128 时，其对颤振辨识的效果是最好的，几乎所有样本的概率都是非 0 即 1 的，这说明当神经元个数为 32 和 64 时发生了欠拟合状况，而当神经元个数为 128 时神经网络的表达能力是最强的。图 8-7(b)中，主轴的回转速度为 12000r/min，切削宽度为 2.3mm，在大约 16.8s 检测到颤振的发生。从图 8-7 中可以得出结论，长短时记忆神经网络可以较好完成在线颤振辨识任务。

在有序长短时记忆神经网络的训练中，使用了基于种群的训练方式来对学习率进行优化，图 8-8 和图 8-9 展示了在一个完整的训练过程中学习率和损失随训练进行的变化情况，该图中的有序长短时记忆神经网络维度为 32。

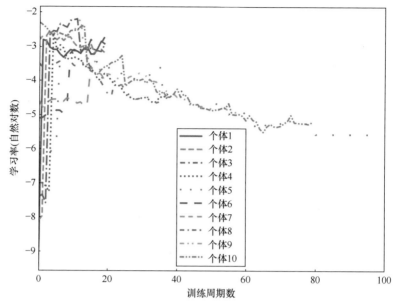

图 8-8　基于种群的神经网络训练方法中学习率的变化趋势

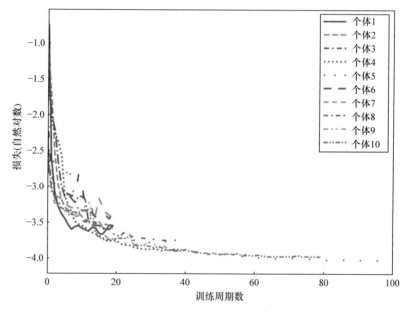

图 8-9　基于种群的神经网络训练方法中损失的变化趋势

　　在有序长短时记忆神经网络的训练过程中，初始化了 10 个拥有不同超参数的个体同时进行训练，并应用基于种群的神经网络训练方法进行优化，该训练方法中的三种机制："利用""探索"和"遗弃"可以从图 8-8 和图 8-9 中清晰地看出，由于学习率和损失取值范围都很大，y 轴采用的是自然对数坐标。在前 20 个训练周期内，学习率较高的个体训练损失下降更快，因此很多小学习率的个体转变为大学习率，这就是"利用"机制的表现。其原因是在训练初期，较大的学习率可以帮助神经网络更好地收敛。在每个训练周期结束后，每个没被替换学习率的个体都会在其附近寻找新的学习率，以扩大学习率的探寻范围，优化训练过程，这就是"探索"机制。"遗弃"机制的目的在于遗弃表现不好的个体，在训练最初有 10 个训练个体，完成二十次训练周期后，舍弃了其中 5 个表现较差的，在完成四十次训练周期后，又舍弃了 2 个表现较差的，最终在八十次训练周期后，只有 1 个个体留了下来。"遗弃"机制通过舍弃表现差的个体节约了大量的训练成本。

从图 8-8 中可以看出，在"利用"机制的影响下，起初种群中的学习率都趋向于偏大的值，随着训练的进行，在基于种群的神经网络训练方法影响下，各个个体的学习率都呈下降趋势，这一趋势并不是人为指定的，而是在三种机制的影响下形成的。同时，这种变化趋势也符合直觉判断，训练初期参数离最优值比较远，因此需要较大的学习率使其快速接近最优值，而随着训练的进行，过大的学习率会导致神经网络难以收敛，在寻找最优值时，会经常发生梯度过大跳过最优值的现象，因此随着训练的进行，需要更小的学习率。

基于有序长短时记忆神经网络的在线颤振辨识结果如图 8-10 所示，从图中可

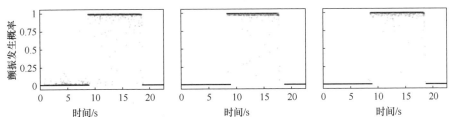

(a) 主轴转速：9000 r/min，切削宽度：3.5 mm

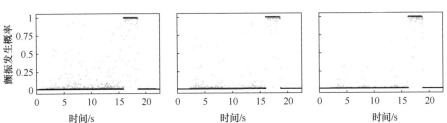

(b) 主轴转速：12000 r/min，切削宽度：2.3 mm

图 8-10　基于有序长短时记忆神经网络的在线颤振辨识结果

以清晰地看出切削状况从稳定转变为颤振状态，再返回稳定状态的全过程。由于颤振发展时间非常迅速，通常从萌芽阶段到完全发展阶段只需要不到 0.1s 的时间，因此使用神经网络的推断时间在颤振在线辨识中也是非常重要的。颤振在线辨识试验中，信号采样频率为 24000Hz，输入信号长度为 250，因此采样时间为 1.04×10^{-2}s，而对于每段信号的推断时间为 3.72×10^{-4} s(从程序计算时间得出)，信号的推断时间是远小于信号的采样时间的，满足了颤振在线辨识的实时性要求。

此外还对使用数据集扩充技术与否对颤振在线辨识准确率影响作了统计，如果只使用原始数据，在有序长短时记忆神经网络维度为 128 时，总共有 33 个分类错误的样本，而如果使用数据集扩充技术，分类错误的样本数降为 5 个。在深度神经网络中，可训练参数很多并且网络的表达能力很强，在数据集较小且相似的情况下容易产生过拟合的问题，即网络并不是"学习"到了训练集中的规律，而是单纯"记忆"训练集中的数据，当新数据输入时，会因为过拟合导致辨识精度下降。数据集的扩充可以在一定程度上解决过拟合的问题，提高神经网络泛化能力。

从图 8-10 中可以清晰地看出颤振发生时刻，当有序长短时记忆神经网络维度为 128 时，图 8-10(a)中的颤振发生时刻为 8.656s，图 8-10(b)中的颤振发生时刻为 16.789s。将该时刻对应至原始时域信号中，如图 8-11 所示为颤振辨识时刻在工件 x 方向时域信号中的位置，通过局部放大工件 x 方向时域信号，可以发现当

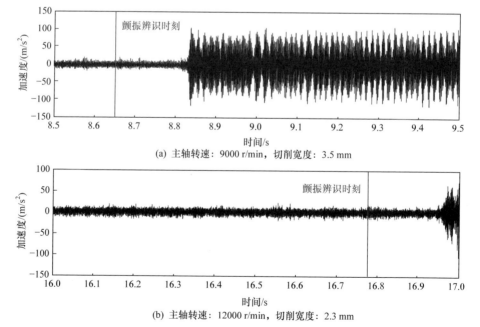

(a) 主轴转速：9000 r/min，切削宽度：3.5 mm

(b) 主轴转速：12000 r/min，切削宽度：2.3 mm

图 8-11　工件 x 方向时域信号中的颤振辨识时刻

颤振发展完全时时域信号幅值明显增大，而基于有序长短时记忆神经网络的颤振辨识时刻均在时域信号幅值增加之前，证明了有序长短时记忆神经网络可以实现早期微弱颤振的在线辨识。

在图 8-11(a)中，颤振辨识时刻前的时域信号和颤振辨识时刻后的时域信号幅值差别不大，为了验证有序长短时记忆神经网络能够实现早期微弱颤振辨识，再次将图 8-11(a)中 8.63～8.67s 的信号局部放大，放大结果如图 8-12 所示。从图 8-12 中可以看出，相比颤振辨识时刻前，颤振辨识时刻后的信号幅值略微增加，波形略有变化，信号的波动更频繁。

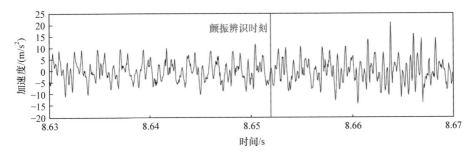

图 8-12　主轴转速 9000r/min，切削宽度 3.5mm 颤振辨识时刻局部放大图

时域中只能直观地从波形看到信号的变化，为了看到频域变化情况，分别将颤振辨识时刻前 1s 内的数据(即 7.656～8.656s)、颤振辨识时刻至时域信号幅值明显增大前的数据(即 8.656～8.83s)以及时域信号幅值明显增大后的数据(即 8.83～9.5s)分别进行快速傅里叶变换获得频谱。图 8-13 展示了三段时间的频谱，图 8-13(a)为颤振辨识时刻前 1s 内的数据频谱，频谱的主要能量是切削频率及倍频成分，几乎没有颤振频率成分；图 8-13(b)为颤振辨识时刻至时域信号幅值明显增大前的数据频谱，该图中能量最大的依然是切削频率及倍频成分，但已经能够看到颤振频率的萌芽；在图 8-13(c)幅值明显增大后的数据频谱中，能够看到明显

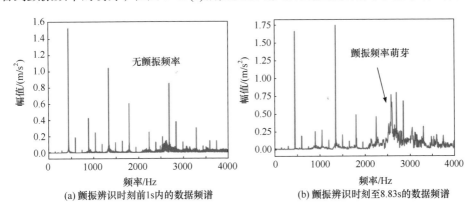

(a) 颤振辨识时刻前1s内的数据频谱　　　　　(b) 颤振辨识时刻至8.83s的数据频谱

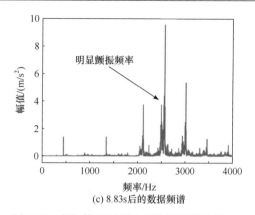

(c) 8.83s后的数据频谱

图 8-13　颤振辨识时刻临近数据频谱分析

的颤振频率，能量已经超过了切削频率及倍频。从图 8-13 中可以获得结论，有序长短时记忆神经网络能够识别颤振萌芽期的数据，实现早期微弱颤振的在线辨识。

　　在工件加工表面上，基于有序长短时记忆神经网络的颤振辨识时刻如图 8-14 所示，可以看出在工件出现明显振纹之前就已经进行了颤振预警，实现了早期微弱颤振的在线辨识。

(a) 主轴转速：9000r/min，切削宽度：3.5mm

(b) 主轴转速：12000r/min，切削宽度：2.3mm

图 8-14　工件加工表面上的颤振辨识时刻

8.3　强噪声环境下微弱颤振辨识的柔性高阶图卷积神经网络方法

　　主轴在实际铣削过程中，传感器采集到的信号通常是切削加工产生的振动和环境噪声的叠加。因此传感器采集到的信号混有大量噪声，尤其是频带范围宽的高斯白噪声时，并没有很好的方法降低噪声带来的影响。在基于深度神经网络的颤振在线辨识技术中，由于数据形式的限制，难以有效处理含强噪声的信号，传感器采集到的信号是以时间序列的形式存在，即使在多个位置使用若干种传感器，也只是增加了数据的维度，并没有改变数据的结构。在颤振特征的提取过程中，使用到的是相互独立的数据点。为了更全面地利用历史数据信息，在独立的数据点基础上增添了连接线，运用图数据结构的理论，在图模型的框架进行早期微弱颤振的在线辨识。

　　本节在 8.2 节的基础上，继续挖掘强噪声环境下早期微弱颤振在线辨识方法，引入图模型的概念，通过将原始时间序列转化为颤振图模型，实现了不同数据样本信息的交互；使用长短时记忆神经网络和统计学指标两种特征提取方式，构造图模型端点的特征；对原有图卷积神经网络和高阶图卷积神经网络进行优化，提出具有可训练权重的柔性高阶图卷积神经网络，通过大量试验，验证了在强噪声环境下对早期微弱颤振在线辨识的有效性。

8.3.1　颤振图模型

1. 图模型

　　图模型是由一系列端点和它们之间的链接形成的一种数据结构，在有向图模型中链接是单向的，在无向图模型中链接没有方向或者可以认为是双向的。图模型在很多领域有广泛的应用。以社交信息图谱为例，在社交信息图谱中，人与人之间的关系可以被形象地表达出来，其中每一个端点代表每一个人及其私有属性，端点之间的链接代表人与人之间的关系。与传统的时间序列信息相比，图模型属于非欧式空间，其对于样本之间关系的表征是时间序列所不具备的。

　　为了构建颤振图模型，需要用数学的方式对图模型进行表征。对于一个图模型 G，它由 n_G 个端点和 m_G 个链接构成，其中每个端点都拥有一个维度为 s_0 的特征，因此其特征矩阵可以表示为 $X_G \in \mathbb{R}^{n_G \times s_0}$，这些端点和链接就构成了图模型的基本物理结构。每一个端点都有属于其的标签，但是一些端点的标签是已知的，而另一些端点的标签是未知的，将已知端点的标签用 Y_I 来表示，而未知端点的标签用 Y_O 来表示，则总标签为 $Y \in [0,1]^{n_G \times c}$，其中 c 为类别数。端点之间的链接以及链接的权重用伴随矩阵 $A_G \in \mathbb{R}^{n_G \times n_G}$ 来表示，若矩阵中的某项 $A_{ij} \neq 0$，则说明存在自端点 j 向端点 i 的有向链接，并且该链接的权重值为 A_{ij}。若该图模型为无向图模型，则 A 为对称矩阵，$A_{ij} = A_{ji}$。

　　图 8-15 展示了一个端点数 $n_G = 10$ 的单向图模型结构，该图中共有链接

$m_G = 17$ 个，假设每个端点的特征 γ_i 都是长度为 s_0 的列向量，则该图的特征矩阵为 $\boldsymbol{\Gamma}_G = [\gamma_1, \gamma_2, \gamma_3, \gamma_4, \gamma_5, \gamma_6, \gamma_7, \gamma_8, \gamma_9, \gamma_{10}]^T$，$\boldsymbol{\Gamma}_G \in \mathbb{R}^{n_G \times s_0}$。根据已有链接权重信息，可以构建该图的伴随矩阵 A_G 为

$$A_G = \begin{pmatrix} 0 & 0 & 0 & 0 & 0 & 0 & 0 & 0 & 0 & 0 \\ A_{21} & 0 & 0 & 0 & A_{25} & A_{26} & 0 & 0 & 0 & 0 \\ 0 & A_{32} & 0 & 0 & 0 & A_{36} & A_{37} & 0 & 0 & 0 \\ A_{21} & 0 & 0 & 0 & 0 & 0 & 0 & A_{48} & 0 & 0 \\ A_{21} & 0 & 0 & 0 & 0 & 0 & 0 & 0 & A_{59} & 0 \\ 0 & A_{62} & 0 & 0 & A_{65} & 0 & A_{67} & 0 & A_{69} & 0 \\ 0 & 0 & A_{73} & 0 & 0 & 0 & 0 & 0 & 0 & A_{710} \\ 0 & 0 & 0 & 0 & 0 & 0 & 0 & 0 & A_{89} & 0 \\ 0 & 0 & 0 & 0 & 0 & 0 & 0 & 0 & 0 & 0 \\ 0 & 0 & 0 & 0 & 0 & 0 & 0 & 0 & 0 & 0 \end{pmatrix} \tag{8-33}$$

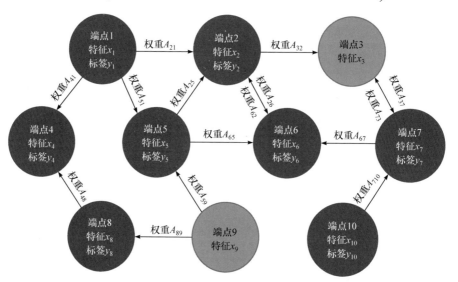

图 8-15 图模型示例

从式(8-33)可以看出，当图的链接相对其端点数较少时，伴随矩阵是一个很稀疏的矩阵，因此在后面的章节中，针对其稀疏性提出了高效的储存和计算方法。该图中黑色端点为已知标签端点，灰色端点为未知标签端点，该图表示的是一个端点分类问题，即根据已知端点特征、标签和链接权重信息，以及未知端点的特征和链接权重信息，来推断未知端点的标签。

2. 颤振图模型连接方式

在颤振的在线监测过程中，通常采用振动信号，振动传感器所采集到的信号是时间序列，其数据结构和图模型存在很大差别，若想应用基于图模型的颤振在线辨识方法，需要将时间序列数据转化为图模型。在图模型结构中，有三大基本组成要素，分别是端点、链接和链接权重，其中与时间序列最大的区别就是链接。本节针对振动信号的特点，提出了针对早期微弱颤振在线辨识的图模型链接构建方式。

从传感器中直接获取的信号是整个铣削过程的振动信号，与 8.1 节的符号保持一致，假设共进行了 N 组完整的高速铣削试验，则从传感器获取的信号可以表示为 $\boldsymbol{X}_1, \boldsymbol{X}_2, \boldsymbol{X}_3, \boldsymbol{X}_4, \boldsymbol{X}_5, \boldsymbol{X}_6, \boldsymbol{X}_7, \boldsymbol{X}_8, \boldsymbol{X}_9, \boldsymbol{X}_{10}, \boldsymbol{X}_i \in \mathbb{R}^{M \times L_i}$，其中 M 表示试验用到的传感器数量，而 L_i 表示第 i 组高速铣削试验信号的长度。为了实现颤振的在线辨识，保证实时性，将每段信号 $\boldsymbol{X}_i$ 切分为若干个固定长度 L_0 的时间序列片段 $\boldsymbol{x}_{i,j}$ 来提高颤振在线辨识的时间分辨率。在 L_0 的选择上，较大的 L_0 会使该时间序列保有更完整的信息，但是会降低时间分辨率，影响颤振辨识的实时性，而较小的 L_0 会提高颤振辨识的实时性，但是颤振辨识的准确性有可能受到影响。

在颤振图模型的构建过程中，将每一个时间序列单元视为一个端点，通过时间序列之间的关系形成链接，以此构建一个大型的颤振图模型。链接存在的作用是目标端点可以从其链接的端点获取信息，因此使用可以代表端点相似性的指标来建立链接是更加合理的。本节中，时间序列之间的离散线性卷积值被用来作为链接构建的依据。在高速铣削试验中用到了 M 个传感器，故使用每个传感器内卷积值和作为链接构造依据，对于时间序列片段 $\boldsymbol{x}_{i_1,j_1}$ 和 $\boldsymbol{x}_{i_2,j_2}$，每个时间序列可以看作为参变量的函数，该卷积值和的计算公式为

$$\sum_{m=1}^{M} \boldsymbol{x}_{i_1,j_1} * \boldsymbol{x}_{i_2,j_2} = \sum_{m=1}^{M} \sum_{k=-\infty}^{\infty} x_{i_1,j_1}^{(m,k)} \cdot x_{i_2,j_2}^{(m,t-k)} \tag{8-34}$$

式中，$*$ 为卷积运算符。

卷积结果仍然为以时间 t 为参变量的函数，为了避免边界信息缺失导致的卷积值计算不准确，只使用了信号完全覆盖范围内的卷积计算结果。在实际切削加工信号的训练集和测试集中，端点数的量级在 10^6，如果每两个时间序列之间的卷积值都需要计算，则计算次数在量级 10^{12}，此外还要考虑传感器的数量，使全部计算卷积值变得不现实，因此，本章使用了一种贪婪算法来构建时间序列之间的链接。

图 8-16 展示了颤振图模型链接构建方法，为了节约计算成本，对于某一时间序列，并没有计算全部时间序列与其的卷积值，而是随机选取 p 个时间序列计算卷积值，然后选取 q 个卷积值最大的时间序列与目标时间序列构建链接。首先完

成训练集的链接构建，再完成测试集的链接构建。值得注意的两点是，在针对训练集构建链接时，还未获取测试集的数据，因此训练集的时间序列只与训练集的时间序列相连接；在针对测试集构建链接时，由于训练集的时间序列拥有标签，并且其链接权重可以提前训练，因此测试集的时间序列也只能和训练集的时间序列连接。

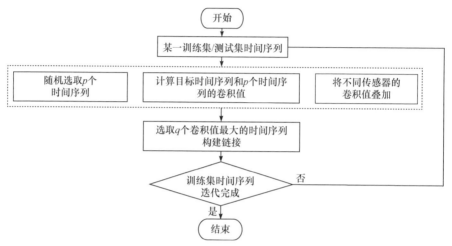

图 8-16　基于贪婪算法的颤振图模型链接构建方法

图模型依据链接权重类型可以分为两类，一类是有链接权重图模型，一类是无链接权重图模型。在无链接权重图模型中，每个邻居对目标端点具有相同的作用，而在有链接权重图模型中，每个邻居依据链接权重值对目标端点产生不同的影响。在颤振图模型中，每一个邻居与目标端点的相似程度不一致，因此使用有链接权重的图模型更加合理。此外，颤振图模型的链接是以信号之间的卷积值为依据，然而该卷积值并不能完全作为信号相似度的依据。为了使该链接权重能够更有效地反映时间序列样本之间的关系，通过训练的方式来获取最优链接权重值。链接权重的初值从某一高斯分布中获取，以增强链接权重的泛化性能和收敛速度，在每一次的训练循环中，根据损失函数计算每个链接权重的梯度，从而用梯度下降的方法实现链接权重的训练。

在颤振图模型的实际应用中，只有训练集中的链接权重可以根据训练集的已知标签进行训练，而测试集中的链接权重是无法得到训练的。因此，在应用一阶的图神经网络时，由于只能用到目标端点的一阶邻居，对链接权重的训练实际上是无法使测试集的推断获益的。高阶图神经网络因为能利用到高阶邻居信息，所以训练链接权重可以大幅提高高阶神经网络的推断性能。

3. 颤振图模型端点构建方式

图模型的另一个要素是端点及其特征,对于一个图模型端点分类任务,图模型的链接方式作为辅助方式存在,而图模型端点的构建方式是其性能优劣的基础。特征提取一直是深度学习领域研究的核心内容,实际上,被广泛使用的卷积神经网络和循环神经网络都是针对不同信号形式的特征提取方法,它们强大的特征提取能力使其得到了广泛的应用。

在颤振图模型中,端点是分割好的时间序列,尽管该时间序列维度并不高,但是它不适合直接作为端点的特征。时间序列中的特征并不是显式地存在于每个数据点当中,而是隐含在整个时间序列当中。处理时间序列最为经典的方法是长短时记忆神经网络,其可以有效地提取序列特征信息,已被广泛应用于多种序列处理任务。因此,选用长短时记忆神经网络作为端点特征提取的方式之一,长短时记忆神经网络的前向传递过程已在 8.1 节介绍过,不再赘述。

然而,基于长短时记忆神经网络的特征提取方式也存在缺陷。使用长短时记忆神经网络计算端点特征时,特征向量各维度的含义是不可控的,两段类别一致的信号在特征向量各维度的表现可能并不一致。这一缺陷导致在运用图神经网络进行计算时,目标端点从邻居端点汲取信息的过程中同维度的信息叠加会造成混淆。为了支持图神经网络的聚集计算,还设计了具有实际意义的统计指标来完成端点特征的构建,其中使用了 6 个有量纲指标:平均值、方差、均方根值、方根幅值、峰峰值、绝对平均幅值(前五个指标如表 5-1 所示)。

$$\text{绝对平均幅值:} \quad X_a = \frac{1}{Z}\sum_{z=1}^{Z}|x_z| \tag{8-35}$$

有量纲指标随切削状态的变化比较大,当颤振发生时,切削力的增加和刀具工件之间的振动相互耦合,使得传感器采集到的振动信号急剧变化,有量纲指标也会随之发生明显变化。但是,有量纲指标往往又与铣削加工中用到的参数如主轴转速和切削深度相关,故仅使用有量纲指标很容易使颤振在线辨识泛化性能降低。因此,还使用了 6 个量纲为 1 指标。

波形指标:

$$\text{SF} = \frac{X_{\text{RMS}}}{X_a} \tag{8-36}$$

峰值指标:

$$\text{CF} = \frac{\max(|x_z|)}{X_{\text{RMS}}} \tag{8-37}$$

脉冲指标:

$$IF = \frac{\max(|x_z|)}{X_a} \qquad (8\text{-}38)$$

裕度指标：

$$CLF = \frac{\max(|x_z|)}{X_s} \qquad (8\text{-}39)$$

偏斜度指标：

$$S = \frac{\sum_{z=1}^{Z}|x_z - \bar{X}|^3}{(N-1)\sigma^3} \qquad (8\text{-}40)$$

峭度指标：

$$K = \frac{\sum_{z=1}^{Z}|x_z - \bar{X}|^4}{(N-1)\sigma^4} \qquad (8\text{-}41)$$

量纲为 1 指标多是反映信号趋势性的变化，对信号的绝对幅值并不敏感，因此不会受到铣削加工参数变化的影响。因此使用量纲为 1 指标作为有量纲指标的辅助，共同构成端点的特征向量。综上，若使用的传感器数量为 4 个，某端点 $\boldsymbol{x}_{i,j}$ 的特征 $\boldsymbol{\gamma}_{i,j}$ 可以表示为

$$\boldsymbol{\gamma}_{i,j} = \begin{pmatrix} \hat{X}_1 & \sigma_1^2 & X_{RMS_1} & X_{s_1} & X_{a_1} & X_{P_1} & SF_1 & CF_1 & IF_1 & CLF_1 & S_1 & K_1 \\ \hat{X}_2 & \sigma_2^2 & X_{RMS_2} & X_{s_2} & X_{a_2} & X_{P_2} & SF_2 & CF_2 & IF_2 & CLF_2 & S_2 & K_2 \\ \hat{X}_3 & \sigma_3^2 & X_{RMS_3} & X_{s_3} & X_{a_3} & X_{P_3} & SF_3 & CF_3 & IF_3 & CLF_3 & S_3 & K_3 \\ \hat{X}_4 & \sigma_4^2 & X_{RMS_4} & X_{s_4} & X_{a_4} & X_{P_4} & SF_4 & CF_4 & IF_4 & CLF_4 & S_4 & K_4 \end{pmatrix} \qquad (8\text{-}42)$$

式中，$\boldsymbol{\gamma}_{i,j}$ 为某端点 $\boldsymbol{x}_{i,j}$ 的特征。

8.3.2　柔性高阶图卷积神经网络模型构建

1. 图卷积神经网络

运行于图模型中的神经网络由 Gori 等[12]和 Scarselli 等[13]提出，最初的形式是基于循环神经网络并基于连续的收缩映射使端点特征值变稳定。重复收缩映射带来的冗余直到 Li 等[14]将现代循环神经网络的训练方法引入才得以缓解。2015年 Duvenaud 等[15]将类卷积的前向传递方式引入图神经网络，他们的方法需要对每一个端点的权重矩阵进行训练，因此很难推广应用到大型的图模型中。2016年 Kipf 等[16]对每一个图卷积层使用一个单独的权重矩阵，并通过对伴随矩阵正则化的近似应对不同端点维度的问题。

在图模型中，拉普拉斯矩阵 $\boldsymbol{L}$ 的定义为

$$L = I_{n_{\mathrm{G}}} - D_{\mathrm{G}}^{-\frac{1}{2}} A_{\mathrm{G}} D_{\mathrm{G}}^{-\frac{1}{2}} \tag{8-43}$$

式中，D_{G} 为对角矩阵，其每行的元素 D_{ii} 为矩阵 A_{G} 中每行元素的加和，
$D_{ii} = \sum_{j=1}^{n_{\mathrm{G}}} A_{ij}$。

当图模型为单向图时，图拉普拉斯矩阵 L 为对称矩阵，可以进行特征值分解：
$$L = U\Lambda U^{\mathrm{T}} \tag{8-44}$$
式中，U 为矩阵 L 的特征向量构成的矩阵。

对于图模型中的端点特征矩阵 Γ_{G}，假设每个端点的特征只有一维，其以拉普拉斯矩阵特征向量为基底的图傅里叶变换为
$$\hat{\Gamma}_{\mathrm{G}} = U^{\mathrm{T}} \Gamma_{\mathrm{G}} \tag{8-45}$$

假设傅里叶域中的卷积核为对角矩阵 G_θ，该矩阵中的元素均为可训练参数：
$$G_\theta = \mathrm{diag}(\theta_1, \theta_2, \cdots, \theta_{s_0}) \tag{8-46}$$

则该对角矩阵的傅里叶逆变换为 $\mathcal{F}^{-1}(G_\theta)$。时域信号中的卷积定理同样适用于图傅里叶变换中，即：函数卷积的傅里叶变换是函数傅里叶变换的乘积。根据卷积定理可得
$$\mathcal{F}(\mathcal{F}^{-1}(G_\theta) * \Gamma_{\mathrm{G}}) = G_\theta U^{\mathrm{T}} \Gamma_{\mathrm{G}} \tag{8-47}$$

等式两边同时进行傅里叶逆变换可获得图模型上卷积计算方式：
$$\begin{aligned} \mathcal{F}^{-1}(G_\theta) * \Gamma_{\mathrm{G}} &= \mathcal{F}^{-1}(G_\theta U^{\mathrm{T}} \Gamma_{\mathrm{G}}) \\ &= U G_\theta U^{\mathrm{T}} \Gamma_{\mathrm{G}} \end{aligned} \tag{8-48}$$

式(8-48)计算代价很高，因为与矩阵 U 的乘法计算时间复杂度为 $O(n^2)$，此外，对于大型图模型来说，拉普拉斯矩阵 L 的特征值分解计算量非常大。因此，根据文献[16]中的建议，可以将 G_θ 理解为 Λ 的函数 $G_\theta(\Lambda)$，并且可以被 k 阶切比雪夫多项式 $T_k(x)$ 的截断扩展近似为
$$G_{\theta'}(\Lambda) \approx \sum_{k=0}^{K} \theta'_k T_k(\tilde{\Lambda}) \tag{8-49}$$
式中，$\tilde{\Lambda}$ 为 Λ 正则后的结果。
$$\tilde{\Lambda} = \frac{2}{\lambda_{\max}} \Lambda - I_{s_0} \tag{8-50}$$
式中，$\lambda_{\max}$ 为 L 的最大特征值。

$\theta' \in \mathbb{R}^K$ 变成了一个切比雪夫系数组成的向量，切比雪夫多项式被递归地定义为 $T_k(x) = 2x T_{k-1}(x) - T_{k-2}(x)$，其中 $T_0(x) = 1$，$T_1(x) = x$，将该近似结果代入式(8-48)，图模型上的谱卷积可以被重新定义为

$$\mathcal{F}^{-1}(\boldsymbol{G}_\theta) * \boldsymbol{\Gamma}_{\mathrm{G}} \approx \sum_{k=0}^{K} \theta'_k T_k(\tilde{\boldsymbol{L}}) \boldsymbol{\Gamma}_{\mathrm{G}} \tag{8-51}$$

式中，$\tilde{\boldsymbol{L}} = \dfrac{2}{\lambda_{\max}} \boldsymbol{L} - \boldsymbol{I}_{n_{\mathrm{G}}}$。接下来，用此卷积计算来构建图卷积神经网络的前向传递方式，并在近似切比雪夫多项式将 K 的值定为 1，将 $\lambda_{\max}$ 的值近似为 2，在这些近似假设下，式(8-51)可以被进一步简化为

$$\begin{aligned}
\mathcal{F}^{-1}(\boldsymbol{G}_\theta) * \boldsymbol{\Gamma}_{\mathrm{G}} &\approx \theta'_0 \boldsymbol{\Gamma}_{\mathrm{G}} + \theta'_1 (\boldsymbol{L} - \boldsymbol{I}_{n_{\mathrm{G}}}) \boldsymbol{\Gamma}_{\mathrm{G}} \\
&= \theta'_0 \boldsymbol{\Gamma}_{\mathrm{G}} - \theta'_1 \boldsymbol{D}_{\mathrm{G}}^{-\frac{1}{2}} \boldsymbol{A}_{\mathrm{G}} \boldsymbol{D}_{\mathrm{G}}^{-\frac{1}{2}} \boldsymbol{\Gamma}_{\mathrm{G}}
\end{aligned} \tag{8-52}$$

式中，θ'_0 和 θ'_1 为两个可训练参数，并且这两个滤波器参数可以在整个图神经网络中共享。在实践中，通过对这两个参数的限制，可以有效地防止图神经网络的过拟合问题并且减少图卷积层内的矩阵乘法运算次数，令 $\theta = \theta'_0 = -\theta'_1$，式(8-52)可简化为

$$\mathcal{F}^{-1}(\boldsymbol{G}_\theta) * \boldsymbol{\Gamma}_{\mathrm{G}} \approx \theta \left(\boldsymbol{I}_{n_{\mathrm{G}}} + \boldsymbol{D}_{\mathrm{G}}^{-\frac{1}{2}} \boldsymbol{A}_{\mathrm{G}} \boldsymbol{D}_{\mathrm{G}}^{-\frac{1}{2}} \right) \boldsymbol{\Gamma}_{\mathrm{G}} \tag{8-53}$$

在式(8-53)中，考虑到 $\boldsymbol{I}_{n_{\mathrm{G}}} + \boldsymbol{D}_{\mathrm{G}}^{-\frac{1}{2}} \boldsymbol{A}_{\mathrm{G}} \boldsymbol{D}_{\mathrm{G}}^{-\frac{1}{2}}$ 的特征值范围在[0,2]，重复进行该运算会导致算法的不稳定并且在深度神经网络训练时会产生梯度消失和爆炸问题，图卷积神经网络引入了一个近似正则化的技巧：$\boldsymbol{I}_{n_{\mathrm{G}}} + \boldsymbol{D}_{\mathrm{G}}^{-\frac{1}{2}} \boldsymbol{A}_{\mathrm{G}} \boldsymbol{D}_{\mathrm{G}}^{-\frac{1}{2}} \to \tilde{\boldsymbol{D}}_{\mathrm{G}}^{-\frac{1}{2}} \tilde{\boldsymbol{A}}_{\mathrm{G}} \tilde{\boldsymbol{D}}_{\mathrm{G}}^{-\frac{1}{2}}$，其中 $\tilde{\boldsymbol{A}}_{\mathrm{G}} = \boldsymbol{A}_{\mathrm{G}} + \boldsymbol{I}_{n_{\mathrm{G}}}$，$\tilde{\boldsymbol{D}}_{\mathrm{G}}$ 为对角矩阵，其每行的元素 $\tilde{D}_{ii}$ 为矩阵 $\tilde{\boldsymbol{A}}_{\mathrm{G}}$ 中每行元素的加和，$\tilde{D}_{ii} = \sum_{j=1}^{n_{\mathrm{G}}} \tilde{A}_{ij}$。

综上，可以将图卷积神经网络的定义泛化至特征值矩阵 $\boldsymbol{\Gamma}_{\mathrm{G}} \in \mathbb{R}^{n_{\mathrm{G}} \times s_0}$，其中滤波器的维度为 F，则图卷积结果为

$$\boldsymbol{Z} = \tilde{\boldsymbol{D}}_{\mathrm{G}}^{-\frac{1}{2}} \tilde{\boldsymbol{A}}_{\mathrm{G}} \tilde{\boldsymbol{D}}_{\mathrm{G}}^{-\frac{1}{2}} \boldsymbol{\Gamma}_{\mathrm{G}} \boldsymbol{\Theta} \tag{8-54}$$

式中，$\boldsymbol{\Theta} \in \mathbb{R}^{s_0 \times F}$，为可训练的滤波器参数矩阵；$\boldsymbol{Z} \in \mathbb{R}^{n_{\mathrm{G}} \times F}$，为完成图卷积后的特征矩阵；$\tilde{\boldsymbol{A}}_{\mathrm{G}}$、$\boldsymbol{\Gamma}_{\mathrm{G}}$ 可以通过稀疏矩阵乘法高效计算。

2. 柔性高阶图卷积神经网络

图卷积神经网络在执行模式识别任务时，不仅会参考目标端点自身的特征信息，还会参考目标端点邻居的信息，但是图卷积神经网络只能采集目标端点一阶邻居的信息，不能采集二阶及以上邻居的信息。颤振图模型中链接的权重是可训练的，训练集内都是已知标签的端点，因此训练集之间的链接权重是训练过的，

测试集与训练集之间的链接权重是在测试集输入后才构建的，由于测试集的标签未知，这些链接权重无法得到训练。在使用测试集进行网络验证时，如果只能用到一阶邻居的信息，则只能使用到测试集与训练集之间的链接权重，而这些链接权重值未经训练，只有使用到高阶邻居信息，才能够使用到训练集内部已经训练完成的链接权重信息。

在式(8-59)中，接收邻居信息的部分实际上是 $\tilde{\boldsymbol{D}}_G^{-\frac{1}{2}} \tilde{\boldsymbol{A}}_G \tilde{\boldsymbol{D}}_G^{-\frac{1}{2}}$，为了使用到高阶邻居信息，一个直观的方法就是对该部分进行幂次操作，即 $(\tilde{\boldsymbol{D}}_G^{-\frac{1}{2}} \tilde{\boldsymbol{A}}_G \tilde{\boldsymbol{D}}_G^{-\frac{1}{2}})^{N_f}$，其中 N_f 代表了该图卷积神经网络的阶次。然而，如果只使用一个 N_f 值，则图卷积结果只能使用到某阶邻居的信息，因此，需要对若干阶次分别进行计算，再将计算结果进行合并作为高阶图卷积神经网络的输出值，高阶图卷积神经网络的前向传递函数可以表示为

$$Z = \mathop{\|}_{j \in N_f} (\tilde{\boldsymbol{D}}_G^{-\frac{1}{2}} \tilde{\boldsymbol{A}}_G \tilde{\boldsymbol{D}}_G^{-\frac{1}{2}})^{N_f} \boldsymbol{\Gamma}_G \boldsymbol{\Theta}_j \tag{8-55}$$

式中，N_f 不再是一个表示图卷积神经网络阶次的数字，而是一组整数表示所用到的所有阶次；‖表示以列向量为主的矩阵聚合。当 N_f 为数字 1 时，该图卷积神经网络退化为一阶的图卷积神经网络。在高阶图卷积神经网络中，每一个不同的阶次都可以对应不同的图神经网络卷积维度，最终输出的总维度是各个阶次维度的叠加。另外需要注意的是，训练过程和推断过程所用到的伴随矩阵 $\boldsymbol{A}_G$、端点特征矩阵 $\boldsymbol{\Gamma}_G$ 是不一样的。在柔性高阶图卷积神经网络的训练过程中，由于链接权重是可训练的，对于 $\boldsymbol{A}_G$ 的每一个元素，都需要通过损失函数计算其梯度，对其值进行优化，而在推断过程中不对 $\boldsymbol{A}_G$ 进行优化。在经典的图卷积神经网络中，不对该矩阵进行训练。

在柔性高阶图卷积神经网络的前向传递过程中，需要计算 $\tilde{\boldsymbol{D}}_G^{-\frac{1}{2}} \tilde{\boldsymbol{A}}_G \tilde{\boldsymbol{D}}_G^{-\frac{1}{2}}$ 的 N_f 次方，但在实际计算中，并不需要按照常规运算顺序。在链接构建过程中，每一个端点的链接数都固定为 q，也就是说在整个伴随矩阵 $\boldsymbol{A}_G$ 中，每一行只有 q 个元素有值，是一个高度稀疏的矩阵，因此在计算时采取从右向左的矩阵乘法顺序，并提前计算 $\tilde{\boldsymbol{D}}_G^{-\frac{1}{2}} \tilde{\boldsymbol{A}}_G \tilde{\boldsymbol{D}}_G^{-\frac{1}{2}}$ 为 $\hat{\boldsymbol{A}}_G$。假设 $N_f = 3$，则

$$(\tilde{\boldsymbol{D}}_{\mathrm{G}}^{-\frac{1}{2}}\tilde{\boldsymbol{A}}_{\mathrm{G}}\tilde{\boldsymbol{D}}_{\mathrm{G}}^{-\frac{1}{2}})^{N_{\mathrm{f}}}\boldsymbol{\varGamma}_{\mathrm{G}}=(\tilde{\boldsymbol{D}}_{\mathrm{G}}^{-\frac{1}{2}}\tilde{\boldsymbol{A}}_{\mathrm{G}}\tilde{\boldsymbol{D}}_{\mathrm{G}}^{-\frac{1}{2}})^{3}\boldsymbol{\varGamma}_{\mathrm{G}}$$

$$=(\tilde{\boldsymbol{D}}_{\mathrm{G}}^{-\frac{1}{2}}\tilde{\boldsymbol{A}}_{\mathrm{G}}\tilde{\boldsymbol{D}}_{\mathrm{G}}^{-\frac{1}{2}}(\tilde{\boldsymbol{D}}_{\mathrm{G}}^{-\frac{1}{2}}\tilde{\boldsymbol{A}}_{\mathrm{G}}\tilde{\boldsymbol{D}}_{\mathrm{G}}^{-\frac{1}{2}}(\tilde{\boldsymbol{D}}_{\mathrm{G}}^{-\frac{1}{2}}\tilde{\boldsymbol{A}}_{\mathrm{G}}\tilde{\boldsymbol{D}}_{\mathrm{G}}^{-\frac{1}{2}}\boldsymbol{\varGamma}_{\mathrm{G}})))\tag{8-56}$$

$$=(\hat{\boldsymbol{A}}_{\mathrm{G}}(\hat{\boldsymbol{A}}_{\mathrm{G}}(\hat{\boldsymbol{A}}_{\mathrm{G}}\boldsymbol{\varGamma}_{\mathrm{G}})))$$

综上，柔性高阶图卷积神经网络的前向传递算法步骤如算法 8-1 所示。

算法 8-1　柔性高阶图卷积神经网络前向传递过程

Input: $\boldsymbol{\varGamma}_{\mathrm{G}}, N_{\mathrm{f}}, \hat{\boldsymbol{A}}_{\mathrm{G}}, \boldsymbol{\varTheta}_{j}, j \in N_{\mathrm{f}}$

Output: $\boldsymbol{Z}$

1　$j_{\max} = \max(N_{\mathrm{f}})$　　　　　　　　　// 找到阶次序列中的最大值

2　$\boldsymbol{B}_{\mathrm{G}} = \boldsymbol{\varGamma}_{\mathrm{G}}$　　　　　　　　　　// 拷贝特征矩阵，以免后续运算中覆盖

3　**for** $j = 1$ **to** $j_{\max}$ **do**

4　$\boldsymbol{B}_{\mathrm{G}} = \hat{\boldsymbol{A}}_{\mathrm{G}}\boldsymbol{B}_{\mathrm{G}}$　　　　　　　// 自左向右的稀疏矩阵乘法

5　**if** $j \in N_{\mathrm{f}}$ **then**

6　$\boldsymbol{O}_{j} = \boldsymbol{B}_{\mathrm{G}}\boldsymbol{\varTheta}_{j}$　　　　　　　// 每一阶次的输出结果

7　**end**

8　**end**

9　$\boldsymbol{Z} = \underset{j \in N_{\mathrm{f}}}{\|}\ \boldsymbol{O}_{j}$　　　　　　　// 将每一阶次的结果聚合获得最终结果

---

3. 早期微弱颤振辨识图神经网络架构

之前的章节完成了对颤振图模型的建立和对图卷积神经网络的改良，接下来将改良的图卷积神经网络用于颤振图模型，并对整体深度神经网络结构进行设计。尽管图卷积神经网络具有强大的图数据处理能力，但仍然需要堆叠其他的神经网络层以提高其泛化性能，如 Dropout 层[17]、批正则化层[18]和非线性激活函数。基于颤振图模型的建立和柔性高阶图卷积神经网络的设计，提出了基于柔性高阶图卷积神经网络的早期微弱颤振在线辨识技术，该技术的完整流程如图 8-17 所示。

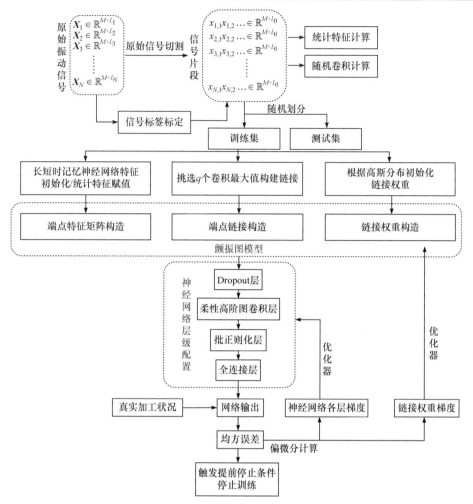

图 8-17　基于柔性高阶图卷积神经网络的早期微弱颤振在线辨识技术完整流程

如图 8-17 所示，图卷积网络构建的前提是数据，为了实现早期微弱颤振在线辨识，需使用传感器监测切削加工状态，这些传感器可以是机床内部嵌入的传感器如电机电流监测器，也可以是机床外部布置的传感器如加速度传感器、麦克风、位移传感器等。这些信号都可以用于柔性高阶图卷积神经网络中，因为颤振图模型构建的基础是信号之间的卷积值和统计指标，只要这两项可以计算，就可以成功建立颤振图模型。为了提高所训练深度神经网络的泛化性能，高速铣削试验需要在不同切削条件下如不同的主轴转速和切削宽度等进行，以获取不同工况下的监测数据。假设进行了 N 组不同切削条件下的高速铣削试验，用 M 个传感器进行切削过程的监测，则原始振动信号可表示为 $(X_1, X_2, X_3, \cdots, X_N)$，其中

$X_i \in \mathbb{R}^{M \times L_i}$。本节与 8.2 节相同，也是早期微弱的颤振辨识，故本节所用试验数据和原始信号的标注方法与 8.2 节一致，不再赘述。信号切割长度仍为 L_0，分割后的信号片段维度为 $M \times L_0$。

随后将所有信号随机划分为训练集和测试集，并通过长短时记忆神经网络特征初始化或统计特征赋值构造端点特征矩阵 $\boldsymbol{\Gamma}_G$，若所用长短时记忆神经网络维度为 N_L，则端点特征矩阵 $\boldsymbol{\Gamma}_G$ 维度为 $n_G \times N_L$，若使用统计特征构造端点特征矩阵，则端点特征矩阵 $\boldsymbol{\Gamma}_G$ 维度为 $n_G \times 48$。获得端点特征矩阵后，再通过计算卷积构造端点链接，通过高斯分布初始化链接权重，具体构造方法在 8.2.1 小节中已经详细介绍，此处不再赘述。

图卷积神经网络需要其他神经网络层辅助以提高泛化性能，在深度神经网络设计中，第一层是 Dropout 层。深度神经网络的可训练参数众多，网络表达能力强，但同时也容易产生过拟合现象，过拟合是指训练完成的网络能够很好地处理训练集数据，但当数据稍有变化时，网络的性能就会大幅下降。Dropout 层在每一批训练数据输入时，都会根据给定的比例随机删除一些神经元，删的神经元不参与该批次的前向传递过程，也无法获得反向传递误差。这种随机删除的训练方式使得神经元不能接受到完整训练集信息，故可以有效防止过拟合。

深度神经网络的第二层是柔性高阶图卷积层，该层使用图卷积神经网络，使目标端点能够吸收其邻居的特征，并将这些特征转化为自身的特征。图卷积神经网络只能用到一阶邻居的信息，而高阶图卷积神经网络可以利用若干阶邻居的信息，为了对比图卷积神经网络与高阶图卷积神经网络对早期微弱颤振辨识的效果，分别采用了经典的图卷积神经网络和阶次为 2 的高阶图卷积神经网络，两种图卷积神经网络的前向传递方式如图 8-18 和图 8-19 所示。

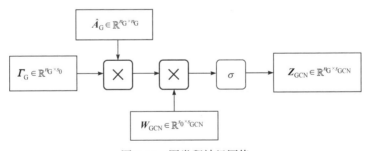

图 8-18　图卷积神经网络

在图卷积网络层中，假设通过 Dropout 层后的特征矩阵仍为 $\boldsymbol{\Gamma}_G$，其维度为 $\mathbb{R}^{n_G \times s_0}$，在图卷积神经网络中，需要训练的参数为权重矩阵 $\boldsymbol{W}_{GCN} \in \mathbb{R}^{s_0 \times s_{GCN}}$，其中 s_{GCN} 表示图神经网络的内部维度，再经过非线性激活函数 Sigmoid 后得到图卷积

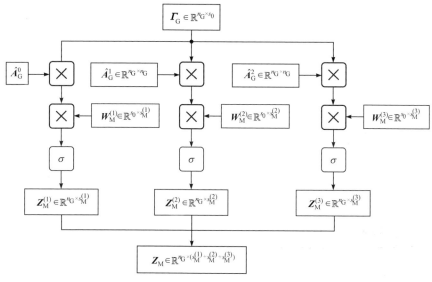

图 8-19　高阶图卷积神经网络

神经网络的输出 $\boldsymbol{Z}_{\mathrm{GCN}} \in \mathbb{R}^{n_{\mathrm{G}} \times s_{\mathrm{GCN}}}$，经过变换后，每一个端点的特征维度从 s_0 变为 s_{GCN}。

在高阶图卷积神经网络层中，使用到的是阶次为 2 的高阶图卷积神经网络，也就是说 N_{f} 的取值为 0、1、2，在进行伴随矩阵左乘运算时，不只用到了 $\hat{A}_{\mathrm{train}}^{1}$，还用到了 $\hat{A}_{\mathrm{train}}^{0}$ 和 $\hat{A}_{\mathrm{train}}^{2}$，所用到的权重矩阵也是独立且拥有不同维度 $s_{\mathrm{M}}^{(1)}$、$s_{\mathrm{M}}^{(2)}$、$s_{\mathrm{M}}^{(3)}$，经过非线性激活函数 Sigmoid 后分别得到三个特征矩阵 $\boldsymbol{Z}_{\mathrm{M}}^{(1)} \in \mathbb{R}^{n_{\mathrm{G}} \times s_{\mathrm{M}}^{(1)}}$，$\boldsymbol{Z}_{\mathrm{M}}^{(2)} \in \mathbb{R}^{n_{\mathrm{G}} \times s_{\mathrm{M}}^{(2)}}$，$\boldsymbol{Z}_{\mathrm{M}}^{(3)} \in \mathbb{R}^{n_{\mathrm{G}} \times s_{\mathrm{M}}^{(3)}}$。这三个特征矩阵从不同的维度反映端点的特征信息，最终获得的特征向量 $\boldsymbol{Z}_{\mathrm{M}}$ 是以上三个特征矩阵按特征维度的拼接，因此其特征维度为 $(s_{\mathrm{M}}^{(1)} + s_{\mathrm{M}}^{(2)} + s_{\mathrm{M}}^{(3)})$。

深度神经网络的第三层是批正则化层，批正则化层经常在深度神经网络中用来加速神经网络训练、加速收敛速度及稳定性。批正则化是针对批训练方法提出的特征处理方法，其主要目的在于使训练数据拥有相同的均值和方差，以使训练中的梯度不会产生大的波动。批正则化层的前向传递过程分为四步，第一步为计算批数据均值，第二步为计算批数据方差，第三步为批数据归一化，第四步为批数据重归一化，对于高阶图卷积神经网络的输出 $\boldsymbol{Z}_{\mathrm{M}}$，其算法流程如算法 8-2 所示。

算法 8-2　批正则化层前向传递过程

Input:图卷积层输入特征 $\boldsymbol{Z}_{\mathrm{M}}$，缩放变量 γ_{N}，平移变量 β_{N}

Output:批正则化层输出 $\boldsymbol{X}_{\mathrm{N}}$

1 $\quad \mu_{\mathrm{N}} = \dfrac{1}{n_{\mathrm{G}}} \displaystyle\sum_{i=1}^{n_{\mathrm{G}}} \boldsymbol{Z}_{\mathrm{M}}^{(i)}$　　　　　　　　　　// 批数据均值计算

2 $\quad \sigma_{\mathrm{N}}^2 = \dfrac{1}{n_{\mathrm{G}}} \displaystyle\sum_{i=1}^{n_{\mathrm{G}}} (\boldsymbol{Z}_{\mathrm{M}}^{(i)} - \mu_{\mathrm{N}})^2$　　　　　　　// 批数据方差计算

3　for $i = 1$ **to** n_{G} **do**

4 $\quad \hat{\boldsymbol{X}}^{(i)} = \dfrac{\boldsymbol{Z}_{\mathrm{M}}^{(i)} - \mu_{\mathrm{N}}}{\sqrt{\sigma_{\mathrm{N}}^2 + \varepsilon}}$　　　　　　　　　// 批数据归一化

5 $\quad \boldsymbol{X}_{\mathrm{N}}^{(i)} = \gamma_{\mathrm{N}} \hat{\boldsymbol{X}}^{(i)} + \beta_{\mathrm{N}}$　　　　　　　// 批数据重归一化

6　end

算法 8-2 中用 ε 表示一个很小的常数值，以免出现除以 0 的情况，在算法描述中为了表述方便，假设只有一个特征维度，在具有多个特征维度时只需对每个特征维度分别计算即可。批正则化层的特点在于它不仅将数据进行了归一化操作，还使用可训练的缩放和平移变量对数据重归一化，使数据处于更适于网络学习的状态。使用批正则化层可以使训练过程更加稳定，更大的学习率可以被使用，并且去掉了数据的绝对差异性。

深度神经网络的最后一层是全连接层，全连接层的主要作用是分类器，定义其输出为颤振发生的概率，在该层批正则化层的输出是以每个数据点 $\boldsymbol{X}_{\mathrm{N}}^{(i)}$ 为单位输入的，全连接层的前向传递方式为

$$x_{\mathrm{P}}^{(i)} = \sigma(\boldsymbol{W}_{\mathrm{F}} \boldsymbol{X}_{\mathrm{N}}^{(i)} + b_{\mathrm{F}}) \tag{8-57}$$

式中，$\sigma(\ )$ 为 Sigmoid 函数；$\boldsymbol{W}_{\mathrm{F}}$ 为可训练的行向量，使用图卷积神经网络时维度为 s_{GCN}，使用高阶图卷积神经网络时维度为 $(s_{\mathrm{M}}^{(1)} + s_{\mathrm{M}}^{(2)} + s_{\mathrm{M}}^{(3)})$；$b_{\mathrm{F}}$ 为可训练偏置，为一可训练数值；$x_{\mathrm{P}}^{(i)}$ 为颤振发生概率，也是网络输出结果。$\boldsymbol{X}_{\mathrm{P}} = (x_{\mathrm{P}}^{(1)}, x_{\mathrm{P}}^{(2)}, \cdots, x_{\mathrm{P}}^{(n_{\mathrm{G}})})$ 即为所有点的颤振发生概率。在训练过程中，需要将该概率与真实切削状态相比较获得损失值，再根据损失值计算所有可训练参数的梯度，最后根据预先设定好的优化器进行参数的优化。

8.3.3　颤振在线检测效果对比及抗噪分析

1. 试验组神经网络结构设计

本章提出了基于卷积值的颤振图模型链接构建方式、基于长短时记忆神经网络和统计指标的端点特征提取方式以及链接权重可训练化，为了验证这些改进形

式的有效性,同时使用多个试验组通过控制变量的方式研究这些改变对早期微弱颤振辨识带来的影响。这些试验组的网络结构及技术应用情况分别如图 8-20 和表 8-2 所示。

图 8-20　各试验组网络结构对比

表 8-2　试验组技术应用情况

技术名称	试验组 1	试验组 2	试验组 3	试验组 4	试验组 5	试验组 6
长短时记忆神经网络特征	√	√	√	×	×	×
统计指标特征	×	×	×	√	√	√
一阶图卷积神经网络	×	√	×	√	√	×
高阶图卷积神经网络	×	×	√	×	×	√
可训练链接权重	×	×	×	×	×	√

　　试验组 1 使用的是长短时记忆神经网络。这一试验组是 8.2 节所用到的基于长短时记忆神经网络的颤振早期辨识技术。在该试验组中,所用到的深度神经网络结构有两层,第一层为长短时记忆神经网络层,第二层为全连接层。该网络已经证实在无噪声条件下可以有效地对早期微弱颤振进行辨识,但是噪声条件下该

网络的性能并未测试。该试验组可以作为全部图神经网络的对照，因为其不需要图模型的转换也不需要图神经网络的搭建。

试验组 2 使用的是基于长短时记忆神经网络特征构造的图卷积神经网络。在该试验组中，所用到的神经网络结构有五层，第一层为长短时记忆神经网络层，用于通过训练的方式找到端点的敏感特征值，第二层为 Dropout 层，第三层为一阶图卷积神经网络层，第四、五层分别为批正则化层和全连接层。该试验组主要用于检验以信号卷积为基础的链接构造方式和基于长短时记忆神经网络特征的构造方式能否用于早期微弱的颤振辨识中，并检验随着噪声的增加，其表现是否能够维持。

试验组 3 使用的是基于长短时记忆神经网络特征构造的高阶图卷积神经网络。在该试验组中，所用到的神经网络结构有五层，第一层为长短时记忆神经网络层，用于通过训练的方式找到端点的敏感特征值，第二层为 Dropout 层，第三层为高阶图卷积神经网络层，第四、五层分别为批正则化层和全连接层。该试验组主要用来与第二个试验组对比，以检验使用高阶图卷积神经网络与一阶图卷积神经网络在不同噪声环境下的表现。

试验组 4 使用的是基于统计指标特征构造的图卷积神经网络。在该试验组中，所用到的神经网络结构有四层，第一层为 Dropout 层，第二层为一阶图卷积神经网络层，第三、四层分别为批正则化层和全连接层。该试验组也是用来与试验组 2 对比，以检验基于长短时记忆神经网络与统计指标特征构造对图卷积神经网络性能的影响。

试验组 5 使用的是基于统计指标特征构造的高阶图卷积神经网络。在该试验组中，所用到的神经网络结构有四层，第一层为 Dropout 层，第二层为一阶图卷积神经网络层，第三、四层分别为批正则化层和全连接层。该试验组用来与试验组 4 对比，以检验当使用统计指标进行特征构造时，高阶图卷积神经网络与一阶图卷积神经网络在不同噪声下的性能差别。

试验组 6 使用的是基于统计指标特征构造的高阶图卷积神经网络，并且拥有可训练的链接权重。该试验组与试验组 5 的神经网络结构一致，不同的是其链接权重可以通过梯度下降法来训练。该试验组将所介绍的改进技术全部融合，可以与试验组 5 对比可训练链接权重带来的影响。

2. 柔性高阶图卷积神经网络训练方式

在深度神经网络的训练过程中，为了提高网络训练速度，通常采用按批输入的训练方法，然而图卷积神经网络的训练方式又有一些特别，在输入某批数据时，不仅要使用该批数据，还要用到未输入数据的信息，这给网络参数的训练带来了更大的难度，本节就网络训练时的一些具体细节展开介绍。

网络训练所用到的优化器为自适应矩估计优化器[19]。自适应矩估计优化器与常使用的随机梯度下降有所不同，在随机梯度下降中，使用的是单一的学习率来更新所有的权重，学习率在训练过程中并不会改变，而在自适应矩估计优化器中，是通过计算梯度的一阶矩估计和二阶矩估计为不同学习参数设计具有自适应性的学习率。在可训练参数的优化过程中，对于某可训练参数 θ，首先需要计算某时间步 t 的梯度 g_t：

$$g_t = \Delta_\theta J(\theta_{t-1}) \tag{8-58}$$

得到梯度后，需对本次时间步的动量 m_t 进行计算，计算时需综合考虑之前步的梯度动量 m_{t-1}。假设指数衰减率为 β_1，用以控制上一时间步与本次梯度的权重分配，则当前时间步的动量 m_t 为

$$m_t = \beta_1 m_{t-1} + (1-\beta_1)g_t \tag{8-59}$$

然后需要计算梯度平方的指数移动平均数 v_t，假设所用到的指数衰减率为 β_2，用以控制之前的梯度平方对指数移动平均数的影响，通过对梯度平方进行加权平均，可以获得指数移动平均数 v_t 的计算公式：

$$v_t = \beta_2 v_{t-1} + (1-\beta_2)g_t^2 \tag{8-60}$$

m_0 和 v_0 初始化为 0，会导致训练初始阶段 m_0 和 v_0 的值偏向 0，因此需对其进行矫正：

$$\hat{m}_t = m_t / (1-\beta_1^t) \tag{8-61}$$

$$\hat{v}_t = v_t / (1-\beta_2^t) \tag{8-62}$$

最后，通过预先设定好的学习率 α，对可训练参数 θ 进行更新：

$$\theta_t = \theta_{t-1} - \alpha \hat{m}_t / (\sqrt{\hat{v}_t} + \varepsilon) \tag{8-63}$$

式中，ε 是一个很小的常数，以防分母为 0。由式(8-63)可以看出，当前梯度的更新可以从梯度均值和梯度平方两个角度进行自适应地调节，更好地控制训练过程。

损失函数的选择也是影响神经网络训练效果的重要参数之一。对于分类问题，常采用的输出有直接的数字标记和 one-hot 向量标记，常用的损失函数有交叉熵函数和均方误差函数。在训练过程中，发现使用直接的数字标记和均方误差函数的训练效果好，故直接使用颤振发生的概率作为神经网络的输出，用均方误差函数作为损失函数[20]。

最后需要说明的是训练过程中的批次训练处理方式。在两种不同的端点特征提取方式下，批次训练处理方式是不同的。在基于长短时记忆神经网络提取的特征中，输入图卷积神经网络的特征是由长短时记忆神经网络训练得到的，但是当样本第一次输入网络进行训练时，只有该批次样本经由长短时记忆神经网络获得的特征，当使用图卷积神经网络时，会面临该批次样本相邻的端点无特征的情况，

使得图卷积神经网络无法正常运转。因此，在训练开始之前，需要对长短时记忆神经网络的特征输出进行初始化，训练过程如图 8-21 所示。

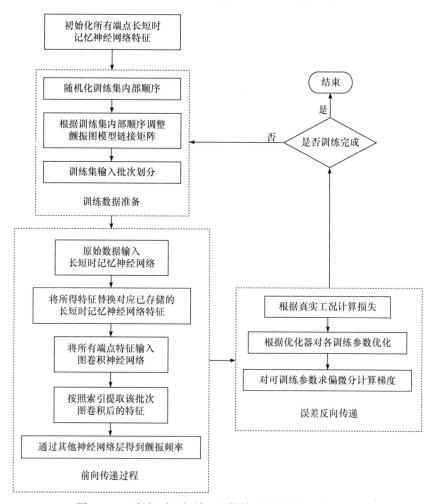

图 8-21　以长短时记忆神经网络输出为特征的训练过程

在基于统计指标特征提取的柔性高阶图卷积神经网络中，训练方式与图 8-21 不同，在该神经网络中，需提前计算各个端点的统计特征指标，因此不需要对特征进行初始化。此外，柔性高阶图卷积神经网络中的链接权重是可训练的，但在每批训练中只有目标端点用到的链接权重是有训练价值的。因此在每一批次的损失计算完成后，除了更新每层网络的参数，还需要对该训练批次的链接权重进行优化，其训练过程如图 8-22 所示。

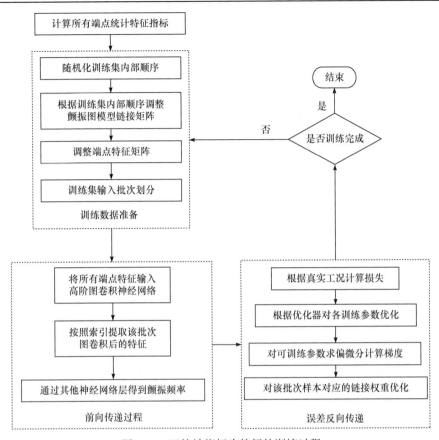

图 8-22　以统计指标为特征的训练过程

训练过程中，在每个训练循环结束时都会判断是否满足训练完成条件，如果已经达到预先设定好的循环次数或出现过拟合的趋势，则退出训练循环。

3. 噪声环境下图卷积神经网络的颤振在线检测效果对比

本章使用的试验数据与 8.2 节相同，所选取的训练集数据和测试集数据也相同。因此在本章中不再赘述试验所用到的设备和对原始数据标记、切割的方式，假定已经获取了标记好的训练集和测试集样本，首先对所有试验组的超参数进行说明。

各个试验组所有超参数的详细介绍如表 8-3 所示。由于图形处理单元在并行运算上面的优势，试验中采取图形处理单元 RTX2060 完成对深度神经网络的训练。由于自适应矩估计能够通过动量调整学习率，使训练更加稳定，采用了较大的学习率 0.1 以实现更快的网络收敛速度。Dropout 层的系数设置为 0.1，意味着每批次训练中都有 10%的网络参数没有使用，以避免过拟合现象。在图卷积神经

表 8-3 所有试验组超参数介绍

参数	取值/说明
自适应矩估计优化器学习率	0.1
Dropout 层系数	0.1
图卷积神经网络维度	20
高阶图卷积神经网络所用阶次	0、1、2
训练阶段每批样本个数	512
最大训练循环数	200
长短时记忆神经网络神经元数	64
柔性高阶图卷积神经网络链接权重初始化均值	0.3
柔性高阶图卷积神经网络链接权重初始化方差	0.01
柔性高阶图卷积神经网络训练权重初始化均值	0
柔性高阶图卷积神经网络训练权重初始化方差	0.05
损失函数	均方误差系数
长短时记忆神经网络特征初始化均值	0
长短时记忆神经网络特征初始化方差	1
数据类型	32 位浮点数
编译平台	Python3.8+Tensorflow2.3
计算设备	图形处理单元 RTX2060

网络和高阶图卷积神经网络中，每阶次的维度均为 20，高阶图卷积神经网络所用到的阶次有 0、1、2，因此图卷积神经网络的输出维度为 20，高阶图卷积神经网络的输出维度为 60。每批训练的样本数固定为 512，最大训练循环数为 200。在试验组 1 中的长短时记忆神经网络和以长短时记忆神经网络为特征提取方式中，其神经元数均为 64。程序在 Pycharm 环境下编写，使用编译平台为 Python3.8 和 Tensorflow2.3。

为了验证不同试验组在噪声环境下的表现，在测试集中叠加了不同强度的高斯白噪声模拟噪声环境。当噪声的平均功率受限时，其信号源服从高斯分布时信号源的熵最大，且高斯噪声的频谱非常宽，故其是最具干扰信息的噪声。所用高斯白噪声的标准差及对应的信噪比如表 8-4 所示。在添加噪声时，由于对一组信号添加的噪声标准差一致，颤振时的振动信号会因为自身振动幅值较大而受到较小的噪声影响，这符合实际铣削情况，在颤振发生时传感器采集到的信号中大部分能量由颤振造成，不易受噪声影响。

表 8-4　高斯白噪声的标准差及对应的信噪比

高斯白噪声标准差	0.1	1	2	5	10	11	12	13
对应信噪比/dB	48.02	28.02	22.00	14.05	8.02	7.19	6.44	5.74

为了验证不同强度噪声环境下各个深度神经网络的表现情况，在各个噪声条件下对 6 个试验组进行了训练和测试。为了使试验结果更加合理，在每个信噪比下对每个试验组进行十次训练以及测试分析，并对十次在测试集上的颤振辨识准确率进行平均。原始数据中某稳定切削数据样本和某颤振数据样本如图 8-23 所示，每个数据样本的长度为 250，从数据样本中可以看到颤振发生时幅值增大并出现明显的新周期成分。原始数据的颤振在线辨识准确率对比如图 8-24 所示。

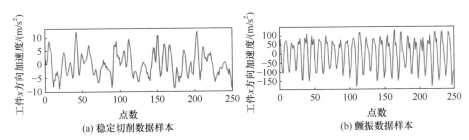

(a) 稳定切削数据样本　　　　　　　　(b) 颤振数据样本

图 8-23　原始数据样本

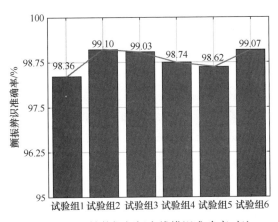

图 8-24　原始数据颤振在线辨识准确率对比

从图 8-24 中可以发现，在不存在噪声的情况下，各个试验组对颤振在线辨识均有很好的表现，颤振在线辨识的准确率在 98%以上，该结果证明了以卷积值为依据构建颤振图模型链接的有效性，也证明了图卷积神经网络和高阶图卷积神经网络在早期微弱颤振在线辨识中的表现很好。此外，尽管所有试验组的颤振在线辨识准确率都很高，其具体准确率还是存在细小差别，准确率最高的三个试验组分别是试验组 2、试验组 3 和试验组 6,这说明在无噪声环境下,基于长短时记忆神经网络的端点特征提取方式更有效。对比试验组 4、5、6,试验组 6 的颤振辨识准确率比试验组 4、5 都高,这证明了可训练链接权重对于颤振在线辨识的帮助。对比试验组 1、2、3,试验组 2 和 3 的颤振辨识准确率较高,说明加入图卷积神经网络对于颤振在线辨识有帮助。

由于篇幅原因仅展示噪声标准差为 1 时的数据样本,如图 8-25 所示。当噪声标准差为 0.1 和 1 时,颤振在线辨识准确率如图 8-26 所示。在较小噪声存在的情况下各个试验组保持较好的表现,对于颤振在线辨识的准确率依然保持在 98%以上,在这两种噪声条件下,信噪比保持在一个较高的水平,分别是 48.02dB 和 28.02dB,该信噪比不会对颤振信号的辨识产生较大的影响。在这两组试验中,拥有最高颤振辨识准确率的是试验组 2,这说明了以卷积值为基础的链接构造方式的有效性和图卷积神经网络在颤振在线辨识方面的有效性。与试验组 1 相比,试验组 2 的高辨识准确率证明了图卷积神经网络在特征提取上面的优势。基于高阶图卷积神经网络的深度神经网络,其颤振辨识准确率低于一阶的图卷积神经网络,其原因可能是网络阶次的增加在提升深度神经网络学习能力的同时,其翻倍的可训练参数也会使过拟合问题更易发生。

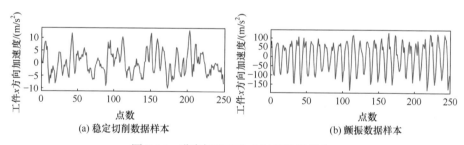

(a) 稳定切削数据样本　　　　　(b) 颤振数据样本

图 8-25　噪声标准差为 1 时的数据样本

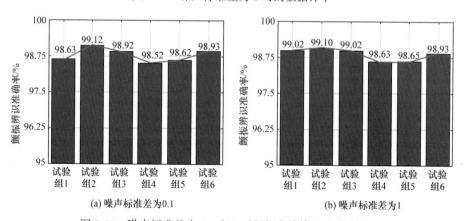

(a) 噪声标准差为0.1　　　　　(b) 噪声标准差为1

图 8-26　噪声标准差为 0.1 和 1 时颤振在线辨识准确率对比

　　图 8-27 展示了噪声标准差为 5 时稳定和颤振状态的数据样本,该噪声等级已经对稳定状态的数据样本产生较大影响。图 8-28 展示的是噪声标准差为 2 和 5 时的颤振在线辨识准确率对比,尽管该组的噪声级别已经比上一组大很多,但依然没有对颤振辨识的准确率造成致命的影响。该组对照试验中,在颤振辨识准确率上属于第一梯队的是试验组 1、2、3、6,其颤振辨识准确率略高于试验组 4 和 5,这说明在较低噪声的影响下,基于长短时记忆神经网络的特征提取技术仍然优于基于统计指标的特征提取技术。在该组试验中,颤振辨识准确率最高的还是试验组 2,这既可以说明图卷积神经网络有助于辅助长短时记忆神经网络的特征提取,又可以说明基于长短时记忆神经网络的端点特征提取形式是行之有效的。

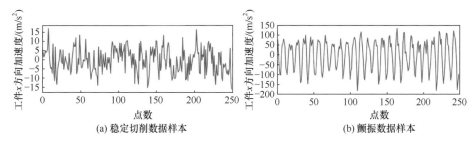

(a) 稳定切削数据样本　　　　　　　　(b) 颤振数据样本

图 8-27　噪声标准差为 5 时的数据样本

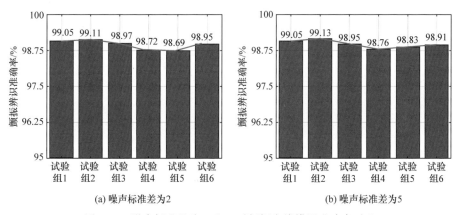

(a) 噪声标准差为2　　　　　　　　(b) 噪声标准差为5

图 8-28　噪声标准差为 2 和 5 时颤振在线辨识准确率对比

　　噪声标准差为 11 时稳定和颤振状态的数据样本如图 8-29 所示,该噪声等级下稳定状态的时域信号受到了很大影响。当噪声标准差增加至 10 和 11 时,各个试验组在颤振在线辨识上的表现也发生了较大变化,其颤振在线辨识准确率对比如图 8-30 所示。在该组试验中,很多试验组的性能出现了显著性降低,最为明显的是试验组 2、3。当噪声标准差为 10 时,试验组 2 的颤振辨识准确率大幅度降低至 27.34%,已经完全失去了颤振辨识的功能,而试验组 3 的颤振辨识准确率降低至 75.41%，也基本失去了颤振在线辨识的功能。两个基于长短时记忆神经网络作为端点特征提取方式的颤振在线辨识技术同时失去了功效，说明强噪声对于基于长短时记忆神经网络的特征提取影响很大。当噪声标准差增加至 11 时，试验组 2、3 均发生了严重的过拟合现象，趋向于将所有切削加工状态归为一类，已经完全丧失了颤振辨识能力。产生这一现象的原因是由长短时记忆神经网络提取出的特征是没有统计意义的虚拟特征，这些特征可能更易受噪声的影响。

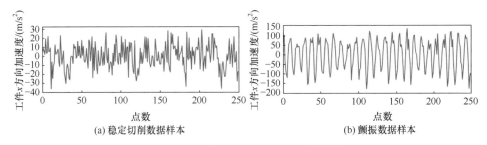

图 8-29   噪声标准差为 11 时的数据样本

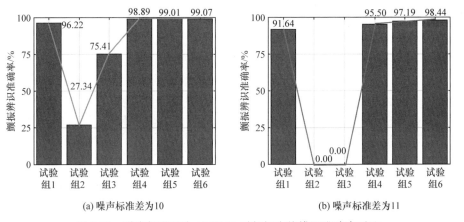

图 8-30   噪声标准差为 10 和 11 时颤振在线辨识准确率对比

此外，再观察其他四个试验组的表现，表现最差的是试验组 1，也就是不使用图卷积神经网络，只使用长短时记忆神经网络的一组，当噪声标准差为 11 时，其辨识准确率降至 91.64%，远低于试验组 4、5、6，这说明基于统计指标作为端点特征的图卷积神经网络具有更好的抗噪声能力。此外，试验组 4、5、6 的颤振辨识准确率是逐渐增高的，这说明高阶图卷积神经网络的抗噪声能力比一阶图卷积神经网络强，并且可训练的链接权重可以给图神经网络带来更好的抗噪能力。

图 8-31 为噪声标准差为 13 时的数据样本，稳定切削状态时基本看不出原始切削信号，颤振时的样本时域波形受到了微小影响。当噪声标准差提高至 12 和 13 时，信号的信噪比很低了，达到 6.44dB 和 5.74dB，在这种强噪声环境下，大

部分的深度神经网络已经失去了颤振在线辨识功能。从图 8-32 中可以看出，试验组 2、3 依然处于严重的过拟合状态中，完全丧失了颤振辨识能力。在试验组 4、5 中，颤振辨识的准确率也大幅下降，当噪声标准差为 13 时准确率已经低至 33.80%和 27.43%，已经失去了颤振辨识能力，这说明图卷积神经网络(包括高阶图卷积神经网络)对于噪声是比较敏感的，高强度噪声使端点特征中混杂着噪声，在目标端点的信息聚集过程中起到了非常负面的影响。对比试验组 4、5，尽管两组的颤振辨识准确率都已经很低，但是试验组 4 的准确率是略优于试验组 5 的，这说明在高阶图卷积神经网络中，多次的信息聚合使噪声的影响放大，导致高阶图卷积神经网络性能更劣。

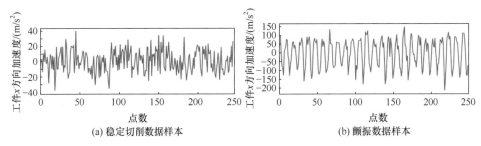

图 8-31 噪声标准差为 13 时的数据样本

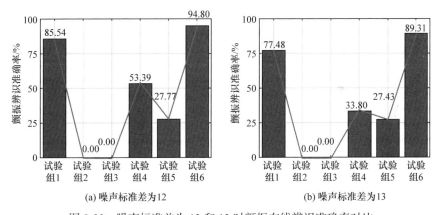

图 8-32 噪声标准差为 12 和 13 时颤振在线辨识准确率对比

再对比试验组 1 和试验组 6 的表现，对于试验组 1 来说，长短时记忆神经网络处理序列数据的强大能力使其在强噪声环境下依然保有一定的颤振辨识功能，颤振辨识的准确率保持在 85.54%和 77.48%，对比试验组 1、2、3 可以发现，图卷积神经网络的引入反而降低了强噪声环境下的颤振辨识能力。在所有试验组中，试验组 6 保有最高的颤振在线辨识能力，与试验组 4、5 相比，试验组 6 唯一的区别就是链接权重的可训练化，这一对比试验充分说明了可训练链接权重在颤振在线辨识中的重要作用。

综上所述，在低噪声环境下，所有试验组都具有较好的颤振在线辨识能力，其中基于长短时记忆神经网络作为端点特征提取的图卷积神经网络辨识效果最优。随着噪声强度的增加，基于长短时记忆神经网络作为端点特征提取的图卷积神经网络首先失去了颤振辨识能力。在强噪声条件下，基于统计指标作为端点特征提取的图卷积神经网络也失去了颤振辨识能力，而柔性高阶图卷积神经网络仍然具有较高的颤振辨识准确率。由此可以得出结论，在低噪声环境下优先选用基于长短时记忆神经网络作为端点特征提取的图卷积神经网络，而在高噪声条件下优先选用柔性高阶图卷积神经网络。

应用柔性高阶图卷积神经网络同样能够实现颤振的在线辨识，由于本章针对强噪声下的颤振在线辨识问题，故仅展示噪声最严重的两种情况(即噪声标准差为 12 和 13 时)下对颤振的在线辨识情况，辨识结果如图 8-33 和图 8-34 所示。其中第一测试组的主轴转速为 9000r/min，切削宽度为 3.5mm，第二测试组的主轴转速为 12000r/min，切削宽度为 2.3mm。图中可以看到柔性高阶图卷积神经网络对颤振的在线辨识情况，由于噪声的影响，图 8-33 和图 8-34 中均有颤振误报的情况出现，而图 8-34 噪声更强，误报情况出现得更多，但是总体准确率依然较高。观察颤振辨识错误的情况，多是将稳定切削状况误报为颤振，而较少有将颤振

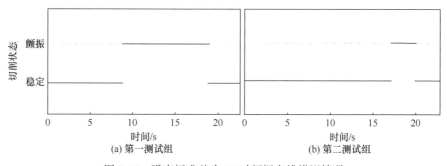

图 8-33　噪声标准差为 12 时颤振在线辨识情况

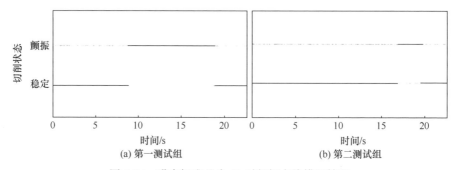

图 8-34　噪声标准差为 13 时颤振在线辨识情况

漏报为稳定切削状况，这对保证切削过程的稳定性是有利的，同时也说明噪声对颤振辨识技术的影响是将稳定误报为颤振。

参 考 文 献

[1] SHI F, CAO H, WANG Y, et al. Chatter detection in high-speed milling processes based on ON-LSTM and PBT[J]. The International Journal of Advanced Manufacturing Technology, 2020, 111(11): 3361-3378.

[2] 石斐. 智能主轴铣削颤振在线辨识及 H_∞ 主动控制方法研究[D]. 西安:西安交通大学, 2021.

[3] HOCHREITER S, SCHMIDHUBER J. Long short-term memory[J]. Neural Computation, 1997, 9(8): 1735-1780.

[4] GRAVES A, SCHMIDHUBER J. Framewise phoneme classification with bidirectional LSTM and other neural network architectures[J]. Neural Networks, 2005, 18(5-6): 602-610.

[5] GRAVES A. Generating sequences with recurrent neural networks[J]. arXiv preprint arXiv: 1308.0850, 2013.

[6] DOETSCH P, KOZIELSKI M, NEY H. Fast and robust training of recurrent neural networks for offline handwriting recognition[C]. 2014 14th International Conference on Frontiers in Handwriting Recognition, Hersonissos, Greece 2014: 279-284.

[7] ZAREMBA W, SUTSKEVER I, VINYALS O. Recurrent neural network regularization[J]. arxiv preprint arXiv: 1409.2329, 2014.

[8] LUONG M T, SUTSKEVER I, LE Q V, et al. Addressing the rare word problem in neural machine translation[C]. 53rd Annual Meeting of the Association-for-Computational-Linguistics (ACS) / 7th International Joint Conference on Natural Language Processing of the Asian-Federation-of-Natural-Language-Processing (IJCNLP), Beijing, 2015: 11-19.

[9] SAK H, SENIOR A, BEAUFAYS F. Long short-term memory based recurrent neural network architectures for large vocabulary speech recognition[J]. arXiv preprint arXiv: 1402.1128, 2014.

[10] SHEN Y, TAN S, SORDONI A, et al. Ordered neurons: Integrating tree structures into recurrent neural networks[J]. arXiv preprint arXiv: 1810.09536, 2018.

[11] PATEL B, MANN B, YOUNG K. Uncharted islands of chatter instability in milling[J]. International Journal of Machine Tools and Manufacture, 2008, 48(1): 124-134.

[12] GORI M, MONFARDINI G, SCARSELLI F. A new model for learning in graph domains[C]. Proceedings. 2005 IEEE International Joint Conference on Neural Networks, Montreal, QC, Canada, 2005: 729-734.

[13] SCARSELLI F, GORI M, TSOI A C, et al. The graph neural network model[J]. IEEE Transactions on Neural Networks, 2008, 20(1): 61-80.

[14] LI Y, TARLOW D, BROCKSCHMIDT M, et al. Gated graph sequence neural networks[J]. arXiv preprint arXiv: 1511.05493, 2015.

[15] DUVENAUD D K, MACLAURIN D, IPARRAGUIRRE J, et al. Convolutional networks on graphs for learning molecular fingerprints[J]. Advances in Neural Information Processing Systems, 2015: 2224-2232.

[16] KIPF T N, WELLING M. Semi-supervised classification with graph convolutional networks[C].

International Conference on Learning Representations (ICLR 2017), Toulon, France, 2016.

[17] HAMMOND D K, VANDERGHEYNST P, GRIBONVAL R. Wavelets on graphs via spectral graph theory[J]. Applied and Computational Harmonic Analysis, 2011, 30(2): 129-150.

[18] SRIVASTAVA N, HINTON G, KRIZHEVSKY A, et al. Dropout: a simple way to prevent neural networks from overfitting[J]. The Journal of Machine Learning Research, 2014, 15(1): 1929-1958.

[19] IOFFE S, SZEGEDY C. Batch normalization: Accelerating deep network training by reducing internal covariate shift[C]. International Conference on Machine Learning, Lille, France, 2015: 448-456.

[20] KINGMA D P, BA J. Adam: A method for stochastic optimization[J]. arXiv preprint arXiv: 1412.6980, 2014.

第三篇：智能主轴颤振控制

第9章 智能主轴铣削颤振的非对称刚度调控方法

9.1 引　　言

颤振是主轴在加工过程中一种最主要的自激振动,影响着加工精度和效率的提高。在航空航天等领域复杂精密零件高速高效加工过程中,切削过程阻尼的作用减弱,使得颤振相比低速切削时更容易发生,颤振问题已成为加工精度和效率提升的瓶颈。建立准确的铣削系统动力学模型,对于铣削稳定性分析及颤振控制具有重要意义。单自由度铣削系统动力学模型简单明了,但是存在很大的误差,难以准确描述实际切削过程。包含进给和法向两个正交方向的两自由度铣削系统动力学模型能够较好地描述铣削过程,是目前铣削稳定性分析及颤振控制中最为常见的动力学模型[1]。当前,对于两自由度铣削系统动力学模型,多是研究两个自由度上的刚度和阻尼等模态参数同时、同幅度变化对铣削稳定性的影响情况[2-4],缺少不同自由度上模态参数差异性变化对铣削稳定性及颤振特性影响规律的研究,并且未区分顺铣和逆铣两种不同切削方式下铣削稳定性随模态参数的变化趋势,难以满足工程实际需求。

针对上述问题,本章针对顺铣、逆铣不同铣削方式,提出智能主轴铣削颤振的非对称刚度调控方法。首先,建立进给和法向两自由度非对称刚度主轴-铣削系统动力学模型。其次,在切向切削力系数大于径向切削力系数的铣削条件下,分别利用半离散法和频域法分析主轴系统非对称刚度调控对顺铣和逆铣方式下系统切削稳定性的影响规律。最后,搭建智能主轴颤振控制系统,针对 7075 铝合金工件开展铣削实验,验证非对称刚度调控颤振控制方法的有效性。相比于对称刚度调控,非对称刚度调控策略不但能更大程度地提升系统铣削稳定性,而且可降低控制系统的维度和复杂度。

9.2　主轴-铣削系统耦合动力学建模

9.2.1　铣削过程两自由度动力学模型

非薄壁工件的刚度通常远高于主轴系统(即主轴-刀柄-刀具系统)的刚度,因而在切削加工过程中将其视为刚体,将主轴系统视为柔性结构。由此,建立图 9-1

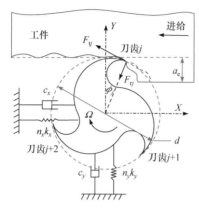

图9-1　两自由度铣削系统动力学模型

所示的三刃铣刀两自由度铣削系统动力学模型。以刀尖位置为坐标系原点，以切削进给方向为 X 轴，以垂直于 X 轴和刀具轴线的方向为 Y 轴建立两自由度直角坐标系。

在稳定铣削过程中，刀齿切削厚度与定义的每齿进给量有关，并按照刀齿通过频率周期性变化，此时的刀齿切削厚度通常称为稳态切削厚度或者名义切削厚度。然而，实际切削加工过程中，受过程阻尼作用减弱、刀具磨损以及切削发热等因素的影响，相邻两个刀齿或者相邻两次切削在工件表面形成的振纹存在相位差，进而引发再生颤振。颤振的出现在原来稳态切削厚度的基础上引入了动态切削厚度部分，即此时的刀齿切削厚度包含稳态和动态两部分，具体如式(9-1)所示。

$$h(t) = f_t \cdot \sin(\phi_j) + \left[\Delta x_t(t) \cdot \sin(\phi_j) + \Delta y_t(t) \cdot \cos(\phi_j) \right] \tag{9-1}$$

式中，f_t 为每齿进给量；$\phi_j = \pi \Omega t / 30 + 2\pi j / N + \phi_0$，为第 j 个刀齿的瞬时齿位角（ϕ_j 是 $\phi_j(t)$ 的简化表示形式），其中，Ω 为主轴转速(r/min)，N 为铣刀的刀齿数量，ϕ_0 为第 0 号位刀齿的初始齿位角；$\Delta x_t(t) = x_t(t) - x_t(t - \tau)$ 和 $\Delta y_t(t) = y_t(t) - y_t(t - \tau)$ 分别为 t 时刻刀尖 X、Y 方向的振动位移 $x_t(t)$ 和 $y_t(t)$ 与一个刀齿通过周期 τ 之前对应振动位移 $x_t(t - \tau)$ 和 $y_t(t - \tau)$ 的差值，即可再生颤振导致的动态切削厚度在 X、Y 方向的分量；刀齿通过周期 $\tau = 60/(N\Omega)$ 也被称为时滞。

根据切削厚度，铣削过程中第 j 个刀齿的切向和径向铣削力可以表示为

$$\begin{cases} F_{tj}(t) = K_t \cdot a_p \cdot h(t) \\ F_{rj}(t) = K_r \cdot a_p \cdot h(t) \end{cases} \tag{9-2}$$

式中，$F_{tj}(t)$ 和 $F_{rj}(t)$ 分别为铣刀第 j 个刀齿产生的切向和径向铣削力；K_t 和 K_r 分别为切向和径向切削力系数，两者可以通过切削力测量实验辨识得到，具体过程见 9.4.2 小节；a_p 为轴向切削深度。

为便于分析，将切向和径向切削力沿 X 和 Y 轴方向分解，可得

$$\begin{bmatrix} F_{xj}(t) \\ F_{yj}(t) \end{bmatrix} = \begin{bmatrix} -\cos\phi_j & -\sin\phi_j \\ \sin\phi_j & -\cos\phi_j \end{bmatrix} \begin{bmatrix} F_{tj}(t) \\ F_{rj}(t) \end{bmatrix} \tag{9-3}$$

式(9-3)表示单个刀齿产生的切削力，对于多刃铣刀，综合考虑所有刀齿，整把铣刀在 X 和 Y 方向产生的切削力可以表示为

$$\begin{cases} F_x(t) = \sum_{j=0}^{N-1} F_{xj}(t)g(\phi_j) \\ F_y(t) = \sum_{j=0}^{N-1} F_{yj}(t)g(\phi_j) \end{cases} \tag{9-4}$$

式中，$g(\phi_j)$ 为转换函数，当刀齿 j 浸入工件参与切削时，其值为 1，当刀齿 j 切出工件时，其值为零，即

$$g(\phi_j) = \begin{cases} 1, & \phi_{en} < \phi_j < \phi_{ex} \\ 0, & \phi_j > \phi_{ex} \text{ 或 } \phi_j < \phi_{en} \end{cases} \tag{9-5}$$

式中，ϕ_{en} 和 ϕ_{ex} 分别为刀齿切入角和切出角。两者的取值和切削方式与径向切深比等参数有关：逆铣切削时，刀齿切入角和切出角满足 $\phi_{en} = 0$，$\phi_{ex} = \arccos(1 - 2a_e/d)$；顺铣切削时，刀齿切入角和切出角分别为 $\phi_{en} = \arccos(2a_e/d - 1)$，$\phi_{ex} = \pi$。其中，$a_e$ 为径向切削深度，d 为刀具直径。

对应于稳态切削厚度和动态切削厚度，铣削力中也包含稳态铣削力 $\boldsymbol{F}_s(t)$ (也称静态铣削力)和动态铣削力 $\boldsymbol{F}_d(t)$ 两部分。将式(9-1)～式(9-3)代入式(9-5)，铣削力可以进一步表示为

$$\boldsymbol{F}_t(t) = \boldsymbol{F}_s(t) + \boldsymbol{F}_d(t) = \frac{1}{2}a_p f_t K_t \boldsymbol{H}_s(t) + \frac{1}{2}a_p K_t \boldsymbol{H}_d(t) \begin{bmatrix} \Delta x_t(t) \\ \Delta y_t(t) \end{bmatrix} \tag{9-6}$$

式中，$\boldsymbol{F}_t(t) = \begin{bmatrix} F_x(t) \\ F_y(t) \end{bmatrix}$；$\boldsymbol{H}_s(t) = \begin{bmatrix} h_{xx}(t) \\ h_{yx}(t) \end{bmatrix}$ 和 $\boldsymbol{H}_d(t) = \begin{bmatrix} h_{xx}(t) & h_{xy}(t) \\ h_{yx}(t) & h_{yy}(t) \end{bmatrix}$ 分别为稳态切削力系数矩阵和动态切削力系数矩阵，两者构成元素的具体表达式如下：

$$\begin{cases} h_{xx}(t) = \sum_{j=0}^{N-1} -[\sin 2\phi_j + K_{rc}(1 - \cos 2\phi_j)]g(\phi_j) \\ h_{xy}(t) = \sum_{j=0}^{N-1} -[(1 + \cos 2\phi_j) + K_{rc}\sin 2\phi_j]g(\phi_j) \\ h_{yx}(t) = \sum_{j=0}^{N-1} [(1 - \cos 2\phi_j) - K_{rc}\sin 2\phi_j]g(\phi_j) \\ h_{yy}(t) = \sum_{j=0}^{N-1} [\sin 2\phi_j - K_{rc}(1 + \cos 2\phi_j)]g(\phi_j) \end{cases} \tag{9-7}$$

式中，$K_{rc} = K_r/K_t$，为径向切削力系数与切向切削力系数的比值。

分析式(9-7)可以发现，$\boldsymbol{H}_s(t)$ 和 $\boldsymbol{H}_d(t)$ 均是以刀齿通过周期 τ 为周期的时变矩阵。

9.2.2　主轴-铣削系统两自由度耦合动力学建模

耦合两自由度铣削动力学模型和主轴系统模型，建立式(9-8)所示的两自由度主轴-铣削系统动力学模型：

$$M_t \ddot{Z}_t(t) + C_t \dot{Z}_t(t) + K_a Z_t(t) = F_t(t) \tag{9-8}$$

式中，$Z_t(t) = \begin{bmatrix} x_t(t) \\ y_t(t) \end{bmatrix}$；$M_t = \begin{bmatrix} m_x & 0 \\ 0 & m_y \end{bmatrix}$，$C_t = \begin{bmatrix} c_x & 0 \\ 0 & c_y \end{bmatrix}$ 和 $K_a(t) = \begin{bmatrix} n_x k_x & 0 \\ 0 & n_y k_y \end{bmatrix}$ 分别为主轴系统的质量、阻尼和刚度矩阵，其中的下标 x 和 y 分别对应主轴系统的 X 和 Y 方向，n_x 和 n_y 是两个常量，表示主轴系统 X 和 Y 方向的刚度放大倍数。在对称刚度主轴系统中，$k_x = k_y$ 且 $n_x = n_y = 1$。在 $n_x \neq n_y$ 的前提下，通过调整两者的具体数值可实现主轴系统的非对称刚度调控。在本章中，为便于讨论分析，将 n_x 和 n_y 中的一个设置为常量 1，通过改变另一个常量实现非对称刚度调控的目标。

由于 $X(Y)$ 方向的激励对主轴系统 $Y(X)$ 方向响应的影响远小于 $Y(X)$ 方向上相同大小的激励对主轴系统 $Y(X)$ 方向响应的贡献量，因而本章中不考虑主轴系统 X 和 Y 方向之间的交叉效应。

9.3　非对称刚度调控下的主轴-铣削系统稳定性分析

9.3.1　基于半离散法的铣削稳定性分析

颤振是铣削过程中可再生效应导致的失稳现象，为了避免以及控制颤振，通常需要对铣削系统进行稳定性分析。通过稳定性分析，一方面可以描述系统的稳定切削边界，为切削参数的选取提供依据，另一方面，可以为颤振控制提供基础以及指导。常见的稳定性分析方法包含半离散法[5]、全离散法[6]等时域分析方法以及零阶近似[7]、多频求解[8]等频域分析方法。半离散法的适用工况更加广泛，求解精度也相对较高，因此，本小节优先采用半离散法对非对称刚度主轴-铣削系统进行稳定性分析。

由 9.2 节的建模结果知，稳态铣削力是由进给导致的按刀齿通过周期变化的切削力，对铣削颤振没有影响。因而，在进行系统稳定性分析过程中，可以不考虑稳态铣削力部分，只分析再生效应导致的动态铣削力的影响。由式(9-6)和式(9-8)，两自由度主轴-铣削系统动力学模型可以表示为

$$
\begin{bmatrix} m_x & 0 \\ 0 & m_y \end{bmatrix}\begin{bmatrix} \ddot{x}_{\mathrm{t}}(t) \\ \ddot{y}_{\mathrm{t}}(t) \end{bmatrix} + \begin{bmatrix} c_x & 0 \\ 0 & c_y \end{bmatrix}\begin{bmatrix} \dot{x}_{\mathrm{t}}(t) \\ \dot{y}_{\mathrm{t}}(t) \end{bmatrix} + \begin{bmatrix} n_x k_x & 0 \\ 0 & n_y k_y \end{bmatrix}\begin{bmatrix} x_{\mathrm{t}}(t) \\ y_{\mathrm{t}}(t) \end{bmatrix}
$$
$$
= \frac{a_{\mathrm{p}} K_{\mathrm{t}}}{2}\begin{bmatrix} h_{xx}(t) & h_{xy}(t) \\ h_{yx}(t) & h_{yy}(t) \end{bmatrix}\begin{bmatrix} x_{\mathrm{t}}(t)-x_{\mathrm{t}}(t-\tau) \\ y_{\mathrm{t}}(t)-y_{\mathrm{t}}(t-\tau) \end{bmatrix} \tag{9-9}
$$

对式(9-9)进行进一步整理可得

$$
\begin{bmatrix} \ddot{x}_{\mathrm{t}}(t) \\ \ddot{y}_{\mathrm{t}}(t) \end{bmatrix} + \begin{bmatrix} 2\xi_x\omega_{\mathrm{n}x} & 0 \\ 0 & 2\xi_y\omega_{\mathrm{n}y} \end{bmatrix}\begin{bmatrix} \dot{x}_{\mathrm{t}}(t) \\ \dot{y}_{\mathrm{t}}(t) \end{bmatrix} + \begin{bmatrix} n_x\omega_{\mathrm{n}x}^2 & 0 \\ 0 & n_y\omega_{\mathrm{n}y}^2 \end{bmatrix}\begin{bmatrix} x_{\mathrm{t}}(t) \\ y_{\mathrm{t}}(t) \end{bmatrix}
$$
$$
= \frac{a_{\mathrm{p}} K_{\mathrm{t}}}{2}\begin{bmatrix} \dfrac{h_{xx}(t)}{m_x} & \dfrac{h_{xy}(t)}{m_x} \\[2mm] \dfrac{h_{yx}(t)}{m_y} & \dfrac{h_{yy}(t)}{m_y} \end{bmatrix}\begin{bmatrix} x_{\mathrm{t}}(t)-x_{\mathrm{t}}(t-\tau) \\ y_{\mathrm{t}}(t)-y_{\mathrm{t}}(t-\tau) \end{bmatrix} \tag{9-10}
$$

式中，ξ_x 和 ξ_y 分别为主轴系统在 X 和 Y 方向的阻尼比；$\omega_{\mathrm{n}x}=\sqrt{k_x/m_x}$ 和 $\omega_{\mathrm{n}y}=\sqrt{k_y/m_y}$ 分别为主轴系统 X 和 Y 方向的无阻尼固有频率。

如图 9-2 所示，利用半离散法，对连续时间进行离散化处理，构建小时间间隔 $[t_i, t_{i+1}]$ ($i \in Z$)，其时间长度为 $\Delta t = t_{i+1} - t_i$。令 $\tau = n\Delta t$ ($n \in Z$)，其中 n 为时滞系数，同时也是时间周期的参数。

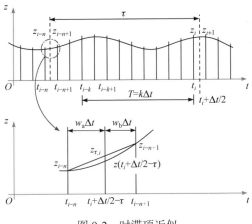

图 9-2 时滞项近似

在第 i 个离散时间区间 $[t_i, t_{i+1}]$，式(9-10)可以表示为

$$
\begin{bmatrix} \ddot{x}_t(t) \\ \ddot{y}_t(t) \end{bmatrix} + \begin{bmatrix} 2\xi_x\omega_{nx} & 0 \\ 0 & 2\xi_y\omega_{ny} \end{bmatrix} \begin{bmatrix} \dot{x}_t(t) \\ \dot{y}_t(t) \end{bmatrix}
$$

$$
+ \begin{bmatrix} n_x\omega_{nx}^2 - \dfrac{a_p K_t h_{xxi}(t)}{2m_x} & -\dfrac{a_p K_t h_{xyi}(t)}{2m_x} \\[3mm] -\dfrac{a_p K_t h_{yxi}(t)}{2m_y} & n_y\omega_{ny}^2 - \dfrac{a_p K_t h_{yyi}(t)}{2m_y} \end{bmatrix} \begin{bmatrix} x_t(t) \\ y_t(t) \end{bmatrix} \tag{9-11}
$$

$$
= -\frac{a_p K_t}{2} \begin{bmatrix} \dfrac{h_{xxi}(t)}{m_x} & \dfrac{h_{xyi}(t)}{m_x} \\[3mm] \dfrac{h_{yxi}(t)}{m_y} & \dfrac{h_{yyi}(t)}{m_y} \end{bmatrix} \begin{bmatrix} x_{\tau,i} \\ y_{\tau,i} \end{bmatrix}
$$

式中，$x_{\tau,i} = w_b x_{i-n} + w_a x_{i-n+1} \approx x(t-\tau)$，本章中取 $w_a = w_b = 1/2$。

利用柯西变换，式(9-11)可以改写为

$$
z(t) = A_i z(t) + w_a B_i z_{i-n+1} + w_b B_i z_{i-n} \tag{9-12}
$$

式中，

$$
A_i = \begin{bmatrix} 0 & 0 & 1 & 0 \\[2mm] 0 & 0 & 0 & 1 \\[2mm] -n_x\omega_{nx}^2 + \dfrac{a_p K_t h_{xxi}(t)}{2m_x} & \dfrac{a_p K_t h_{xyi}(t)}{2m_x} & -2\xi_x\omega_{nx}\sqrt{n_x} & 0 \\[3mm] \dfrac{a_p K_t h_{yxi}(t)}{2m_y} & -n_y\omega_{ny}^2 + \dfrac{a_p K_t h_{yyi}(t)}{2m_y} & 0 & -2\xi_y\omega_{ny}\sqrt{n_y} \end{bmatrix} \tag{9-13}
$$

$$
B_i = -\frac{a_p K_t}{2} \begin{bmatrix} 0 & 0 & 0 & 0 \\[2mm] 0 & 0 & 0 & 0 \\[2mm] \dfrac{h_{xxi}(t)}{m_x} & \dfrac{h_{xyi}(t)}{m_x} & 0 & 0 \\[3mm] \dfrac{h_{yxi}(t)}{m_y} & \dfrac{h_{yyi}(t)}{m_y} & 0 & 0 \end{bmatrix} \tag{9-14}
$$

$$
\begin{cases} z(t) = \begin{bmatrix} x_t(t) & y_t(t) & \dot{x}_t(t) & \dot{y}_t(t) \end{bmatrix}^T \\ z_j = z(t_j) = \begin{bmatrix} x_t(t_j) & y_t(t_j) & \dot{x}_t(t_j) & \dot{y}_t(t_j) \end{bmatrix}^T, \quad j = i-n \end{cases} \tag{9-15}
$$

根据式(9-12)，给定初始条件 $z(t_i) = z_i$，则 z_{i+1} 可以表示为

$$
z_{i+1} = P_i z_i + w_a R_i z_{i-n+1} + w_b R_i z_{i-n} \tag{9-16}
$$

式中，

$$\begin{cases} \boldsymbol{P}_i = \exp(\boldsymbol{A}_i \Delta t) \\ \boldsymbol{R}_i = (\exp(\boldsymbol{A}_i \Delta t) - \boldsymbol{I})\boldsymbol{A}_i^{-1}\boldsymbol{B}_i \end{cases} \tag{9-17}$$

由于 $\boldsymbol{B}_i$ 和 $\boldsymbol{R}_i$ 两个矩阵的第三列和第四列元素均为 0，说明 z_{i+1} 不受 $x_t(t_{i-n+1})$、$y_t(t_{i-n+1})$、$\dot{x}_t(t_{i-n+1})$ 和 $\dot{y}_t(t_{i-n+1})$ 的影响，因此，可以将上述状态空间方程中 $4(n+1)$ 维的状态向量简记为状态向量 $\boldsymbol{E}_i$，具体如下：

$$\boldsymbol{E}_i = \mathrm{col}(x_i, y_i, \dot{x}_i, \dot{y}_i, x_{i-1}, y_{i-1}, \cdots, x_{i-n}, y_{i-n}) \tag{9-18}$$

进而可得到对应的映射关系为

$$\boldsymbol{E}_{i+1} = \boldsymbol{D}_i \boldsymbol{E}_i \tag{9-19}$$

式中，$2n+1$ 维系数矩阵 $\boldsymbol{D}_i$ 的具体表达如下：

$$\boldsymbol{D}_i = \begin{bmatrix} P_{i,11} & P_{i,12} & P_{i,13} & P_{i,14} & 0 & \cdots & 0 & w_a R_{i,11} & w_a R_{i,12} & w_a R_{i,13} & w_a R_{i,14} \\ P_{i,21} & P_{i,22} & P_{i,23} & P_{i,24} & 0 & \cdots & 0 & w_a R_{i,21} & w_a R_{i,22} & w_a R_{i,23} & w_a R_{i,24} \\ P_{i,31} & P_{i,32} & P_{i,33} & P_{i,34} & 0 & \cdots & 0 & w_a R_{i,31} & w_a R_{i,32} & w_a R_{i,33} & w_a R_{i,34} \\ P_{i,41} & P_{i,42} & P_{i,43} & P_{i,44} & 0 & \cdots & 0 & w_a R_{i,41} & w_a R_{i,42} & w_a R_{i,43} & w_a R_{i,44} \\ 1 & 0 & 0 & 0 & 0 & \cdots & 0 & 0 & 0 & 0 & 0 \\ 0 & 1 & 0 & 0 & 0 & \cdots & 0 & 0 & 0 & 0 & 0 \\ 0 & 0 & 0 & 0 & 1 & \cdots & 0 & 0 & 0 & 0 & 0 \\ \vdots & \vdots & \vdots & \vdots & \vdots & \ddots & \vdots & \vdots & \vdots & \vdots & \vdots \\ 0 & 0 & 0 & 0 & 0 & \cdots & 1 & 0 & 0 & 0 & 0 \\ 0 & 0 & 0 & 0 & 0 & \cdots & 0 & 1 & 0 & 0 & 0 \\ 0 & 0 & 0 & 0 & 0 & \cdots & 0 & 0 & 1 & 0 & 0 \end{bmatrix} \tag{9-20}$$

式中，$P_{i,jl}$ 和 $R_{i,jl}$ 分别为矩阵 $\boldsymbol{P}_i$ 和 $\boldsymbol{R}_i$ 的第 j 行第 l 列的元素。

联合分析式(9-19)和式(9-20)，一个时滞周期内状态传递矩阵可以表示为

$$\boldsymbol{\Psi} = \boldsymbol{D}_{n-1}\boldsymbol{D}_{n-2}\cdots\boldsymbol{D}_1\boldsymbol{D}_0 \tag{9-21}$$

根据 Floquet 理论，主轴-铣削系统的稳定性取决于状态传递矩阵 $\boldsymbol{\Psi}$ 的特征值。当其特征值的绝对值大于 1 时，系统是不稳定的；当其特征值的绝对值小于 1 时，系统是稳定的。

9.3.2　非对称刚度调控下的铣削稳定性变化规律

以文献[9]中的主轴系统为例，进行非对称刚度调控下铣削稳定性变化规律的说明。初始对称刚度主轴系统以及刚度非对称调整后主轴系统的固有频率、刚度、质量和阻尼比等参数如表 9-1 所示，其中 X 为进给方向，Y 为法向方向。所用刀具为两刃铣刀，切向和径向切削力系数分别为 $K_t = 6 \times 10^8 \, \mathrm{N/m}^2$ 和 $K_r = 2 \times 10^8$

N/m², 显然 $K_t > K_r$。

表 9-1　不同状态下的主轴系统模态参数

主轴系统	方向	刚度/(×10⁶N/m)	固有频率/Hz	质量/kg	阻尼比	备注
系统 1(S1)	X	1.34	922	0.03993	0.011	$n_x=1, n_y=1$
	Y	1.34	922	0.03993	0.011	
系统 2(S2)	X	1.6214	1014.2	0.03993	0.011	$n_x=1.21, n_y=1$
	Y	1.34	922	0.03993	0.011	
系统 3(S3)	X	1.34	922	0.03993	0.011	$n_x=1, n_y=1.21$
	Y	1.6214	1014.2	0.03993	0.011	
系统 4(S4)	X	1.6214	1014.2	0.03993	0.011	$n_x=1.21, n_y=1.21$
	Y	1.6214	1014.2	0.03993	0.011	

　　如表 9-1 所示，四个主轴系统的模态质量和阻尼比保持一致。相比于系统 1，系统 2 和系统 3 分别将主轴 X、Y 方向的刚度增大到原来的 1.21 倍；作为对比，系统 4 同时将两个方向的刚度增大到 1.21 倍。已知系统固有频率 f 和刚度 k 与阻尼比 ξ 之间满足 $f = \sqrt{k(1-\xi^2)/m}\big/(2\pi)$，所以系统 2~4 在调整刚度的同时，固有频率也随之变化。

　　利用 9.3.1 小节的半离散稳定性分析方法，对表 9-1 中的四个主轴系统进行稳定性分析。不同径向切深下逆铣、顺铣切削的稳定性叶瓣图分析结果如图 9-3 和图 9-4 所示。图中的 S1、S2、S3 和 S4 分别对应表 9-1 中的系统 1~系统 4。

　　图 9-3 为不同径向切深比下四个主轴系统逆铣稳定性叶瓣图。由图示结果可知：①同时同幅度增大主轴系统 X 和 Y 方向的刚度，稳定性叶瓣图向高转速方向偏移，叶瓣峰值稍有提高，但最小稳定极限切深基本保持不变；②在全切宽 $(a_e/d=1)$ 逆铣切削中，仅增大主轴系统 X 或者 Y 方向的刚度，稳定性叶瓣图变化趋势是一致的，即整体小幅度向高转速方向偏移，同时最小稳定极限切深有一定的提升，但叶瓣峰值有显著的降低；③在 $a_e/d<1$ 的逆铣切削过程中，仅增大

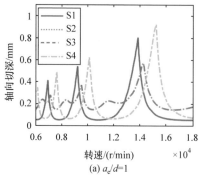

(a) $a_e/d=1$

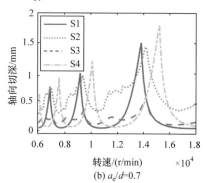

(b) $a_e/d=0.7$

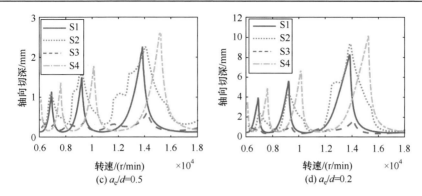

(c) a_e/d=0.5　　　　　　　　(d) a_e/d=0.2

图 9-3　不同径向切深比下逆铣稳定性叶瓣图

S1，初始对称刚度主轴系统；S2，仅 X 方向刚度增大到 1.21 倍主轴系统；S3，仅 Y 方向刚度增大到 1.21 倍主轴系统；S4，X、Y 方向刚度同时增大到 1.21 倍主轴系统

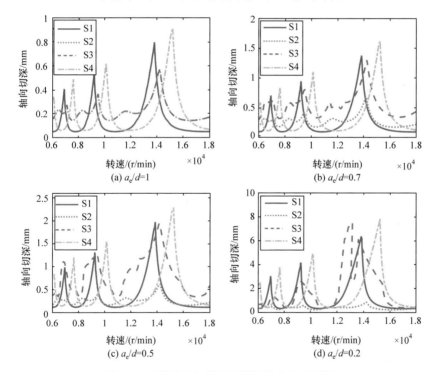

(a) a_e/d=1　　　　　　　　(b) a_e/d=0.7

(c) a_e/d=0.5　　　　　　　　(d) a_e/d=0.2

图 9-4　不同径向切深比下顺铣稳定性叶瓣图

S1，初始对称刚度主轴系统；S2，仅 X 方向刚度增大到 1.21 倍主轴系统；S3，仅 Y 方向刚度增大到 1.21 倍主轴系统；S4，X、Y 方向刚度同时增大到 1.21 倍主轴系统

主轴系统 X 方向的刚度，叶瓣图整体稍向高转速方向偏移，最小稳定极限切深以及峰值附近稳定极限切深均有显著提升，并且随着径向切深比的增加，稳定性提升效果越显著；④在 $a_e/d<1$ 的逆铣切削过程中，仅增大主轴系统 Y 方向的刚度，

最小稳定极限切深基本不变，但叶瓣峰值明显下降，且随着径向切深比的增加，叶瓣峰值降低程度不断减弱。

图 9-4 为不同径向切深比下四个主轴系统顺铣稳定性叶瓣图。由图示结果可以发现：①同时同幅度增大主轴系统 X、Y 方向的刚度，稳定性叶瓣图变化趋势和逆铣过程一致；②在全切宽($a_e/d=1$)顺铣切削中，稳定性叶瓣图随非对称刚度变化的规律和逆铣过程对应相同；③在 $a_e/d<1$ 的顺铣切削过程中，仅增大主轴系统 X 或者 Y 方向的刚度，稳定性叶瓣图变化结果和逆铣过程刚好相反，即仅增大系统 X 方向的刚度，稳定性明显下降，而仅增大系统 Y 方向的刚度，其稳定性则显著提升。

在非全切宽切削过程中，相比于同时同幅度增大主轴系统 X、Y 方向的刚度，逆(顺)铣切削时增大主轴系统 $X(Y)$ 方向的刚度可以在更大转速区间更好地提升系统铣削稳定性，为颤振控制及切削效率的提升提供支撑。

为验证上述结论，对不同径向切深比、不同非对称刚度调控组合下的铣削稳定性进行进一步的探究，并统计分析非对称刚度调控前后 6000～17000r/min 转速区间稳定性叶瓣图和坐标轴围成的稳定区域面积的变化规律。本节之所以重点分析 6000～17000r/min 转速区间，是因为根据稳定性叶瓣图分析结果，该转速区间包含 3 个叶瓣峰值，便于进行对比分析；同时该转速区间包含了铣削中常用高转速范围，比较贴合实际。统计结果如图 9-5 和图 9-6 所示。图中，A_0 表示初始对称刚度主轴系统稳定性叶瓣图中 6000～17000r/min 转速区间稳定极限切深曲线和坐标轴围成的稳定区域面积；A_n 表示非对称刚度调控下主轴系统稳定性叶瓣图中与 A_0 相对应的稳定区域面积。在同一径向切深比下计算 A_n/A_0，若 $A_n/A_0>1$，则表示非对称刚度调控后主轴系统的稳定性优于初始对称刚度主轴系统的稳定性；若 $A_n/A_0<1$，则表示主轴系统经过非对称刚度调控后稳定性变差。

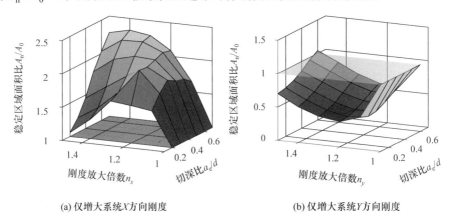

(a) 仅增大系统 X 方向刚度　　　　　　　(b) 仅增大系统 Y 方向刚度

图 9-5　非对称刚度调控下逆铣切削稳定区域面积比

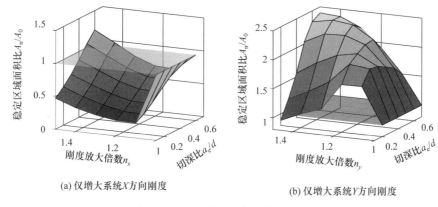

(a) 仅增大系统X方向刚度   (b) 仅增大系统Y方向刚度

图 9-6 非对称刚度调控下顺铣切削稳定区域面积比

由图 9-5 所示结果可知，逆铣切削过程中，①保持径向切深比一定，随着主轴系统 X 方向刚度的增加，稳定区域面积比先增大后减小；②保持 X 方向刚度增大倍数恒定，随着径向切深比的增加，稳定区域面积比不断增大；③保持径向切深比一定，随着主轴系统 Y 方向刚度的增加，稳定区域面积比先增大后减小；④保持 Y 方向刚度增大倍数恒定，随着径向切深比的增加，稳定区域面积比不断减小。

分析图 9-6 所示结果，顺铣切削过程中，①保持径向切深比不变，随着主轴系统 X 方向刚度的增加，稳定区域面积比先增大后减小；②保持 X 方向刚度放大倍数不变，随着径向切深比的增加，稳定区域面积比不断减小；③保持径向切深比不变，随着系统 Y 方向刚度的增加，稳定区域面积比先增大后减小；④保持系统 Y 方向刚度增大倍数不变，随着径向切深比的增加，稳定区域面积比先增大后略有下降。

值得注意的是，①小径向切深比逆(顺)铣切削中，当主轴系统 $X(Y)$ 方向刚度放大倍数增加到一定程度后，稳定区域面积会不增反降；②大径向切深比逆(顺)铣切削中，当主轴系统 $Y(X)$ 方向的刚度增大到一定程度后，稳定区域面积会不降反升。因而，在利用非对称刚度调控策略提升切削稳定性时，对于小径向切深比工况，应严格控制非对称刚度放大倍数的上限，避免刚度放大导致稳定性降低。现有研究表明，主轴系统的某一阶固有频率是刀齿通过频率的整数倍时，该刀齿通过频率对应转速下无颤振极限轴向切深较大，在稳定性叶瓣图中该转速处出现叶瓣峰值。非对称刚度调控过程中，当主轴系统 X 或者 Y 方向的刚度增大到一定程度时，稳定性叶瓣图峰值出现明显的变化，具体表现为原叶瓣峰值显著降低，而原叶瓣峰值附近有新的峰值出现或者存在相应的趋势，但是新叶瓣峰值的增长率低于原叶瓣峰值的下降率，进而导致逆铣切削中，仅增大主轴系统 X 方向的刚度时，稳定区域面积先增大后减小，而仅增大主轴系统 Y 方向的刚度时，稳定区域面积减小到一定程度后随着新叶瓣峰值的出现又逐渐增大。当然,顺铣切削过程也存在类似结论。

综合图 9-3～图 9-6 结果,可以得到如下重要结论:①径向切深比 $a_e/d < 1$ 的逆铣切削中,仅适当增大主轴系统 X 方向(即进给方向)的刚度可以有效提升系统的切削稳定性;②径向切深比 $a_e/d < 1$ 的顺铣切削中,可以通过增加主轴系统 Y 方向(即法向)的刚度提高系统的切削稳定性。

9.4　非对称刚度调控颤振控制策略及实验验证

9.4.1　智能主轴非对称刚度调控系统设计

在 9.3 节理论分析的基础上,利用三自由度数控铣床开展顺、逆铣切削实验,验证非对称刚度调控对主轴系统铣削稳定性的影响规律。图 9-7 为设计的数控铣床智能主轴结构简图。

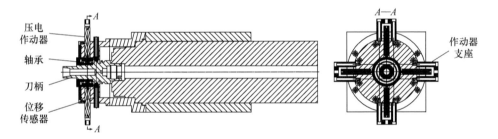

图 9-7　智能主轴结构简图

相较于传统铣床主轴[10-12],该智能主轴系统在主轴前端集成定制刀柄、位移和加速度传感器及压电作动器等,可实现主轴振动监测、智能决策及主动控制等功能。该监控单元可以进行主轴的在位安装和拆卸,即可以在不拆卸电主轴结构的情况下完成监控单元的安装和拆卸等,进而方便一般性铣削操作和颤振主动控制操作的切换和实施。

基于该智能主轴结构,搭建图 9-8 所示的非对称刚度调控主轴系统。定制刀柄上采用 DB 方式安装一对高精密球轴承。轴承外圈连接承力套筒,套筒外侧沿主轴系统的 X 和 Y 方向安装两对压电作动器,作动器性能参数如表 9-2 所示。在作动器支撑法兰上靠近作动器位置沿主轴系统的 X 和 Y 方向安装一对加速度传感器(灵敏度:100 mV/g),并借助亿恒数据采集系统(AVANT MI-7008)实时监测主轴系统在切削过程中的振动响应。实验中,利用加速度传感器实时监测主轴在切削过程中的振动信号,并通过频谱分析判断是否发生颤振,进而指导非对称刚度调控方向；信号发生器输出控制电压，经过功率放大器放大之后输入到压电作动器，驱使其输出作动力，进而改变主轴系统的刚度特性。欲增大主轴系统 X 方向的刚度，仅对 X 方向的一对压电作动器施加直流电压；仅增大主轴系统 Y 方向的刚度时，只对该方向的一对压电作动器施加直流电压即可。实验研究发现，压电作动器处于闭环工作模式时，主轴系统刚度变化与作动器控制电压呈正相关(图 9-9)，因而通过调整控制电压的数值，可实现主轴系统刚度不同程度的变化。

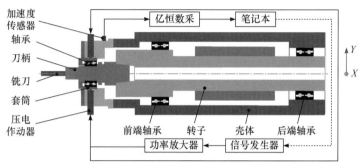

图 9-8 非对称刚度调控主轴系统

表 9-2 压电作动器性能参数

型号	公称行程/μm	刚度/(N/μm)	标称推力/N	谐振频率/kHz
Pst 150/10/80 VS15	76	25	2300	12

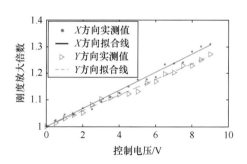

图 9-9 主轴系统 X、Y 方向刚度放大倍数与同向作动器控制电压的对应关系

9.4.2 切削力系数辨识

在铣削力建模及系统稳定性分析中，切削力系数是需要辨识的重要参数。目前获取工件切削力系数的方法主要有两种：通过直角切削数据库获取斜角铣削的切削力系数方法和快速标定斜角铣削切削力系数的力学方法[1, 13]。前者需要建立各种铣刀的几何模型，对于切削刃比较复杂的刀具难以适用。后者在固定的接触角和轴向切削深度下，改变进给速度进行一系列铣削实验，通过测量每个刀齿周

期的平均切削力计算切削力系数，便于执行。因而，本小节采用后者进行切削力
系数的辨识。

在铣削力测量过程中，为了避免刀具偏心的影响，通常先测量主轴每转的总
铣削力，然后通过与铣刀刀齿数作商获取每齿平均铣削力。令实验获取的平均铣
削力和理论计算得到的平均铣削力相等，进而可辨识切削力系数。因为一个刀齿
周期内每个刀齿切除的工件材料量是恒定的，与刀具螺旋角没有关系，所以平均
切削力和刀具螺旋角没有关系。铣削过程中，只有切削刃和工件有效接触后才参
与切削，因而将瞬时铣削力在主轴一转内积分，然后除以齿间角可得到每齿平均
铣削力：

$$
\begin{cases}
\overline{F}_x = \dfrac{1}{\phi_N} \displaystyle\int_{\phi_{en}}^{\phi_{ex}} F_x(\phi)\,\mathrm{d}\phi \\[3mm]
\overline{F}_y = \dfrac{1}{\phi_N} \displaystyle\int_{\phi_{en}}^{\phi_{ex}} F_y(\phi)\,\mathrm{d}\phi
\end{cases}
\tag{9-22}
$$

对式(9-22)进行积分整理可得

$$
\begin{cases}
\overline{F}_x = \dfrac{Na_{\mathrm{p}}f_{\mathrm{t}}}{8\pi} \left\{ K_{\mathrm{t}}\cos(2\phi) - K_{\mathrm{r}}\left[2\phi - \sin(2\phi) \right] \right\}_{\phi_{en}}^{\phi_{ex}} \\[3mm]
\overline{F}_y = \dfrac{Na_{\mathrm{p}}f_{\mathrm{t}}}{8\pi} \left\{ K_{\mathrm{t}}\left[2\phi - \sin(2\phi) \right] + K_{\mathrm{r}}\cos(2\phi) \right\}_{\phi_{en}}^{\phi_{ex}}
\end{cases}
\tag{9-23}
$$

基于式(9-23)可以发现，全切宽(如铣槽)铣削是最方便的，此时刀齿切入角为
$\phi_{en} = 0$，刀齿切出角为 $\phi_{ex} = \pi$，每齿平均铣削力可简化为

$$
\begin{cases}
\overline{F}_x = -\dfrac{Na_{\mathrm{p}}}{4} K_{\mathrm{r}} f_{\mathrm{t}} \\[3mm]
\overline{F}_y = -\dfrac{Na_{\mathrm{p}}}{4} K_{\mathrm{t}} f_{\mathrm{t}}
\end{cases}
\tag{9-24}
$$

为避免颤振失稳现象，也可开展半切宽铣削实验，此时每齿平均铣削力可表示为

$$
\begin{cases}
\overline{F}_x = -\dfrac{Na_{\mathrm{p}}}{8\pi}(2K_{\mathrm{t}} + \pi K_{\mathrm{r}})f_{\mathrm{t}} \\[3mm]
\overline{F}_y = \dfrac{Na_{\mathrm{p}}}{8\pi}(\pi K_{\mathrm{t}} - 2K_{\mathrm{r}})f_{\mathrm{t}}
\end{cases}
\tag{9-25}
$$

图 9-10　切削力系数辨识实验

开展如图 9-10 所示的切削力系数辨识实验。
本章研究所用工件材料为 7075 铝合金，所用铣刀
参数如表 9-3 所示。实验中分别开展了全切宽和半
切宽铣削，其中半切宽实验切削参数如表 9-4 所示。
实验过程中，利用 Kistler 9129A 测力仪以 10000Hz
的采样频率记录不同进给速度下 X 和 Y 方向的铣

削力。根据测得的切削力数据计算不同进给速度下的每齿平均铣削力，结果如图 9-11 所示。结合式(9-25)可以辨识得到切向和径向切削力系数分别为 $K_t = 796$ N/mm^2 和 $K_r = 169$ N/mm^2，其中 $K_t > K_r$。

表 9-3　铣刀参数

材料	齿数	直径/mm	悬长/mm	刃长/mm
高速钢	3	10	55	40

表 9-4　切削参数

转速/(r/min)	径向切深/mm	轴向切深/mm	每齿进给量/mm
5000	5	1	0.01、0.02、0.03、0.04、0.05、0.06

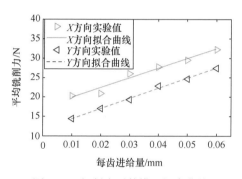

图 9-11　切削力系数辨识拟合曲线

9.4.3　主轴系统模态参数辨识

　　主轴系统模态参数对其稳定性起着决定性作用，如图 9-12 所示，通过力锤激励实验辨识初始主轴系统及非对称刚度调控下主轴系统 X、Y 方向的模态参数。实验中，将加速度传感器粘贴在刀尖+X 方向一侧，用 PCB 力锤激励刀尖−X 方向一侧，利用亿恒数采系统同时采集力信号和刀尖加速度响应，并绘制频响函数曲线，最终通过半功率点法辨识主轴系统 X 方向的模态参数。利用同样的方法辨识主轴系统 Y 方向的模态参数，本章研究不考虑主轴系统 X 和 Y 方向之间的交叉效应。

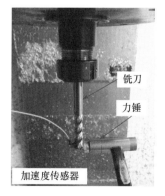

图 9-12　主轴系统模态参数
辨识实验

实验所用刀具参数同表 9-3，但此时刀具悬长为 80mm。值得注意的是，切削力系数主要由工件材料决定，刀具悬长的变化不会影响切削力系数，故而 9.4.2 小节辨识得到的切削力系数适用于本节及后续铣削实验。实验所用力锤及加速度传感器等实验设备的技术参数如表 9-5 所示。

表 9-5　主轴系统模态参数辨识实验设备及其技术参数

实验设备	型号	技术参数
力锤	PCB 086C01	灵敏度：2.25 mV/N
加速度传感器	DYTRAN 3032A	灵敏度：10.08 mV/g
亿恒数据采集器	MI-7008	最大采样频率：192 kHz
泰克信号发生器	AFG3022C	取样速率：250 MS/s*

*表示每秒 250 兆样点。

记未施加控制电压时的初始主轴系统为 S_0，利用上述策略辨识得到的主轴系统模态参数如表 9-6 所示，其中 X 和 Y 方向的主模态频率分别为 1313.8Hz 和 1314.4Hz，次模态固有频率均为 937Hz。由于次模态固有频率幅值远小于主模态固有频率幅值，即主轴系统动态特性主要由主模态确定，本章只对主模态参数进行描述和分析。

表 9-6　不同控制状态下的主轴系统模态参数

主轴系统	方向	刚度/($\times 10^6$N/m)	固有频率/Hz	质量/kg	阻尼比
S_0	X	1.5747	1313.8	0.0231	0.0107
	Y	1.8573	1314.4	0.0272	0.0128
S_X	X	1.9491	1408.1	0.0249	0.0122
	Y	1.9486	1323.0	0.0282	0.0143
S_Y	X	1.6779	1322.5	0.0243	0.0121
	Y	2.2345	1401.9	0.0288	0.0142

在初始主轴系统 S_0 的基础上，利用泰克信号发生器对系统 X 方向的一对压电作动器施加 7V 的直流电压。在该控制电压下，系统 X 方向的刚度增大到原来的 1.233 倍，而系统 Y 方向的刚度仅增大到 1.049 倍，可以忽略不计，即此时系统实现了仅增大 X 方向刚度的调控目标。将此时的系统简记为 S_X，辨识出的模态参数见表 9-6。

类似地，在初始主轴系统 S_0 的基础上，仅对系统 Y 方向的一对压电作动器施加 7V 的直流电压。此时系统 Y 方向的刚度增大到原来的 1.203 倍，而 X 方向的刚度只增大到 1.066 倍，相比之下其影响可以忽略，即仅增大主轴系统 Y 方向刚度的调控目标得以实现。将此时的主轴系统简记为 S_Y，其模态参数辨识结果如表 9-6 所示。

非对称刚度调控中，主轴系统的模态质量和阻尼比也有一定的波动，但由于波动较小，对系统铣削稳定性的影响有限。9.4.4 小节对此有详细的分析。

9.4.4　颤振主动控制实验验证

1. 实验设备

基于本章辨识得到的主轴系统模态参数及切削力系数等，可以绘制 S_0、S_X 和 S_Y 三个主轴系统不同切削工况下的稳定性叶瓣图。基于预测出的稳定性叶瓣图，选取不同切削参数进行铣削实验分析和验证。铣削实验设备如图 9-13 所示。信号发生器输出电压经过功率放大器之后输入到压电作动器，压电作动器输出控制力通过刀柄轴承施加到主轴系统。控制电压的幅值以及施加方向等可以根据需要进行调整，进而实现非对称刚度调控的目标。铣削过程中，通过加速度传感器测量主轴系统的振动，并借助亿恒数采系统进行采集和记录。对采集的加速度信号进行频谱分析，利用频谱中颤振频率的有无作为颤振发生与否的主要依据，即如果频谱中出现颤振频率分量，则判定该铣削过程中发生了颤振，否则该铣削过程是稳定的。

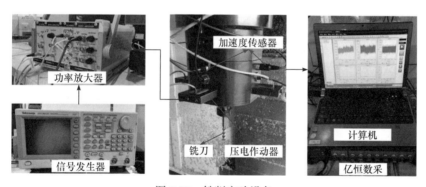

图 9-13　铣削实验设备

2. 逆铣切削实验

利用辨识得到的主轴系统模态参数和切削力系数，基于半离散法绘制 $a_e/d = 0.2, 0.4, 0.6$ 三种径向切深比下表 9-6 中三个主轴系统逆铣切削稳定性叶瓣图，结果如图 9-14 所示。对于三个主轴系统，分别在 6300r/min 和 6900r/min 转速下开展不同轴向切深铣削实验，利用加速度信号频谱中是否出现颤振频率成分判断颤振与否，并将铣削稳定性判定结果在图 9-14 中进行标注。"○、△、◇、×、□、*、▽"等符号的物理意义如表 9-7 所示。

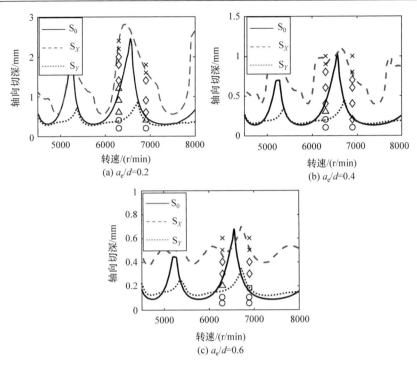

图 9-14　表 9-6 中主轴系统 S_0、S_X 和 S_Y 在不同径向切深比下的逆铣稳定性叶瓣图及其在 6300r/min 和 6900r/min 转速下的实际铣削稳定性

S_0，初始主轴系统；S_X，仅控制 X 方向主轴系统；S_Y，仅控制 Y 方向主轴系统

表 9-7　铣削过程颤振与否判定符号物理意义

符号	主轴系统		
	S_0	S_X	S_Y
○	稳定	稳定	稳定
△	稳定	稳定	颤振
*	稳定	颤振	稳定
□	颤振	稳定	稳定
◇	颤振	稳定	颤振
▽	颤振	颤振	稳定
×	颤振	颤振	颤振

　　通过图 9-14 可以发现，三个主轴系统在不同工况下的铣削稳定性和各自的稳定性叶瓣图预测结果基本一致。同时，非对称刚度变化对系统稳定性的影响规

律符合 9.3 节中的结论,即非全切宽逆铣切削中,仅增大主轴系统 X 方向(即进给方向)的刚度可以在几乎整个转速区间内提高系统的铣削稳定性,而只增大系统 Y 方向(即法向)的刚度则会显著降低其在叶瓣图峰值位置附近的稳定性。

为了更加详细地阐释非对称刚度变化对主轴系统稳定性的影响规律,以表 9-8 所示的切削工况为例,分析三个主轴系统在铣削过程中的加速度响应及其频谱特性,结果如图 9-15 所示。

表 9-8 逆铣实验切削参数

铣削方式	转速/(r/min)	径向切深/mm	轴向切深/mm	每齿进给量/mm
逆铣	6900	2	0.8	0.03

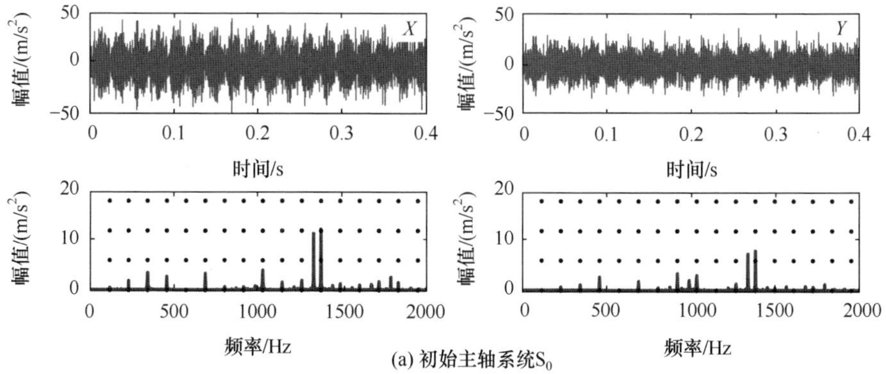

(a) 初始主轴系统S_0

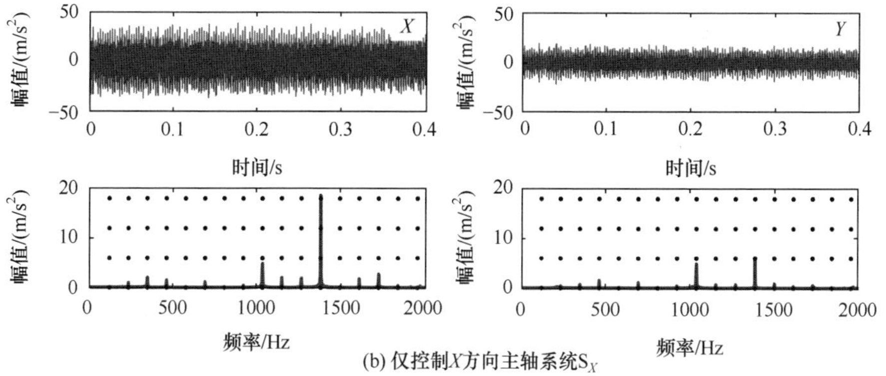

(b) 仅控制X方向主轴系统S_X

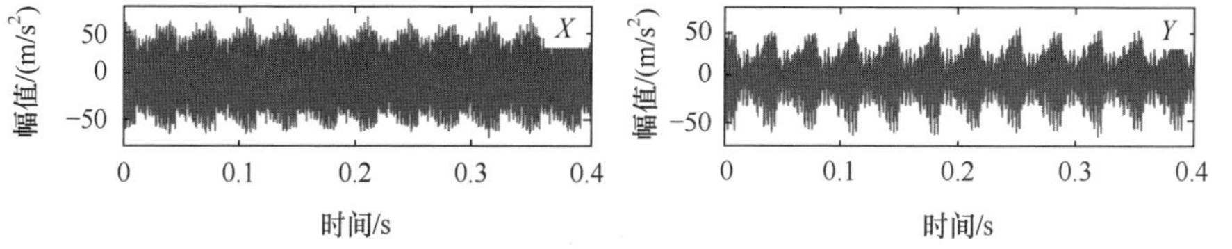

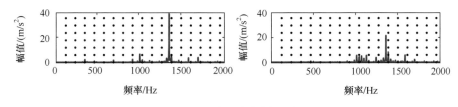

(c) 仅控制Y方向主轴系统S_Y

图 9-15 表 9-6 中的三个主轴系统在表 9-8 所示逆铣切削工况下 X、Y 方向的加速度响应及其频谱
黑点构成的竖线表示主轴转频及其倍频，不与黑点竖线重合的谱线表示颤振频率

由图 9-15 可知，对于 S_0 和 S_Y 两个系统，无论 X 方向还是 Y 方向，其加速度响应频谱中均出现明显的颤振频率成分，主颤振频率值分别为 1336Hz 和 1356Hz。对于 S_X 系统，X、Y 方向加速度频谱中只有主轴转频及其倍频等稳定频率成分。

三个主轴系统在上述铣削过程中加工得到的工件表面质量如图 9-16 所示。由图示结果知，S_0 和 S_Y 两个主轴系统所加工的工件表面出现明显的颤振振纹，而 S_X 主轴系统加工的工件表面质量良好。

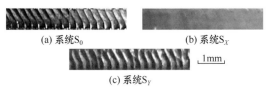

(a) 系统S_0 (b) 系统S_X

(c) 系统S_Y

图 9-16 表 9-6 中的三个主轴系统在表 9-8 所示逆铣切削工况下加工所得工件表面质量
S_0，初始主轴系统；S_X，仅控制 X 方向主轴系统；S_Y，仅控制 Y 方向主轴系统

分析三个主轴系统的振动加速度响应和频谱、工件表面质量等可以发现，在指定切削工况下，S_0 和 S_Y 两个主轴系统铣削过程中均发生了颤振，而 S_X 主轴系统的铣削过程是稳定的。这进一步印证了 9.3 节中的结论，即非全切宽逆铣切削过程中，仅通过增大主轴系统 X 方向(即进给方向)的刚度，可以有效提高系统铣削稳定性，进而控制颤振。

3. 顺铣切削实验

类似于逆铣切削，利用半离散法绘制 $a_e/d = 0.2$，0.4，0.6 三种径向切深比下 S_0、S_X 和 S_Y 三个主轴系统的顺铣切削稳定性叶瓣图，结果如图 9-17 所示。利用三个主轴系统分别在 6300r/min、6800r/min($a_e/d = 0.4$，0.6)和 6900r/min($a_e/d = 0.2$)转速下开展不同轴向切削深度的铣削实验，各铣削过程的稳定性结果如图 9-17 所示。"○、△、◇、×、□、*、▽"等符号的物理意义见表 9-7。

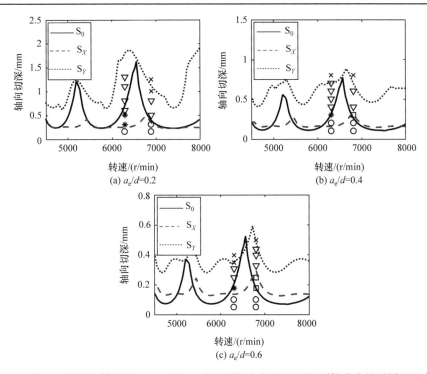

图 9-17 表 9-6 中的主轴系统 S_0、S_X 和 S_Y 在不同径向切深比下的顺铣稳定性叶瓣图及其在
6300r/min、6900r/min(6800r/min)转速下的实际铣削稳定性
S_0，初始主轴系统；S_X，仅控制 X 方向主轴系统；S_Y，仅控制 Y 方向主轴系统

表 9-9 顺铣实验切削参数

铣削方式	转速/(r/min)	径向切深/mm	轴向切深/mm	每齿进给量/mm
顺铣	7000	2	0.8	0.03

由图 9-17 知，三个主轴系统在不同切削工况下的铣削稳定性和各自的稳定性叶瓣图预测结果基本一致，系统刚度非对称变化对铣削稳定性的影响规律和 9.3 节的结论一致，即非全切宽顺铣切削中，仅增大主轴系统 X 方向(即进给方向)的刚度，稳定性叶瓣图峰值附近的铣削稳定性显著降低，而只增大系统 Y 方向(即法向)的刚度时，整个转速范围内的稳定性均明显提升。

以表 9-9 所示的切削工况为例，研究三个主轴系统在该工况下的铣削稳定性，具体分析非对称刚度变化对主轴系统铣削稳定性的影响规律，结果如图 9-18 所示。由图可知，对于 S_0 和 S_X 两个主轴系统，指定铣削工况下系统 X 和 Y 方向的加速度响应频谱中均出现明显的颤振频率，主颤振频率值分别为 961.8Hz 和 1372Hz、991.8Hz 和 1342Hz。对于 S_Y 主轴系统，X 和 Y 方向加速度响应频谱中只有主轴转频及其倍频等稳定频率成分。

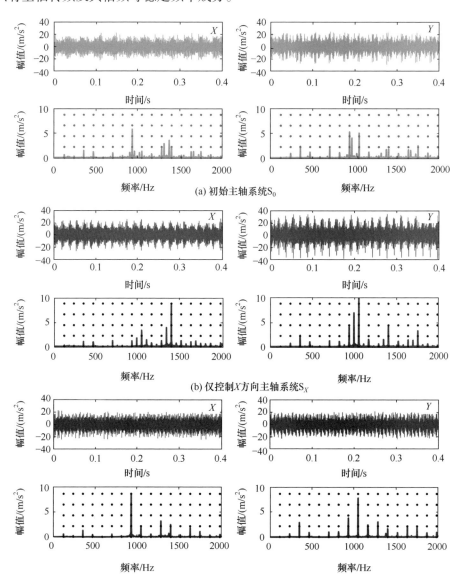

(a) 初始主轴系统S_0

(b) 仅控制X方向主轴系统S_X

(c) 仅控制Y方向主轴系统S_Y

图 9-18　表 9-6 中的三个主轴系统在表 9-9 所示顺铣切削工况下 X、Y 方向的
加速度响应及其频谱

黑点构成的竖线表示主轴转频及其倍频，不与黑点竖线重合的谱线表示颤振频率

上述铣削过程中，三个主轴系统所加工工件的表面质量如图 9-19 所示。由图

示结果知，S_0 和 S_X 两个主轴系统加工的工件表面出现明显的颤振振纹，而 S_Y 主轴系统铣削后工件表面质量良好，无颤振振纹。

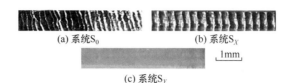

(a) 系统S_0 (b) 系统S_X

1mm

(c) 系统S_Y

图 9-19   表 9-6 中的三个主轴系统在表 9-9 所示顺铣切削工况下加工所得工件表面质量
S_0，初始主轴系统；S_X，仅控制 X 方向主轴系统；S_Y，仅控制 Y 方向主轴系统

通过对不同刚度组合下的主轴系统在上述顺铣切削过程中加速度响应频谱及工件表面质量的分析，可以发现在指定铣削工况下，S_0 和 S_X 系统均发生了颤振失稳，而 S_Y 主轴系统可实现稳定铣削。这进一步验证了 9.3 节中的结论，即非全切宽顺铣切削过程中，通过增大主轴系统 Y 方向(即法向)的刚度，可以实现系统铣削稳定性的显著提升，有效避免颤振失稳。

4. 结果讨论

由表 9-6 中不同刚度组合下的主轴系统模态参数辨识结果知，对于经过非对称刚度调控的系统 S_X 和 S_Y，其模态质量和阻尼比等参数和初始主轴系统 S_0 的对应参数并不完全相同，即利用压电作动器对主轴系统进行非对称刚度调控的过程中，不仅系统的刚度及固有频率发生了变化，其模态质量和阻尼比也有一定的波动。为了证明相比于系统 S_0，系统 S_X 和 S_Y 稳定性的变化主要是由非对称刚度调节导致的，而非模态质量和阻尼比变化的结果，根据系统 S_0 的模态参数对 S_X 和 S_Y 的模态参数进行修正，并利用修正后的参数绘制稳定性叶瓣图。修正后的主轴系统模态参数如表 9-10 所示。修正后的系统 S_{Xn}、S_{Yn} 的模态质量和阻尼比与初始主轴系统 S_0 保持一致，而其刚度则分别继承于系统 S_X 和 S_Y。对于固有频率，利用修正后的模态参数通过式 $f=\sqrt{k(1-\zeta^2)/m}\big/(2\pi)$ 计算获得。

表 9-10   主轴系统 S_0 和修正后的系统 S_{Xn}、S_{Yn} 的模态参数

主轴系统	方向	刚度/($\times10^6$N/m)	固有频率/Hz	模态质量/kg	阻尼比
S_0	X	1.5747	1313.8	0.0231	0.0107
	Y	1.8573	1314.4	0.0272	0.0128
S_{Xn}	X	1.9491	1461.8	0.0231	0.0107
	Y	1.9486	1347.3	0.0272	0.0128
S_{Yn}	X	1.6779	1356.0	0.0231	0.0107
	Y	2.2345	1442.3	0.0272	0.0128

以 $a_e/d = 0.4$ 径向切深比为例，S_0、S_X、S_Y、S_{Xn} 和 S_{Yn} 五个主轴系统的顺、逆铣稳定性叶瓣图如图 9-20 所示。由图示结果可知，相比于实际主轴系统 S_X、S_Y，参数修正后的主轴系统 S_{Xn}、S_{Yn} 的稳定性叶瓣图主要存在两点差异：①修正后主轴系统的稳定性曲线纵坐标值略有下降，主要原因在于修正后系统的阻尼比小于修正前实际系统的阻尼比，而现有研究表明阻尼比的减小会导致系统稳定性降低。②修正后主轴系统的稳定性曲线向高转速方向略有偏移，主要原因在于修正后主轴系统的质量小于修正前实际主轴系统的质量，从而导致系统固有频率增大，而已有研究发现[14]，系统稳定性叶瓣图随着固有频率的增加向高转速方向移动。

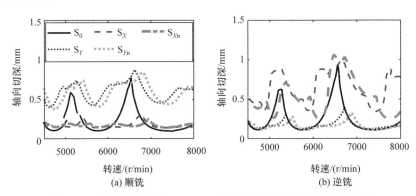

图 9-20　各主轴系统在 $a_e/d = 0.4$ 径向切深比下的稳定性叶瓣图

S_0，初始主轴系统；S_X 和 S_{Xn}，仅控制 X 方向的实际主轴系统及其理论修正主轴系统；S_Y 和 S_{Yn}，仅控制 Y 方向的实际主轴系统及其理论修正主轴系统

相比于主轴系统 S_X、S_Y，系统 S_{Xn}、S_{Yn} 的稳定性叶瓣图虽然有所变化，但是变化量很小，叶瓣图整体趋势基本不变。这说明本节实验中主轴系统稳定性叶瓣图变化的主因是系统非对称刚度值的调控，而由此导致的模态质量和阻尼比的变化对其影响微弱。这也印证了前文的结论[15]，即非全切宽逆铣切削中，仅增大主轴系统 X 方向(即进给方向)的刚度可以有效提高主轴系统在几乎整个转速区间内的铣削稳定性，而非全切宽顺铣切削中，只需增大主轴系统 Y 方向(即法向)的刚度，即可实现系统稳定性的显著提升。

参 考 文 献

[1] ALTINTAS Y. Manufacturing Automation: Metal Cutting Mechanics, Machine Tool Vibrations, and CNC Design [M]. 2nd. New York: Cambridge University Press, 2012.

[2] 王晨希. 航空薄壁件高速铣削宽频颤振抑制研究及应用[D]. 西安:西安交通大学, 2020.

[3] LI X, WAN S, YUAN J, et al. Active suppression of milling chatter with LMI-based robust controller and electromagnetic actuator[J]. Journal of Materials Processing Technology, 2021, 297: 117238.

[4] ZHANG X, WANG C, LIU J, et al. Robust active control based milling chatter suppression with perturbation model via piezoelectric stack actuators[J]. Mechanical Systems and Signal Processing, 2019, 120: 808-835.

[5] INSPERGER T, STEPAN G. Updated semi-discretization method for periodic delay-differential equations with discrete delay[J]. International Journal For Numerical Methods In Engineering, 2004, 61(1): 117-141.

[6] DING Y, ZHU L, ZHANG X, et al. A full-discretization method for prediction of milling stability[J]. International Journal of Machine Tools and Manufacture, 2010, 50(5): 502-509.

[7] BUDAK E, ALTINTAS Y. Analytical prediction of chatter stability in milling-Part I: General formulation[J]. Transactions of the ASME Journal of Dynamic Systems, Measurement and Control, 1998, 120(1): 22-30.

[8] MERDOL S, ALTINTAS Y. Multi frequency solution of chatter stability for low immersion milling[J]. Transactions of the ASME Journal of Manufacturing Science and Engineering, 2004, 126(3): 459-466.

[9] LI D, CAO H, LIU J, et al. Milling chatter control based on asymmetric stiffness[J]. International Journal of Machine Tools and Manufacture, 2019, 147: 103458.

[10] ALREGIB E, NI J, LEE S. Programming spindle speed variation for machine tool chatter suppression[J]. International Journal of Machine Tools and Manufacture, 2003, 43(12): 1229-1240.

[11] ALTINTAS Y, CHAN P. In-process detection & suppression of chatter in milling[J]. International Journal of Machine Tools and Manufacture, 1992, 32(3): 329-347.

[12] ISMAIL F, ZIAEI R. Chatter suppression in five-axis machining of flexible parts[J]. International Journal of Machine Tools and Manufacture, 2002, 42(1): 115-122.

[13] 刘强, 李忠群. 数控铣削加工过程仿真与优化[M]. 北京: 航空工业出版社, 2011.

[14] 曹宏瑞, 陈雪峰, 何正嘉. 主轴–切削交互过程建模与高速铣削参数优化[J]. 机械工程学报, 2013, 49(5): 161-166.

[15] 李登辉. 智能主轴铣削颤振的压电驱动主动控制方法研究[D]. 西安:西安交通大学, 2021.

第 10 章　基于模糊逻辑的智能主轴
铣削颤振靶向控制

10.1　引　　言

再生颤振是实际切削过程中出现最为普遍的颤振形式,受到学术和工程界最为广泛的关注,多数颤振控制研究是针对再生颤振进行的。由可再生效应机理知,颤振是由切削过程中当前刀齿和相邻前一刀齿(或前一次切削)在工件表面产生的振纹的相位差引发的,即可再生效应导致的动态铣削力是颤振的根源,而进给产生的稳态铣削力对颤振没有影响。因而仅通过抑制或者破坏动态铣削力即可实现颤振的有效控制。然而,现有颤振主动控制研究通常是以传感器直接测得的主轴系统完整振动响应为反馈,进而针对完整铣削力(稳态铣削力和动态铣削力的矢量和)施加主动控制[1-4],导致所需控制力过大,容易引起作动器饱和等一系列问题,限制了颤振控制能力和加工效率的进一步提升。

针对上述问题,本章提出位移差反馈颤振控制和梳状滤波预处理下的颤振控制两种针对颤振分量的靶向控制方法,在控制颤振的同时降低控制能耗。在位移差反馈颤振控制中,针对可再生效应导致的动态铣削力,利用主轴系统当前时刻位移响应和一个刀齿通过周期前时刻与之对应的位移响应作差后反馈到控制器,进而实现颤振的靶向控制。在梳状滤波预处理下的颤振控制中,仅反馈当前时刻主轴系统的位移响应,但输入控制器之前,先对该位移信号进行梳状滤波处理,滤除主轴转频及其倍频等稳定频率成分,只将颤振频率成分反馈到控制器,从而达到颤振分量靶向控制的目标。两种控制方法均采用模糊逻辑控制算法,利用专家知识设计控制规则,不仅降低控制器设计的复杂度,而且提升控制策略的工程实用性。数值仿真和铣削实验结果进一步揭示两种控制策略的控制机理,并验证两种控制方法对控制颤振及降低作动器所需控制电压值的有效性。

10.2　智能主轴颤振靶向控制系统设计

基于如图 9-7 所示智能主轴结构搭建图 10-1 所示的颤振靶向控制系统。铣削过程中,通过安装在刀柄位置的两对位移传感器实时监测刀柄振动位移响应,然后对测得信号进行预处理。在位移差反馈颤振控制中,预处理指利用当前时刻测得的位移响应和一个刀齿通过周期之前的位移信号作差;在梳状滤波预处理下的颤振控制中,预处理表示对主轴转频及其倍频的梳状滤波过程。接着,将预处理之后的位移信号反馈给模糊逻辑控制器,并根据模糊控制规则计算控制电压信号。最终,将求得的控制电压经过功率放大器放大之后输入到对应方向的压电作动器,驱动其对主轴系统施加主动控制力,进而抑制颤振。

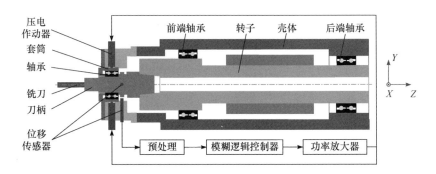

图 10-1　颤振靶向控制系统结构

根据图 10-1,提出图 10-2 所示的颤振靶向控制策略,并绘制控制系统框图。$G_{tt} = \mathrm{diag}(G_{ttx}, G_{tty})$ 和 $G_{ht} = \mathrm{diag}(G_{htx}, G_{hty})$ 分别表示刀尖至刀尖以及刀柄上位移传感器安装位置处的传递函数矩阵;$G_{ta} = \mathrm{diag}(G_{tax}, G_{tay})$ 和 $G_{ha} = \mathrm{diag}(G_{hax}, G_{hay})$ 分别表示刀柄上压电作动器安装位置至刀尖以及刀柄上位移传感器安装位置的传递函数矩阵;Re 表示动态铣削力模型,具体表达见式(10-1)。对主轴系统而言,它是一个两输入两输出的系统,其中输入分别为铣削力 F_t 和主动控制力 F_a,输出分别为刀尖位移响应 Z_t 和刀柄位移响应 Z_h,具体表达见式(10-2)。

$$F_d(t) = \frac{1}{2} a_p K_t H_d(t) \big[Z_t(t) - Z_t(t - \tau) \big] \tag{10-1}$$

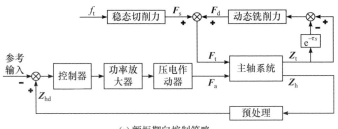

(a) 颤振靶向控制策略

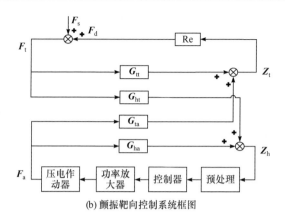

(b) 颤振靶向控制系统框图

图 10-2　颤振靶向控制策略及系统框图

$$\begin{bmatrix} \boldsymbol{Z}_{\mathrm{t}}(s) \\ \boldsymbol{Z}_{\mathrm{h}}(s) \end{bmatrix} = \begin{bmatrix} \boldsymbol{G}_{\mathrm{tt}}(s) & \boldsymbol{G}_{\mathrm{ta}}(s) \\ \boldsymbol{G}_{\mathrm{ht}}(s) & \boldsymbol{G}_{\mathrm{ha}}(s) \end{bmatrix} \begin{bmatrix} \boldsymbol{F}_{\mathrm{t}}(s) \\ \boldsymbol{F}_{\mathrm{a}}(s) \end{bmatrix} \tag{10-2}$$

式中，

$$\boldsymbol{F}_{\mathrm{t}} = \begin{bmatrix} F_{\mathrm{t}x} \\ F_{\mathrm{t}y} \end{bmatrix}, \quad \boldsymbol{F}_{\mathrm{a}} = \begin{bmatrix} F_{\mathrm{a}x} \\ F_{\mathrm{a}y} \end{bmatrix}, \quad \boldsymbol{Z}_{\mathrm{t}} = \begin{bmatrix} Z_{\mathrm{t}x} \\ Z_{\mathrm{t}y} \end{bmatrix}, \quad \boldsymbol{Z}_{\mathrm{h}} = \begin{bmatrix} Z_{\mathrm{h}x} \\ Z_{\mathrm{h}y} \end{bmatrix}$$

未施加主动控制力，即 $\boldsymbol{F}_{\mathrm{a}} = \boldsymbol{0}$ 时，主轴系统转换为单输入两输出的系统，对应的表达式可以简化为

$$\begin{bmatrix} \boldsymbol{Z}_{\mathrm{t}}(s) \\ \boldsymbol{Z}_{\mathrm{h}}(s) \end{bmatrix} = \begin{bmatrix} \boldsymbol{G}_{\mathrm{tt}}(s) \\ \boldsymbol{G}_{\mathrm{ht}}(s) \end{bmatrix} \boldsymbol{F}_{\mathrm{t}}(s) \tag{10-3}$$

已知在颤振铣削过程中，铣削力 $\boldsymbol{F}_{\mathrm{t}}(t)$ 包含稳态铣削力 $\boldsymbol{F}_{\mathrm{s}}(t)$ 和动态铣削力 $\boldsymbol{F}_{\mathrm{d}}(t)$ 两部分，具体表达如下：

$$\begin{cases} \boldsymbol{F}_{\mathrm{t}}(t) = \boldsymbol{F}_{\mathrm{s}}(t) + \boldsymbol{F}_{\mathrm{d}}(t) \\ \boldsymbol{F}_{\mathrm{s}}(t) = \dfrac{1}{2} a_{\mathrm{p}} f_{\mathrm{t}} K_{\mathrm{t}} \boldsymbol{H}_{\mathrm{s}}(t) \\ \boldsymbol{F}_{\mathrm{d}}(t) = \dfrac{1}{2} a_{\mathrm{p}} K_{\mathrm{t}} \boldsymbol{H}_{\mathrm{d}}(t) \big[\boldsymbol{Z}_{\mathrm{t}}(t) - \boldsymbol{Z}_{\mathrm{t}}(t-\tau) \big] \end{cases} \tag{10-4}$$

式中，a_{p} 为轴向切深；f_{t} 为每齿进给量；K_{t} 为切向切削力系数。三者通常为常量，对铣削力频率特性没有影响。稳态铣削力系数矩阵 $\boldsymbol{H}_{\mathrm{s}}(t) = \begin{bmatrix} h_{xx}(t) & h_{yx}(t) \end{bmatrix}^{\mathrm{T}}$ 和动态铣削力系数矩阵 $\boldsymbol{H}_{\mathrm{d}}(t) = \begin{bmatrix} h_{xx}(t) & h_{xy}(t) \\ h_{yx}(t) & h_{yy}(t) \end{bmatrix}$ 中各元素的具体表达为

$$
\begin{bmatrix} h_{xx}(t) & h_{xy}(t) \\ h_{yx}(t) & h_{yy}(t) \end{bmatrix} = \begin{bmatrix} \sum\limits_{j=1}^{N-1} -[\sin 2\phi_j + K_{rc}(1-\cos 2\phi_j)] & \sum\limits_{j=0}^{N-1} -[(1+\cos 2\phi_j) + K_{rc}\sin 2\phi_j] \\ \sum\limits_{j=0}^{N-1} [-(1+\cos 2\phi_j)K_{rc}\sin 2\phi_j] & \sum\limits_{j=0}^{N-1} [\sin 2\phi_j - K_{rc}(1+\cos 2\phi_j)] \end{bmatrix} g(\phi_j)
$$

$$(10\text{-}5)$$

式中，$g(\phi_j)$ 为转换函数，当第 j 个刀齿浸入工件参与切削时，该函数值为 1，否则其值为零。根据式(10-5)，$\boldsymbol{H}_s(t)$ 和 $\boldsymbol{H}_d(t)$ 均是周期时变矩阵，其周期等于刀齿通过周期 τ。因此，稳态铣削力 $\boldsymbol{F}_s(t)$ 也是以刀齿通过周期 τ 为周期的函数，对应地，仅有稳态铣削力激励时，主轴振动响应中只有刀齿通过频率及其倍频成分，不会引发颤振。由式(10-4)知，动态铣削力 $\boldsymbol{F}_d(t)$ 是由当前时刻刀尖位移响应与一个刀齿通过周期前时刻刀尖位移响应的差值 $\Delta\boldsymbol{Z}(t) = \boldsymbol{Z}_t(t) - \boldsymbol{Z}_t(t-\tau)$ 引发的，受其影响，主轴位移响应中出现颤振频率成分。

由上述分析知，稳态铣削力对铣削颤振没有影响，同时，它对主轴系统振动响应及工件加工质量的影响是有限的，因而在颤振控制过程中可以忽略稳态铣削力的影响，只对动态铣削力即颤振分量进行主动控制。从颤振机理角度出发，消除可再生效应即可实现对颤振的有效控制。对应到动态铣削力，消除可再生效应意味着消除位移差值 $\Delta\boldsymbol{Z}(t)$。结合 $\Delta\boldsymbol{Z}(t)$ 的物理意义，可以从 3 个角度实现对其的控制：①从直观角度考虑，将位移差 $\Delta\boldsymbol{Z}(t)$ 反馈到控制器，直接对其进行控制；②将当前时刻的位移响应 $\boldsymbol{Z}_t(t)$ 反馈到控制器，针对其施加控制；③反馈一个刀齿通过周期之前的位移响应 $\boldsymbol{Z}_t(t-\tau)$ 并进行控制。稳态铣削力的变化周期是刀齿通过周期 τ，在其作用下主轴系统的位移响应也是以周期 τ 时变，因而上述方法①中当前时刻刀尖位移响应与一个刀齿通过周期之前刀尖位移响应作差可以有效消除稳态铣削力的影响，实现对颤振分量的靶向控制。上述方法②和③中，位移响应 $\boldsymbol{Z}_t(t)$ 和 $\boldsymbol{Z}_t(t-\tau)$ 均是完整铣削力作用下的系统响应，为了消除稳态铣削力的影响，需要对稳态铣削力对应的响应进行分离，梳状滤波是行之有效的方法，因而在方法②和③中需要先对位移信号进行梳状滤波处理，然后将滤波后的信号反馈到控制器进行控制，进而实现颤振靶向控制的目标。当前时刻的位移响应 $\boldsymbol{Z}_t(t)$ 在一个刀齿通过周期之后充当 $\boldsymbol{Z}_t(t-\tau)$ 的角色，因而相比于控制一个刀齿通过周期之前的位移 $\boldsymbol{Z}_t(t-\tau)$，控制当前时刻的位移 $\boldsymbol{Z}_t(t)$ 可以达到更好的颤振控制效果。因此，在本章研究中，重点分析上述方法①和方法②，即从位移差反馈和梳状滤波预处理下的当前时刻位移反馈两个角度进行颤振主动控制理论分析和实验验证。两种策略对应的主动控制框图分别如图 10-3 和图 10-4 所示。实际加工过程中，刀尖位移响应难以直接测得，而刀柄位移响应虽然和刀尖位移响应存在幅值上的差异，但两者的频率特性等是一致的，因此本章研究采用通过测量和反馈刀柄位移信号，进行颤振的主动控制。

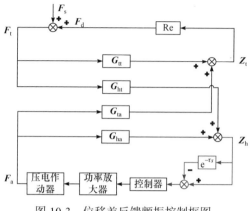

图 10-3　位移差反馈颤振控制框图

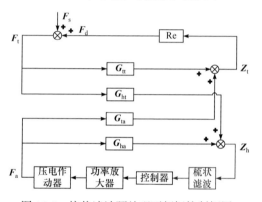

图 10-4　梳状滤波预处理下颤振控制框图

在系统输入和输出中分别忽略稳态铣削力及其对主轴系统动态响应的影响，式(10-2)所示系统方程可以转换为

$$\begin{bmatrix} Z_{td}(s) \\ Z_{hd}(s) \end{bmatrix} = \begin{bmatrix} G_{tt}(s) & G_{ta}(s) \\ G_{ht}(s) & G_{ha}(s) \end{bmatrix} \begin{bmatrix} F_d(s) \\ F_a(s) \end{bmatrix} \tag{10-6}$$

式中，Z_{td} 和 Z_{hd} 分别为动态铣削力激励下刀尖及刀柄位移响应。在位移差反馈颤振控制中，控制力 F_a 是位移差 ΔZ_h 的函数，可记为 $F_a = g(\Delta Z_h)$；在梳状滤波预处理下的颤振控制中，控制力 F_a 是动态位移 Z_{hd} 的函数，可记为 $F_a = g(Z_{hd})$。

10.3　模糊逻辑控制器设计

模糊逻辑是由 Zadeh 于 1965 年创立，从含义上它比其他传统逻辑更加接近人类的思维和自然语言[5]。基于模糊逻辑，模糊控制技术应运而生，并在理论和工程实践上得到了快速的发展。模糊控制通常不要求建立被控对象或被控过程的精确数学模型，而更多依赖于能成功控制被控对象或过程的专家经验和知识。利用专家知识，模拟人类思维方式，模糊控制更能胜任对时变[6,7]、时滞[8,9]等线性及非线性系统的有效控制，对被控系统(过程)的参数变化具有较好的鲁棒性[10-12]，对铣削颤振主动控制具有很好的实用性[13,14]。

　　模糊控制是一种非线性智能控制方法，主要包含模糊化、规则库、模糊推理以及解模糊化等操作[15,16]，具体如图 10-5 所示。所谓模糊化，是指将控制器输入中的精确数值变量转换为模糊语言变量，使其更符合人类的思维和语言方式，便于利用专家知识等进行控制推理操作。这里控制器的输入量包含人为确定的参考输入、被控系统的输出等。模糊化过程可以分为三步：输入量预处理、尺度变换以及模糊语言变量生成。

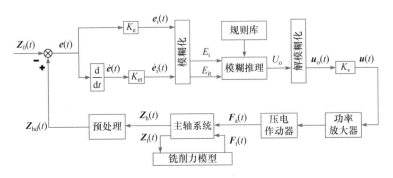

图 10-5　模糊控制系统

　　输入量预处理主要有参考输入设置以及基于控制器维数的输入量变化等。如图 10-5 所示，$Z_0(t)$ 是控制器参考输入，$e(t)$ 是主轴系统在动态铣削力作用下的振动响应 $Z_{hd}(t)$ 与参考输入 $Z_0(t)$ 的差值，即 $e(t) = Z_{hd}(t) - Z_0(t)$。本章研究的目标是完全抑制颤振分量，即消除主轴系统振动响应 $Z_{hd}(t)$。因而，在本章研究中，将控制器参考输入设置为零向量，即 $Z_0(t) = \mathbf{0}$。如图 10-6 所示，通常将模糊控制

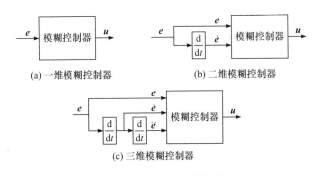

(a) 一维模糊控制器　　(b) 二维模糊控制器

(c) 三维模糊控制器

图 10-6　模糊控制器结构

器输入变量的个数称为控制器维数。从理论上讲，控制器的维数越高，控制越精细，但维数的增加也会导致模糊控制规则变得过于复杂，不利于控制算法的实现以及控制的实时性。一维控制器只输入一个误差变量，其动态控制性能不佳。因而，本章研究采用二维模糊控制器进行颤振主动控制，一方面保证控制精度，另一方面提高控制器响应速度等动态控制性能。此时控制器输入包含主轴系统振动响应输出误差 $e(t)$ 及其变化率 $\dot{e}(t)$。

　　主轴系统振动响应的幅值会随着加工工况等的改变而变化。为了控制规则设计的方便性及其对不同运行状态的普适性，在控制规则设置前需先对输入和输出变量的取值人为设置一个讨论范围，即论域。将系统响应偏差及其变化率等由实际值转换到论域的过程即为尺度变换。本章研究中尺度变换采用式(10-7)所示的线性变换：

$$e_0^* = \frac{e_{\max}^* + e_{\min}^*}{2} + K^* \left(e_0 - \frac{e_{\max} + e_{\min}}{2} \right) \qquad (10\text{-}7)$$

式中，e_0 为实际输入量，其变化范围为 $[e_{\min}, e_{\max}]$；e_0^* 为 e_0 在论域 $\left[e_{\min}^*, e_{\max}^* \right]$ 中的对应值；$K^* = \left(e_{\max}^* - e_{\min}^* \right) / (e_{\max} - e_{\min})$ 为比例因子。

　　在本章研究中，控制器两个输入变量 $e_i(t)$ 和 $\dot{e}_i(t)$ 的论域均设置为 $[-3, 3]$。为适应不同切削工况，将主轴系统振动响应输出误差 $e(t)$ 及其变化率 $\dot{e}(t)$ 的变化区间也均视为关于零点对称。由此，式(10-7)可以简化为

$$e_0^* = K^* e_0 = \frac{6}{e_{\max} - e_{\min}} e_0 \qquad (10\text{-}8)$$

式中，e_0^* 对应图 10-5 中的 $e_i(t)$ 和 $\dot{e}_i(t)$；e_0 对应图 10-5 中的 $e(t)$ 和 $\dot{e}(t)$；K^* 对应 K_e 和 K_{et}；$e_{\min}$ 和 $e_{\max}$ 的数值需要根据不同切削工况下主轴系统的实际响应幅值特性进行进一步的调整和确定。

　　实际输入变量经过尺度变换后仍然是数值变量，需要通过进一步的模糊化操作转换为模糊语言变量。本章研究中采用如图 10-7 所示的三角形模糊器进行模糊化操作。图中，E_i 和 E_{it} 分别为输入数值变量 $e_i(t)$ 和 $\dot{e}_i(t)$ 对应的模糊语言变量。E_i 的模糊集中有 8 个模糊子集，分别为 $\{NB, NM, NS, NO, PO, PS, PM, PB\}$；$E_{it}$ 有 7 个模糊子集，分别为 $\{NB, NM, NS, ZO, PS, PM, PB\}$。对于各个子集，其对应的物理意义如表 10-1 所示，主要包含正负和幅值大小两个特性。该三角形模糊器的隶属度函数可以表示为

$$\mu(e_0^*) = \begin{cases} 1 - \dfrac{\left| e_0^* - e_j \right|}{a_j}, & e_0^* \in [-3, 3], \ \left| e_0^* - e_j \right| \leqslant a_j \ (j = 1, 2, \cdots, n) \\ 0, & \text{其他} \end{cases} \qquad (10\text{-}9)$$

式中，(e_j, a_j) 是一系列常数；n 为模糊语言变量具备的模糊子集的数量；$j = 1, 2, \cdots, n$ 分别对应各个模糊子集。对于模糊语言变量 E_i，$n = 8$，(e_j, a_j) 的具体数值见式(10-10)；对于语言变量 E_{it}，$n = 7$，(e_j, a_j) 具体见式(10-11)。

$$\{(e_j, a_j)\} = \{(-3,1),(-2,1),(-1,1),(-1/3,2/3),(1/3,2/3),(1,1),(2,1),(3,1)\} \tag{10-10}$$

$$\{(e_j, a_j)\} = \{(-3,1),(-2,1),(-1,1),(0,1),(1,1),(2,1),(3,1)\} \tag{10-11}$$

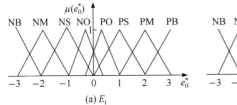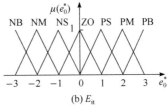

图 10-7　输入语言变量 E_i 和 E_{it} 的隶属度函数

表 10-1　模糊子集对应的物理意义

子集	NB	NM	NS	NO	ZO	PO	PS	PM	PB
物理意义	负大	负中	负小	负零	零	正零	正小	正中	正大

　　规则库包含利用模糊语言变量表示的一系列模糊规则，为有效控制系统提供指导。在本小节中，基于系统特性以及专家知识进行模糊规则库的制订。所谓系统特性，是指铣削力以及主动控制力等和主轴系统动态响应输出之间的定性关系。在系统特性分析的基础上，借助专家知识，根据系统响应特性指导作动器施加合理的控制力，即对相应作动器施加合适的控制电压信号，进而实现颤振控制目标。

　　模糊控制规则制订前先对输出语言变量 U_o 进行模糊空间的划分。对于 U_o，同样设置其论域为 $[-3, 3]$，采用与输入语言变量 E_{it} 一样的模糊空间划分和三角形模糊器(图 10-8)，模糊器隶属度函数表达同式(10-9)和式(10-11)。在本章研究中，基于专家知识设计表 10-2 所示的模糊控制规则表，共有 56 条规则，包含所有可能的控制操作。以第一条控制规则"如果 E_i 为 NB，E_{it} 为 NB，则 U_o 为 PB"为例，它表示当输入语言变量 E_i 和 E_{it} 均为负的大值时，输出为大的正值。从物理意义上分析，它意味着当主轴系统在动态铣削力下的振动响应和参考输入的误差

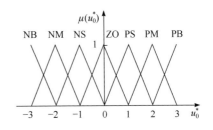

图 10-8　输出语言变量 U_o 的隶属度函数

及其变化率均为负值且幅值较大时，需要输入一个正的幅值较大的控制信号进行颤振控制，即输出一个作用效果和主轴系统当前振动响应特性相反的控制力，进而抑制颤振。

表 10-2 模糊控制规则表

U_o		E_{it}						
		NB	NM	NS	ZO	PS	PM	PB
E_i	NB	PB	PB	PB	PB	PM	PS	ZO
	NM	PB	PB	PB	PM	PS	ZO	ZO
	NS	PB	PB	PM	PS	ZO	ZO	NS
	NO	PM	PS	PS	ZO	ZO	NS	NM
	PO	PM	PS	ZO	ZO	NS	NS	NM
	PS	PS	ZO	ZO	NS	NM	NB	NB
	PM	ZO	ZO	NS	NM	NB	NB	NB
	PB	ZO	NS	NM	NB	NB	NB	NB

模糊推理是模糊控制的核心，它根据控制器输入，利用模糊控制规则决策控制器输出。在本章研究中，采用 Mamdani 推理法，模糊推理的输出曲面如图 10-9 所示。

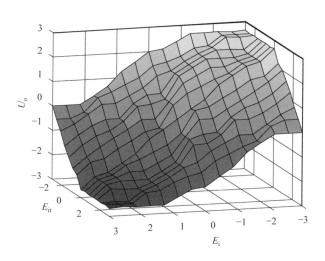

图 10-9 模糊推理输出曲面

以 $e_i(t) = 0.47$，$e_{it}(t) = 0.27$ 为例，进行模糊推理分析。此时，根据式(10-9)~式(10-11)所示的三角形模糊器隶属度函数，输入 $e_i(t)$ 对应到语言变量 E_i 的模糊子集为 PO 和 PS，输入 $e_{it}(t)$ 对应到语言变量 E_{it} 的模糊子集为 ZO 和 PS。根据

表 10-2 所示的模糊规则，其适用 4 条模糊规则，分别为"如果 E_i 为 PO，E_{it} 为 ZO，则 U_o 为 ZO"，"如果 E_i 为 PO，E_{it} 为 PS，则 U_o 为 NS"，"如果 E_i 为 PS，E_{it} 为 ZO，则 U_o 为 NS"和"如果 E_i 为 PS，E_{it} 为 PS，则 U_o 为 NM"。利用上述模糊规则，推理相应的控制器输出 U_o，具体过程如图 10-10 所示。在同一规则内采用取小运算，即利用两个输入变量对应的隶属度值中的较小者确定对应 U_o 的模糊子集。对不同规则获得的 U_o 模糊子集取并集，在此过程采用取大运算，即同一模糊子集中有多个隶属度值时保留大的隶属度值。通过模糊推理，获得输出语言变量 U_o 的解集(图 10-10 中阴影区域)，为后续解模糊化做好准备。

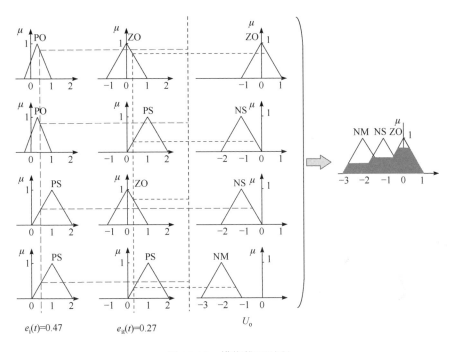

图 10-10　模糊推理过程

模糊推理得到的控制输出依然是模糊语言变量，需要通过进一步的解模糊化操作将其转换为数值量，进而驱动作动器进行颤振控制。在本章研究中，采用式(10-12)所示的重心解模糊器进行解模糊化操作。

$$u_o(t) = \frac{\displaystyle\int_{U_o^*(t)} u_0^* \cdot \mu(u_0^*)\mathrm{d}u_0^*}{\displaystyle\int_{U_o^*(t)} \mu(u_0^*)\mathrm{d}u_0^*} \tag{10-12}$$

式中，$u_o(t)$ 为 $\boldsymbol{u}_o(t) = \begin{bmatrix} u_{ox}(t) & u_{oy}(t) \end{bmatrix}^{\mathrm{T}}$ 的元素；$U_o^*(t)$ 为 t 时刻推理得到的输出语言变量 U_o 的模糊解集，见图 10-10 中的阴影区域。

经过解模糊化操作，得到论域 $[-3,3]$ 的控制输出量 $\boldsymbol{u}_{\mathrm{o}}(t)$。为了充分发挥压电作动器的能力，将 $\boldsymbol{u}_{\mathrm{o}}(t)$ 从论域区间 $[-3,3]$ 成比例放大到压电作动器的允许电压输入区间得到最终输入到作动器的控制电压 $\boldsymbol{u}(t)$，即 $\boldsymbol{u}(t)=K_{\mathrm{v}}\boldsymbol{u}_{\mathrm{o}}(t)$。在本章研究中，所用压电作动器经过功率放大器放大前的允许输入电压范围是 $[-10\mathrm{V},10\mathrm{V}]$，因而设置常量 $K_{\mathrm{v}}=3.33$。

10.4　基于模糊逻辑的颤振靶向控制仿真分析

10.4.1　梳状滤波预处理下的颤振控制仿真分析

1. 系统辨识

模糊控制不需要建立主轴系统精准的数学解析模型，但是由于控制力施加在刀柄位置，与切削力作用位置存在偏差，主轴系统的动态特性对控制规则的制订以及实验中控制器参数的调整具有一定指导意义。

如图 10-11 所示，通过在智能主轴样机上开展力锤激励实验和正弦扫频实验辨识主轴系统模型。实验所用铣刀参数如表 10-3 所示。

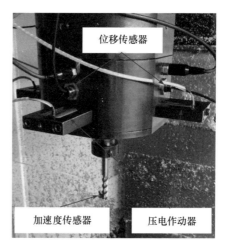

图 10-11　主轴系统模态参数辨识扫频实验

表 10-3　实验用铣刀参数

材料	齿数	直径/mm	悬长/mm	刃长/mm
高速钢	3	10	70	40

在力锤激励实验中，利用力锤(PCB 086C01，灵敏度：2.25 mV/N)分别沿 X 方向(即进给方向)和 Y 方向(即法向)激励刀尖，在刀尖位置力锤激励侧对面安装加速度传感器(DYTRAN 3032A，灵敏度：10.08mV/g)测量刀尖加速度响应，同时利用位移传感器(Micro-Epsilon，灵敏度：50mV/μm)测量同方向的刀柄位移响应，进而获取刀尖至刀尖以及刀柄上位移传感器安装位置的频响函数，分别记为 $\boldsymbol{\Phi}_{tt}$ 和 $\boldsymbol{\Phi}_{ht}$。在正弦扫频实验中，通过泰克信号发生器分别对 X 和 Y 方向的压电作动器(Pst 150/10/80 VS15)施加正弦扫频电压，其中起始频率为 20Hz，最高频率为 3000Hz，扫描时间为 180s，利用 MI-7008 亿恒数采系统同时采集扫频电压信号、同方向上的刀尖加速度信号以及刀柄位移信号，进而计算得到刀柄上作动器至刀尖以及刀柄上位移传感器安装位置的频响函数，分别记为 $\boldsymbol{\Phi}_{ta}$ 和 $\boldsymbol{\Phi}_{ha}$。因为压电作动器的输出力和其输入电压之间正相关，本章将压电作动器和主轴结构视为一个整体，所以扫频实验中激励信号是作动器输入电压而非作动器输出力。本章同样不考虑主轴系统 X 和 Y 方向之间的交叉效应。实验测得的主轴系统各频响函数曲线如图 10-12 所示。通过 $\boldsymbol{\Phi}_{tt}$ 辨识得到主轴系统部分模态参数，如表 10-4 所示。

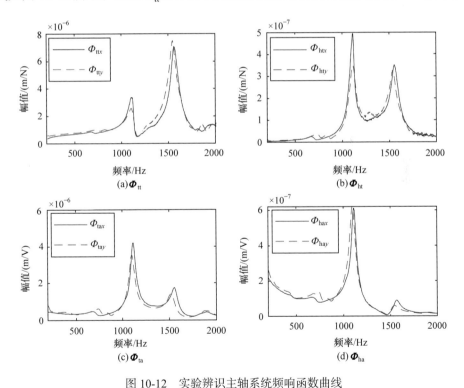

图 10-12　实验辨识主轴系统频响函数曲线

$\boldsymbol{\Phi}_{ij}$ 表示 $j(j=t，a)$ 至 $i(i=t，h)$ 的频响函数矩阵，其中 t 表示刀尖位置，h 表示刀柄上位移传感器安装位置，a 表示刀柄上作动器安装位置

表 10-4　　模态参数辨识结果

频响函数	阶次	刚度/(×10⁶N/m)	固有频率/Hz	阻尼比
Φ_{ttx}	1	5.38	1098	0.0279
	2	2.99	1556	0.0237
Φ_{tty}	1	5.18	1097	0.0379
	2	2.75	1541	0.0243

在本章研究[17]中，所用工件材料同样是 7075 铝合金，利用 9.4.2 小节中的切削力系数辨识方法，通过实验辨识得到切向切削力系数 $K_t = 796$ N/mm²，径向切削力系数 $K_r = 169$ N/mm²。

利用上述辨识得到的主轴系统模态参数及切削力系数，可以绘制不同切削条件下的稳定性叶瓣图。图 10-13 为 0.25 和 0.2 径向切深比下的逆铣稳定性叶瓣图。图 10-13(a)中工况 A 和图 10-13(b)中工况 B 的具体参数见表 10-5。

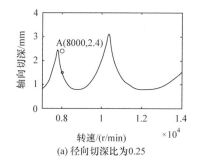
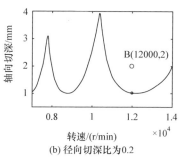

图 10-13　　不同径向切深比下的逆铣稳定性叶瓣图

表 10-5　　铣削实验切削参数

工况	转速/(r/min)	径向切深/mm	轴向切深/mm	每齿进给量/mm	铣削方式
A	8000	2.5	2.4	0.03	逆铣
B	12000	2	2	0.03	逆铣

2. 梳状滤波器设计

无颤振铣削过程中，主轴振动响应中只有刀齿通过频率(主轴转频)及其倍频成分。发生颤振后，主轴振动加剧，响应频谱中出现颤振频率成分。理论分析及工程实践发现，颤振频率通常是分布在较宽频率区间内的一组频率值。当然，在一些工况下，某一个或个别几个颤振频率成分会显著强于其他频率成分。由于颤振频率分布区间大，且通常和主轴转频的倍频成分交织在一起，难以利用低通滤波、高通滤波或者带通滤波等方式实现颤振频率成分的有效分离。因此，本小节提出利用梳状滤波技术，通过滤除主轴转频及其倍频成分进行颤振频率成分的分离和提取。如图 10-14 所示，由于梳状滤波是在一系列带宽很小的频率范围内进行滤波操作，可以在不影响颤振频率分量的基础上实现主轴转频及其倍频成分的有效滤除，为颤振靶向控制提供了条件。

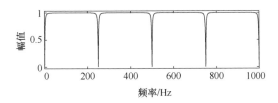

图 10-14　梳状滤波器幅频特性曲线示意图

梳状滤波器可以用式(10-13)所示的传递函数表示：

$$H(z) = \frac{(1+\rho)(1-z^{-n})}{2(1-\rho z^{-n})} \tag{10-13}$$

式中，ρ 是区间 $(0,1)$ 上的一个常数，增大 ρ 值，滤波器频响曲线平坦，对其他频率信号影响较小，但滤波效果变差；减小 ρ 值，滤波器对其他频率信号影响较大，但滤波效果变好，通常在经验的基础上根据滤波效果对 ρ 值进行一定的调整。$n = f_s / f_0$ 表示滤波器阶次，f_s 表示采样频率，f_0 表示滤波基频。本章需要滤除主轴振动信号中的转频及其倍频成分，因而 f_0 为对应切削工况的转频。

通过数值算例进一步分析梳状滤波器的滤波效果。构建如式(10-14)所示的振动信号 $W(t)$，它由稳定频率分量 $W_s(t)$ 和颤振频率分量 $W_c(t)$ 两部分组成。

$$\begin{cases} W(t) = W_s(t) + W_c(t) \\ W_s(t) = \sin(2\pi w t) + 1.5\sin(4\pi w t) + 0.8\sin(6\pi w t) \\ W_c(t) = 0.8\sin[2\pi(2w-3)t] + 1.2\sin[2\pi(2w+3)t] + 0.6\sin[2\pi(3w-5)t] \end{cases} \tag{10-14}$$

式中，$w = 40$，表示稳定频率成分 $W_s(t)$ 的基频是 40Hz，而稳定频率包含 40Hz、80Hz 和 120Hz。设置颤振频率成分接近稳定频率成分，颤振频率值分别为 77Hz、83Hz 和 115Hz。

根据式(10-14)所示信号特性，为有效分离颤振分量，设置滤波基频 $f_0 = 40$ Hz。设置采样频率为 1000 Hz，常数 ρ 为 0.4，梳状滤波前后振动信号及其频谱如图 10-15 所示。由图示结果知，梳状滤波后得到的信号 $W_f(t)$ 和原始信号中的颤振分量具有较好的一致性，证明了梳状滤波器可以用于主轴振动信号中颤振频率成分的有效分离。

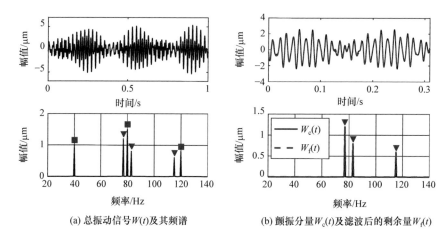

(a) 总振动信号$W(t)$及其频谱　　　　(b) 颤振分量$W_c(t)$及滤波后的剩余量$W_f(t)$

图 10-15　梳状滤波前后振动信号及其频谱

■, 稳定频率(40Hz、80Hz、120Hz)；▼, 颤振频率(77Hz、83Hz、115Hz)

3. 颤振控制仿真分析

在图 10-13 中的 A 工况下开展颤振控制仿真分析。转速为 8000r/min 时，主轴转频为 133.33Hz。因此设置梳状滤波的基频为 133.33Hz，同时设置采样频率为 10000Hz。如图 10-16(a)所示，当直接利用刀尖位移响应作为反馈，并且将控制力直接施加到刀尖位置时，表 10-2 中的模糊控制规则是有效的。利用智能主轴系统进行颤振控制时，实际反馈及控制方式如图 10-16(b)所示，因此，需要根据主轴系统实验辨识结果对系统特性进行分析。已知刀尖至刀柄上位移传感器安装位置的传递函数 G_{ht} 和刀柄上压电作动器安装位置到刀尖的传递函数 G_{ta} 两者的动态特性与刀尖至刀尖的传递函数 G_{tt} 的动态特性在振动频率方面是基本一致的，而幅值特性不影响控制规则，所以当 G_{ht} 和 G_{ta} 的振动方向同时和 G_{tt} 相同或相反时，表 10-2 中的模糊控制规则是直接适用的，否则需要对控制规则进行调整。根据图 10-12 的辨识结果，表 10-2 中的模糊控制规则直接适用。

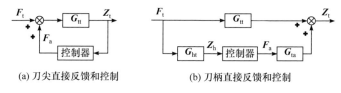

(a) 刀尖直接反馈和控制　　　　　(b) 刀柄直接反馈和控制

图 10-16　不同形式的位移反馈及颤振控制

由于主轴系统 X 和 Y 方向具有类似的频响特性，两个方向的振动响应具有一致性，因此本节仅以 X 方向的位移响应为例进行颤振控制结果分析。在工况 A 下，无控制时刀柄 X 方向的位移响应及其频谱如图 10-17 所示。由图示结果知，无控制时刀柄位移响应中除了刀齿通过频率的 3 倍频和 4 倍频等稳定频率成分外，在其附近存在明显的颤振频率成分，这说明在该铣削过程中发生了严重颤振。

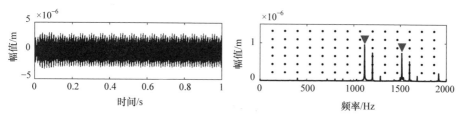

图 10-17　工况 A 下无控制时刀柄 X 方向位移响应及其频谱

▼，颤振频率；黑点构成的竖线表示主轴转频及其倍频

利用本节提出的梳状滤波预处理下的颤振控制策略对工况 A 进行颤振控制，作为对比，利用同一模糊控制器进行无梳状滤波预处理的颤振控制仿真，刀柄 X 方向位移响应及其频谱如图 10-18 所示。由图示结果知：①两种控制策略下，刀柄位移响应频谱中的颤振频率均消失，相比于无控制过程，振动响应幅值均减小；②无梳状滤波预处理的模糊颤振控制过程，刀柄位移响应中的转频倍频等稳定频率成分幅值有明显的降低，而梳状滤波预处理下的颤振控制，刀柄位移响应中稳定频率成分幅值仅有较小的减小。

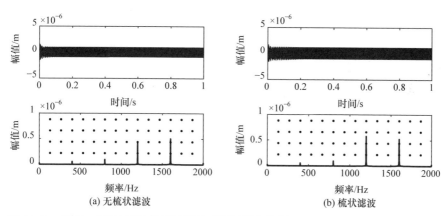

(a) 无梳状滤波

(b) 梳状滤波

图 10-18　工况 A 下有/无梳状滤波预处理颤振模糊控制刀柄 X 方向位移响应及其频谱

黑点构成的竖线表示主轴转频及其倍频

上述两个控制过程中，主轴 X 方向的控制电压信号如图 10-19 所示。由图示结果知，在无梳状滤波的模糊控制中，控制电压一直维持在一定的幅值；而在梳状滤波预处理下的模糊控制中，控制开始后控制电压信号快速下降并在后续过程中一直维持在很小的幅值。此时控制电压信号接近但并没有完全降为零，而小幅值的控制电压主要用于预防颤振的再生。

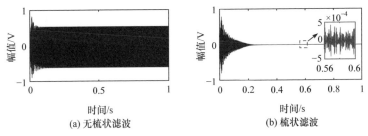

图 10-19　工况 A 下有/无梳状滤波预处理颤振模糊控制中 X 方向输出电压

为了更贴合实际，并更进一步阐释控制机理，在上述控制过程中引入噪声干扰成分。图 10-20 所示为实际切削过程中位移传感器测得噪声干扰信号，在仿真分析中施加同量级的噪声干扰，并利用上述两种策略进行颤振控制分析，结果如图 10-21 所示。

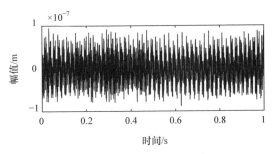

图 10-20　实测环境噪声干扰信号

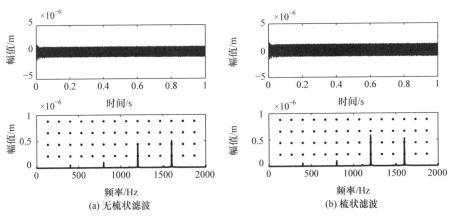

图 10-21　工况 A 噪声干扰下有/无梳状滤波预处理颤振模糊控制中刀柄 X 方向位移响应及其频谱
黑点构成的竖线表示主轴转频及其倍频

对比图 10-17、图 10-18 及图 10-21 中结果可以发现，噪声干扰不会影响两种控制策略的颤振控制效果，由图 10-21 可以得到和图 10-18 一样的结论。此时 X

方向的控制电压信号如图 10-22 所示。类似图 10-19(a)，在无梳状滤波的模糊控制中，从控制开始起所需控制电压便维持在一定的幅值，且控制电压基本不受噪声干扰的影响。从其频谱可以看出，控制电压的频率构成主要是刀齿通过频率的 3 倍频和 4 倍频，与同方向刀柄位移响应的频率成分对应一致。这说明该控制策略在抑制颤振的同时也对稳定振动响应进行控制，因而一直需要较大的控制电压。对比分析图 10-22(b)和图 10-19(b)可以发现，在噪声干扰下，梳状滤波预处理下的模糊控制过程中控制电压信号在控制开始后同样很快下降到较小的幅值，但受噪声干扰的影响，控制电压信号最终稳定在一个较小的幅值，并未一直降低到接近于零。进一步通过其频谱分析可以发现，施加主动控制后，颤振很快得到抑制，在后续切削过程中，颤振虽然有再次发生的趋势，但受主动控制力作用，在萌生阶段便被抑制。此时，梳状滤波器滤除了主轴转频及其倍频等稳定频率成分，反馈到控制的颤振分量几乎为零，由此导致的控制电压同样很小。然而梳状滤波没有消除噪声成分，此时控制电压主要由噪声引发，从其频谱也可以看出，此时电压信号的频率构成和噪声干扰基本一致。

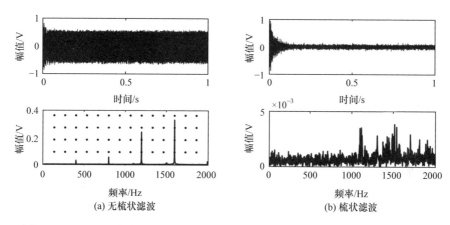

图 10-22　工况 A 噪声干扰下有/无梳状滤波预处理颤振模糊控制 X 方向输出电压

黑点构成的竖线表示主轴转频及其倍频

通过上述仿真分析可以发现，本章提出的梳状滤波预处理下的模糊控制策略可以有效控制颤振，同时由于只针对颤振分量进行控制，所需控制电压很小，有助于节约控制成本，提高作动器最大控制能力。

10.4.2　位移差反馈颤振控制仿真分析

1. 系统辨识

在智能主轴样机上开展系统辨识实验，如图 10-23 所示。在该位移差反馈颤振控制实验中，振动位移测量位置和图 10-1 所示的智能主轴结构中位移测量位置有所不同，实验中测量的是刀具根部的位移而非刀柄位移。由于刀具根部的振动响应和刀尖响应特性更为接近，所以测量刀具根部更有利于模糊控制器的设计和有效实施。

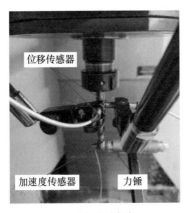 

(a) 力锤激励实验　　　　　　　　　　　　(b) 正弦扫频实验

图 10-23　主轴系统辨识实验

实验所用刀具规格见表 10-6，和梳状滤波预处理下的颤振控制所用刀具悬长上略有差别。同时，两次实验分别独立开展，实验中压电作动器的初始预紧力有所不同，因而两次实验测得的系统频响特性并不相同，实验过程及系统模态参数辨识结果如下。

表 10-6　位移差反馈颤振控制实验用刀具规格

材料	齿数	直径/mm	悬长/mm	刀长/mm
高速钢	3	10	72	40

如图 10-23 所示，在刀尖位置开展力锤(PCB 086C01，灵敏度：2.25mV/N)激励实验，测量刀尖至刀尖以及刀杆上位移传感器(Lion，灵敏度：80mV/μm)安装位置的频响函数，分别记为 Φ_{tt} 和 Φ_{bt}。利用压电作动器(Pst 150/10/80 VS15)开展 20～3000Hz 的正弦扫频实验，测量刀柄上压电作动器至刀尖及刀杆上位移传感器安装位置的频响函数，分别记为 Φ_{ta} 和 Φ_{ba}。在该扫频分析中同样将压电作动器和主轴结构视为一个整体，其激励信号是作动器输入电压而非作动器输出力。实验测得的频响函数曲线如图 10-24 所示，通过辨识获得主轴系统部分模态参数见表 10-7，频响函数表达符号中的下标 x 和 y 分别表示主轴系统的 X 和 Y 方向。本

节研究同样不考虑主轴 X 和 Y 方向之间的交叉效应。

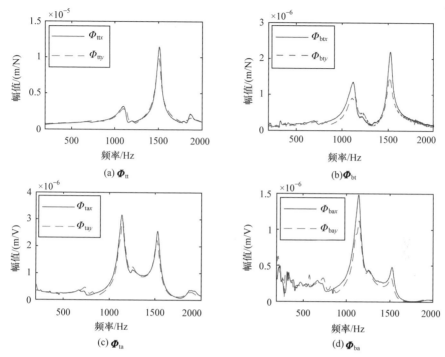

图 10-24　主轴系统频响函数辨识结果

$\boldsymbol{\Phi}_{ij}$ 表示 $j(j=\mathrm{t}$，a) 至 $i(i=\mathrm{t}$，b) 的频响函数矩阵，其中 t 表示刀尖位置，b 表示刀杆上位移传感器安装位置，

a 表示刀柄上作动器安装位置

表 10-7　主轴系统部分模态参数辨识结果

频响函数	阶次	刚度/($\times 10^6$N/m)	固有频率/Hz	阻尼比
$\boldsymbol{\Phi}_{ttx}$	1	3.9297	1111	0.0405
	2	2.6952	1515	0.0163
$\boldsymbol{\Phi}_{tty}$	1	3.5684	1105	0.0501
	2	2.6722	1509	0.0190

　　该实验所用工件也是 7075 铝合金。其切向切削力系数 $K_{\mathrm{t}}=796\,\mathrm{N/mm}^2$，径向切削力系数 $K_{\mathrm{r}}=169\,\mathrm{N/mm}^2$。

　　根据辨识得到的主轴系统模态参数及切削力系数，绘制径向切深比为 0.2 时的逆铣稳定性叶瓣图，如图 10-25 所示。工况 C 和工况 D 的具体参数见表 10-8。在工况 C 下进行位移差反馈颤振控制仿真分析。

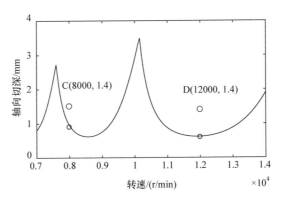

图 10-25　0.2 径向切深比下逆铣稳定性叶瓣图

表 10-8　位移差反馈颤振控制实验切削参数

工况	转速/(r/min)	径向切深/mm	轴向切深/mm	每齿进给量/mm	铣削方式
C	8000	2	1.4	0.03	逆铣
D	12000	2	1.4	0.03	逆铣

2. 颤振控制仿真分析

根据主轴系统模态参数辨识结果，结合 10.4.1 小节中的分析，表 10-2 中的模糊控制规则是适用的。在工况 C，无控制时刀杆 X 方向的位移响应及其频谱如图 10-26 所示。由图示结果知，开始切削后，刀杆位移响应快速增大，位移频谱中存在明显的颤振频率成分，说明该铣削过程发生了严重的颤振。

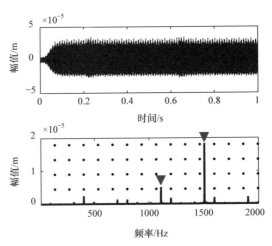

图 10-26　工况 C 无控制时刀杆 X 方向的位移响应及其频谱

▼，颤振频率；黑点构成的竖线表示主轴转频及其倍频

考虑图 10-20 所示的噪声干扰,在测量位移响应中加入相同量级的噪声,利用本节提出的位移差反馈颤振控制策略进行控制仿真,作为对比,在同一切削工况下,利用相同的模糊控制器,通过直接反馈当前时刻位移响应进行颤振控制仿真,刀杆 X 方向的位移响应及其频谱如图 10-27 所示。由图示结果知,在两种控制中,刀杆位移响应幅值均显著降低,响应频谱中颤振频率消失,只有刀齿通过频率及其倍频成分,说明两种控制策略均能有效控制颤振。相比位移差反馈控制,直接位移反馈控制下刀杆位移响应幅值稍有降低,但并不明显。

上述两个控制过程中,X 方向的控制电压信号如图 10-28 所示。由图示结果知,直接位移反馈模糊控制中,控制电压信号在整个控制过程一直维持在一定的幅值,由其频谱可以发现,控制电压的主要频率成分为刀齿通过频率及其倍频,和图 10-27(a)中刀杆位移响应频率成分一致。这再次证明该策略在控制颤振的同时对稳态铣削力导致的稳定振动分量也施加控制,因而需要较大的控制电压。在位移差反馈颤振控制中,施加控制后,控制电压信号很快减小并在后续过程中一直维持在一个较小的幅值。分析控制电压频谱可以发现,其频率成分是随机的,并且幅值很小,和噪声一致。这说明利用本节提出的基于位移差反馈控制策略在控制开始后很快抑制了颤振。在后续过程中,由于控制电压(控制力)一直存在,颤振难以再生。同时,由于位移作差消除了刀齿通过频率及其倍频等稳定频率成分,在该反馈作用下所需控制电压幅值较小,此时的控制电压更大程度上受测量噪声影响。另外,当前时刻位移和一个刀齿通过周期前位移作差时,两个时刻测得的噪声信号相当于进行了一次平均,在一定程度上有利于降低刀齿通过频率及其倍频附近的噪声分量,进而减小对应频率下所需控制电压。

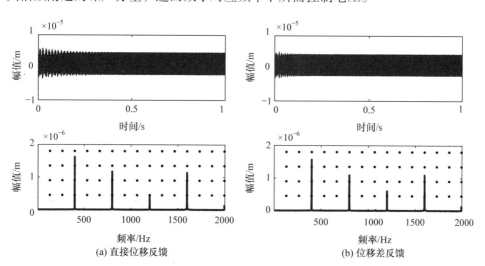

(a) 直接位移反馈　　　　　　　　　　　(b) 位移差反馈

图 10-27　工况 C 不同控制策略下刀杆 X 方向位移响应及其频谱

黑点构成的竖线表示主轴转频及其倍频

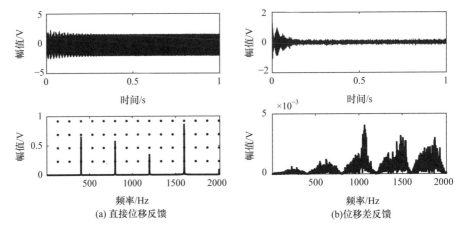

图 10-28　工况 C 不同控制策略下 X 方向输出电压

黑点构成的竖线表示主轴转频及其倍频

　　上述对比实验结果显示，本节提出的位移差反馈控制策略可以有效控制颤振。同时，由于在反馈信号中消除了刀齿通过频率及其倍频等稳定频率成分，压电作动器所需控制电压得以降低，有助于提升作动器最大控制能力。

10.5　基于模糊逻辑的铣削颤振靶向控制实验验证

10.5.1　梳状滤波预处理颤振控制实验

　　搭建图 10-29 所示颤振控制实验系统。切削过程中，利用位移传感器实时测量刀柄位移响应(采样频率为 10kHz)，并将测得的信号反馈给 dSPACE 控制器(MicroLabBox RT-1302)。在 dSPACE 中，先利用梳状滤波器滤除位移信号中的主轴转频及倍频成分，然后将滤波后的剩余位移分量输入设计好的模糊控制器。控制器根据模糊控制规则推理出对应的控制电压信号，并将其通过功率放大器输入

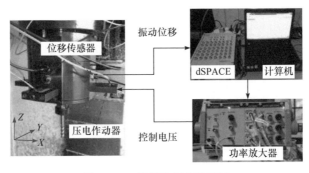

图 10-29　颤振控制实验系统

到压电作动器,驱动作动器对主轴系统施加主动控制力。实验所用刀具和工件等与 10.4.1 小节系统辨识时所用对应一致。

在表 10-5 中的工况 A 下开展铣削实验。此时,根据主轴转频,设置梳状滤波器的基频为 133.33Hz,采样频率为 10kHz。采用表 10-2 所示的模糊控制规则,控制器中 K_e、K_{et} 等常数参考仿真分析设置值并根据实验测量信号进行微调。受作动器本身特性的影响,在本章实验中保持 K_v 为常数 3.33。

在铣削实验中,开始切削时刻便利用本章提出的梳状滤波预处理下的模糊控制策略施加主动控制力,当刀具约进给到工件长度的一半时,关闭控制器,进行无控制铣削。铣削过程中刀柄 X 方向的位移响应及对应时刻工件表面质量如图 10-30 所示。由图示结果知:①施加主动控制时刀柄振动位移明显小于无控制状态下的刀柄位移;②无控制时,工件加工表面存在明显的颤振振纹,而施加主动控制的过程中,工件表面质量良好。

为更加详细地分析控制前后刀柄位移响应特性,对两种状态下的位移信号进行频谱分析,结果如图 10-31 所示。由图示结果知,无控制时,刀柄位移响应中存在明显的颤振频率(1125Hz),而施加主动控制时,刀柄位移响应中颤振频率消失,此时的主要频率成分为主轴转频、刀齿通过频率及其倍频。同时,相比于无控制状态,控制状态下位移响应中对应的稳定频率成分幅值只有较小的变化。这说明该控制策略主要控制颤振分量,对稳态铣削力导致的稳定振动几乎没有影响。另外,针对位移响应分析结果有两点需要说明:①仿真中,刀柄位移响应中只有刀齿通过频率及其倍频,而实际加工过程中,受主轴转子质量不平衡等因素的影响,在位移响应中除了刀齿通过频率及其倍频成分外,还存在主轴转频分量;②由于接近主轴的固有频率(1098Hz 和 1556Hz),受共振效应的影响,刀齿通过频率的 3 倍频和 4 倍频幅值相对较大。

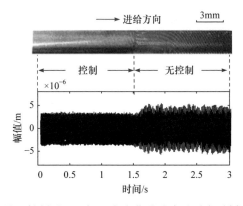

图 10-30　工况 A 铣削过程刀柄 X 方向位移响应及对应时刻工件表面质量

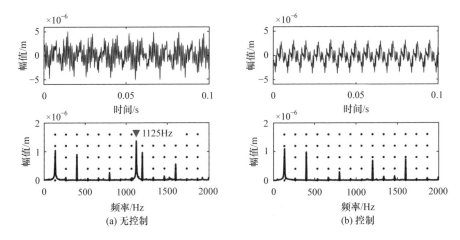

图 10-31　工况 A 控制前后刀柄 X 方向位移响应及其频谱
▼，颤振频率(1125Hz)；黑点构成的竖线表示主轴转频及其倍频

上述位移信号的时、频域分析结果及工件表面加工质量均证明本章提出的梳状滤波预处理下的模糊控制策略可以有效控制颤振。在与工况 A 相同的转速和径向切深下，无控制时的最大无颤振轴向切深为 1.5mm，与之相比，施加主动控制后材料去除率由 $2700mm^3/min$ 提高到 $4320mm^3/min$，切削效率提高了 60%。类似于仿真分析过程，作为对比，同样在工况 A 下，利用相同的模糊控制器进行了直接位移反馈有效颤振控制实验，此过程中 X 方向控制电压及其频谱如图 10-32(a) 所示。利用梳状滤波预处理位移反馈进行主动控制时，输入到主轴 X 方向压电作动器的控制电压及其频谱如图 10-32(b) 所示。

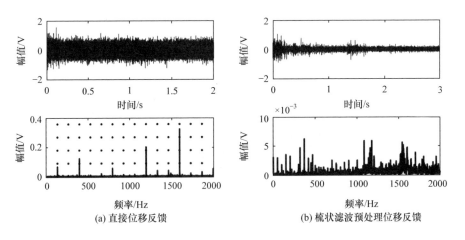

图 10-32　工况 A 下不同控制策略控制时 X 方向控制电压及其频谱
黑点构成的竖线表示主轴转频及倍频

由图 10-32 可知，直接位移反馈颤振控制中，控制电压幅值一直维持在约 0.9V，其均方值为 0.123V。类似于仿真分析结果，控制电压频谱中主要有主轴转频、刀齿通过频率及其倍频等稳定频率成分。梳状滤波预处理下的颤振控制中，施加主动控制后，控制电压很快降低并在之后一直保持较小的幅值，其均方值为 0.008V，仅为直接位移反馈模糊控制中电压信号对应值的 6.5%。此时，控制电压的频率构成幅值很小，并且是随机分布的，和测量得到的环境噪声一致。

改变切削条件，利用本章提出的梳状滤波预处理下的模糊控制策略在表 10-5 中的工况 B 下开展颤振控制实验。此时梳状滤波器的滤波基频设置为 200Hz，采样频率为 10000Hz。模糊控制器同样采用表 10-2 所示的控制规则。

控制前后刀柄在 X 方向的位移响应及其频谱如图 10-33 所示。由图示结果知，无控制状态下刀柄 X 方向位移响应中存在明显的颤振频率(1058Hz、1118Hz 和 1658Hz)。施加主动控制后，刀柄位移响应中的颤振频率消失，只有主轴转频、刀齿通过频率及其倍频。相比于无控制状态，主动控制下位移响应中的稳定频率成分幅值只有很小的变化。控制前后，工件表面质量如图 10-34 所示。由图示结果知，无控制时工件表面存在明显的颤振振纹，而施加主动控制后，工件表面质量良好。振动位移响应及工件表面质量结果均再次表明，本章提出的梳状滤波预处理下的模糊控制策略可以有效控制颤振，保障加工质量。

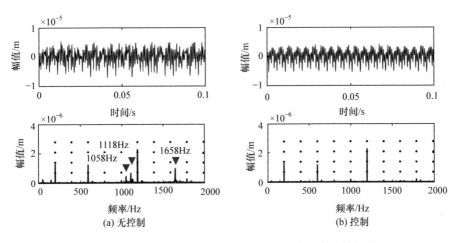

图 10-33 工况 B 控制前后刀柄 X 方向位移响应及其频谱

▼, 颤振频率(1058Hz、1118Hz、1658Hz)；黑点构成的竖线表示主轴转频及其倍频

与工况 B 相同的转速和径向切深下，无控制时的最大无颤振轴向切深约为 1mm，与之相比，在工况 B 下实施颤振控制，使切削过程的材料去除率由 2160mm^3/min 提高到了 4320mm^3/min，切削效率提高了 100%。

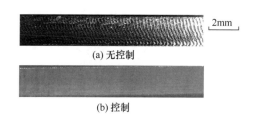

(a) 无控制

(b) 控制

图 10-34　工况 B 下控制前后工件表面质量对比

在工况 B 下，利用相同的模糊控制器分别进行直接位移反馈颤振控制和梳状滤波预处理位移反馈颤振控制，X 方向压电作动器的控制电压及其频谱如图 10-35 所示。由图示结果知，直接位移反馈模糊控制过程中，控制电压幅值一直维持在约 2V，其均方值为 0.603V。其主要构成频率为转频、刀齿通过频率及其倍频等稳定频率成分。梳状滤波预处理的颤振控制中，控制电压很快降低并维持在较小的幅值，其均方值为 0.014V，仅为直接位移反馈时对应值的 2.3%。其频率构成也是随机分布的，和噪声信号一致。

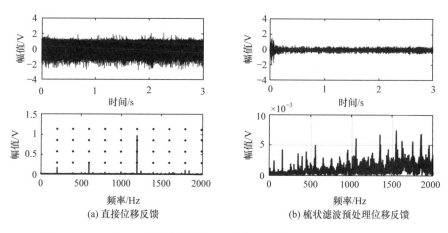

(a) 直接位移反馈

(b) 梳状滤波预处理位移反馈

图 10-35　工况 B 不同控制策略下 X 方向压电作动器控制电压及其频谱
黑点构成的竖线表示主轴转频及其倍频

通过不同切削工况下的控制实验可以发现，本章提出的梳状滤波预处理下的模糊控制策略可以有效控制颤振，提高加工效率。直接位移反馈控制时，反馈信号中既有颤振分量，又包含刀齿通过频率及其倍频等稳定频率成分，控制器在控制颤振的同时对稳态铣削力导致的稳定振动响应也施加控制，因而需要较大的控制电压。梳状滤波器不但能有效滤除刀齿通过频率及其倍频等稳定频率成分，同时可以消除不平衡等因素导致的主轴转频分量等干扰，使反馈信号中主要为颤振分量，进而实现颤振的靶向控制。在施加主动控制后的很短时间内，颤振便可得到有效抑制。在后续切削过程中，虽然颤振有再生的趋势，但由于主动控制力的存在，颤振处于萌芽期时便被消除，难以继续发展。此时颤振分量几乎可以忽略，控制电压主要由传感器测得的噪声成分决定。通常噪声干扰很小，控制器输出的控制电压也相对较小。综上可知,梳状滤波预处理下的模糊控制不仅能有效控制颤振,提升加工效率,而且能显著降低作动器所需控制电压,有助于提高作动器的控制能力,节约控制成本。

10.5.2　位移差反馈颤振控制实验

根据图 10-3 所示结构,搭建如图 10-36 所示的颤振主动控制实验系统。实验所用刀具和工件等与 10.4.2 小节系统辨识时所用对应一致。切削过程中,利用安装在主轴系统 X 和 Y 方向的位移传感器测量刀杆振动位移,并将测得的信号实时反馈给 NI 控制器。对位移信号进行预处理,即利用当前时刻位移减去一个刀齿通过周期前对应方向上的位移,并将求得的位移差反馈到设计好的模糊控制器。控制器根据模糊控制规则计算相应的控制电压,并将其经过功率放大器放大之后输入对应方向上的压电作动器,驱动其对主轴系统施加主动控制。在上述位移差反馈控制中,有一点需要强调:受主轴转子质量不平衡等因素的影响,振动位移响应中会出现显著的主轴转频成分,为了消除其对颤振控制的影响,在进行位移差预处理前先对采集到的位移信号进行高通滤波,滤除转频分量。因为转频分量不影响颤振,所以该高通滤波处理不会影响颤振控制效果。

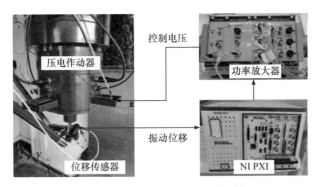

图 10-36　颤振主动控制实验系统

利用表 10-2 所示的模糊控制规则,在表 10-8 中的工况 C 下开展颤振控制实验。铣削开始后的前几秒时间进行无控制切削,当铣削进行到约 6s 时开始施加主动控制,控制前后工件表面加工质量以及对应状态下刀杆 X 方向的位移响应如图 10-37 所示。图中,工件和位移响应并非时间上完全对应,而是有、无控制两种状态上相对应。由图示结果知:①无控制时工件加工表面上存在明显的颤振振纹,而施加主动控制后,颤振振纹消失,工件表面加工质量良好;②控制状态下刀杆振动位移响应幅值显著低于无控制时的位移响应幅值。

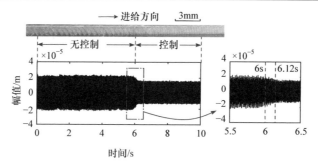

图 10-37　工况 C 铣削过程工件表面加工质量及刀杆 X 方向的位移响应

为了进一步分析控制前后位移响应的特性,对两种状态下的位移响应进行进一步的频谱分析,结果如图 10-38 所示。由图示结果知,无控制时刀杆位移响应中存在明显的颤振频率(1150Hz 和 1550Hz),施加主动控制后,颤振频率成分得到消除,而刀齿通过频率及其倍频等稳定频率成分只有较小的变化。这表明所提位移差预处理下的模糊控制策略仅针对颤振分量进行有效控制,对稳态铣削力作用下的稳定振动响应影响很小。

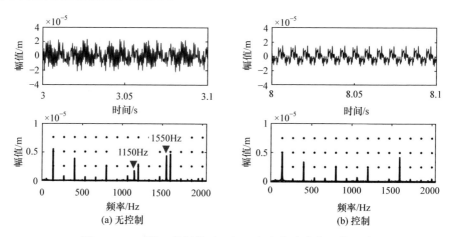

图 10-38　工况 C 控制前后刀杆 X 方向位移响应及其频谱

▼,颤振频率(1150Hz、1550Hz);黑点构成的竖线表示主轴转频及其倍频

振动位移响应的时频域分析结果及工件表面质量均证明本节提出的基于位移差反馈的模糊控制策略可以实现颤振的在线控制。由图 10-37 知,从施加主动控制到颤振得到有效控制大约耗时 120ms。另外,在与工况 C 相同的转速和径向切深下,无控制切削时的最大无颤振轴向切深为 0.9mm;与之相比,施加主动控制后,切削加工过程的材料去除率由 1296mm³/min 增大到了 2016mm³/min,切削效率提高了 55.6%。

上述控制过程中,施加到主轴系统 X 方向压电作动器的控制电压如图 10-39

所示。由图示结果知，作为对比的直接位移反馈模糊控制中，控制电压幅值一直维持在约 1.5V，其均方值为 0.3077V。分析其频谱可以发现，此时控制电压的主要频率成分为刀齿通过频率及其倍频，与对应的位移响应频率构成一致。位移差反馈模糊控制中，控制电压在控制开始后迅速下降并在后续控制过程中维持在较小的幅值，其均方值为 0.0349V，为直接位移反馈控制中对应值的 11.3%。此时，控制电压频率成分主要为主轴转频的倍频中的非刀齿通过频率倍频成分。由于这些频率成分的幅值较小，对应的控制电压也相对较小。

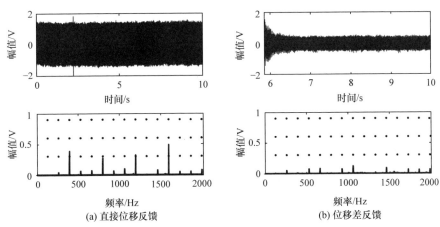

(a) 直接位移反馈　　　　　　　　　　(b) 位移差反馈

图 10-39　工况 C 不同控制策略下 X 方向控制电压及其频谱

黑点构成的竖线表示主轴转频及其倍频

改变切削参数，利用本章提出的位移差反馈模糊控制策略在表 10-8 中的工况 D 下开展颤振控制实验。控制前后刀杆 X 方向的位移响应及其频谱如图 10-40

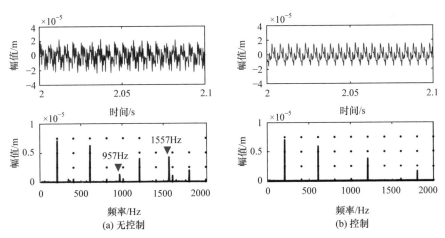

(a) 无控制　　　　　　　　　　(b) 控制

图 10-40　工况 D 控制前后刀杆 X 方向位移响应及其频谱

▼，颤振频率(957Hz、1557Hz)；黑点构成的竖线表示主轴转频及其倍频

所示。由图示结果知，无控制状态下位移响应幅值中存在明显的颤振频率(957Hz和 1557Hz)。施加主动控制后，位移响应中颤振频率消失，主要频率成分为主轴转频、刀齿通过频率及其倍频。与无控制状态相比，主动控制作用下刀杆位移响应中刀齿通过频率及其倍频的幅值变化较小，再次证明本章提出的位移差反馈控制策略主要抑制颤振分量，对稳态铣削力导致的稳定振动影响微弱。

图 10-41 展示了上述切削过程中工件表面加工质量。由图示结果知，无控制时工件加工表面存在明显的颤振振纹，而施加主动控制后，颤振振纹消失，工件表面加工质量良好。

$$2mm$$

(a) 无控制

(b) 控制

图 10-41　工况 D 控制前后工件表面加工质量

通过对刀杆振动位移时频域信号及工件表面加工质量的分析可以发现，在工况 D 铣削过程发生了严重的颤振，而本章提出的位移差反馈控制策略可以有效控制颤振，保障加工质量。在与工况 D 相同转速和径向切深的切削参数下开展不同轴向切深铣削实验，发现此参数下的最大无颤振轴向切深为 0.6mm。与之相比，工况 D 下的有效颤振控制使此切削参数下的材料去除率由 1296mm³/min 增加到3024mm³/min，切削效率提高了 133.3%。

上述控制过程中，主轴 X 方向的压电作动器的控制电压如图 10-42 所示。由图示结果知，作为对比的直接位移反馈控制的控制电压幅值维持在约 1.9V，其均方

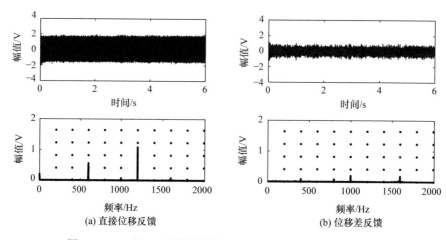

(a) 直接位移反馈

(b) 位移差反馈

图 10-42　工况 D 不同控制策略下 X 方向压电作动器的控制电压

黑点构成的竖线表示主轴转频及其倍频

值为 0.777V。此时电压频率成分主要为刀齿通过频率及其倍频，与对应控制下的刀杆位移响应频谱特性一致。在位移差反馈模糊控制中，施加主动控制后，控制电压幅值显著降低，其均方值为 0.0895V，为直接位移反馈控制时对应均方值的11.5%。分析其频谱可以发现，此时其主要频率构成为主轴转频的倍频，但不包含刀齿通过频率及其倍频成分。

上述不同工况下的铣削实验证明，本章提出的位移差反馈控制策略可以有效控制颤振，提高加工效率。考虑实际主轴系统存在的不平衡质量，首先通过高通滤波滤除主轴转频分量，消除其对颤振控制的影响。当前时刻位移和一个刀齿通过周期前对应方向上的位移作差，可以有效消除位移信号中的刀齿通过频率及其倍频成分。虽然主轴转频的非刀齿通过频率倍频成分无法通过上述位移作差消除，但这些频率分量通常幅值较小，对颤振控制过程的影响有限。类似于梳状滤波预处理颤振控制中的分析，施加主动控制后，颤振很快得到抑制。后续切削过程中，受一直存在的控制力的作用，颤振难以再生，此时作动器控制电压主要由主轴转频倍频中的非刀齿通过频率倍频成分决定，由于这些成分的幅值较小，所需控制电压也相对较小。因此位移差反馈控制策略在有效控制颤振的同时，可以大幅度降低作动器所需控制电压，节约控制能耗。

参 考 文 献

[1] LI X, LIU S, WAN S, et al. Active suppression of milling chatter based on LQR-ANFIS[J]. The International Journal of Advanced Manufacturing Technology, 2020, 111: 2337-2347.

[2] WAN S, LI X, SU W, et al. Active chatter suppression for milling process with sliding mode control and electromagnetic actuator[J]. Mechanical Systems and Signal Processing, 2020, 136: 106528.

[3] DOHNER J, LAUFFER J, HINNERICHS T. Mitigation of chatter instabilities in milling by active structural control[J]. Journal of Sound and Vibration, 2001, 269(1): 197-211.

[4] CHEN F, LU X, ALTINTAS Y. A novel magnetic actuator design for active damping of machining tools[J]. International Journal of Machine Tools and Manufacture, 2014, 85(7): 58-69.

[5] 王立新. 模糊系统与模糊控制教程[M]. 北京:清华大学出版社, 2003.

[6] LIU Y, ZHANG H, WANG Y, et al. Adaptive fuzzy control for nonstrict-feedback systems under asymmetric time-varying full state constraints without feasibility condition[J]. IEEE Transactions on Fuzzy Systems 2020, 29(5): 976-985.

[7] LAN J, LIU Y, LIU L, et al. Adaptive output feedback tracking control for a class of nonlinear time-varying state constrained systems with fuzzy dead-zone input[J]. IEEE Transactions on Fuzzy Systems, 2021, 29(7): 1841-1852.

[8] TENG L, WANG Y, CAI W, et al. Efficient robust fuzzy model predictive control of discrete nonlinear time-delay systems via Razumikhin approach[J]. IEEE Transactions on Fuzzy Systems, 2019, 27(2): 262-272.

[9] LI Y, QU F, TENG S. Observer-based fuzzy adaptive finite-time containment control of nonlinear multiagent systems with input delay[J]. IEEE Transactions on Cybernetics, 2021, 51(1): 126-137.

[10] 张永亮, 李郝林, 刘军. 外圆车削颤振的半主动模糊控制[J]. 振动与冲击, 2012, 31(1): 101-105.

[11] LIANG M, YEAP T, HERMANSYAH A. A fuzzy system for chatter suppression in end milling[J]. Proceeding of the Institute of Mechanical Engineers part Bjournal of Engineering Manufacture, 2004, 218(4): 403-417.

[12] POUR D, BEHBAHANI S. Semi-active fuzzy control of machine tool chatter vibration using smart MR dampers[J]. International Journal of Advanced Manufacturing Technology, 2016, 83(1-4): 421-428.

[13] 曹宏瑞, 李登辉, 刘金鑫, 等. 智能主轴高速铣削颤振的模糊控制方法研究[J]. 机械工程学报, 2021, 57(13): 55-62.

[14] LI D, CAO H, CHEN X. Fuzzy control of milling chatter with piezoelectric actuators embedded to the tool holder[J]. Mechanical Systems and Signal Processing, 2021, 148.

[15] 李国勇, 杨丽娟. 神经·模糊·预测控制及其 MATLAB 实现[M]. 北京:电子工业出版社, 2013.

[16] DRIANKOV D, HELLENDOORN H, REINFRANK M. An introduction to fuzzy control[M]. New York: Springer, 1997.

[17] 李登辉. 智能主轴铣削颤振的压电驱动主动控制方法研究[D]. 西安:西安交通大学, 2021.

第 11 章　智能主轴铣削颤振的模型预测控制

11.1　引　言

针对铣削的颤振主动控制通常需要在主轴结构上配置压电作动器、磁力轴承等作动元件[1-5]。作动器施加的主动控制力和刀尖位置的铣削力存在空间位置的差异，因而基于模型进行颤振控制的基础是建立尽可能准确的被控系统模型。现有研究[6-10]通常是建立主轴系统动力学方程，进而设计控制器，通过增加系统阻尼等方式在整个转速范围内提升铣削稳定性。但对于实际加工过程中重点关注的某转速区间，其铣削稳定性难以实现最大化。同时，铣削过程中，颤振的出现会增大主轴-铣削系统的不确定性，导致系统实际响应偏离理论预期，进而造成控制器失灵，无法保障颤振控制的有效性和可靠性。

针对上述问题，考虑智能主轴结构特色，提出基于模型预测控制的颤振主动控制策略[11]。首先，根据智能主轴传感、作动等单元的实际空间结构建立主轴-铣削-作动系统准确动力学模型。其次，将可再生效应导致的动态铣削力从模型输入项中分离出来和主轴系统模型进行集成，即将颤振特性作为系统特性的一部分而非简单的输入，进而降低颤振导致的模型不确定性，保障和提高颤振控制准确度。然后基于所建系统模型，设计和求解模型预测控制器。在该过程中，根据系统当前响应，通过迭代优化和反馈校正自适应修正控制器预测误差，提高控制鲁棒性，同时考虑作动器输入电压极限等约束，在保障作动器运行安全的前提下最大化其功效。最后，通过仿真和实验分析，验证提出的基于模型预测的颤振控制的有效性，为智能主轴颤振主动控制单元开发提供技术支撑。

11.2　主轴-铣削-作动系统状态空间模型及线性化

11.2.1　主轴-铣削-作动系统状态空间模型

基于图 9-7 展示的智能主轴颤振主动控制结构搭建图 11-1 所示的主动控制闭环系统。在主轴系统 X、Y 方向安装一对位移传感器，实时监测刀柄振动响应。将测得的位移信号经过信号调理器处理后输入控制器，控制器根据目标函数和约束等输出对应的控制电压。控制电压信号由功率放大器放大后输入压电作动器，驱动其对主轴系统施加主动控制力，进而消除颤振。

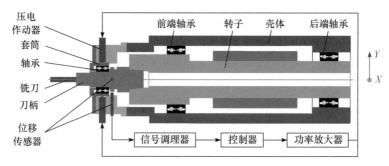

图 11-1　颤振主动控制闭环系统

根据图 11-1 所示颤振主动控制闭环系统结构，建立对应的闭环系统框图，如图 11-2 所示。图中，$\boldsymbol{F}_s = \begin{bmatrix} F_{sx} & F_{sy} \end{bmatrix}^{\mathrm{T}}$ 和 $\boldsymbol{F}_d = \begin{bmatrix} F_{dx} & F_{dy} \end{bmatrix}^{\mathrm{T}}$ 分别表示稳态铣削力和动态铣削力向量，其中下标 x 和 y 分别代表主轴系统的 X 和 Y 方向；$\boldsymbol{F}_t = \begin{bmatrix} F_{tx} & F_{ty} \end{bmatrix}^{\mathrm{T}}$ 和 $\boldsymbol{F}_a = \begin{bmatrix} F_{ax} & F_{ay} \end{bmatrix}^{\mathrm{T}}$ 分别表示整体铣削力和主动控制力向量；$\boldsymbol{Z}_t = \begin{bmatrix} Z_{tx} & Z_{ty} \end{bmatrix}^{\mathrm{T}}$ 和 $\boldsymbol{Z}_h = \begin{bmatrix} Z_{hx} & Z_{hy} \end{bmatrix}^{\mathrm{T}}$ 分别表示刀尖位移和刀柄上位移传感器安装位置处的位移向量；$\boldsymbol{G}_{tt} = \mathrm{diag}(G_{ttx}, G_{tty})$ 和 $\boldsymbol{G}_{ht} = \mathrm{diag}(G_{htx}, G_{hty})$ 分别表示刀尖到刀尖及刀柄上位移传感器安装位置处的传递函数矩阵，在本章研究中，同样不考虑主轴系统 X 和 Y 方向之间动态特性的交叉效应；$\boldsymbol{G}_{ta} = \mathrm{diag}(G_{tax}, G_{tay})$ 和 $\boldsymbol{G}_{ha} = \mathrm{diag}(G_{hax}, G_{hay})$ 分别表示刀柄上作动器安装位置到刀尖及刀柄上位移传感器安装位置的传递函数矩阵；C 表示控制器；Re 表示动态铣削力模型，具体表达同式(10-1)。

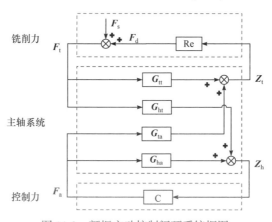

图 11-2　颤振主动控制闭环系统框图

由图 11-1 和图 11-2 可以发现，主轴-铣削-作动系统是一个以铣削力和主动控制力为输入，以刀尖和刀柄位移响应为输出的两输入两输出系统，由此建立其系统模型如下：

$$\begin{bmatrix} \boldsymbol{Z}_t(s) \\ \boldsymbol{Z}_h(s) \end{bmatrix} = \begin{bmatrix} \boldsymbol{G}_{tt}(s) & \boldsymbol{G}_{ta}(s) \\ \boldsymbol{G}_{ht}(s) & \boldsymbol{G}_{ha}(s) \end{bmatrix} \begin{bmatrix} \boldsymbol{F}_t(s) \\ \boldsymbol{F}_a(s) \end{bmatrix} \tag{11-1}$$

为了便于后续表达和分析，将式(11-1)所示的传递函数形式的主轴-铣削-作动系统模型转换为状态空间模型形式，具体如下：

$$\begin{cases} \dot{\boldsymbol{\varphi}}(t) = \boldsymbol{A}\boldsymbol{\varphi}(t) + \boldsymbol{B}\boldsymbol{F}(t) \\ \boldsymbol{Z}(t) = \boldsymbol{C}\boldsymbol{\varphi}(t) + \boldsymbol{D}\boldsymbol{F}(t) \end{cases} \tag{11-2}$$

式中，$\boldsymbol{Z}(t) = \begin{bmatrix} \boldsymbol{Z}_t(t) & \boldsymbol{Z}_h(t) \end{bmatrix}^T$，为系统输出；$\boldsymbol{F}(t) = \begin{bmatrix} \boldsymbol{F}_t(t) & \boldsymbol{F}_a(t) \end{bmatrix}^T$，为系统输入；$\boldsymbol{\varphi}(t)$ 表示系统状态向量，其维度为 8q，其中 q 的值由传递函数 $G_{ij\kappa}$ ($i = $t,h；$j = $t,a；$\kappa = x, y$)对应的子系统模型的维数确定；$\boldsymbol{A}$、$\boldsymbol{B}$、$\boldsymbol{C}$ 和 $\boldsymbol{D} = [0,0;0,0]$ 为系统模型的系数矩阵。

式(11-2)可以由式(11-1)直接转换得到，考虑系统模型系数矩阵的具体表达，同时为了区分铣削力和主动控制力及其对系统响应的影响，将式(11-2)进一步表示为

$$\begin{cases} \dot{\boldsymbol{\varphi}}(t) = \boldsymbol{A}\boldsymbol{\varphi}(t) + \begin{bmatrix} \boldsymbol{B}_t & \boldsymbol{B}_a \end{bmatrix} \begin{bmatrix} \boldsymbol{F}_t(t) \\ \boldsymbol{F}_a(t) \end{bmatrix} \\ \begin{bmatrix} \boldsymbol{Z}_t(t) \\ \boldsymbol{Z}_h(t) \end{bmatrix} = \begin{bmatrix} \boldsymbol{C}_t \\ \boldsymbol{C}_h \end{bmatrix} \boldsymbol{\varphi}(t) \end{cases} \tag{11-3}$$

式中，$\begin{bmatrix} \boldsymbol{B}_t & \boldsymbol{B}_a \end{bmatrix} = \boldsymbol{B}$，两者等列宽划分；$\begin{bmatrix} \boldsymbol{C}_t & \boldsymbol{C}_h \end{bmatrix}^T = \boldsymbol{C}$，两者等行数划分。

11.2.2　系统模型线性化近似

由 9.2.1 小节研究内容知，铣削力 $\boldsymbol{F}_t(t)$ 包含稳态铣削力 $\boldsymbol{F}_s(t)$ 和动态铣削力 $\boldsymbol{F}_d(t)$ 两部分，具体如式(11-4)所示，式中各变量物理意义同式(9-6)。

$$\boldsymbol{F}_t(t) = \boldsymbol{F}_s(t) + \boldsymbol{F}_d(t) = \frac{1}{2}a_p f_t K_t \boldsymbol{H}_s(t) + \frac{1}{2}a_p K_t \boldsymbol{H}_d(t)\big[\boldsymbol{Z}_t(t) - \boldsymbol{Z}_t(t-\tau)\big] \tag{11-4}$$

由稳态铣削力系数矩阵 $\boldsymbol{H}_s(t)$ 和动态铣削力系数矩阵 $\boldsymbol{H}_d(t)$ 的表达式知，两者均是以刀齿通过周期为周期的函数矩阵，而 $\boldsymbol{Z}_t(t-\tau)$ 是以 τ 为时滞的单时滞函数向量，所以 11.2.1 小节建立的主轴-铣削-作动系统是一个时变时滞耦合的非线性系统。目前，对于该类非线性系统的控制是困难的。因而，本章研究在保障系统模型足够精度的前提下对其中的周期时变项和时滞项进行近似处理，将该非线性系统合理地转变为线性时不变系统，为控制器的设计及控制过程的实施提供有力支撑。

1. 铣削力时变特性零阶近似

稳态铣削力系数矩阵 $\boldsymbol{H}_\text{s}(t)$ 和动态铣削力系数矩阵 $\boldsymbol{H}_\text{d}(t)$ 是周期时变的，因而可对两切削力系数矩阵进行傅里叶级数展开。在小径向切深比铣削加工中，铣削力的波形很窄并且是间断的，其在平均值之外存在较强的谐波分量。此时，若要精确描述铣削力，需要考虑傅里叶级数的高阶分量。在较大径向切深比铣削中，铣削力的高阶分量很小，采用傅里叶级数展开的平均量(零阶近似)即可满足铣削力精度要求。研究发现，在避免小径向切深比的多数铣削加工中，采用零阶傅里叶级数展开可实现铣削力足够精度的近似，因此，本章研究采用零阶近似策略对周期时变铣削力进行近似处理，进而为后续控制器设计奠定基础。

结合 9.2 节研究结果，采用零阶近似后，稳态和动态切削力系数矩阵可以表示为

$$\boldsymbol{H}_\text{s}(t) \approx \boldsymbol{H}_\text{s0} = \frac{N}{2\pi}\begin{bmatrix} h_{xx0} \\ h_{yx0} \end{bmatrix} \tag{11-5}$$

$$\boldsymbol{H}_\text{d}(t) \approx \boldsymbol{H}_\text{d0} = \frac{N}{2\pi}\begin{bmatrix} h_{xx0} & h_{xy0} \\ h_{yx0} & h_{yy0} \end{bmatrix} \tag{11-6}$$

式中，

$$\begin{cases} h_{xx0} = \frac{1}{2}(\cos 2\phi - 2K_\text{rc}\phi + K_\text{rc}\sin 2\phi)_{\phi_\text{en}}^{\phi_\text{ex}} \\ h_{xy0} = \frac{1}{2}(-\sin 2\phi - 2\phi + K_\text{rc}\cos 2\phi)_{\phi_\text{en}}^{\phi_\text{ex}} \\ h_{yx0} = \frac{1}{2}(-\sin 2\phi + 2\phi + K_\text{rc}\cos 2\phi)_{\phi_\text{en}}^{\phi_\text{ex}} \\ h_{yy0} = \frac{1}{2}(-\cos 2\phi - 2K_\text{rc}\phi - K_\text{rc}\sin 2\phi)_{\phi_\text{en}}^{\phi_\text{ex}} \end{cases} \tag{11-7}$$

将式(11-4)、式(11-5)和式(11-6)代入式(11-3)，整理后主轴-铣削-作动系统模型可以表示为

$$\begin{cases} \dot{\boldsymbol{\varphi}}(t) = (\boldsymbol{A}+\boldsymbol{\theta})\boldsymbol{\varphi}(t) - \boldsymbol{\theta}\boldsymbol{\varphi}(t-\tau) + \begin{bmatrix} \boldsymbol{B}_\text{t} & \boldsymbol{B}_\text{a} \end{bmatrix}\begin{bmatrix} \boldsymbol{F}_\text{s}(t) \\ \boldsymbol{F}_\text{a}(t) \end{bmatrix} \\ \begin{bmatrix} \boldsymbol{Z}_\text{t}(t) \\ \boldsymbol{Z}_\text{h}(t) \end{bmatrix} = \begin{bmatrix} \boldsymbol{C}_\text{t} \\ \boldsymbol{C}_\text{h} \end{bmatrix}\boldsymbol{\varphi}(t) \end{cases} \tag{11-8}$$

式中，$\boldsymbol{\theta} = a_\text{p}K_\text{t}\boldsymbol{B}_\text{t}\boldsymbol{H}_\text{d0}\boldsymbol{C}_\text{t}/2$。

2. 铣削力时滞项 Pade 近似

由式(11-8)知，主轴-铣削-作动系统模型中存在显性时滞项 $\boldsymbol{\varphi}(t-\tau)$，不利于

控制器的设计和求解，因此，本小节对该时滞项进行进一步的近似处理。

为便于书写，定义 $\boldsymbol{\varphi}_\tau(t) = \boldsymbol{\varphi}(t-\tau)$，其拉普拉斯变换为

$$\boldsymbol{\varphi}_\tau(s) = \text{diag}(\mathrm{e}^{-\tau s},\ \mathrm{e}^{-\tau s},\ \cdots,\ \mathrm{e}^{-\tau s})\boldsymbol{\varphi}(s) \tag{11-9}$$

滞后因子 $\mathrm{e}^{-\tau s}$ 是一个超越函数，不是有理函数[12]。利用 Pade 近似，即将超越函数 $\mathrm{e}^{-\tau s}$ 的级数展开与有理函数的级数展开相匹配，可得

$$\mathrm{e}^{-\tau s} \approx p_\mathrm{d}(s) = \frac{a_0 - a_1 s + \cdots + (-1)^L a_L s^L}{a_0 + a_1 s + \cdots + a_L s^L} \tag{11-10}$$

式中，s 表示拉普拉斯算子；a_0，a_1，$\cdots$，a_L 是一组常系数；L 表示近似阶次，其值的选取直接影响近似的精度。

为了便于分析，根据式(11-9)和式(11-10)，将 Pade 近似表示为式(11-11)所示状态空间方程形式：

$$\begin{cases} \dot{\boldsymbol{\varphi}}_\mathrm{d}(t) = \boldsymbol{A}_\mathrm{d}\boldsymbol{\varphi}_\mathrm{d}(t) + \boldsymbol{B}_\mathrm{d}\varphi_j(t) \\ \varphi_{\tau j}(t) = \boldsymbol{C}_\mathrm{d}\boldsymbol{\varphi}_\mathrm{d}(t) + \boldsymbol{D}_\mathrm{d}\varphi_j(t) \end{cases} \tag{11-11}$$

式中，$\varphi_j(t)$ 和 $\varphi_{\tau j}(t)$ 分别表示状态向量 $\boldsymbol{\varphi}(t)$ 和 $\boldsymbol{\varphi}_\tau(t)$ 的第 j 个元素；$\boldsymbol{\varphi}_\mathrm{d}(t)$ 表示状态向量，其维数为 $L\times1$。

式(11-11)描述了向量 $\boldsymbol{\varphi}(t)$ 和 $\boldsymbol{\varphi}_\tau(t)$ 中的一组对应元素之间的映射关系，将其代入式(11-9)，即对整个向量进行 Pade 近似可得

$$\begin{cases} \dot{\boldsymbol{\varphi}}_\mathrm{de}(t) = \boldsymbol{A}_\mathrm{de}\boldsymbol{\varphi}_\mathrm{de}(t) + \boldsymbol{B}_\mathrm{de}\boldsymbol{\varphi}(t) \\ \boldsymbol{\varphi}_\tau(t) = \boldsymbol{C}_\mathrm{de}\boldsymbol{\varphi}_\mathrm{de}(t) + \boldsymbol{D}_\mathrm{de}\boldsymbol{\varphi}(t) \end{cases} \tag{11-12}$$

式中，状态向量 $\boldsymbol{\varphi}_\mathrm{de}(t)$ 的维数为 $nL\times1$，其中 n 为输出向量 $\boldsymbol{\varphi}_\tau(t)$ 的行数；四个系数矩阵分别为 $\boldsymbol{A}_\mathrm{de} = \text{diag}(\boldsymbol{A}_\mathrm{d},\boldsymbol{A}_\mathrm{d},\cdots,\boldsymbol{A}_\mathrm{d})$，$\boldsymbol{B}_\mathrm{de} = \text{diag}(\boldsymbol{B}_\mathrm{d},\boldsymbol{B}_\mathrm{d},\cdots,\boldsymbol{B}_\mathrm{d})$，$\boldsymbol{C}_\mathrm{de} = \text{diag}(\boldsymbol{C}_\mathrm{d},\boldsymbol{C}_\mathrm{d},\cdots,\boldsymbol{C}_\mathrm{d})$ 和 $\boldsymbol{D}_\mathrm{de} = \text{diag}(\boldsymbol{D}_\mathrm{d},\boldsymbol{D}_\mathrm{d},\cdots,\boldsymbol{D}_\mathrm{d})$，且各系数矩阵中子矩阵的个数为 n。

通过上述零阶近似和 Pade 近似处理，原周期时变且显含时滞项的主轴-铣削-作动系统模型被近似为一个不显含时滞项的线性时不变模型。将式(11-12)代入式(11-8)，并令 $\boldsymbol{\varphi}_\mathrm{z}(t) = \begin{bmatrix} \boldsymbol{\varphi}(t) & \boldsymbol{\varphi}_\mathrm{de}(t) \end{bmatrix}^\mathrm{T}$，可得主轴-铣削-作动系统状态增广模型为

$$\begin{cases} \dot{\boldsymbol{\varphi}}_\mathrm{z}(t) = \widehat{\boldsymbol{A}}\boldsymbol{\varphi}_\mathrm{z}(t) + \widehat{\boldsymbol{B}}\boldsymbol{F}_\mathrm{z}(t) \\ \boldsymbol{Z}(t) = \widehat{\boldsymbol{C}}\boldsymbol{\varphi}_\mathrm{z}(t) \end{cases} \tag{11-13}$$

式中，$\boldsymbol{F}_\mathrm{z}(t) = \begin{bmatrix} \boldsymbol{F}_\mathrm{s}(t) & \boldsymbol{F}_\mathrm{a}(t) \end{bmatrix}^\mathrm{T}$；系数矩阵分别为

$$
\begin{cases}
\widehat{A} = \begin{bmatrix} A + \theta - \theta D_{\mathrm{de}} & -\theta C_{\mathrm{de}} \\ B_{\mathrm{de}} & A_{\mathrm{de}} \end{bmatrix} \\[2ex]
\widehat{B} = \begin{bmatrix} B_{\mathrm{t}} & B_{\mathrm{a}} \\ 0_{\mathrm{t1}} & 0_{\mathrm{a1}} \end{bmatrix} \\[2ex]
\widehat{C} = \begin{bmatrix} C_{\mathrm{t}} & 0_{\mathrm{t2}} \\ C_{\mathrm{a}} & 0_{\mathrm{a2}} \end{bmatrix}
\end{cases}
\tag{11-14}
$$

式中，0_{t1}、0_{t2}、0_{a1} 和 0_{a2} 为不同维数的零矩阵。

对比式(11-3)和式(11-13)，即近似前后主轴-铣削-作动系统模型可以发现，近似前系统的两个输入分别为整体铣削力和主动控制力，近似后系统的两个输入为稳态铣削力和主动控制力。

通过零阶近似和 Pade 近似，颤振导致的动态铣削力从系统输入中分离出来后被集成到主轴结构模型中，此时本章颤振主动控制策略可以用图 11-3 表示。基于此，被控系统模型可以更加充分地考虑颤振导致的系统不确定性，进而提高系统模型的精度，为后续控制器设计和颤振控制打下良好的基础。同时，被控系统模型中包含了加工工况信息，此时的颤振主动控制不再是针对整个转速区间，而是针对某指定转速，有利于实现目标转速下铣削稳定性的最大化。

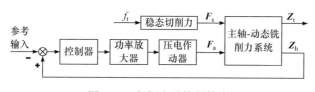

图 11-3　颤振主动控制策略

11.3　模型预测控制闭环系统设计

11.3.1　模型预测控制器建模

模型预测控制(model predictive control，MPC)是 20 世纪 70 年代产生于工业过程控制领域的一类基于模型的控制算法[13]。它只注重模型的功能，不注重模型的形式，能够根据对象的历史输入和未来输入，预测其未来输出的模型，均可以作为控制器设计的预测模型，如状态方程、传递函数等传统模型以及脉冲响应等非参数模型[14]。在本章研究中，预测模型采用结构清晰的状态空间方程表示。模型预测控制机制如图 11-4 所示。在每一个采样时刻，以利用有限的控制能耗使系统输出尽可能快地靠近并稳定在参考输出附近为目标，根据当前测得的信号在线求解一个有限长度的优化问题(多步预测)，并将求得的控制序列中的第一个元素施加到被控对象(滚动优化)。在下一个采样时刻,重复上述步骤,即利用新测得的信号修正预测模型或者预测误差(反馈校正),并进行新一轮的求解计算。

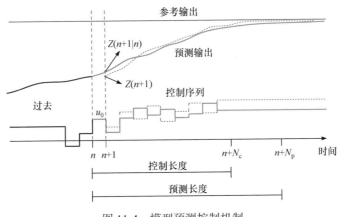

图 11-4　模型预测控制机制

由模型预测控制机制可知,其控制过程主要有多步预测、滚动优化和反馈校正三步操作[15,16]。所谓多步预测,是指控制器优化求解不是采用一个不变的全局优化指标,而是在有限时域区间进行。在采样时刻 n,优化性能指标只涉及未来有限时间长度,如 N_p 个采样周期,在下一个采样时刻 $n+1$,这一优化时域向前推移。控制器优化求解不是通过一次离散分析实现的,而是反复在线进行,这就是滚动优化。滚动优化过程中,每个时刻都确定了一系列未来控制输出,但这些控制输出并没有逐一全部实施,而只是实现当前时刻的控制输出,即只将 u_0 输出执行,在下一个时刻,通过新的优化分析进行新时刻的控制操作。因此,虽然多步预测可能会导致控制目标收敛于全局次优解,但是滚动优化的实施可以有效应对模型失配、时变、干扰等引起的不确定性,及时进行弥补,始终把优化建立在当前系统实际响应的基础上,使控制保持实际意义上的最优。模型预测控制进行滚动优化时,优化的基点应该和当前系统实际情况一致,仅依赖于预测模型显然不能充分考虑时变、干扰等因素引起的误差,因而需要及时反馈系统当前响应,对控制过程进行校正,即反馈校正。反馈校正的形式可以是多样的,在本章中,校正方式为保持预测模型不变,通过对未来误差做出预测并加以补偿。如图 11-4 所示,在 n 时刻预测 $n+1$ 时刻系统的输出为 $Z(n+1|n)$,而 $n+1$ 时刻的实际输出为 $Z(n+1)$,在 $n+1$ 时刻需要利用 $Z(n+1)$ 校正 $Z(n+1|n)$ 并进行新一轮的优化求解,以保障控制过程是基于系统实际响应,进而提高控制效果。

模型预测控制是一种基于模型的控制策略,预测模型是进行优化和控制的基础。基于式(11-13)所示的主轴-铣削-作动系统线性时不变模型,通过离散化处理获得对应的离散系统模型如下:

$$\begin{cases} \boldsymbol{\varphi}_z(n+1) = \boldsymbol{\psi}\boldsymbol{\varphi}_z(n) + \boldsymbol{\gamma}_1\boldsymbol{F}_s(n) + \boldsymbol{\gamma}_2\boldsymbol{F}_a(n) \\ \boldsymbol{Z}(n) = \hat{\boldsymbol{C}}\boldsymbol{\varphi}_z(n) \end{cases} \tag{11-15}$$

式中,将 (nT) 简记为 (n),如 $\boldsymbol{\varphi}_z(n) = \boldsymbol{\varphi}_z(nT)$;$\boldsymbol{\psi} = \boldsymbol{\psi}(T)$,$\boldsymbol{\gamma}_1 = \boldsymbol{\gamma}_1(T)$,$\boldsymbol{\gamma}_2 = \boldsymbol{\gamma}_2(T)$,其中 T 是一个常量,表示离散周期。$\boldsymbol{\psi}$ 和 $\boldsymbol{\gamma} = \begin{bmatrix} \boldsymbol{\gamma}_1 & \boldsymbol{\gamma}_2 \end{bmatrix}$ 可以通过式(11-16)计算获得:

$$\begin{cases} \boldsymbol{\psi} = \mathrm{e}^{\hat{\boldsymbol{A}}T} \\ \boldsymbol{\gamma} = \int_0^T \mathrm{e}^{\hat{\boldsymbol{A}}t}\hat{\boldsymbol{B}}\mathrm{d}t \end{cases} \tag{11-16}$$

式(11-15)反映了系统位移响应随主动控制力 $\boldsymbol{F}_a(n)$ 的变化规律。在实际控制过程,尤其是离散控制过程中,改变控制力的变化量 $\Delta\boldsymbol{F}_a(n)$ 更常用,因为从 $\Delta\boldsymbol{F}_a(n)$ 到 $\boldsymbol{F}_a(n)$ 具有积分性质,有助于实现动态系统的无差控制。因此,以 $\boldsymbol{\zeta} = \begin{bmatrix} \boldsymbol{\varphi}_z(n) & \boldsymbol{F}_a(n-1) \end{bmatrix}^\mathrm{T}$ 为状态向量,基于式(11-15)建立系统增广状态空间模型如下:

$$\begin{cases} \begin{bmatrix} \boldsymbol{\varphi}_z(n+1) \\ \boldsymbol{F}_a(n) \end{bmatrix} = \begin{bmatrix} \boldsymbol{\psi} & \boldsymbol{\gamma}_2 \\ \boldsymbol{0} & \boldsymbol{I} \end{bmatrix} \begin{bmatrix} \boldsymbol{\varphi}_z(n) \\ \boldsymbol{F}_a(n-1) \end{bmatrix} + \begin{bmatrix} \boldsymbol{\gamma}_2 \\ \boldsymbol{I} \end{bmatrix} \Delta\boldsymbol{F}_a(n) + \begin{bmatrix} \boldsymbol{\gamma}_1 \\ \boldsymbol{I} \end{bmatrix} \boldsymbol{F}_s(n) \\ \boldsymbol{Z}(n) = \begin{bmatrix} \hat{\boldsymbol{C}} & \boldsymbol{0} \end{bmatrix} \begin{bmatrix} \boldsymbol{\varphi}_z(n) \\ \boldsymbol{F}_a(n-1) \end{bmatrix} \end{cases} \tag{11-17}$$

式中,$\boldsymbol{I} \in R^{2\times2}$,为单位矩阵。

铣削过程中,稳态铣削力是难以直接测得的。同时,由第 9、10 章分析知稳态铣削力是由进给导致的,对颤振特性没有影响,因此从颤振控制的角度出发,可以将稳态铣削力视为未知干扰。实际控制过程中,通过反馈校正操作,稳态铣削力的影响在控制求解中有体现,但在基于预测模型的多步预测等操作中,可以忽略未来稳态铣削力输入的影响,进而在控制颤振的同时减小稳态铣削力的干扰,在一定程度上降低所需控制电压。在系统预测模型中忽略稳态铣削力后,式(11-17)可以进一步简化为

$$\begin{cases} \begin{bmatrix} \boldsymbol{\varphi}_z(n+1) \\ \boldsymbol{F}_a(n) \end{bmatrix} = \begin{bmatrix} \boldsymbol{\psi} & \boldsymbol{\gamma}_2 \\ \boldsymbol{0} & \boldsymbol{I} \end{bmatrix} \begin{bmatrix} \boldsymbol{\varphi}_z(n) \\ \boldsymbol{F}_a(n-1) \end{bmatrix} + \begin{bmatrix} \boldsymbol{\gamma}_2 \\ \boldsymbol{I} \end{bmatrix} \Delta\boldsymbol{F}_a(n) \\ \boldsymbol{Z}(n) = \begin{bmatrix} \hat{\boldsymbol{C}} & \boldsymbol{0} \end{bmatrix} \begin{bmatrix} \boldsymbol{\varphi}_z(n) \\ \boldsymbol{F}_a(n-1) \end{bmatrix} \end{cases} \tag{11-18}$$

如图 11-4 所示,在 n 采样时刻预测未来 N_p 个采样周期长度内系统的响应,并基于参考输出求解未来 N_c 个采样长度内的最优控制序列。控制长度 N_c 通常不大于预测长度 N_p,而在 $\begin{bmatrix} n+N_c, & n+N_p \end{bmatrix}$ 时间范围,控制力变化量为零,控制力输出采用零阶保持,即 $\boldsymbol{F}_a(n+j) = \boldsymbol{F}_a(n+N_c)$($N_c < j \leqslant N_p$)。因此,根据式(11-18),当 $j \leqslant N_c$ 时,在 n 时刻利用预测模型预测得到的 $n+j$ 时刻系统状态向量 $\boldsymbol{\varphi}_z(n+j|n)$ 可以表示为

$$\boldsymbol{\varphi}_{z}(n+j\,|\,n)=\boldsymbol{\psi}^{j}\boldsymbol{\varphi}_{z}(n)+\left[\sum_{i=0}^{j-1}\boldsymbol{\psi}^{i}\boldsymbol{\gamma}_{2}\quad\cdots\quad\boldsymbol{\gamma}_{2}\right]\left[\begin{array}{c}\Delta\boldsymbol{F}_{a}(n\,|\,n)\\\vdots\\\Delta\boldsymbol{F}_{a}(n+j-1\,|\,n)\end{array}\right] \tag{11-19}$$

$$+\sum_{i=0}^{j-1}\boldsymbol{\psi}^{i}\boldsymbol{\gamma}_{2}\boldsymbol{F}_{a}(n-1)$$

当 $N_{c}<j\leqslant N_{p}$ 时，在 n 时刻利用预测模型预测得到的 $n+j$ 时刻系统状态向量 $\boldsymbol{\varphi}_{z}(n+j\,|\,n)$ 可以表示为

$$\boldsymbol{\varphi}_{z}(n+j\,|\,n)=\boldsymbol{\psi}^{j}\boldsymbol{\varphi}_{z}(n)+\left[\sum_{i=0}^{j-1}\boldsymbol{\psi}^{i}\boldsymbol{\gamma}_{2}\quad\cdots\quad\sum_{i=0}^{j-N_{c}}\boldsymbol{\psi}^{i}\boldsymbol{\gamma}_{2}\right]\left[\begin{array}{c}\Delta\boldsymbol{F}_{a}(n\,|\,n)\\\vdots\\\Delta\boldsymbol{F}_{a}(n+N_{c}-1\,|\,n)\end{array}\right] \tag{11-20}$$

$$+\sum_{i=0}^{j-1}\boldsymbol{\psi}^{i}\boldsymbol{\gamma}_{2}\boldsymbol{F}_{a}(n-1)$$

综合上述分析结果，主轴-铣削-作动系统离散形式预测模型可以表示为

$$\left[\begin{array}{c}\boldsymbol{\varphi}_{z}(n+1\,|\,n)\\\vdots\\\boldsymbol{\varphi}_{z}(n+N_{c}\,|\,n)\\\boldsymbol{\varphi}_{z}(n+N_{c}+1\,|\,n)\\\vdots\\\boldsymbol{\varphi}_{z}(n+N_{p}\,|\,n)\end{array}\right]=\underbrace{\left[\begin{array}{c}\boldsymbol{\psi}\\\vdots\\\boldsymbol{\psi}^{N_{c}}\\\boldsymbol{\psi}^{N_{c}+1}\\\vdots\\\boldsymbol{\psi}^{N_{p}}\end{array}\right]}_{A_{p}}\boldsymbol{\varphi}_{z}(n)+\underbrace{\left[\begin{array}{c}\boldsymbol{\gamma}_{2}\\\vdots\\\sum_{i=0}^{N_{c}-1}\boldsymbol{\psi}^{i}\boldsymbol{\gamma}_{2}\\\sum_{i=0}^{N_{c}}\boldsymbol{\psi}^{i}\boldsymbol{\gamma}_{2}\\\vdots\\\sum_{i=0}^{N_{p}-1}\boldsymbol{\psi}^{i}\boldsymbol{\gamma}_{2}\end{array}\right]}_{B_{p1}}\boldsymbol{F}_{a}(n-1)$$

$$+\underbrace{\left[\begin{array}{ccc}\boldsymbol{\gamma}_{2}&\cdots&\boldsymbol{0}\\\vdots&\ddots&\vdots\\\sum_{i=0}^{N_{c}-1}\boldsymbol{\psi}^{i}\boldsymbol{\gamma}_{2}&\cdots&\boldsymbol{\gamma}_{2}\\\sum_{i=0}^{N_{c}}\boldsymbol{\psi}^{i}\boldsymbol{\gamma}_{2}&\cdots&\boldsymbol{\psi}\boldsymbol{\gamma}_{2}+\boldsymbol{\gamma}_{2}\\\vdots&\ddots&\vdots\\\sum_{i=0}^{N_{p}-1}\boldsymbol{\psi}^{i}\boldsymbol{\gamma}_{2}&\cdots&\sum_{i=0}^{N_{p}-N_{c}}\boldsymbol{\psi}^{i}\boldsymbol{\gamma}_{2}\end{array}\right]}_{B_{p2}}\underbrace{\left[\begin{array}{c}\Delta\boldsymbol{F}_{a}(n\,|\,n)\\\vdots\\\Delta\boldsymbol{F}_{a}(n+N_{c}-1\,|\,n)\end{array}\right]}_{\Delta\boldsymbol{F}_{ap}(n)} \tag{11-21}$$

$$\begin{bmatrix} Z(n+1\,|\,n) \\ Z(n+2\,|\,n) \\ \vdots \\ Z(n+N_{\mathrm p}\,|\,n) \end{bmatrix} = \underbrace{\begin{bmatrix} \hat{C} & & & \\ & \hat{C} & & \\ & & \ddots & \\ & & & \hat{C} \end{bmatrix}}_{C_{\mathrm p}} \begin{bmatrix} \boldsymbol{\varphi}_{\mathrm z}(n+1\,|\,n) \\ \boldsymbol{\varphi}_{\mathrm z}(n+2\,|\,n) \\ \vdots \\ \boldsymbol{\varphi}_{\mathrm z}(n+N_{\mathrm p}\,|\,n) \end{bmatrix} \tag{11-22}$$

根据式(11-21)和式(11-22)，系统预测模型可以进一步整理为

$$Z_{\mathrm p}(n) = \boldsymbol{\Pi}\boldsymbol{\varphi}_{\mathrm z}(n) + \boldsymbol{\Gamma}F_{\mathrm a}(n-1) + \boldsymbol{\Lambda}\Delta F_{\mathrm{ap}}(n) \tag{11-23}$$

式中，$\boldsymbol{\Pi} = C_{\mathrm p}A_{\mathrm p}$；$\boldsymbol{\Gamma} = C_{\mathrm p}B_{\mathrm{p1}}$；$\boldsymbol{\Lambda} = C_{\mathrm p}B_{\mathrm{p2}}$。

11.3.2 模型预测控制器求解

稳定铣削过程中，刀具在一个较小的幅值范围内稳定振动。颤振发生后，铣削力急剧增大，刀具振动响应幅值也显著增大，铣削过程失稳。因此，减小以至完全消除颤振导致的振动响应是颤振控制的目标，也是颤振得到抑制的必然结果。为了实现颤振的有效控制，将式(11-23)所示主轴-铣削-作动系统预测模型的参考输出 $Z_{\mathrm{ref}}(n+j\,|\,n)$ 设置为零。由前文分析知，式(11-23)所示预测模型中不考虑稳态铣削力，因此通过模型预测控制，颤振得到消除，颤振导致的系统响应也随之消失，此时系统在稳态铣削力的作用下稳定振动。

本章研究的目标是利用尽可能小的控制力实现颤振的有效抑制，因此设置模型预测控制的目标函数为

$$J = \sum_{j=1}^{N_{\mathrm p}} \big[Z(n+j\,|\,n) - Z_{\mathrm{ref}}(n+j\,|\,n)\big]^{\mathrm T} Q\big[Z(n+j\,|\,n) - Z_{\mathrm{ref}}(n+j\,|\,n)\big] \\ + \sum_{j=1}^{N_{\mathrm c}} \Delta F_{\mathrm a}(n+j\,|\,n)^{\mathrm T} R\Delta F_{\mathrm a}(n+j\,|\,n) \tag{11-24}$$

式中，$Q \in R^{4\times4}$ 和 $R \in R^{2\times2}$ 为两个常数矩阵，分别表示输出误差权重矩阵和控制变化量权重矩阵。

将参考输出 $Z_{\mathrm{ref}}(n+j\,|\,n) = \mathbf{0}$ 代入式(11-24)，目标函数可以整理为

$$J = \sum_{j=1}^{N_{\mathrm p}} Z(n+j\,|\,n)^{\mathrm T} QZ(n+j\,|\,n) + \sum_{j=1}^{N_{\mathrm c}} \Delta F_{\mathrm a}(n+j\,|\,n)^{\mathrm T} R\Delta F_{\mathrm a}(n+j\,|\,n) \tag{11-25}$$

将式(11-21)～式(11-23)代入式(11-25)，颤振控制目标函数可以进一步表示为

$$J = Z_{\mathrm p}(n)^{\mathrm T} \hat{Q}Z_{\mathrm p}(n) + \Delta F_{\mathrm{ap}}(n)^{\mathrm T} \hat{R}\Delta F_{\mathrm{ap}}(n) \tag{11-26}$$

式中，$\hat{Q} = \mathrm{diag}(Q, Q, \cdots, Q)$；$\hat{R} = \mathrm{diag}(R, R, \cdots, R)$。

定义 $E(n) = -\boldsymbol{\Pi}\boldsymbol{\varphi}_{\mathrm z}(n) - \boldsymbol{\Gamma}F_{\mathrm a}(n-1)$，则由式(11-23)知系统预测模型输出可以表示为 $Z_{\mathrm p}(n) = \boldsymbol{\Lambda}\Delta F_{\mathrm{ap}}(n) - E(n)$，将其代入式(11-26)，可得颤振控制目标函数为

$$J = \frac{1}{2}\Delta F_{ap}(n)^{T}\beta\Delta F_{ap}(n) + \delta^{T}\Delta F_{ap}(n) + \text{const} \tag{11-27}$$

式中，$\beta = 2(\Lambda^{T}\hat{Q}\Lambda + \hat{R})$；$\delta = -2\Lambda^{T}\hat{Q}E(n)$。

如图 11-1 所示，在本章研究中，采用压电作动器对主轴系统施加主动控制力，进而控制颤振。受压电作动器自身规格的限制，其输入电压及对应的输出力都是有限的，即压电作动器输出控制力满足

$$\begin{cases} F_{a\min} \leqslant F_{a}(n+j\,|\,n) \leqslant F_{a\max} \\ \Delta F_{a\min} \leqslant \Delta F_{a}(n+j\,|\,n) \leqslant \Delta F_{a\max} \end{cases} \tag{11-28}$$

式中，$F_{a\min}$ 和 $F_{a\max}$ 分别为作动器输出力的最小值和最大值；$\Delta F_{a\min}$ 和 $\Delta F_{a\max}$ 分别表示作动器输出力变化量的最小和最大极限。

在预测模型求解中，为了保障作动器的安全，必须考虑作动器的输出极限。已知控制力 $F_{a}(n)$ 和 $\Delta F_{a}(n)$ 之间满足式(11-29)所示的关系，所以考虑作动器输出极限，预测模型的作动力约束可以显性表示为式(11-30)：

$$\begin{bmatrix} F_{a}(n\,|\,n) \\ F_{a}(n+1\,|\,n) \\ \vdots \\ F_{a}(n+N_{c}-1\,|\,n) \end{bmatrix} = \underbrace{\begin{bmatrix} I & 0 & \cdots & 0 \\ I & I & \cdots & 0 \\ \vdots & \vdots & & \vdots \\ I & I & \cdots & I \end{bmatrix}}_{\eta}\begin{bmatrix} \Delta F_{a}(n\,|\,n) \\ \Delta F_{a}(n+1\,|\,n) \\ \vdots \\ \Delta F_{a}(n+N_{c}-1\,|\,n) \end{bmatrix} + \underbrace{\begin{bmatrix} I \\ I \\ \vdots \\ I \end{bmatrix}}_{\lambda}F_{a}(n-1) \tag{11-29}$$

$$\begin{bmatrix} I \\ -I \\ \eta \\ -\eta \end{bmatrix}\Delta F_{ap}(k) \leqslant \begin{bmatrix} \Delta F_{ap\max} \\ -\Delta F_{ap\min} \\ F_{ap\max} - \lambda F_{a}(n-1) \\ -F_{ap\min} + \lambda F_{a}(n-1) \end{bmatrix} \tag{11-30}$$

式中，$F_{ap\min} = \begin{bmatrix} F_{a\min} & F_{a\min} & \cdots & F_{a\min} \end{bmatrix}^{T}$；$F_{ap\max} = \begin{bmatrix} F_{a\max} & F_{a\max} & \cdots & F_{a\max} \end{bmatrix}^{T}$；$F_{a\min}$ 和 $F_{a\max}$ 由作动器输入电压极限决定。

基于颤振控制目标函数和作动器约束条件，通过求解式(11-31)所示的二次规划标准问题可以获得 n 时刻的输出力变化量序列 $\Delta F_{ap}(n)$：

$$\min_{\Delta F_{ap}(n)}\left(\frac{1}{2}\Delta F_{ap}(n)^{T}\beta\Delta F_{ap}(n) + \delta^{T}\Delta F_{ap}(n)\right) \quad \text{s.t. 式(11-30)} \tag{11-31}$$

提取输出力变化量序列 $\Delta F_{ap}(n)$ 中的第一个元素，通过式(11-32)即可计算出当前时刻需要施加的控制力：

$$\begin{cases} \Delta F_{a}(n) = \begin{bmatrix} I & 0 & \cdots & 0 \end{bmatrix}\Delta F_{ap}(n) \\ F_{a}(n) = \Delta F_{a}(n) + F_{a}(n-1) \end{cases} \tag{11-32}$$

11.3.3 颤振控制闭环系统设计

根据图 11-2 所示颤振控制闭环系统及图 11-4 模型预测控制机制，可以建立图 11-5 所示的基于模型预测控制的颤振主动控制流程图。颤振控制过程如下。

(1) 根据被控对象，即主轴-铣削-作动系统物理结构及其动力学特性建立式(11-23)所示的预测模型，为控制器设计做准备。

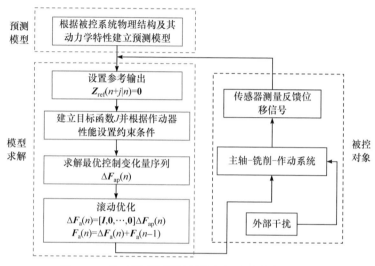

图 11-5 基于模型预测控制的颤振主动控制流程图

(2) 在采样时刻 n，测量刀柄振动位移响应，并将测得的信号反馈给控制器；同时，根据反馈信号和颤振控制目的设置参考输出 $Z_{ref}(n+j|n)=\mathbf{0}$。

(3) 以利用最小的控制力实现颤振有效控制为目标，建立式(11-27)所示的颤振控制目标函数；同时结合压电作动器性能参数，设置式(11-30)所示的主动控制力约束条件。

(4) 根据建立的目标函数和约束条件，通过求解式(11-31)所示的二次规划问题，获得最优控制变化量序列 $\Delta F_{ap}(n)$。

(5) 根据滚动优化思想，仅利用求得的最优控制序列中的第一个元素计算当前时刻需要施加的控制力 $F_a(n)$，并将其通过压电作动器施加到主轴系统。

(6) 在采样时刻 $n+1$，再次测量刀柄振动位移响应，并将响应信号反馈到控制器，更新模型预测误差(反馈校正)，进而重复上述控制力求解和滚动优化等操作，进行新一轮的求解运算和控制操作。

在该颤振控制过程中，通过滚动优化和反馈校正操作，利用实际测量得到的当前时刻主轴系统的响应进行控制求解，可以有效减小所建立的预测模型的不确定性误差，提高颤振控制的准确性和鲁棒性。

11.4 基于模型预测控制的颤振控制实验验证

11.4.1 切削力系数及主轴系统模态参数辨识

模型预测控制是一种基于模型的控制方法，在本章研究中，将颤振导致的动态铣削力集成到系统模型中，所以首先需要根据主轴-铣削-作动系统结构，通过切削力系数和主轴系统模态参数辨识实验获取相关参数，建立系统预测模型，为控制器设计奠定基础。

如图 11-6 所示，利用 9.4.2 小节描述的半切宽工况下的切削力测量实验辨识切向切削力系数 K_t 和径向切削力系数 K_r。本章研究所用铣刀规格如表 11-1 所示 (为避免颤振等不稳定现象，该辨识实验中刀具悬长短于后续切削实验中刀具悬长)，工件材料采用航空铝合金。在表 11-2 所示的工况下开展一组实验，利用 Kistler9443B 测力仪测量不同进给速率下的铣削力信号，其中采样频率为 10000Hz。根据测得的力信号，计算不同进给速率下主轴系统 X 方向(即进给方向)和 Y 方向 (即法向)的平均铣削力，结果如图 11-7 所示。基于图示结果，利用式(9-34)计算出本章研究所用工件和材料组合下切向和径向切削力系数分别为 $K_t = 1432 \, \text{N/mm}^2$ 和 $K_r = 466 \, \text{N/mm}^2$。

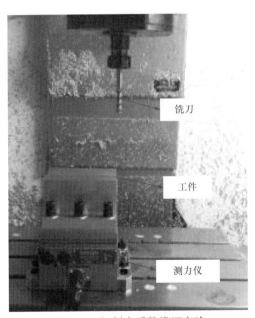

图 11-6 切削力系数辨识实验

表 11-1　铣刀规格

材料	齿数	直径/mm	悬长/mm	刃长/mm
高速钢	3	10	60	40

表 11-2　切削力测量实验参数

转速/(r/min)	径向切深/mm	轴向切深/mm	每齿进给量/mm
8000	5	0.2	0.02、0.03、0.04、0.05

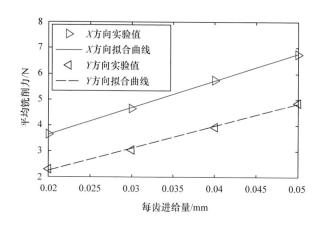

图 11-7　平均切削力分析结果

如图 9-12 与图 11-8 所示，在刀尖位置粘贴加速度传感器(灵敏度：10.08mV/g)，通过力锤激励实验和扫频实验辨识主轴系统模态参数。该实验中，刀具规格同表 11-1，但此辨识实验及后续切削实验中，刀具悬长均为 75mm。力锤激励实验中，利用 PCB 力锤(灵敏度：2.25mV/N)沿主轴系统 X(Y)方向激励刀尖位置，通过 MI-7008 亿恒数采系统同时采集激励力、同方向刀尖加速度响应以及刀柄位置位移响应，采样频率为 10240Hz。根据采集到的力和响应信号计算 X(Y)方向刀尖至刀尖及刀柄上位移传感器(灵敏度：50mV/μm)安装位置的频响函数，进而借助 MATLAB 系统辨识工具箱辨识对应的模态参数和子系统模型。扫频实验中，对主轴系统 X(Y)方向的压电作动器(Pst 150/10/80 VS15)施加 20～3000Hz 的正弦扫频电压，扫描时间为 150s。利用亿恒数采系统同时采集、记录扫频电压信号、同方向刀尖加速度响应及刀柄位置位移响应。由于压电作动器的输出力和其输入电压成正比，扫频实验中将作动器和主轴视为一个整体，以作动器输入电压为激励信号，计算刀柄上作动器至刀尖及刀柄上位移传感器安装位置的频响函数，进而辨识相应的模态参数和子系统模型。在本章研究中，同样不考虑主轴系统 X 和 Y 方向之间的耦合效应。

图 11-8　主轴系统模态参数辨识扫频实验

主轴系统 X 和 Y 方向的频响函数特性具有一定的相似性，以 X 方向为例，上述频响函数实验及辨识结果如图 11-9 所示。由图示结果知，频响函数的辨识结果和实验结果重合度很高，即频响函数的辨识精度很高，保障了系统模型和控制器

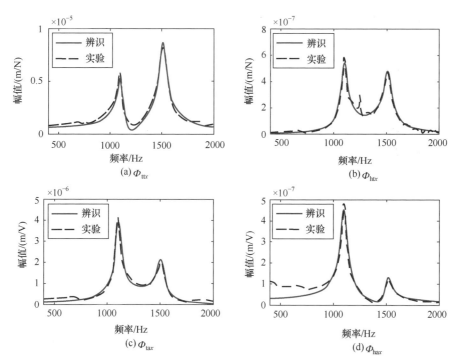

图 11-9　主轴 X 方向频响函数实验及辨识结果

Φ_{ijx} 表示 X 方向 $j(j = t, a)$ 至 $i(i = t, h)$ 的频响函数，其中 t 表示刀尖位置，h 表示刀柄上位移传感器安装位置，a 表示刀柄上作动器安装位置

预测模型的准确度。由辨识结果知，系统存在两阶主固有频率，基于频响函数曲线辨识得到的主轴系统模态参数如表 11-3 所示。

表 11-3 主轴系统模态参数辨识结果

频响函数	阶次	刚度/(×10⁶N/m)	固有频率/Hz	质量/kg	阻尼比
Φ_{ttx}	1	3.9465	1094	0.0835	0.0220
	2	2.6196	1516	0.0289	0.0227
Φ_{htx}	1	46.169	1101	0.9654	0.0187
	2	45.159	1508	0.5000	0.0236
Φ_{tax}	1	5.8539	1106	0.1228	0.0205
	2	10.066	1504	0.116	0.0236
Φ_{hax}	1	50.711	1096	1.0664	0.0205
	2	182.83	1515	2.0111	0.0218

11.4.2 切削参数选取及模型线性化近似

根据切削力系数及主轴系统模态参数辨识结果，利用零阶近似方法绘制系统稳定性叶瓣图，为实验中切削参数的选取提供参考。径向切深比 $a_e/d = 0.2$ 时主轴系统的逆铣稳定性叶瓣图如图 11-10 所示。为了验证零阶近似的精度，同时利用半离散法和全离散法分析该工况下的稳定性。由图示结果知，在径向切深比为 0.2 时，利用零阶近似获得主轴系统稳定结果和半离散法及全离散法获得的系统稳定结果具有较好的吻合性。这表明在主轴-铣削-作动系统建模过程中利用零阶近似方法近似处理铣削力中的周期时变项可以保障模型精度，为后续控制器设计及颤振控制奠定了基础。

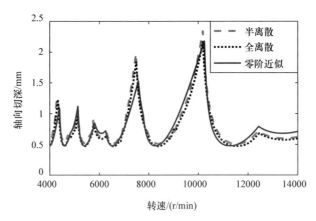

图 11-10 径向切深比为 0.2 时的主轴系统逆铣稳定性叶瓣图

由图 11-10 可知 0.2 径向切深比下逆铣极限稳定切深, 进而指导颤振实验切削参数的选取。8000r/min 下极限稳定切深接近整个转速区间内的最小值, 在本章研究中, 主要选取 8000r/min 工况进行颤振控制仿真及实验验证。

本章研究中, 利用 Pade 近似对主轴-铣削-作动系统模型的时滞项进行近似, 近似阶次的选取直接影响近似模型的精度, 进而影响控制器设计及颤振控制的有效性。已知 Pade 近似的阶次越高, 近似模型的精度越高, 但模型阶次也会随之增加, 导致控制器复杂度增大, 不利于颤振控制的在线执行。

对于滞后因子 $e^{-\tau s}$, 其 Pade 近似结果的幅值恒为 1, 因而只需要分析 Pade 近似的相位信息, 即可实现不同近似阶次下模型精度的对比分析。对于 3 刃铣刀, 8000 r/min 转速下其刀齿通过周期 $\tau = 0.0025s$。在该切削参数下分析不同近似阶次下滞后因子的相位变化情况, 结果如图 11-11 所示。

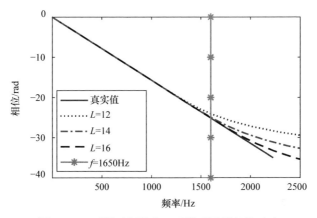

图 11-11　不同近似阶次 L 下滞后因子相位对比

由图 11-11 知, 随着近似阶次的增加, 精确近似频率区间增大。11.4.1 小节主轴系统模态参数辨识结果显示系统的主固有频率分别为 1094Hz 和 1516Hz, 而现有研究结果及工程实践表明, 发生铣削颤振时, 主颤振频率分布在系统主固有频率附近。因此, 本章研究主要关注小于 1650Hz 的频率区间, 即重点保障该频率区间的模型近似精度。图 11-11 显示当 Pade 近似的阶次达到 14 时, 小于 1650Hz 的频率区间的相位曲线和真实相位曲线基本重合, 即满足系统近似需求。所以, 本章研究选取 Pade 近似的阶次为 14。通过上述近似, 主轴-铣削-作动系统在模型预测控制器设计时的预测模型可以确定。

经过 Pade 近似后, 系统预测模型的阶次会显著增大, 不利于控制的在线实施。因此, 通常对获得的系统近似预测模型进行模型降阶处理。在本章研究中, 利用零极点简化策略进行模型降阶操作, 在保障模型精度的前提下, 有效降低模型阶次, 提高控制实时性。

11.4.3 颤振控制实验验证

基于图 9-7 所示的智能主轴结构及图 11-1 所示的闭环控制系统搭建图 11-12 所示的颤振主动控制闭环实验系统。该实验系统主要包含三部分结构：铣削加工单元、控制单元以及监测与记录单元。铣削过程中，沿径向正交配置的两位移传感器(Micro-Epsilon，灵敏度：50V/mm)将测得的刀柄在 X 方向(即进给方向)和 Y 方向(即法向)的位移响应实时反馈给 dSPACE 控制器(MicroLabBox RT-1302)，控制器基于模型预测控制算法及约束条件求解对应的控制电压信号，并将其通过功率放大器输入压电作动器(作动器规格见表 9-2)，驱动器对主轴系统施加主动控制力。在该控制过程中，利用亿恒数采系统实时采集、记录刀柄位移响应及对应的控制电压信号，采样频率为 10240Hz。

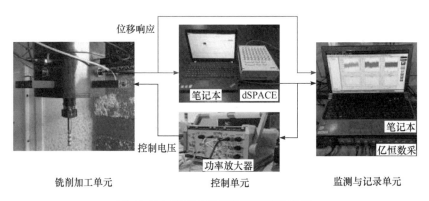

图 11-12   颤振主动控制闭环实验系统

铣削实验所用刀具及工件和本章主轴系统模态参数辨识实验保持一致。在表 11-4 所示工况下进行颤振控制实验。施加主动控制前后，刀柄 X、Y 方向的位移响应及其频谱分别如图 11-13 和图 11-14 所示。对比分析图示结果可知，施加控制前刀柄振动位移响应幅值高于控制后对应的刀柄位移响应幅值。控制前，刀柄位移响应频谱中出现 1146Hz 和 1546Hz 的颤振频率成分，而施加主动控制后，位移响应频谱中只有主轴转频及其倍频成分，并且倍频成分中主要是刀齿通过频率及其倍频。由 11.4.1 小节主轴系统模态参数辨识结果知，主轴系统的主固有频率约为 1094Hz 和 1516Hz。由于接近主轴系统主固有频率，受共振特性的影响，刀齿通过频率的 3 倍频(1200Hz)和 4 倍频(1600Hz)成分幅值相对较大。在该铣削过程中，施加控制前后工件表面加工质量如图 11-15 所示。由图示结果知，控制前工件表面出现明显的颤振振纹，而控制后颤振振纹消失，工件表面加工质量良好。

表 11-4　颤振控制实验切削工况

铣削方式	转速/(r/min)	径向切深/mm	轴向切深/mm	每齿进给量/mm
逆铣	8000	2	1.2	0.03

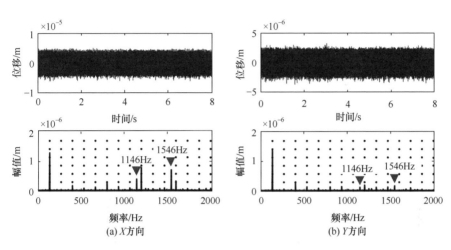

图 11-13　表 11-4 工况无控制时刀柄 X 和 Y 方向位移响应及其频谱

▼，颤振频率(1146Hz、1546Hz)；黑点构成的竖线表示主轴转频及其倍频成分，不与黑点竖线重合的谱线为颤振频率

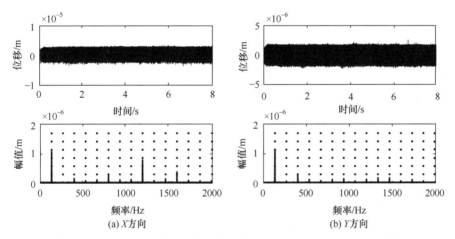

图 11-14　表 11-4 工况控制状态下刀柄 X 和 Y 方向位移响应及其频谱

黑点构成的竖线表示主轴转频及其倍频成分，不与黑点竖线重合的谱线表示颤振频率

图 11-15　控制前后工件表面加工质量

通过施加控制前后刀柄位移响应时、频域特性及工件表面质量对比分析可以发现，在表 11-4 所示工况下进行铣削加工会发生较严重的颤振，降低工件加工精度。利用所设计的模型预测控制器施加主动控制后，颤振得到有效抑制，工件表面加工质量也得到保障，验证了本章研究提出的颤振控制策略的有效性。由稳定性叶瓣图及实验分析知，无控制时该铣削工况(转速为 8000r/min，径向切深比为 0.2 的逆铣切削)下的稳定轴向极限切深为 0.6mm，材料去除率为 864mm³/min。与之相比，利用提出的颤振控制策略施加主动控制后，材料去除率增大到 1728mm³/min，铣削加工效率提高了 100%，有助于实现高效加工的目标。

为进一步验证本章提出的基于模型预测控制的颤振控制策略的有效性，在表 11-5 所示工况下进行进一步的颤振控制实验。以 X 方向为例，控制前后，刀柄位移响应及其频谱如图 11-16 所示。由图示结果知，控制前刀柄位移响应中出现了 1558Hz 的颤振频率成分，施加主动控制后，颤振频率消失，位移响应频谱中只剩下主轴转频、刀齿通过频率及其倍频成分。同时，施加主动控制后刀柄位移响应幅值有所降低。实验发现，无控制时该切削工况(即同一转速和径向切削深度)下的最大无颤振轴向切深约为 0.4mm，材料去除率为 462mm³/min。通过施加主动控制，轴向切深增加到 1mm 时，切削过程依然是稳定的。此时的材料去除率为 1155mm³/min，提高了 150%，显著增大了加工效率。

表 11-5　颤振控制实验切削参数

铣削方式	转速/(r/min)	径向切深/mm	轴向切深/mm	每齿进给量/mm
逆铣	11000	3.5	1	0.03

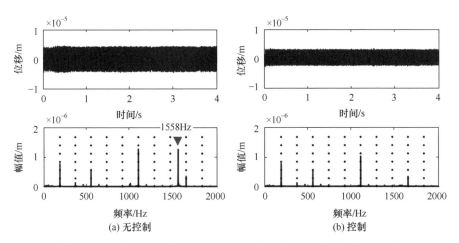

(a) 无控制　　　　　　　　　　(b) 控制

图 11-16　表 11-5 工况下控制前后刀柄 X 方向的位移响应及其频谱

▼，颤振频率(1558Hz)；黑点构成的竖线表示主轴转频及其倍频成分，不与黑点竖线重合的谱线为颤振频率

上述实验结果表明，本章设计的基于模型预测控制的颤振控制策略可以有效抑制颤振。虽然在预测模型中考虑动态铣削力特性限制了该工况下所设计控制器的应用广泛性，但是有利于实现该工况下稳定性的最大化提升。同时，根据切削参数适应性调整控制器对应参数，同样可以实现不同切削工况下的颤振控制，满足不同加工需求。

参 考 文 献

[1] 李登辉. 智能主轴铣削颤振的压电驱动主动控制方法研究[D]. 西安:西安交通大学, 2020.

[2] LI D, CAO H, LIU J, et al. Milling chatter control based on asymmetric stiffness[J]. International Journal of Machine Tools and Manufacture, 2019, 147.

[3] WAN S, LI X, SU W, et al. Active damping of milling chatter vibration via a novel spindle system with an integrated electromagnetic actuator[J]. Precision Engineering, 2019, 57: 203-210.

[4] WANG C, ZHANG X, LIU J, et al. Adaptive vibration reshaping based milling chatter suppression[J]. International Journal of Machine Tools and Manufacture, 2019, 141: 30-35.

[5] WU Y, ZHANG H, HUANG T, et al. Robust chatter mitigation control for low radial immersion machining processes[J]. IEEE Transactions on Automation Science and Engineering, 2018, 15(4): 1972-1979.

[6] BEUDAERT X, ERKORKMAZ K, MUNOA J. Portable damping system for chatter suppression on flexible workpieces[J]. CIRP Annals, 2019, 68(1): 423-426.

[7] BRECHER C, MANOHARAN D, LADRA U, et al. Chatter suppression with an active workpiece holder[J]. Production Engineering, 2010, 4: 239-245.

[8] WANG C, ZHANG X, LIU H, et al. Stiffness variation method for milling chatter suppression via piezoelectric stack actuators[J]. International Journal of Machine Tools and Manufacture, 2017, 124: 53-66.

[9] SALLESE L, SCIPPA A, GROSSI N, et al. Investigating actuation strategies in active fixtures for chatter suppression[J]. Procedia CIRP, 2016, 46: 311-314.

[10] SALLESE L, INNOCENTI G, GROSSI N, et al. Mitigation of chatter instabilities in milling using an active fixture with a novel control strategy[J]. The International Journal of Advanced Manufacturing Technology, 2017, 89: 2771-2787.

[11] LI D, CAO H, ZHANG X, et al. Model predictive control based active chatter control in milling process[J]. Mechanical Systems and Signal Processing, 2019, 128: 266-281.

[12] 王德进. 时滞系统低阶控制器设计[M]. 北京:科学出版社, 2013.

[13] 邹涛, 丁宝苍, 张端. 模型预测控制工程应用导论[M]. 北京:化学工业出版社, 2010.

[14] 陈虹. 模型预测控制[M]. 北京:科学出版社, 2013.

[15] 席裕庚. 预测控制[M]. 北京:国防工业出版社, 1993.

[16] WANG L. Model Predictive Control System Design and Implementation Using MATLAB[M]. London: Springer, 2009.

第12章 考虑主轴-工件耦合效应的智能主轴铣削颤振主动控制

12.1 引　言

目前对于颤振主动控制的研究主要存在两种思路：一种是将工件视为刚体，仅考虑主轴系统的振动响应，进而开展颤振控制[1-4]；另一种是将主轴视为刚体，将工件视为柔性结构，仅分析工件的振动响应并进行颤振控制[5-7]。实际工程尤其是航空航天领域，薄壁工件铣削加工十分常见[8-13]。同时，受工件几何结构的影响，大长径比刀具的选用日益增加。此时，主轴系统和工件的刚度可能处于相当的量级，两者在切削加工中的振动响应均无法直接忽视，铣削颤振也因此更容易发生。通过选用小切削参数避免颤振的方法严重限制了加工效率的提高，也影响机床性能的发挥。因而，考虑主轴-工件的耦合效应，针对主轴-工件"双柔性"系统进行铣削颤振主动控制具有十分重要的工程意义。

针对主轴-工件系统颤振易发问题，利用搭建的智能主轴系统，在前文研究的基础上提出基于主轴-工件系统的颤振主动控制策略，并进行实验验证。同时考虑主轴和工件的动态特性，建立主轴-工件系统动力学模型，在此基础上引入铣削力和作动力，构建主轴-工件-铣削-作动闭环系统。针对该闭环系统，设计模型预测控制器，提出刀杆位移反馈和刀尖、工件位移差反馈两种信号反馈策略，同时利用梳状滤波技术消除稳态铣削力的影响，进行主轴-工件系统颤振靶向控制。通过铣削实验对所提颤振控制方法进行分析，验证其颤振靶向控制效果。

12.2　主轴-工件-铣削-作动系统状态空间模型及线性化

12.2.1　主轴-工件系统铣削动力学建模

在本章研究中，柔性工件具体以板状工件为例进行分析。对于板状工件，其垂直于板面的方向通常柔性较大，而沿板面方向在同样条件下的振动响应一般很小，可以忽略。因而，在本章研究中将板状工件视为单自由度系统，即只考虑垂直于板面方向的自由度，沿板面方向视为刚性。本章后续内容中所提工件位移即为工件在垂直其板面方向的振动位移。对于主轴系统，则同时考虑径向、正交两个方向上的振动响应。以刀尖位置为坐标系原点，以切削进给方向为 X 轴，以垂直于 X 轴和刀具轴线的方向为 Y 轴建立两自由度直角坐标系，对于 3 刃铣刀，对应的两自由度主轴-工件系统铣削模型如图 12-1 所示。

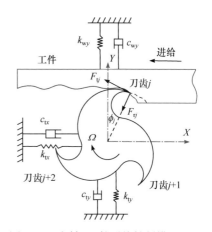

类似于第 9 章中的刚性工件铣削过程，稳定铣削时，切削厚度由进给速度确定，并称此时的切削厚度为稳态切削厚度。发生颤振后，在稳态切削厚度的基础上引入了动态切削厚度。在主轴-工件系统中，同时考虑主轴和工件的位移响应，颤振状态下的切削厚度如式(12-1)所示。

图 12-1　主轴-工件系统铣削模型

$$h(t) = f_{\mathrm{t}} \cdot \sin\phi_j + \left\{ \Delta x_{\mathrm{t}}(t) \cdot \sin\phi_j + \left[\Delta y_{\mathrm{t}}(t) - \Delta y_{\mathrm{w}}(t) \right] \cdot \cos\phi_j \right\} \tag{12-1}$$

式中，$\Delta y_{\mathrm{w}}(t) = y_{\mathrm{w}}(t) - y_{\mathrm{w}}(t-\tau)$，为工件当前时刻位移响应 $y_{\mathrm{w}}(t)$ 和一个刀齿通过周期 τ 之前的位移响应 $y_{\mathrm{w}}(t-\tau)$ 的差值；$\phi_j = \pi\Omega t/30 + 2\pi j/N + \phi_0$，为第 j 个刀齿的瞬时齿位角，它是时间 t 的函数；其他符号表示的物理意义和第 9 章一致，在 9.2 节有明确的说明。$h_{\mathrm{s}}(t) = f_{\mathrm{t}} \cdot \sin\phi_j$，为稳态切削厚度，是由进给导致的。动态切削厚度 $h_{\mathrm{d}}(t) = \Delta x_{\mathrm{t}}(t) \cdot \sin\phi_j + \left[\Delta y_{\mathrm{t}}(t) - \Delta y_{\mathrm{w}}(t) \right] \cdot \cos\phi_j$ 由颤振导致，是主轴振动响应和工件振动响应共同作用的结果。

同样引入可由实验辨识方法获得的切向切削力系数 K_{t} 和径向切削力系数 K_{r}，并将切向切削力 $F_{\mathrm{t}j}$ 和径向切削力 $F_{\mathrm{r}j}$ 沿 X 和 Y 方向分解，轴向切深为 a_{p} 时，第 j 个刀齿所受切削力可以表示为

$$\begin{cases} F_{xj}(t) = -a_{\mathrm{p}} \cdot h(t)(K_{\mathrm{t}}\cos\phi_j + K_{\mathrm{r}}\sin\phi_j) \\ F_{yj}(t) = a_{\mathrm{p}} \cdot h(t)(K_{\mathrm{t}}\sin\phi_j - K_{\mathrm{r}}\cos\phi_j) \end{cases} \tag{12-2}$$

对于多刃铣刀，同一时刻各个刀齿受力状态并不相同，综合考虑各个刀齿受力情况，整把铣刀所受铣削力可以表示为

$$\begin{cases} F_x(t) = \sum_{j=0}^{N-1} F_{xj}(t)g(\phi_j) \\ F_y(t) = \sum_{j=0}^{N-1} F_{yj}(t)g(\phi_j) \end{cases} \tag{12-3}$$

式中，N 为铣刀齿数；$g(\phi_j)$ 为转换函数，当第 j 个刀齿和工件接触并参与切削时，其值为 1，否则其值为 0。

将式(12-1)和式(12-2)代入式(12-3)，刀具所受铣削力可以进一步表示为

$$\boldsymbol{F}_t(t) = \boldsymbol{F}_s(t) + \boldsymbol{F}_d(t) = \frac{1}{2}a_p f_t K_t \boldsymbol{H}_s(t) + \frac{1}{2}a_p K_t \boldsymbol{H}_d(t)\begin{bmatrix} \Delta x_t(t) \\ \Delta y_t(t) - \Delta y_w(t) \end{bmatrix} \quad (12\text{-}4)$$

式中，

$$\boldsymbol{F}_t(t) = \begin{bmatrix} F_x(t) \\ F_y(t) \end{bmatrix}, \quad \boldsymbol{F}_s(t) = \begin{bmatrix} F_{sx}(t) \\ F_{sy}(t) \end{bmatrix}, \quad \boldsymbol{F}_d(t) = \begin{bmatrix} F_{dx}(t) \\ F_{dy}(t) \end{bmatrix}$$

$$\boldsymbol{H}_s(t) = \begin{bmatrix} h_{xx}(t) \\ h_{yx}(t) \end{bmatrix}, \quad \boldsymbol{H}_d(t) = \begin{bmatrix} h_{xx}(t) & h_{xy}(t) \\ h_{yx}(t) & h_{yy}(t) \end{bmatrix}$$

其中，$\boldsymbol{F}_t(t)$ 为总铣削力；$\boldsymbol{F}_s(t)$ 和 $\boldsymbol{F}_d(t)$ 分别为稳态铣削力和动态铣削力；$\boldsymbol{H}_s(t)$ 和 $\boldsymbol{H}_d(t)$ 分别为稳态切削力系数矩阵和动态切削力系数矩阵；$h_{xx}(t)$、$h_{xy}(t)$、$h_{yx}(t)$ 和 $h_{yy}(t)$ 的具体表达同式(9-7)。

12.2.2 主轴-工件-铣削-作动系统状态空间模型

基于智能主轴结构，搭建图 12-2 所示的主轴-工件颤振主动控制闭环系统。在该系统中，工件的振动响应可以直接测量。因而，在本章根据是否反馈工件振动响应提出两种系统建模方法，对应地开发两种颤振主动控制方法。

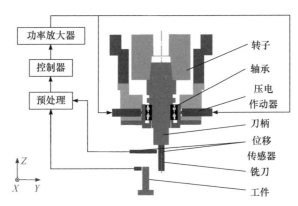

图 12-2　主轴-工件颤振主动控制闭环系统

1. 刀杆位移反馈控制策略(控制策略 1)

如图 12-3 所示，在该控制策略下，建模时同时考虑主轴和工件的振动响应，但仅将主轴的振动响应反馈到控制器进行主动控制。图中，Re 表示动态铣削力模

型；F_t 和 $F_a = \begin{bmatrix} F_{ax} & F_{ay} \end{bmatrix}^T$ 分别表示 X、Y 方向的铣削力向量和主动控制力向量；$Z_t = \begin{bmatrix} Z_{tx} & Z_{ty} \end{bmatrix}^T$ 和 $Z_b = \begin{bmatrix} Z_{bx} & Z_{by} \end{bmatrix}^T$ 分别表示 X、Y 方向的刀尖位移响应向量和刀杆位移响应向量；$G_{tt} = \mathrm{diag}(G_{ttx}, G_{tty})$ 和 $G_{bt} = \mathrm{diag}(G_{btx}, G_{bty})$ 分别表示刀尖到刀尖及刀杆上位移传感器安装位置处的传递函数矩阵；$G_{ta} = \mathrm{diag}(G_{tax}, G_{tay})$ 和 $G_{ba} = \mathrm{diag}(G_{bax}, G_{bay})$ 分别表示刀杆上作动器安装位置到刀尖及刀杆上位移传感器安装位置的传递函数矩阵；$Z_w = \begin{bmatrix} 0 & Z_{wy} \end{bmatrix}^T$，表示工件位移响应向量；$G_w = \mathrm{diag}(0, G_{wy})$，表示工件上切削点位置的传递函数矩阵。在本章研究中，同样不考虑主轴系统 X 和 Y 方向之间动态特性的交叉效应。

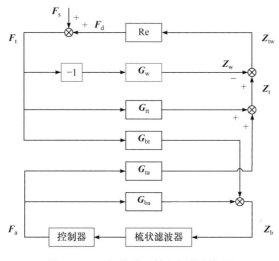

图 12-3　刀杆位移反馈颤振控制框图

仅考虑主轴系统，在铣削力和作动力作用下其可以表示为一个两输入两输出的系统，具体表达如下：

$$\begin{bmatrix} Z_t(s) \\ Z_b(s) \end{bmatrix} = \begin{bmatrix} G_{tt}(s) & G_{ta}(s) \\ G_{bt}(s) & G_{ba}(s) \end{bmatrix} \begin{bmatrix} F_t(s) \\ F_a(s) \end{bmatrix} \tag{12-5}$$

对于工件系统，由牛顿第三定律知，工件所受铣削力为 $-F_t(s)$，由此建立式(12-6)所示工件系统动力学模型。本章仅考虑工件 Y 方向的振动响应，但为了便于工件和主轴系统的耦合建模，将式(12-6)中的表达形式和式(12-5)保持一致，即将单自由度系统模型扩展为两自由度模型。

$$Z_w(s) = -G_w(s)F_t(s) \tag{12-6}$$

综合式(12-5)和式(12-6)，可得如下主轴-工件系统动力学模型：

$$\begin{bmatrix} \boldsymbol{Z}_{\mathrm{w}}(s) \\ \boldsymbol{Z}_{\mathrm{t}}(s) \\ \boldsymbol{Z}_{\mathrm{b}}(s) \end{bmatrix} = \begin{bmatrix} -\boldsymbol{G}_{\mathrm{w}}(s) & 0 \\ \boldsymbol{G}_{\mathrm{tt}}(s) & \boldsymbol{G}_{\mathrm{ta}}(s) \\ \boldsymbol{G}_{\mathrm{bt}}(s) & \boldsymbol{G}_{\mathrm{ba}}(s) \end{bmatrix} \begin{bmatrix} \boldsymbol{F}_{\mathrm{t}}(s) \\ \boldsymbol{F}_{\mathrm{a}}(s) \end{bmatrix} \tag{12-7}$$

令 $\boldsymbol{Z}_{\mathrm{tw}}(s) = \boldsymbol{Z}_{\mathrm{t}}(s) - \boldsymbol{Z}_{\mathrm{w}}(s)$ ，则式(12-7)可以表示为

$$\begin{bmatrix} \boldsymbol{Z}_{\mathrm{tw}}(s) \\ \boldsymbol{Z}_{\mathrm{b}}(s) \end{bmatrix} = \begin{bmatrix} \boldsymbol{G}_{\mathrm{tt}}(s) + \boldsymbol{G}_{\mathrm{w}}(s) & \boldsymbol{G}_{\mathrm{ta}}(s) \\ \boldsymbol{G}_{\mathrm{bt}}(s) & \boldsymbol{G}_{\mathrm{ba}}(s) \end{bmatrix} \begin{bmatrix} \boldsymbol{F}_{\mathrm{t}}(s) \\ \boldsymbol{F}_{\mathrm{a}}(s) \end{bmatrix} \tag{12-8}$$

为便于后续计算和分析，基于式(12-8)，将主轴-工件系统模型表示为式(12-9)所示的状态空间方程形式：

$$\begin{cases} \dot{\boldsymbol{\varphi}}_1(t) = \boldsymbol{A}_1 \boldsymbol{\varphi}_1(t) + \boldsymbol{B}_1 \boldsymbol{F}(t) \\ \boldsymbol{Z}_1(t) = \boldsymbol{C}_1 \boldsymbol{\varphi}_1(t) + \boldsymbol{D}_1 \boldsymbol{F}(t) \end{cases} \tag{12-9}$$

式中，$\boldsymbol{Z}_1(t) = \begin{bmatrix} \boldsymbol{Z}_{\mathrm{tw}}(t) & \boldsymbol{Z}_{\mathrm{b}}(t) \end{bmatrix}^{\mathrm{T}}$，为系统输出；$\boldsymbol{F}(t) = \begin{bmatrix} \boldsymbol{F}_{\mathrm{t}}(t) & \boldsymbol{F}_{\mathrm{a}}(t) \end{bmatrix}^{\mathrm{T}}$，为系统输入，其中控制力 $\boldsymbol{F}_{\mathrm{a}}(t)$ 是刀杆位移响应 $\boldsymbol{Z}_{\mathrm{b}}(t)$ 经梳状滤波后所得颤振分量 $\boldsymbol{Z}_{\mathrm{bd}}(t)$ 的函数，可记为 $\boldsymbol{F}_{\mathrm{a}}(t) = g\{\boldsymbol{Z}_{\mathrm{bd}}(t)\}$；$\boldsymbol{\varphi}_1(t)$ 为系统的状态向量，其阶次和各传递子函数的阶次直接相关；系数矩阵 $\boldsymbol{B}_1$ 可根据输入变量进一步细分，即 $\boldsymbol{B}_1 = \begin{bmatrix} \boldsymbol{B}_{\mathrm{1t}} & \boldsymbol{B}_{\mathrm{1a}} \end{bmatrix}$，其中 $\boldsymbol{B}_{\mathrm{1t}}$、$\boldsymbol{B}_{\mathrm{1a}}$ 的列数分别与 $\boldsymbol{F}_{\mathrm{t}}(t)$、$\boldsymbol{F}_{\mathrm{a}}(t)$ 的行数相对应；系数矩阵 $\boldsymbol{C}_1$ 同样可以根据系数输出变量进行细分，即 $\boldsymbol{C}_1 = \begin{bmatrix} \boldsymbol{C}_{\mathrm{1tw}} & \boldsymbol{C}_{\mathrm{1a}} \end{bmatrix}^{\mathrm{T}}$，其中 $\boldsymbol{C}_{\mathrm{1tw}}$、$\boldsymbol{C}_{\mathrm{1a}}$ 的行数分别和 $\boldsymbol{Z}_{\mathrm{tw}}(t)$、$\boldsymbol{Z}_{\mathrm{b}}(t)$ 的行数相对应；输入和输出之间没有直接传递关系，因而 $\boldsymbol{D}_1 = \boldsymbol{0}$。

2. 刀尖、工件位移差反馈控制策略(控制策略2)

主轴-工件系统中，颤振是由主轴和刀具共同导致的，因而同时反馈两者的振动响应，在一定程度上可以更直接地反映颤振特性，进而取得更好的控制效果。但是，铣削过程中刀尖位移响应难以直接测得，因而采用 Kalman 滤波方法进行刀尖位移响应重构。此时，刀尖位移响应重构及主轴、工件位移差反馈颤振控制框图如图 12-4 所示。图中，$\boldsymbol{Z}_{\mathrm{bt}} = \begin{bmatrix} Z_{\mathrm{bt}x} & Z_{\mathrm{bt}y} \end{bmatrix}^{\mathrm{T}}$，表示铣削力激励下的刀杆位移响应；$\boldsymbol{Z}_{\mathrm{tt}}^* = \begin{bmatrix} Z_{\mathrm{tt}x}^* & Z_{\mathrm{tt}y}^* \end{bmatrix}^{\mathrm{T}}$，表示由 $\boldsymbol{Z}_{\mathrm{bt}}$ 通过 Kalman 滤波器观测到的铣削力激励下刀尖位移响应；$\boldsymbol{Z}_{\mathrm{ta}} = \begin{bmatrix} Z_{\mathrm{ta}x} & Z_{\mathrm{ta}y} \end{bmatrix}^{\mathrm{T}}$，表示由主动控制力 $\boldsymbol{F}_{\mathrm{a}}$ 导致的刀尖位移响应。刀尖位移及刀杆位移均是铣削力和主动控制力共同作用的结果，且满足线性叠加原理，即满足 $\boldsymbol{Z}_{\mathrm{t}} = \boldsymbol{Z}_{\mathrm{tt}}^* + \boldsymbol{Z}_{\mathrm{ta}}$ 和 $\boldsymbol{Z}_{\mathrm{b}} = \boldsymbol{Z}_{\mathrm{bt}} + \boldsymbol{Z}_{\mathrm{ba}}$，其中 $\boldsymbol{Z}_{\mathrm{ba}}$ 表示主动控制力导致的刀杆位移响应。

通过刀尖位置单点激励可以同时获得刀尖至刀尖及刀杆位移传感器安装位置的传递函数 $\boldsymbol{G}_{\mathrm{tt}}$ 和 $\boldsymbol{G}_{\mathrm{bt}}$，进而可以得到刀尖位移响应 $\boldsymbol{Z}_{\mathrm{tt}}$ 至刀杆位移传感器安

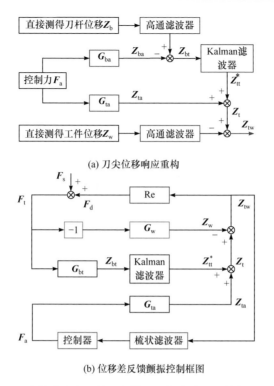

(a) 刀尖位移响应重构

(b) 位移差反馈颤振控制框图

图 12-4　刀尖位移响应重构及主轴、工件位移差反馈颤振控制框图

位置处位移响应 Z_{bt} 的传递函数，记为 G_{bt}^*。基于 G_{bt}^*，设计 Kalman 滤波器可以实现由 Z_{bt} 到 Z_{tt} 的观测，并记观测值为 Z_{tt}^*。颤振控制过程中，主动控制力是已知的，主动控制力作用下的刀杆位移响应 Z_{ba} 可以通过传递函数 G_{ba} 获得。刀杆位移响应 Z_b 可以直接测得，因而铣削力作用下刀杆位移响应 Z_{bt} 可以通过作差运算得到，即 $Z_{bt} = Z_b - G_{ba}F_a$。在此基础上，通过设计好的 Kalman 滤波器观测铣削力作用下刀尖位移响应 Z_{tt}^*，再结合 Z_{ta} 便可获得刀尖位移响应 Z_t，进而实现主轴、工件位移差反馈颤振控制。在通过 Kalman 滤波器观测刀尖位移时，为了消除主轴不平衡等因素的影响，可以采取两种处理策略：①利用切削状态下的位移响应减去同一转速空转状态下对应相位的位移响应；②不平衡等因素造成的主轴动态响应主要是主轴转频成分，而颤振频率通常远大于转频的高频成分，且转频分量对颤振没有影响，因而可以通过高通滤波方法消除转子不平等因素的影响。在本章研究中，采用高通滤波的方式对直接测得的刀杆柄位移信号进行预处理。下文中关于刀尖及刀杆位移的描述和符号表达均表示经过高通滤波处理后得到的信号。

　　如上所述，通过单点激励实验等方法可以获得刀尖位移至刀杆位移的传递函数 G_{bt}^*，将其表示为式(12-10)所示的状态空间方程：

$$\begin{cases} \dot{\boldsymbol{\varphi}}_k(t) = \boldsymbol{A}_k\boldsymbol{\varphi}_k(t) + \boldsymbol{B}_k\boldsymbol{Z}_{tt}(t) \\ \boldsymbol{Z}_{bt}(t) = \boldsymbol{C}_k\boldsymbol{\varphi}_k(t) \end{cases} \tag{12-10}$$

　　将输入 $\boldsymbol{Z}_{tt}(t)$ 引入状态变量，获得式(12-11)所示的状态增广状态方程：

$$\begin{cases} \dot{\boldsymbol{\varphi}}_{ke} = \boldsymbol{A}_{ke}\boldsymbol{\varphi}_{ke}(t) + \boldsymbol{\kappa}\boldsymbol{W}_n(t) \\ \boldsymbol{Z}_{bt}(t) = \boldsymbol{C}_{ke}\boldsymbol{\varphi}_{ke}(t) + \boldsymbol{v}(t) \end{cases} \tag{12-11}$$

式中，$\boldsymbol{\varphi}_{ke}(t) = \begin{bmatrix} \boldsymbol{\varphi}_k(t) \\ \boldsymbol{Z}_{tt}(t) \end{bmatrix}$，为增广状态向量；$\boldsymbol{A}_{ke} = \begin{bmatrix} \boldsymbol{A}_k & \boldsymbol{B}_k \\ \boldsymbol{0} & \boldsymbol{0} \end{bmatrix}$；$\boldsymbol{C}_{ke} = \begin{bmatrix} \boldsymbol{C}_k & \boldsymbol{0} \end{bmatrix}$；$\boldsymbol{W}_n(t)$ 为系统噪声；$\boldsymbol{\kappa}$ 为常系数；$\boldsymbol{v}(t)$ 为测量噪声。

　　基于式(12-11)，设计相应的 Kalman 滤波器，具体表达如下：

$$\begin{cases} \dot{\hat{\boldsymbol{\varphi}}}_{ke}(t) = \boldsymbol{A}_{ke}\hat{\boldsymbol{\varphi}}_{ke}(t) + \boldsymbol{K}_k\left[\boldsymbol{Z}_{bt}(t) - \hat{\boldsymbol{Z}}_{bt}(t)\right] \\ \hat{\boldsymbol{Z}}_{bt0}(t) = \boldsymbol{C}_0\hat{\boldsymbol{\varphi}}_{ke}(t) \end{cases} \tag{12-12}$$

式中，$\boldsymbol{K}_k$ 为 Kalman 滤波器增益矩阵；$\boldsymbol{C}_0 = \begin{bmatrix} \boldsymbol{0} & \boldsymbol{I} \end{bmatrix}$，其中 $\boldsymbol{I} = \mathrm{diag}(1,1)$，为二维单位向量。由增广状态向量 $\boldsymbol{\varphi}_{ke}(t)$ 的表达式可知，此时 $\hat{\boldsymbol{Z}}_{bt0}(t)$ 等价于 $\boldsymbol{Z}_{tt}(t)$ 的观测值 $\boldsymbol{Z}_{tt}^*(t)$，即 $\boldsymbol{Z}_{tt}^*(t) = \hat{\boldsymbol{Z}}_{bt0}(t)$。联立式(12-11)和式(12-12)可得

$$\begin{cases} \dot{\hat{\boldsymbol{\varphi}}}_{ke}(t) = \left[\boldsymbol{A}_{ke} - \boldsymbol{K}_k\boldsymbol{C}_{ke}\right]\hat{\boldsymbol{\varphi}}_{ke}(t) + \boldsymbol{K}_k\boldsymbol{Z}_{bt}(t) \\ \boldsymbol{Z}_{tt}^*(t) = \boldsymbol{C}_0\hat{\boldsymbol{\varphi}}_{ke}(t) \end{cases} \tag{12-13}$$

　　基于式(12-13)，可实现由刀杆振动响应分量 $\boldsymbol{Z}_{bt}(t)$ 到刀尖振动响应分量 $\boldsymbol{Z}_{tt}^*(t)$ 的观测。将其表示为传递函数形式：

$$\boldsymbol{Z}_{tt}^*(t) = \boldsymbol{C}_0\left[s\boldsymbol{I}_{ke} - \left(\boldsymbol{A}_{ke} - \boldsymbol{K}_k\boldsymbol{C}_{ke}\right)\right]^{-1}\boldsymbol{K}_k\boldsymbol{Z}_{bt}(t) = \boldsymbol{G}_{tb}^*\boldsymbol{Z}_{bt}(t) \tag{12-14}$$

式中，$\boldsymbol{I}_{ke}$ 为单位矩阵。

　　Kalman 滤波器是一个时变观测器，用于消除系统噪声和测量噪声等导致的状态评估误差[14]。Kalman 滤波器增益矩阵可以通过最小化状态评估误差协方差矩阵获得。假设系统噪声和测量噪声是不相关的零均值白噪声信号，并且其协方差矩阵满足 $\boldsymbol{Q}_k = E[\boldsymbol{W} \ \boldsymbol{W}^{\mathrm{T}}] > 0$，$\boldsymbol{R}_k = E[\boldsymbol{v} \ \boldsymbol{v}^{\mathrm{T}}] > 0$ 和 $E[\boldsymbol{W} \ \boldsymbol{v}^{\mathrm{T}}] = 0$ 等条件，则最小状态误差协方差矩阵 $\boldsymbol{P}_k$ 可以通过求解式(12-15)所示的时变里卡蒂方程获得。

$$\dot{\boldsymbol{P}}_k = \boldsymbol{A}_{ke}\boldsymbol{P}_k + \boldsymbol{P}_k\boldsymbol{A}_{ke}^{\mathrm{T}} + \boldsymbol{\kappa}\boldsymbol{Q}_k\boldsymbol{\kappa}^{\mathrm{T}} - \boldsymbol{P}_k\boldsymbol{C}_{ke}^{\mathrm{T}}\boldsymbol{R}_k^{-1}\boldsymbol{C}_{ke}\boldsymbol{P}_k \tag{12-15}$$

式中，测量噪声协方差矩阵 $\boldsymbol{R}_k$ 由静止和空转两种状态下位移传感器测得的主轴响应信号均方根的偏差确定。假设未知刀尖位移响应是受系统噪声影响的唯一状

态变量，则系统噪声常系数矩阵可以表示为 $\boldsymbol{\kappa} = \begin{bmatrix} \mathbf{0} & \boldsymbol{I} \end{bmatrix}^{\mathrm{T}}$。系统噪声协方差矩阵 $\boldsymbol{Q}_{\mathrm{k}}$ 由人为调整确定。

通过求解式(12-15)，可以获得如下所示最优 Kalman 滤波器增益矩阵：

$$\boldsymbol{K}_{\mathrm{k}} = \boldsymbol{R}_{\mathrm{k}} \boldsymbol{C}_{\mathrm{ke}}^{\mathrm{T}} \boldsymbol{R}_{\mathrm{k}}^{-1} \tag{12-16}$$

在实时信号处理过程中，可以利用式(12-15)所示里卡蒂方程的稳态解和相应的 Kalman 滤波器增益矩阵进行状态观测，此时得到次优时不变 Kalman 滤波器。当瞬态振荡消失后，时不变 Kalman 滤波器获得和时变 Kalman 滤波器一样的结果。

将求解得到的 Kalman 滤波器增益 $\boldsymbol{K}_{\mathrm{k}}$ 代入式(12-14)，即可通过 $\boldsymbol{Z}_{\mathrm{bt}}(t)$ 观测刀尖位移分量 $\boldsymbol{Z}_{\mathrm{tt}}^{*}(t)$，进而得到刀尖位移响应 $\boldsymbol{Z}_{\mathrm{t}}(t)$。

根据图 12-4 所示颤振闭环控制系统框图，引入式(12-14)所示的 Kalman 滤波器传递函数，主轴-工件-铣削-作动系统模型可以表示为

$$\boldsymbol{Z}_{\mathrm{tw}} = \left(\boldsymbol{G}_{\mathrm{tb}}^{*} \boldsymbol{G}_{\mathrm{bt}} + \boldsymbol{G}_{\mathrm{w}} \right) \boldsymbol{F}_{\mathrm{t}} + \boldsymbol{G}_{\mathrm{ta}} \boldsymbol{F}_{\mathrm{a}} \tag{12-17}$$

将其表示为状态空间方程形式可得

$$\begin{cases} \dot{\boldsymbol{\varphi}}_{2}(t) = \boldsymbol{A}_{2} \boldsymbol{\varphi}_{2}(t) + \boldsymbol{B}_{2} \boldsymbol{F}(t) \\ \boldsymbol{Z}_{\mathrm{tw}}(t) = \boldsymbol{C}_{2\mathrm{tw}} \boldsymbol{\varphi}_{2}(t) + \boldsymbol{D}_{2} \boldsymbol{F}(t) \end{cases} \tag{12-18}$$

式中，$\boldsymbol{Z}_{\mathrm{tw}}(t)$ 为系统输出；$\boldsymbol{F}(t) = \begin{bmatrix} \boldsymbol{F}_{\mathrm{t}}(t) & \boldsymbol{F}_{\mathrm{a}}(t) \end{bmatrix}^{\mathrm{T}}$，为系统输入，其中控制力 $\boldsymbol{F}_{\mathrm{a}}(t)$ 为刀尖位移响应和工件位移响应差值 $\boldsymbol{Z}_{\mathrm{tw}}(t)$ 的函数，可记为 $\boldsymbol{F}_{\mathrm{a}}(t) = g\{\boldsymbol{Z}_{\mathrm{tw}}(t)\}$；$\boldsymbol{\varphi}_{2}(t)$ 为系统的状态向量，其阶次和各传递子函数的阶次直接相关；系数矩阵 $\boldsymbol{B}_{2}$ 可根据输入变量进一步细分，即 $\boldsymbol{B}_{2} = \begin{bmatrix} \boldsymbol{B}_{2\mathrm{t}} & \boldsymbol{B}_{2\mathrm{a}} \end{bmatrix}$，其中 $\boldsymbol{B}_{2\mathrm{t}}$、$\boldsymbol{B}_{2\mathrm{a}}$ 的列数分别与 $\boldsymbol{F}_{\mathrm{t}}(t)$、$\boldsymbol{F}_{\mathrm{a}}(t)$ 的行数相对应；$\boldsymbol{C}_{2\mathrm{tw}}$ 表示系统输出系数矩阵；输入和输出之间没有直接传递关系，因而 $\boldsymbol{D}_{2} = 0$。

12.2.3　系统模型线性化近似

结合式(12-9)和式(12-18)，12.2.2 小节中刀杆位移反馈、刀尖和工件位移差反馈两种控制策略下主轴-工件-铣削-作动系统动力学模型可以统一表示为式(12-19)的形式，但除输入变量 $\boldsymbol{F}(t)$ 外，两种控制策略下系统模型中的系数矩阵、状态变量以及输出变量的具体表达均不相同。

$$\begin{cases} \dot{\boldsymbol{\varphi}}(t) = \boldsymbol{A} \boldsymbol{\varphi}(t) + \boldsymbol{B} \boldsymbol{F}(t) \\ \boldsymbol{Z}(t) = \boldsymbol{C} \boldsymbol{\varphi}(t) \end{cases} \tag{12-19}$$

由式(12-4)所示铣削力计算公式知，稳态切削力系数和动态切削力系数均是周期时变的，变化周期等于刀齿通过周期 τ，因此可将其展开为傅里叶级数[15]。

根据现有研究可知，在非小径向切深下，傅里叶级数展开中取零阶近似即可满足切削力计算精度要求。因此，本章同样采用零阶近似法对铣削力进行近似，此时稳态铣削力系数 $\boldsymbol{H}_s(t)$ 和动态铣削力系数 $\boldsymbol{H}_d(t)$ 可以分别近似为 $\boldsymbol{H}_{s0}$ 和 $\boldsymbol{H}_{d0}$，两者的具体表达和式(11-5)~式(11-7)一致，本节不再赘述。零阶近似后，铣削力表示如下：

$$\boldsymbol{F}_t(t) = \boldsymbol{F}_s(t) + \boldsymbol{F}_d(t) = \frac{1}{2} a_p f_t K_t \boldsymbol{H}_{s0} + \frac{1}{2} a_p K_t \boldsymbol{H}_{d0} \Delta \boldsymbol{Z}_{tw}(t) \tag{12-20}$$

式中，$\Delta \boldsymbol{Z}_{tw}(t) = \boldsymbol{Z}_{tw}(t) - \boldsymbol{Z}_{tw}(t-\tau)$。

将上述铣削力代入主轴-工件系统模型可得

$$\begin{cases} \dot{\boldsymbol{\varphi}}(t) = (\boldsymbol{A} + \boldsymbol{\theta})\boldsymbol{\varphi}(t) - \boldsymbol{\theta}\boldsymbol{\varphi}(t-\tau) + \boldsymbol{B}\begin{bmatrix} \boldsymbol{F}_s(t) \\ \boldsymbol{F}_a(t) \end{bmatrix} \\ \boldsymbol{Z}(t) = \boldsymbol{C}\boldsymbol{\varphi}(t) \end{cases} \tag{12-21}$$

式中，对于控制策略 1，$\boldsymbol{\theta} = a_p K_t \boldsymbol{H}_{d0} \boldsymbol{B}_{1t} \boldsymbol{C}_{1tw}/2$；对于控制策略 2，$\boldsymbol{\theta} = a_p K_t \boldsymbol{H}_{d0} \boldsymbol{B}_{2t} \boldsymbol{C}_{2tw}/2$。

由式(12-21)可知，系统模型中存在显性时滞项 $\boldsymbol{\varphi}(t-\tau)$，不利于控制器设计和求解，类似于 11.2.2 小节，本章同样采用 Pade 近似策略将显含时滞的非线性系统近似为线性系统，为控制器设计及颤振控制提供模型基础。

利用第 11 章中的结论，以 $\boldsymbol{\varphi}(t)$ 为输入，以 $\boldsymbol{\varphi}(t-\tau)$ 为输出，Pade 近似系统模型可以表示为

$$\begin{cases} \dot{\boldsymbol{\varphi}}_{de}(t) = \boldsymbol{A}_{de}\boldsymbol{\varphi}_{de}(t) + \boldsymbol{B}_{de}\boldsymbol{\varphi}(t) \\ \boldsymbol{\varphi}(t-\tau) = \boldsymbol{C}_{de}\boldsymbol{\varphi}_{de}(t) + \boldsymbol{D}_{de}\boldsymbol{\varphi}(t) \end{cases} \tag{12-22}$$

式中，状态向量 $\boldsymbol{\varphi}_{de}(t)$ 的维数为 $nL \times 1$，其中 n 为输出向量 $\boldsymbol{\varphi}(t-\tau)$ 的行数；系数矩阵分别为 $\boldsymbol{A}_{de} = \mathrm{diag}(\boldsymbol{A}_d, \boldsymbol{A}_d, \cdots, \boldsymbol{A}_d)$，$\boldsymbol{B}_{de} = \mathrm{diag}(\boldsymbol{B}_d, \boldsymbol{B}_d, \cdots, \boldsymbol{B}_d)$，$\boldsymbol{C}_{de} = \mathrm{diag}(\boldsymbol{C}_d, \boldsymbol{C}_d, \cdots, \boldsymbol{C}_d)$ 和 $\boldsymbol{D}_{de} = \mathrm{diag}(\boldsymbol{D}_d, \boldsymbol{D}_d, \cdots, \boldsymbol{D}_d)$，且各系数矩阵中子矩阵的个数为 n，$\boldsymbol{A}_d$、$\boldsymbol{B}_d$、$\boldsymbol{C}_d$ 和 $\boldsymbol{D}_d$ 均由 Pade 近似阶次确定，具体表达见式(11-11)。

将系统模型中的时滞项利用上述 Pade 近似结果代替，并将 $\boldsymbol{\varphi}_{de}(t)$ 引入状态向量，主轴-工件-铣削-作动系统增广状态空间模型可以近似为

$$\begin{cases} \begin{bmatrix} \dot{\boldsymbol{\varphi}}(t) \\ \dot{\boldsymbol{\varphi}}_{de}(t) \end{bmatrix} = \begin{bmatrix} \boldsymbol{A} + \boldsymbol{\theta} - \boldsymbol{\theta}\boldsymbol{D}_{de} & -\boldsymbol{\theta}\boldsymbol{C}_{de} \\ \boldsymbol{B}_{de} & \boldsymbol{A}_{de} \end{bmatrix} \begin{bmatrix} \boldsymbol{\varphi}(t) \\ \boldsymbol{\varphi}_{de}(t) \end{bmatrix} + \begin{bmatrix} \boldsymbol{B}_t & \boldsymbol{B}_a \\ \boldsymbol{0} & \boldsymbol{0} \end{bmatrix} \begin{bmatrix} \boldsymbol{F}_s(t) \\ \boldsymbol{F}_a(t) \end{bmatrix} \\ \boldsymbol{Z}(t) = \begin{bmatrix} \boldsymbol{C} & \boldsymbol{0} \end{bmatrix} \begin{bmatrix} \boldsymbol{\varphi}(t) \\ \boldsymbol{\varphi}_{de}(t) \end{bmatrix} \end{cases} \tag{12-23}$$

经过上述分析，提出的主轴-工件系统颤振控制策略可用图 12-5 表示。其中，G_{Re1} 和 G_{Re2} 分别表示控制策略 1 和控制策略 2 中包含动态铣削力的被控系统

模型。

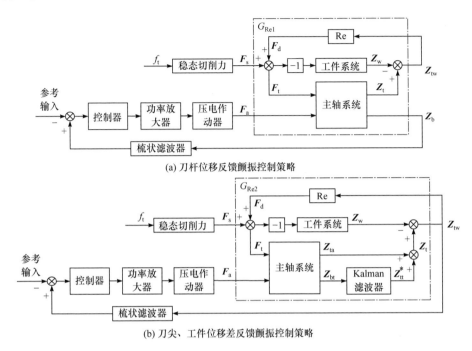

(a) 刀杆位移反馈颤振控制策略

(b) 刀尖、工件位移差反馈颤振控制策略

图 12-5　主轴-工件系统颤振控制策略

为便于书写和分析，将式(12-23)简记为

$$\begin{cases} \dot{\boldsymbol{\varphi}}_{z}(t) = \hat{\boldsymbol{A}}\boldsymbol{\varphi}_{z}(t) + \hat{\boldsymbol{B}}\boldsymbol{F}_{z}(t) \\ \boldsymbol{Z}(t) = \hat{\boldsymbol{C}}\boldsymbol{\varphi}_{z}(t) \end{cases} \tag{12-24}$$

12.3　基于主轴-工件系统的模型预测控制器设计

模型预测控制是一种基于模型的控制策略，基于预测模型，通过多步预测、滚动优化及反馈校正等操作可实现对颤振的鲁棒控制。第 11 章对于模型预测控制进行了较为详细的介绍。本章针对主轴-工件系统提出了两种建模方法[16]，两种建模方法获得的系统模型虽然在具体参数上存在很大的差别，但是两者的表达形式是相似的，并且和第 11 章研究中所建系统模型具有类似性。因此参照第 11 章中模型预测控制器设计与求解方法，针对主轴-工件系统模型建立对应的模型预测控制器。由于前后两者在表达形式上存在诸多相似，本章中对控制器的设计过程不再进行详细的描述。

12.3.1　预测模型建模

针对式(12-24)所示主轴-工件系统模型，选取合适的离散周期 T 对其进行离散化处理，离散后的系统模型如下所示：

$$\begin{cases} \boldsymbol{\varphi}_z(n+1) = \boldsymbol{\psi}\boldsymbol{\varphi}_z(n) + \boldsymbol{\gamma}_1 \boldsymbol{F}_s(n) + \boldsymbol{\gamma}_2 \boldsymbol{F}_a(n) \\ \boldsymbol{Z}(n) = \hat{\boldsymbol{C}}\boldsymbol{\varphi}_z(n) \end{cases} \tag{12-25}$$

式中，$\boldsymbol{\psi}$ 和 $[\boldsymbol{\gamma}_1 \ \ \boldsymbol{\gamma}_2]$ 通过式(11-16)获得。

由式(12-25)知，模型存在两个输入，分别为稳态铣削力和主动控制力。稳态铣削力不影响颤振，在其作用下，主轴及工件振动响应中只有刀齿通过频率(主轴转频)及其倍频成分。无论是本章提出的刀杆位移反馈控制策略，还是主轴与工件位移差反馈控制策略，通过梳状滤波器均可以消除反馈信号中的主轴转频及其倍频等稳态铣削力导致的稳定频率成分，相当于在式(12-25)中消除稳态铣削力。第11章中将稳态铣削力作为未知干扰，但它仍会对控制信号产生一定的影响。本章研究与之不同，梳状滤波器消除了稳态铣削力导致的稳定频率成分，这意味着稳态铣削力不会干扰压电作动器控制电压信号。为实现动态系统的无差控制，同样利用控制力变化量 $\Delta \boldsymbol{F}_a(n)$ 代替主动控制力 $\boldsymbol{F}_a(n)$ 作为控制器输出，即主轴-工件系统的输入。以 $\boldsymbol{\zeta} = [\boldsymbol{\varphi}(n) \ \ \boldsymbol{F}_a(n-1)]^T$ 为状态向量，忽略稳态铣削力的影响，基于式(12-25)，主轴-工件系统增广状态空间方程可以表示为

$$\begin{cases} \begin{bmatrix} \boldsymbol{\varphi}_z(n+1) \\ \boldsymbol{F}_a(n) \end{bmatrix} = \begin{bmatrix} \boldsymbol{\psi} & \boldsymbol{\gamma}_2 \\ \boldsymbol{0} & \boldsymbol{I}_2 \end{bmatrix} \begin{bmatrix} \boldsymbol{\varphi}_z(n) \\ \boldsymbol{F}_a(n-1) \end{bmatrix} + \begin{bmatrix} \boldsymbol{\gamma}_2 \\ \boldsymbol{I}_2 \end{bmatrix} \Delta \boldsymbol{F}_a(n) \\ \boldsymbol{Z}(n) = \begin{bmatrix} \hat{\boldsymbol{C}} & \boldsymbol{0} \end{bmatrix} \begin{bmatrix} \boldsymbol{\varphi}_z(n) \\ \boldsymbol{F}_a(n-1) \end{bmatrix} \end{cases} \tag{12-26}$$

式中，$\boldsymbol{I}_2 \in R^{2\times 2}$ 为二维单位矩阵。

在 n 采样时刻预测未来 N_p 个采样周期长度内系统的响应，并基于参考输出求解未来 N_c 个采样长度内的最优控制序列。控制长度 N_c 通常不大于预测长度 N_p，而在 $[n+N_c, n+N_p]$ 时间范围，控制力输出采用零阶保持，即控制力变化量为零。由此建立主轴-工件系统预测模型为

$$\boldsymbol{Z}_p(n) = \boldsymbol{\Pi}\boldsymbol{\varphi}_z(n) + \boldsymbol{\Gamma}\boldsymbol{F}_a(n-1) + \boldsymbol{\Lambda}\Delta \boldsymbol{F}_{ap}(n) \tag{12-27}$$

式中，$\boldsymbol{Z}_p(n) = \begin{bmatrix} \boldsymbol{Z}(n+1|n) & \boldsymbol{Z}(n+2|n) & \cdots & \boldsymbol{Z}(n+N_p|n) \end{bmatrix}^T$，为预测模型的输出矩阵；$\Delta \boldsymbol{F}_{ap}(n) = \begin{bmatrix} \Delta \boldsymbol{F}_a(n|n) & \Delta \boldsymbol{F}_a(n+1|n) & \cdots & \Delta \boldsymbol{F}_a(n+N_c-1|n) \end{bmatrix}^T$，为主动控制力变化量输入矩阵；$\boldsymbol{\Pi} = \boldsymbol{C}_p \boldsymbol{A}_p$，$\boldsymbol{\Gamma} = \boldsymbol{C}_p \boldsymbol{B}_{p1}$ 和 $\boldsymbol{\Lambda} = \boldsymbol{C}_p \boldsymbol{B}_{p2}$ 为系数矩阵，其中

$$
\left\{
\begin{aligned}
&\boldsymbol{A}_{\mathrm{p}} = \begin{bmatrix} \boldsymbol{\psi} & \cdots & \boldsymbol{\psi}^{N_{\mathrm{c}}} & \boldsymbol{\psi}^{N_{\mathrm{c}}+1} & \cdots & \boldsymbol{\psi}^{N_{\mathrm{p}}} \end{bmatrix}^{\mathrm{T}} \\[2mm]
&\boldsymbol{B}_{\mathrm{p1}} = \begin{bmatrix} \boldsymbol{\gamma}_2 & \cdots & \displaystyle\sum_{i=0}^{N_{\mathrm{c}}-1}\boldsymbol{\psi}^i\boldsymbol{\gamma}_2 & \displaystyle\sum_{i=0}^{N_{\mathrm{c}}}\boldsymbol{\psi}^i\boldsymbol{\gamma}_2 & \cdots & \displaystyle\sum_{i=0}^{N_{\mathrm{p}}-1}\boldsymbol{\psi}^i\boldsymbol{\gamma}_2 \end{bmatrix}^{\mathrm{T}} \\[2mm]
&\boldsymbol{B}_{\mathrm{p2}} = \begin{bmatrix} \boldsymbol{\gamma}_2 & \cdots & \displaystyle\sum_{i=0}^{N_{\mathrm{c}}-1}\boldsymbol{\psi}^i\boldsymbol{\gamma}_2 & \displaystyle\sum_{i=0}^{N_{\mathrm{c}}}\boldsymbol{\psi}^i\boldsymbol{\gamma}_2 & \cdots & \displaystyle\sum_{i=0}^{N_{\mathrm{p}}-1}\boldsymbol{\psi}^i\boldsymbol{\gamma}_2 \\ \vdots & \cdots & \vdots & \vdots & \cdots & \vdots \\ \boldsymbol{0} & \cdots & \boldsymbol{\gamma}_2 & \boldsymbol{\psi}\boldsymbol{\gamma}_2+\boldsymbol{\gamma}_2 & \cdots & \displaystyle\sum_{i=0}^{N_{\mathrm{p}}-N_{\mathrm{c}}}\boldsymbol{\psi}^i\boldsymbol{\gamma}_2 \end{bmatrix}^{\mathrm{T}} \\[2mm]
&\boldsymbol{C}_{\mathrm{p}} = \mathrm{diag}(\widehat{\boldsymbol{C}} \quad \widehat{\boldsymbol{C}} \quad \cdots \quad \widehat{\boldsymbol{C}})
\end{aligned}
\right.
\tag{12-28}
$$

12.3.2　控制器求解

本章提出的两种控制策略均消除了稳态铣削力的影响,因而输入控制器的反馈信号主要是颤振频率分量。为了有效消除颤振,设置控制器参考输入 $\boldsymbol{Z}_{\mathrm{ref}}(n+j\,|\,n)$ 为零,即将系统振动响应中颤振分量减小到零。本章研究的目标是利用尽可能小的控制电压实现颤振的有效控制,因此在 $\boldsymbol{Z}_{\mathrm{ref}}(n+j\,|\,n)=\boldsymbol{0}$ 的前提下,控制目标函数可以表示为

$$
J = \sum_{j=1}^{N_{\mathrm{p}}}\boldsymbol{Z}(n+j\,|\,n)^{\mathrm{T}}\boldsymbol{Q}\boldsymbol{Z}(n+j\,|\,n) + \sum_{j=1}^{N_{\mathrm{c}}}\Delta\boldsymbol{F}_{\mathrm{a}}(n+j\,|\,n)^{\mathrm{T}}\boldsymbol{R}\Delta\boldsymbol{F}_{\mathrm{a}}(n+j\,|\,n)
\tag{12-29}
$$

式中, $\boldsymbol{Q}$ 和 $\boldsymbol{R}$ 分别为输出误差权重矩阵和控制力变化量权重矩阵,且两者均为常数矩阵。

结合式(12-27)所示系统预测模型,颤振控制目标函数可以进一步表示为

$$
J = \boldsymbol{Z}_{\mathrm{p}}(n)^{\mathrm{T}}\widehat{\boldsymbol{Q}}\boldsymbol{Z}_{\mathrm{p}}(n) + \Delta\boldsymbol{F}_{\mathrm{ap}}(n)^{\mathrm{T}}\widehat{\boldsymbol{R}}\Delta\boldsymbol{F}_{\mathrm{ap}}(n)
\tag{12-30}
$$

式中, $\widehat{\boldsymbol{Q}} = \mathrm{diag}(\boldsymbol{Q},\boldsymbol{Q},\cdots,\boldsymbol{Q})$; $\widehat{\boldsymbol{R}} = \mathrm{diag}(\boldsymbol{R},\boldsymbol{R},\cdots,\boldsymbol{R})$ 。

定义 $\boldsymbol{E}(n) = -\boldsymbol{\Pi}\boldsymbol{\varphi}_{\mathrm{z}}(n) - \boldsymbol{\Gamma}\boldsymbol{F}_{\mathrm{a}}(n-1)$,则由式(12-27)知系统预测模型输出可以表示为 $\boldsymbol{Z}_{\mathrm{p}}(n) = \boldsymbol{\Lambda}\Delta\boldsymbol{F}_{\mathrm{ap}}(n) - \boldsymbol{E}(n)$,将其代入式(12-30),颤振控制目标函数转换为

$$
J = \frac{1}{2}\Delta\boldsymbol{F}_{\mathrm{ap}}(n)^{\mathrm{T}}\boldsymbol{\beta}\Delta\boldsymbol{F}_{\mathrm{ap}}(n) + \boldsymbol{\delta}^{\mathrm{T}}\Delta\boldsymbol{F}_{\mathrm{ap}}(n) + \mathrm{const}
\tag{12-31}
$$

式中, $\boldsymbol{\beta} = 2(\boldsymbol{\Lambda}^{\mathrm{T}}\widehat{\boldsymbol{Q}}\boldsymbol{\Lambda} + \widehat{\boldsymbol{R}})$; $\boldsymbol{\delta} = -2\boldsymbol{\Lambda}^{\mathrm{T}}\widehat{\boldsymbol{Q}}\boldsymbol{E}(n)$ 。

受作动器规格的限制,其输入电压是有范围的。模型预测控制器可以显性考虑作动器的输入约束,进而避免作动器过载损坏。结合作动器性能参数,为模型预测控制器设置式(12-32)所示的约束条件:

$$\begin{bmatrix} \boldsymbol{I} \\ -\boldsymbol{I} \\ \boldsymbol{\eta} \\ -\boldsymbol{\eta} \end{bmatrix} \Delta \boldsymbol{F}_{\mathrm{ap}}(k) \leqslant \begin{bmatrix} \Delta \boldsymbol{F}_{\mathrm{ap\,max}} \\ -\Delta \boldsymbol{F}_{\mathrm{ap\,min}} \\ \boldsymbol{F}_{\mathrm{ap\,max}} - \lambda \boldsymbol{F}_{\mathrm{a}}(n-1) \\ -\boldsymbol{F}_{\mathrm{ap\,min}} + \lambda \boldsymbol{F}_{\mathrm{a}}(n-1) \end{bmatrix} \tag{12-32}$$

基于颤振控制目标函数 J 和作动器约束条件式(12-32)，通过求解式(12-33)所示的二次规划标准问题可以获得 n 时刻的输出力变化量 $\Delta \boldsymbol{F}_{\mathrm{ap}}(n)$。利用 $\Delta \boldsymbol{F}_{\mathrm{ap}}(n)$ 的第一个元素计算出当前时刻输出控制力，对主轴-工件系统施加主动控制。在下一个时刻，根据反馈信号修正预测误差，并进行新一轮的控制器求解，进而实现对颤振的鲁棒控制。

$$\min_{\Delta \boldsymbol{F}_{\mathrm{ap}}(n)} \left(\frac{1}{2} \Delta \boldsymbol{F}_{\mathrm{ap}}(n)^{\mathrm{T}} \boldsymbol{\beta} \Delta \boldsymbol{F}_{\mathrm{ap}}(n) + \boldsymbol{\delta}^{\mathrm{T}} \Delta \boldsymbol{F}_{\mathrm{ap}}(n) \right) \quad \text{s.t. 式(12-32)} \tag{12-33}$$

基于上述预测模型建模及模型求解过程，建立图 12-6 所示模型预测颤振控制流程框图。

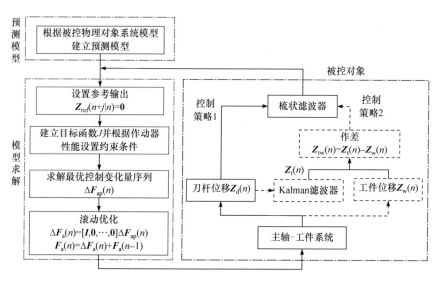

图 12-6　模型预测颤振控制流程

前文已对预测模型建模及模型求解过程进行了详细的描述，这里不再赘述。在控制策略 1 中，将直接测得的刀杆位移经过梳状滤波器滤波处理后反馈到控制器。在控制策略 2 中，将测得的刀杆位移首先经过高通滤波消除转子不平衡等导致的主轴转频成分，然后经过 Kalman 滤波器观测刀尖位移响应，并利用观测得到的刀尖位移和工件位移作差，最后将求得的位移差经过梳状滤波器滤波后反馈到控制器。

12.4　智能主轴-工件系统颤振主动控制实验验证

12.4.1　主轴和工件系统模态参数辨识

如图 10-23 所示,在本章中利用和 10.4.2 小节中一样的主轴系统进行切削实验。刀具规格如表 10-6 所示,力锤激励实验和作动器正弦扫频实验辨识得到的主轴系统各子结构频响函数曲线如图 10-24 所示,部分模态参数辨识结果如表 12-1 所示。

表 12-1　刀尖至刀尖频响函数模态参数辨识结果

频响函数	阶次	刚度/($\times 10^6$N/m)	固有频率/Hz	阻尼比
Φ_{ttx}	1	3.9297	1111	0.0405
	2	2.6952	1515	0.0163
Φ_{tty}	1	3.5684	1105	0.0501
	2	2.6722	1509	0.0190

本章研究中工件材料选用 7075 铝合金,工件几何结构及测点划分如图 12-7 所示,在工件上边缘沿切削方向由 0~18 等间距划分 19 个节点,相邻两测点的间距为 10mm。如图 12-8 所示,采用力锤激励实验辨识工件系统模态参数。实验所用工件长度为 180mm,而虎钳对应长度为 160mm。利用虎钳固定工件时,采用对称夹持方式,即沿长度方向工件两侧各有 10mm 长度处于悬伸状态。

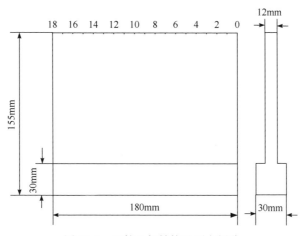

图 12-7　工件几何结构及测点划分

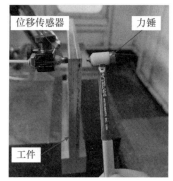

(a) 工件装夹图　　　　　　　　(b) 力锤激励实验

图 12-8　工件模态参数辨识实验

不同于刚性工件，上述柔性工件上不同位置处的模态参数并不相同。因而，针对图 12-7 中划分的 19 个测点，需分别通过力锤激励测量各自对应的频响函数。实验中，利用力锤沿垂直工件板面方向激励工件上靠近上边缘位置，同时利用位移传感器(灵敏度：7870mV/mm)在激励点对面测量工件位移响应。利用亿恒数采系统(MI-7008)同时采集激励力和工件位移响应，并由此计算该测点位置的频响函数。实验测得的各测点位置的频响函数曲线如图 12-9 所示。由图示结果知，①不同测点位置的第一阶模态特性基本一致；②对于第二阶模态，沿工件长度方向由两侧向中间位置频响曲线幅值不断减小，而中间位置处第二阶模态基本消失；③工件不同测点处的模态特性关于长度中间位置(测点 9)基本对称，受测量误差等因素的影响，对称测点的模态参数辨识结果并不完全一样。部分测点具体模态参数辨识结果如表 12-2 所示。

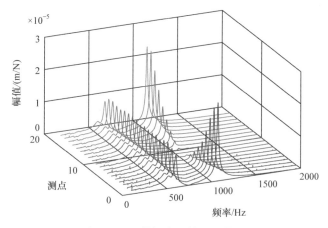

图 12-9　工件频响函数测量结果

表 12-2　板状工件不同测点位置处的模态参数辨识结果

测点	阶次	刚度/($\times 10^6$N/m)	固有频率/Hz	阻尼比
1	1	2.26	598.1	0.0199
	2	3.03	1070.6	0.0076
3	1	2.26	596.8	0.0188
	2	5.22	1070.6	0.0073
5	1	2.21	598.7	0.0198
	2	10.77	1070.6	0.0079
7	1	2.20	599.3	0.0203
	2	42.46	1071.9	0.0076
9	1	2.29	600	0.0203
11	1	2.20	598.7	0.0198
	2	34.71	1071.3	0.0076
13	1	2.22	598.1	0.0199
	2	9.97	1070.6	0.0076
15	1	2.32	597.5	0.0199
	2	4.94	1070.0	0.0073
17	1	2.26	597.5	0.0199
	2	2.84	1069.4	0.0073

对比表 12-1 和表 12-2 模态参数辨识结果可以发现，主轴系统刀尖位置处的模态刚度值和工件上不同测点处的刚度值都在 10^6N/m 数量级。在同一铣削力激励下，刀尖位置的振动响应和工件上边缘处的振动响应也在同一量级。因而，对于该主轴-工件系统，颤振是主轴和工件共同作用的结果，控制颤振也因此须同时考虑主轴和工件模型。

12.4.2　主轴-工件系统稳定性分析及切削参数选取

利用 12.4.1 小节系统辨识实验所用工件和刀具，根据 9.4.2 小节中的方法开展不同进给速度下的切削力测量实验，并根据测得的切削力辨识切向和径向切削力系数。实验辨识得到的切向切削力系数 $K_t = 796$ N/mm^2，径向切削力系数 $K_r = 169$N/mm^2。

利用上述实验辨识得到的主轴、工件系统模态参数以及切削力系数，可以绘制不同切削工况下的稳定性叶瓣图。由于工件上不同位置处的模态参数是不一样的，主轴-工件系统通常需要绘制三维稳定性叶瓣图，即需要在转速和轴向切深两坐标轴的基础上增加工件测点位置这一坐标信息。选取图 12-7 所示工件上 0～18 号测点中的 9 个奇数测点，绘制 0.32 径向切深比下不同测点对应的主轴-工件系统顺、逆铣稳定性叶瓣图，结果如图 12-10 所示。由图示结果知，无论是顺铣还是逆铣，不同测点对应的主轴-工件系统的稳定性叶瓣图虽然整体趋势是一致的，但受模态参数的影响，各个稳定性叶瓣图之间还存在一定的差异。为进一步分析顺、逆铣工况下主轴-工件系统稳定性与不考虑工件特性时主轴系统稳定性的差异，选取 3 号、9 号和 13 号三个代表性测点对应的主轴-工件系统稳定性叶瓣图和主轴系统稳定性叶瓣图进行对比，结果如图 12-11 所示。由图示结果知，逆铣工况下主轴-工件系统稳定性和主轴系统稳定性相比变化并不明显，而顺铣工况下主轴-工件系统稳定性明显弱于主轴系统稳定性。在本章研究中，板状工件装夹时板面垂直于 Y 方向，此时工件在 X 方向的刚度较大，可视为刚性，而在 Y 方向是柔性的。逆铣切削时，刀刃切入方向为 X 方向，而顺铣切削时，刀刃切入方向为 Y 方向。铣削加工中，刀刃是断续切削的，其浸入工件时会有一定的冲击，由于工件在 Y 方向呈柔性，顺铣切削时工件振动响应更加显著，因此也更加容易引起颤振。这和第 9 章中非对称刚度调控法控制颤振的机理具有一定的相似性。

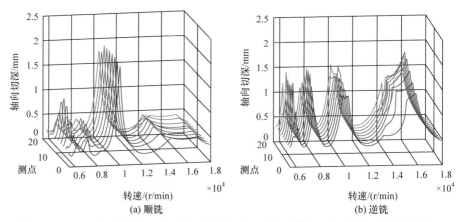

图 12-10　0.32 径向切深比下工件不同测点位置对应主轴-工件系统的稳定性叶瓣图

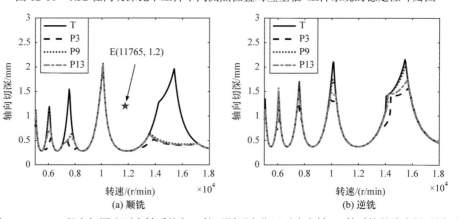

图 12-11　0.32 径向切深比下主轴系统与工件不同测点位置对应主轴-工件系统的稳定性叶瓣图
T：不考虑工件的主轴系统；P3、P9 和 P13：工件上测点 3、9 和 13 分别对应的主轴-工件系统

上述内容分析了主轴-工件系统的稳定性变化规律，显然，对于主轴-工件系统更有必要进行颤振主动控制。为了验证本章提出的主轴-工件系统颤振主动控制方法的有效性，选取图 12-11 中的工况 E 进行后续实验研究，工况 E 下的具体切削参数见表 12-3。

表 12-3　主轴-工件系统铣削实验参数

工况	转速/(r/min)	径向切深/mm	轴向切深/mm	每齿进给量/mm	铣削方式
E	11765	3.2	1.2	0.03	顺铣

图 12-11 显示，对于刚性工件下的主轴系统，在工况 E 下也会发生颤振，这说明该工况下的颤振和主轴系统特性直接相关。由主轴-工件系统逆铣加工稳定性变化规律知，逆铣切削时，颤振主要由主轴系统特性引发，因此工况 E 下的颤振控制研究可以在一定程度上反映逆铣加工颤振控制效果，即本章提出的控制策略如果可以在工况 E 下有效控制颤振，则它在逆铣加工中也可获得较好的颤振控制效果。

12.4.3　考虑主轴-工件耦合效应的颤振控制实验验证

1. 实验系统简介

基于智能主轴结构，根据本章提出的两种主动控制策略，搭建图 12-12 所示的主轴-工件系统颤振主动控制实验结构。在控制策略 1 中，利用位移传感器(Lion，灵敏度：80mV/μm)测量刀杆 X、Y 方向的位移响应，并将其实时反馈给 NI PXI 控制箱。反馈回来的位移信号先经过梳状滤波器滤除主轴转频及其倍频分量，然后输入模型预测控制器，控制器根据目标函数计算相应的控制电压，并将其经功率放大器放大后输入对应方向上的压电作动器(Pst 150/10/80 VS15)，驱动其对主轴系统施加主动控制力。在控制策略 2 中，利用位移传感器同时测量刀杆及工件的

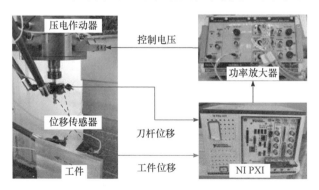

图 12-12　主轴-工件系统颤振主动控制实验结构

位移响应,并将测得的结果实时反馈给 NI PXI 控制箱。在控制箱内,首先对刀杆位移响应进行高通滤波处理,消除转子不平衡等导致的主轴转频分量;其次利用滤波后的刀杆位移及控制电压信号等,通过 Kalman 滤波器观测刀尖位移响应;然后,将观测得到的刀尖 Y 方向的位移响应和工件位移响应作差,并对得到的位移差信号进行梳状滤波,将滤波后得到的颤振分量反馈给模型预测控制器;最后,控制器基于反馈信号计算相应的控制电压,并通过功率放大器将电压信号输入压电作动器,驱动其对主轴系统施加控制,抑制颤振。

实验过程中,位移传感器的采样频率为 10kHz。实验所用刀具和工件等和 12.4 节辨识实验中保持一致。对于工件位移响应的测量,本章研究采用固定位移传感器的方式,即在 3 号和 13 号测点靠近工件上边缘的位置分别安装位移传感器,测量对应测点位置工件的振动响应。在控制策略 2 中,也通过控制 3 号和 13 号测点位置处的颤振进行控制策略有效性的验证。

2. 铣削实验

1) 无控制

在表 12-3 中的工况 E 下开展顺铣切削实验,分别利用本章提出的控制策略 1 和控制策略 2 进行颤振主动控制。由于工件动态特性是时变的,根据辨识得到的工件模态参数,按照工件上 0~18 号测点区间对应的时间段对位移信号进行分割(沿铣削进给方向测点编号由 0 起依次增大),分段分析位移信号的时频特性。无控制时,整个铣削过程均发生了颤振。这里以测点 3、13 及 16 对应时间段为例进行详细的分析,其对应的刀杆 Y 方向位移响应及其频谱如图 12-13 所示。

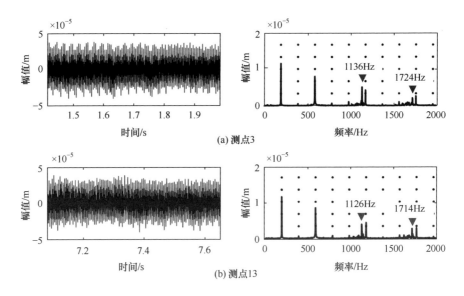

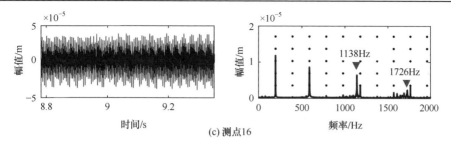

(c) 测点16

图 12-13　工况 E 下测点 3、13 和 16 对应时间段刀杆 Y 方向位移响应及其频谱

▼，颤振频率；黑点构成的竖线表示主轴转频及其倍频

由图 12-13 可知，在测点 3 对应时间段内，刀杆位移响应中存在 1136Hz 和 1724Hz 的颤振频率；在测点 13 对应时间段内，刀杆位移响应中存在 1126Hz 和 1714Hz 的颤振频率；在测点 16 对应时间段内，刀杆位移响应中颤振频率为1138Hz 和 1726Hz。由于不同位置工件模态参数不同，主轴-工件系统在整个铣削过程中颤振频率也会发生变化。同时，沿进给方向，切削位置越靠近工件两端，铣削颤振越严重，其主要原因是工件在两端附近的柔性相对更大。

在该铣削过程中，工件上 13 号测点处位移传感器测得的测点 3、13 和 16 对应时间段位移响应及其频谱如图 12-14 所示。在测点 3 对应时间区间内，工件位移响应中存在 1136Hz 的颤振频率；在测点 13 对应时间区间内，工件位移响应中存在 1126Hz 的颤振频率；在测点 16 对应时间段内，工件位移响应中颤振频率为 1138Hz。

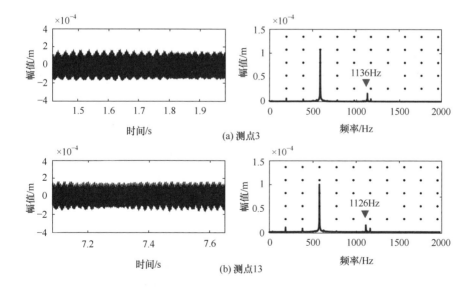

(a) 测点3

(b) 测点13

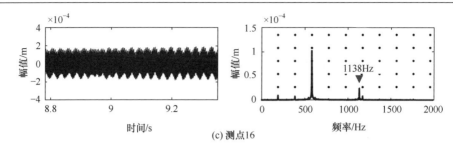

图 12-14　工况 E 下测点 3、13 和 16 对应时间段工件上 13 号测点处位移响应及其频谱
▼，颤振频率；黑点构成的竖线表示主轴转频及其倍频

　　上述无控制铣削过程中，测点 3、13 和 16 三个区间的工件表面加工质量如图 12-15 所示。显然，三个测点位置处的工件表面均存在明显的颤振振纹。结合刀杆及工件位移响应结果，可以得出如下结论：在工况 E 下的无控制铣削过程中，主轴-工件系统发生颤振失稳。

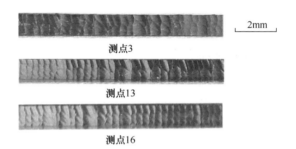

图 12-15　工况 E 无控制铣削不同测点位置工件表面加工质量

2) 控制策略 1 主动控制

　　在梳状滤波预处理下，利用本章所提控制策略 1 对工况 E 下的铣削过程进行颤振控制。在 13 号测点之前的铣削中进行无控制铣削，当刀具切削到测点 13 对应区域时开始施加控制，直至切削结束。由于工件动态特性是时变的，实验中根据图 12-7 中测点划分方式，分段建立被控系统模型并分别进行颤振控制。在铣削过程中，刀杆在测点 13 和测点 16 对应时间段的位移响应及其频谱如图 12-16 所示；工件 13 号测点位置在测点 13 和测点 16 对应时间范围的位移响应及其频谱见图 12-17。由图示结果可知，在测点 13 施加主动控制后，后续切削过程中刀杆及工件振动位移频谱中颤振频率消失，只剩下主轴转频、刀齿通过频率及其倍频。该切削过程中工件表面加工质量如图 12-18 所示。由图可知，在测点 13 位置施加主动控制后，后续工件表面颤振振纹消失，表面质量良好。通过位移信号时频域分析结果及工件表面的对比可知，本章提出的控制策略 1 可以有效控制颤振，保障工件加工质量。

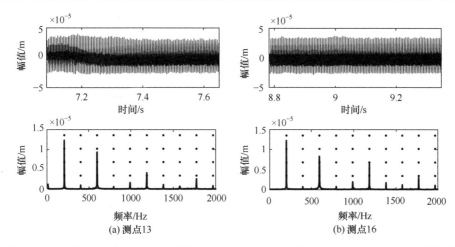

图 12-16 控制策略 1 主动控制下测点 13 和 16 对应时间段刀杆 Y 方向位移响应及其频谱

黑点构成的竖线表示主轴转频及其倍频

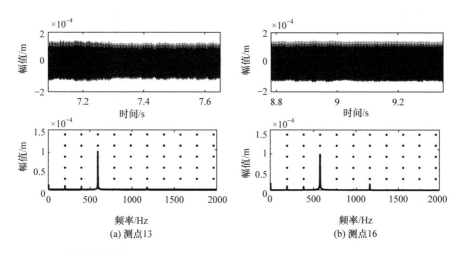

图 12-17 控制策略 1 主动控制下测点 13 和 16 对应时间段工件上 13 号测点处位移响应及其频谱

黑点构成的竖线表示主轴转频及其倍频

图 12-18 控制策略 1 主动控制下不同测点位置工件表面加工质量

上述控制过程中,主轴 Y 方向压电作动器的控制电压及对应测点的分段频谱如图 12-19 所示。由图示结果知，施加主动控制使颤振得到抑制后，反馈到控制器的颤振分量由此消失，所需控制电压也随之快速减小。在后续铣削过程中，由于一直处于控制状态，颤振在萌芽状态时便被再次抑制，因而不能再生，控制电压也维持在较小的幅值。由电压信号频谱知，虽然在无控制铣削对应的颤振频率附近电压频率成分相对集中，但电压频率成分整体呈分散形式，说明此时控制电压在一定程度上由测量噪声导致。同时，控制电压整体及各频率成分的幅值很小，表明本章所提控制策略 1 在控制颤振的同时可以显著降低作动器所需控制电压，节约控制能耗。

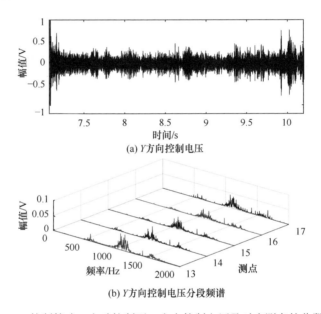

(a) Y 方向控制电压

(b) Y 方向控制电压分段频谱

图 12-19 控制策略 1 主动控制下 Y 方向控制电压及对应测点的分段频谱

3) 控制策略 2 主动控制

在梳状滤波预处理下，利用本章所提控制策略 2 对工况 E 下的铣削过程进行颤振控制。由于控制策略 2 需要反馈工件的位移响应，结合图 12-12 所示的控制系统结构，仅在工件测点 3 和测点 13 位置施加主动控制。控制状态下测点 3 对应时间段刀杆位移响应及工件上测点 3 位置位移传感器测得工件位移响应分别见图 12-20(a) 和图 12-21(a)。测点 13 对应时间段刀杆位移响应及工件上测点 13 位置位移传感器测得工件位移响应分别见图 12-20(b) 和图 12-21(b)。由图示结果知，对工件上的测点 3 和测点 13 进行铣削时，基于控制策略 2 施加主动控制后，刀杆及工件位移响应中颤振频率均消失。

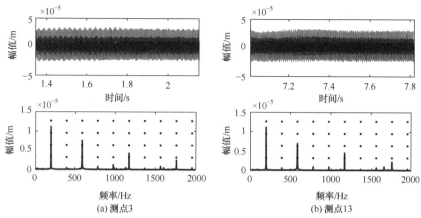

图 12-20　控制策略 2 主动控制下测点 3 和 13 对应时间段刀杆 Y 方向位移响应及其频谱

黑点构成的竖线表示主轴转频及其倍频

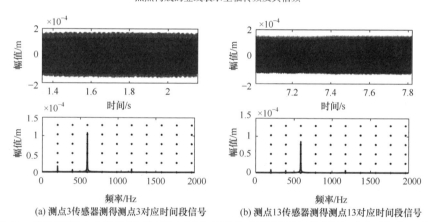

图 12-21　控制策略 2 主动控制下工件上两个位移传感器测得的不同测点对应时间段工件位移
响应及其频谱

黑点构成的竖线表示主轴转频及其倍频

　　图 12-22 展示了控制策略 2 主动控制下工件表面加工质量。由图可知，在测点 3 和测点 13 基于控制策略 2 施加主动控制后，工件加工表面颤振振动得以消除，工件表面加工质量得到保障。上述振动位移响应时频域分析结果及控制前后工件表面加工质量对比结果显示，本章提出的控制策略 2 可以有效控制颤振，提高加工质量。

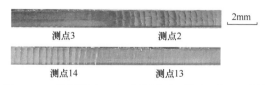

图 12-22　控制策略 2 主动控制下工件表面加工质量

图 12-23 为控制策略 2 主动控制过程中主轴系统 Y 方向的压电作动器控制电压及其频谱。梳状滤波器滤除了位移响应中的主轴转频及其倍频等稳定频率成分，反馈到控制器的主要为颤振频率分量。施加主动控制后，颤振在 100ms 内得到抑制，颤振分量随之消失。在随后的控制过程中，较小幅值的控制电压即可消除颤振于萌芽状态，进而预防颤振的再生。在颤振分量可以忽略的情况下，控制器输出主要受测量噪声影响，因而控制电压幅值很小。

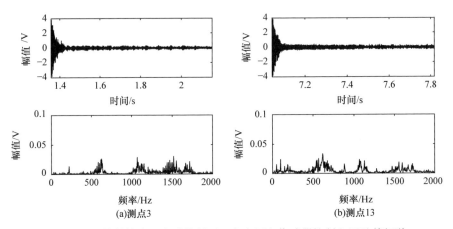

图 12-23　控制策略 2 主动控制下 Y 方向压电作动器控制电压及其频谱

上述结果显示，本章提出的控制策略 2 借助梳状滤波和模型预测控制器等不仅能够有效控制颤振，保障工件加工质量，提高加工效率，而且显著降低了压电作动器所需控制电压，对节约控制能耗及扩大作动器最大控制能力具有重要的意义。

参 考 文 献

[1] PAUL S, MORALES R. Active control of chatter in milling process using intelligent PD/PID control[J]. IEEE Access, 2018, 6: 72698-72713.

[2] KLEINWORT R, SCHWEIZER M, ZAEH M. Comparison of different control strategies for active damping of heavy duty milling operations[J]. Procedia CIRP, 2016, 46: 396-399.

[3] WANG C, ZHANG X, LIU J, et al. Multi harmonic and random stiffness excitation for milling chatter suppression[J]. Mechanical Systems and Signal Processing, 2019, 120(1): 777-792.

[4] WANG C, ZHANG X, YAN R, et al. Multi harmonic spindle speed variation for milling chatter suppression and parameters optimization[J]. Precision Engineering, 2019, 55: 268-274.

[5] SIMS N, ZHANG Y. Piezoelectric active control for workpiece chatter reduction during milling[J]. Smart Structures and Materials, 2004, 5390: 335-346.

[6] ZHANG Y, SIM N. Milling workpiece chatter avoidance using piezoelectric active damping: A feasibility study[J]. Smart Materials and Structures, 2005, 14(6): 65-70.

[7] WAN S, JIN X, MAROJU N, et al. Effect of vibration assistance on chatter stability in milling[J]. International Journal of Machine Tools and Manufacture, 2019, 145.

[8] DANG X, WAN M, YANG Y, et al. Efficient prediction of varying dynamic characteristics in thin-wall milling using freedom and mode reduction methods[J]. International Journal of Mechanical Sciences, 2019, 150: 202-216.

[9] DING Y, ZHU L. Investigation on chatter stability of thin-walled parts considering its flexibility based on finite element analysis[J]. International Journal of Advanced Manufacturing Technology, 2016, 94: 3173-3187.

[10] FEI J, LIN B, YAN S, et al. Chatter mitigation using moving damper[J]. Journal of Sound and Vibration, 2017, 410: 49-63.

[11] LI D, CAO H, CHEN X. Active control of milling chatter considering the coupling effect of spindle-tool and workpiece systems[J]. Mechanical Systems and Signal Processing, 2022, 169.

[12] YAN B, ZHU L. Research on milling stability of thin-walled parts based on improved multi-frequency solution[J]. The International Journal of Advanced Manufacturing Technology, 2019, 102: 431-441.

[13] YANG Y, ZHANG W, MA Y, et al. Chatter prediction for the peripheral milling of thin-walled workpieces with curved surfaces[J]. International Journal of Machine Tools and Manufacture, 2016, 109: 36-48.

[14] ALBRECHT A, PARK S, ALTINTAS Y, et al. High frequency bandwidth cutting force measurement in milling using capacitance displacement sensors[J]. International Journal of Machine Tools and Manufacture, 2005, 45(9): 993-1008.

[15] ALTINTAS Y. Manufacturing automation: Metal cutting mechanics, machine tool vibrations, and CNC design [M]. 2nd. New York: Cambridge University Press, 2012.

[16] 李登辉. 智能主轴铣削颤振的压电驱动主动控制方法研究[D]. 西安:西安交通大学, 2021.

第13章　智能主轴原理样机及软件开发

13.1　引　　言

与普通主轴相比,智能主轴的不同之处在于它具有感知、决策与执行功能[1,2]。通过对振动、温度、转速、力矩等工况信号的实时监测与控制,智能主轴可以比普通主轴达到更高的速度、精度和可靠性,并实现更高的加工效率。当前,国内外的智能主轴尚处于研究阶段,还没有成熟产品。多数具有智能特性的主轴还处于各种传感器的应用和感知阶段,尽管表现出一定的自适应性,但由于其工作机理较为复杂,决策、自诊断能力有限,智能控制能力不足。

将前面章节涉及的理论技术进行应用集成,作者团队开发了智能主轴原理样机,并配套开发了软件系统。本章系统地介绍智能主轴颤振监测与主动控制、回转精度动态测量、健康状态监测与故障诊断等主要功能模块,深入分析智能主轴当前研究存在的问题,并展望未来发展趋势。

13.2　智能主轴原理样机开发

智能主轴与普通主轴结构设计流程类似,如图 13-1 所示。根据设计需求和指标进行材料选择、几何参数设计、支承轴承选型设计、冷却方式设计以及传感器/作动器布置等。在整个设计过程中需要不断根据指标调整参数,进行优化设计直到满足刚度、转速、输出功率、动平衡精度和回转精度等设计指标。

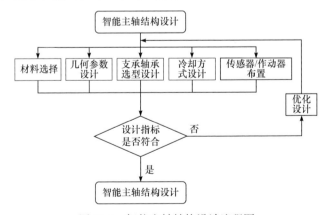

图 13-1　智能主轴结构设计流程图

由于智能主轴的机械结构与普通主轴类似,因此结构设计在本书中不再赘述。下面将主要介绍颤振监测与主动控制模块和回转精度动态监测模块。

13.2.1　颤振监测与主动控制模块

智能主轴颤振监测与主动控制模块设计方案如图 13-2 所示。主要包含工况信号实时监测(感知)、早期微弱颤振辨识(决策)、颤振主动控制(执行)三个功能单元。

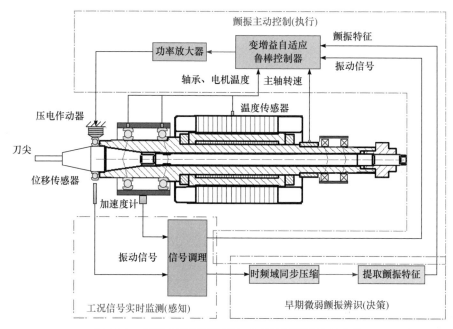

图 13-2　智能主轴颤振监测与主动控制模块设计方案

在工况信号实时监测(感知)功能单元中,利用位移传感器测量刀柄振动位移、利用加速度计测量前轴承外圈振动、利用温度传感器测量主轴内所有轴承和电机温度,测量的信号作为智能主轴颤振辨识与主动控制系统的输入。

在早期微弱颤振辨识(决策)功能单元中,利用时频域同步压缩等信号处理方法分析刀柄振动位移信号和前轴承外圈振动加速度信号,对早期微弱颤振信号能量进行聚集与增强;然后提取颤振特征,利用阈值法对加工状态进行辨识。若检测到颤振发生,则调用颤振主动控制功能单元。

在颤振主动控制(执行)功能单元中,利用刀柄振动位移信号和前轴承外圈振动加速度信号作为观测信号间接估计刀尖振动状态(位移、速度),并作为反馈信号输入变增益自适应鲁棒控制器。考虑智能主轴由于转速、温升引起的时变动态特性,将转速、温度等参数输入控制器,以实现控制器增益的在线自适应调整。控制器输出参数经功率放大器后,控制压电作动器运动。压电作动器对前轴承外圈支座上施加驱动力，对刀尖的振动响应进行控制，实现智能主轴高速高效加工颤振主动控制。

　　智能主轴颤振监测和主动控制系统的结构如图 13-3 所示，为了满足智能主轴不同功能之间的自由切换，在主轴前端装配传感器、作动器以及相关支撑结构，搭建可拆卸智能主轴颤振监测和主动控制系统。

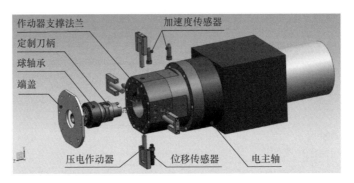

图 13-3　智能主轴颤振监测和主动控制系统结构

　　在主轴前端壳体的 X 和 Y 方向安装一对 IMI 加速度传感器(见表 13-1，频率范围：0.5Hz～10kHz，量程：±50g，分辨率：350μg)，可在颤振主动控制模块未安装的状态下监测主轴系统在铣削过程中的振动情况，进行颤振监测以及主轴健康监测等。传感器和壳体之间通过螺纹连接，不但拆卸方便，而且可以保证传感器安装的牢固性，为振动信号的准确获取奠定基础。

表 13-1　智能主轴传感设备

硬件名称	品牌及型号	灵敏度	数量	实物图
加速度传感器	IMI 608A11	100 mV/g	2	
位移传感器	Micro-Epsilon CS02	50 mV/μm	2	
位移传感器调理器	Micro-Epsilon	—	1	

如图 13-4 所示，智能主轴颤振主动控制模块中，在作动器支撑法兰的 X、Y 方向同样通过螺纹连接安装一对 IMI 加速度传感器，可用于主轴振动加速度响应的测量，进行主轴颤振与否等健康状态监测。靠近加速度传感器，在主轴 X 和 Y 方向安装一对 CS02 型电容式非接触位移传感器(表 13-1)，其线性量程为 0.2mm，稳态分辨率为 0.15nm，动态分辨率为 4nm。位移

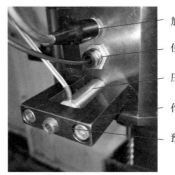

加速度传感器
位移传感器
压电作动器
作动器支座
预紧螺钉

图 13-4　传感、作动配件装配图

传感器利用带外螺纹的工装固定在支撑法兰上预先设计的螺纹孔内，其测量表面为刀柄高精度圆柱面，可以更直接地反映铣削过程中主轴转子结构的振动位移。螺纹连接结构不仅可以保证传感器测量端面和刀柄被测量表面之间的平行关系，而且便于调节传感器安装间隙，同时工装尾端由六角螺母锁死，安装牢固，可有效减少加工过程中振动导致的松动等不利行为。位移传感器测得的刀柄位移响应通过定制调理器反馈到中央处理系统，既可用于颤振监测，又可作为控制器输入进行颤振主动控制。

刀具和工件的铣削作用区集中在刀尖位置，铣削稳定性也主要由刀尖位置的模态特性参数确定，因此进行颤振控制时，在靠近刀尖位置施加主动控制力，可

刀柄
封装轴承
铣刀

图 13-5　定制刀柄实物图

以取得更加直接、优异的效果。基于此，在该智能主轴颤振主动控制系统中，将作动器的作动力施加在刀柄位置。标准 HSK 刀柄长度较短，不利于作动力的施加，因而定制图 13-5 所示增长型刀柄满足控制力施加要求，但和标准刀柄一样，定制刀柄仍采用 HSK 63A 锥孔，润滑方式同样为油气润滑。铣削过程中，刀柄处于旋转状态，作动器的控制力难以直接施加，因此在刀柄上采用背对背(DB)方式安装一对高精密球轴承。该组轴承外圈和一个套圈过盈配合，并和刀柄形成一个整体，可随刀柄一起拆装。

压电作动器响应速度快且控制方便，智能主轴颤振主动控制模块中采用压电作动器实现主动控制力的施加。如图 13-3 所示，为满足主轴系统 X、Y 方向同时施加控制力的要求，沿主轴 X 和 Y 方向安装两对压电作动器(表 13-2)。所用压电

作动器最大/标称行程为 95/64μm，标称推力/拉力为 3500/400N，长度为 82mm，驱动电压范围为 0～120V。每个作动器配备一个支座，支座通过螺栓固定在作动器支撑法兰上(图 13-4)。作动器球头顶端作用在刀柄轴承封装套筒的中间位置，尾部和支座上的预紧螺钉接触。颤振控制前，利用力矩扳手拧动预紧螺栓对各压电作动器进行预紧，同时力矩扳手可以保证各作动器的预紧力一致，既不破坏刀柄的对中性，又便于准确执行控制力的施加操作。压电作动器驱动电压较高，实验中利用最大放大倍数为 10 的功率放大器(表 13-2)辅助作动器的控制。

表 13-2　智能主轴颤振主动控制执行设备

硬件名称	品牌及型号	数量	实物图
压电作动器	芯明天 PST 150/10/80 VS15	4	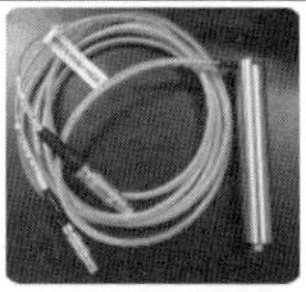
压电作动器功放	芯明天	1	

位移/加速度反馈信号的分析及作动器驱动电压的计算依赖于控制器，在智能主轴颤振主动控制系统中，配备 dSPACE 和 NI 两种控制器(表 13-3)。dSPACE 控制器借助 Simulink 语言编程，和 MATLAB 具有很好的兼容性；NI 控制器采用 Labview 语言编程。两者均能满足铣削颤振在线控制的需求，同时可满足操作人员不同编程方式的要求。

表 13-3　智能主轴颤振主动控制决策设备

硬件名称	品牌及型号	数量	实物图
dSPACE 控制器	MicroLabBox RT-1302	1	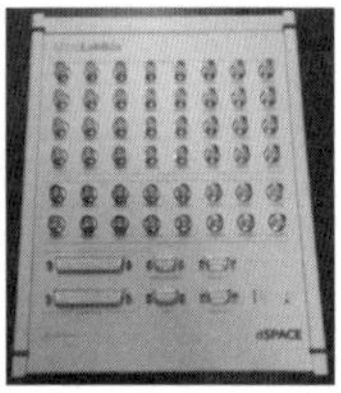
NI 控制器	NI PXIe-8115RT	1	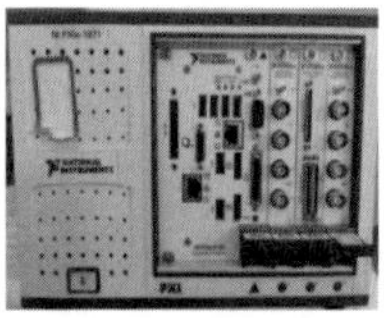

　　智能主轴及智能机床样机如图 13-6 所示。利用该智能主轴系统，不但可以通过振动响应的监测实现不同铣削过程中早期微弱颤振的预警，而且可以借助不同控制策略实现不同铣削工况下颤振的主动控制，为保障工件加工质量、提高加工效率提供技术支撑。

位移传感器
调理器

加速度传感器

位移传感器

压电作动器

(a) 智能主轴样机

(b) 智能机床样机

图 13-6　智能主轴及智能机床样机实物图

13.2.2　主轴回转精度测量模块

　　主轴回转精度测量方法主要包含单点反向法、两点法及三点法(多点法)等，其中三点法可以实现主轴回转精度的在线测量。另外，相比于其他方法，三点法在保障测量精度的同时更容易实现，因此本智能主轴系统采用三点法进行回转精度测量。如图 13-7 所示，利用三点法进行主轴回转精度测量时，在主轴某一圆周

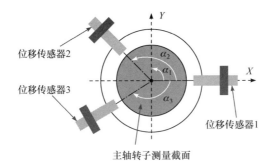

位移传感器2

位移传感器3

位移传感器1

主轴转子测量截面

图 13-7　三点法回转精度测量示意图

测量截面上按照一定的角度依次布置三个传感器同时采集主轴在旋转过程中的径向位移响应，然后利用误差分离算法对三个传感器采集到的数据进行处理，进而获取测量截面圆度误差与主轴回转误差。

基于三点法进行回转精度测量，需要保证三个传感器安装在主轴的同一圆周截面内，同时需要知道三个传感器之间的夹角，便于进行回转精度分离计算。为满足这些要求，根据所用电主轴几何尺寸，定制了图 13-8(a)所示的分度盘结构，并设计制造一套连接装置(图 13-8(b))来保证分度盘的安装及回转精度准确而便捷的测量。整套回转精度测量装置安装在主轴前端，且可拆卸，便于智能主轴系统不同功能间的相互切换。

类似于游标卡尺，定制分度盘上设计有主尺和游标尺两部分结构，其中圆形分度盘为主尺，上面最小刻度间隔标为 1°，而扇形传感器探头支座为游标尺，其上标有精度为 0.1°的刻度，如图 13-8(a)所示。主尺和游标附尺的结合可以准确获取传感器安装角度值，并且精确度达到 0.1°，很大程度上提高了回转误差的测量精度，为回转精度的准确测量提供了有力的支撑条件。分度盘上装配有三个传感器探头支座，每个支座上沿主轴径向方向设置有传感器安装孔，可以实现位移传感器正对主轴转子测量安装，并保证三个位移传感器所在轴向交汇于同一个圆点。传感器探头支座压在分度盘上并与支座底座相连，支座底座被压板压在底座固定盘的凹槽里，可在凹槽里周向滑动。当传感器探头支座的角度调整好后，拧紧支座底座螺钉孔里的螺钉，将滑动的支座底座固定在底座固定盘的凹槽里。由此实现三个传感器预确定角度的精确安装和固定。整个分度盘通过底座固定盘和联接盘固定在主轴前端位置，具体装配结构如图 13-8(b)所示。

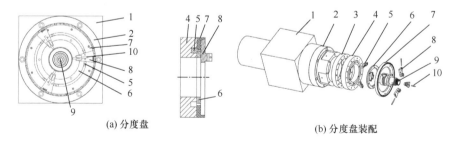

(a) 分度盘　　　　　　　　　　(b) 分度盘装配

图 13-8　主轴回转精度测量装置

1. 主轴箱体；2. 主轴固定套；3. 联结盘；4. 底座固定盘；5. 支座底座；6. 压板；7. 分度盘；
8. 传感器探头支座；9. 刀柄；10. 传感器探头

三点误差分离算法要求对各个传感器的信号等角度采样，进而避免等时间采样时转速波动、随机噪声等因素造成的测量误差。智能主轴系统中安装有 512 等分编码器，主轴每转产生 512 个等间隔脉冲，触发传感器等角度采集位移信号，保证回转精度测量的准确性。

图 13-9 为智能主轴系统回转精度测量装置实物图。不同于传统借助标准棒进行主轴回转精度的测量，该回转精度测量装置中采用三个位移传感器(Lion Precision C8-2.0，灵敏度 80mV/μm)，测量面为刀柄高精度圆柱面。如此，不仅可以实现高速旋转状态下主轴回转精度的测量，而且可以实现铣削加工过程中回转精度的在线精确获取，即该智能主轴系统既能完成初始主轴系统回转精度的评定，又能分析不同切削过程中主轴回转精度变化情况，为保障加工精度提供有力的技术支撑。

(a) 装配调试   (b) 样机加工

图 13-9 智能主轴回转精度测量装置

13.3 智能主轴工业软件开发

基于第 2～12 章的智能主轴动力学特性分析、颤振在线监测与辨识以及颤振主动控制研究结果，利用 Labview 语言开发智能主轴工业软件。软件的基本功能如图 13-10 所示，主要包含五大功能模块，即智能主轴动态特性分析模块、动态回转误差预测模块、颤振在线监测模块、主轴颤振主动控制模块和主轴-工件系统颤振主动控制模块。在主轴系统颤振主动控制模块中有三种控制策略，分别为

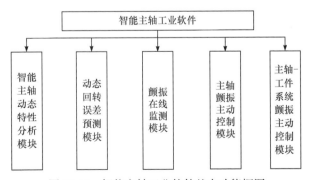

图 13-10 智能主轴工业软件基本功能框图

"模型预测控制""梳状滤波模糊控制"和"位移差反馈模糊控制"。主轴-工件系统颤振主动控制模块则包含两个颤振控制策略，分别为"刀柄位移反馈模型预测控制"和"刀尖-工件位移差反馈模型预测控制"。用户可以根据实际工程需求，选用不同的控制策略。

进入软件之前，首先登录，登录界面如图13-11所示。在登录界面输入用户名和密码，然后点击"登录"即可进入软件。

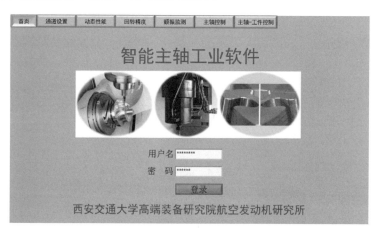

图13-11 智能主轴工业软件登录界面

进入软件后，首先根据传感器和作动器的使用情况对输入和输出通道进行设置，设置界面如图13-12所示。结合已开发智能主轴系统传感和作动结构，软件分别设置了四个输入通道和四个输出通道。对于输入通道，需要设置传感器允许测量电压范围、传感器灵敏度、采样时钟源和采样频率等。输出通道则需要设置允许输出电压范围、输出缓存区以及时钟源等，其中输出电压范围由作动器及其

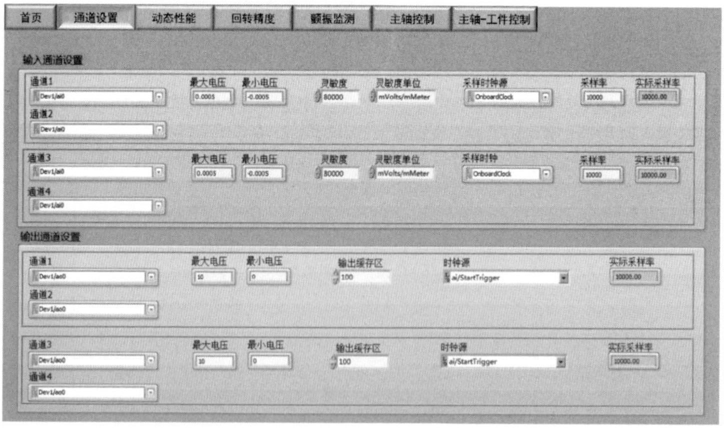

图13-12 软件通道设置界面

配置的功率放大器规格确定，而时钟源则通常和对应板卡的输入采样时钟源保持一致，进而实现输入和输出同步。考虑到采集板卡的接口配置，输入和输出通道中相邻两个通道只进行一组参数设置。

　　频率响应函数直观地反映了智能主轴对各个不同频率正弦输入信号的响应特性。通过频率响应函数可以画出反映智能主轴动态特性的各种图形，简明直观。此外，为了确定智能主轴模型中的某些参数，需要通过锤击实验方法得到频率响应函数。"动态性能"界面如图 13-13 所示，主要包含两个子模块：①参数面板子模块，用于记录时长和冲击次数；②结果显示子模块，主要包括不同方向的冲击力信号、时域信号以及频率响应。

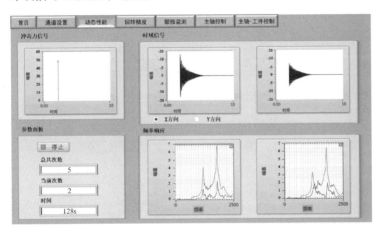

图 13-13　"动态性能"界面

　　"回转精度"界面如图 13-14 所示，融合主轴动力学模型程序和回转精度计算方法，能够实现智能主轴回转精度的动态预测。

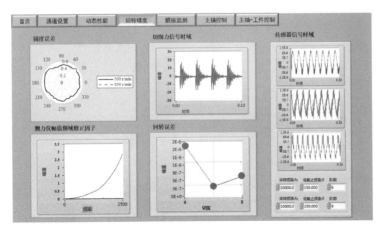

图 13-14　"回转精度"界面

　　"颤振监测"界面如图 13-15 所示。基于振动信号和声信号采用颤振检测方法，能够实现各种工况下的智能主轴早期微弱颤振辨识。

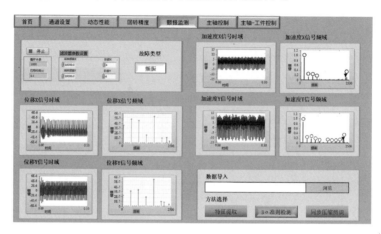

图 13-15　　"颤振监测"界面

　　主动控制包含两大功能模块，对于刚性工件铣削过程，选用"主轴控制"功能模块进行颤振主动控制。"主轴控制"模块包含三个控制策略，对于利用固定刀具在某确定切削参数下进行批量加工的操作过程，可以选用"模型预测控制"策略，实现对应工况下颤振的主动控制。"模型预测控制"界面如图 13-16 所示，主要包含四个子模块：①计时和停止子模块，用于程序运行时间显示和程序停止；②滤波器参数设置子模块，通过设计高通滤波器，滤除低频干扰、主轴转频等成分；③模型预测控制器参数设置子模块，主要包含预测长度、控制长度、参考输出、约束、输出权重以及控制信号变化量权重等参数；④结果显示子模块，主要包含不同方向传感器测得的位移响应和控制电压信号。

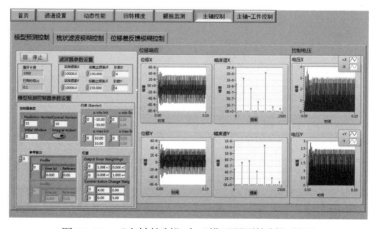

图 13-16　　"主轴控制"中"模型预测控制"界面

　　在"主轴控制"模块中，对于利用一台机床进行多变工况加工的铣削过程，选择"梳状滤波模糊控制"和"位移差反馈模糊控制"更加方便，两者的界面分别如图 13-17 和图 13-18 所示。和"模型预测控制"界面类似，两种模糊控制的界面同样包含四个子模块，其中计时和停止子模块、结果显示子模块两部分均和"模型预测控制"界面中对应子模块一样。"梳状滤波模糊控制"中滤波器参数设置子模块需要根据切削转速设置采样频率和阶次，进而实现主轴转频及其倍频等稳定频率成分的滤除；模糊控制器参数设置子模块主要包含不同方向上位移系数、速度系数和输出增益，实现实测位移、速度以及控制电压信号和对应模糊论域的转换。"位移差反馈模糊控制"中滤波器参数设置子模块需要确定采样频率、低截止频率和控制器阶次，实现主轴转频等低频分量的滤除，其模糊控制器参数设置子模块和"梳状滤波模糊控制"中对应子模块一致。

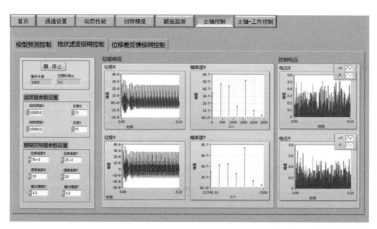

图 13-17　　"主轴控制"中"梳状滤波模糊控制"界面

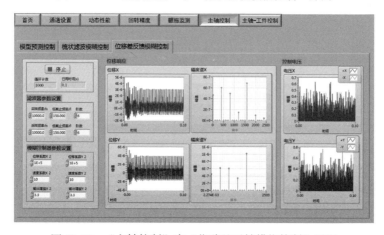

图 13-18　　"主轴控制"中"位移差反馈模糊控制"界面

　　航空航天等领域，航空发动机整机叶片等复杂结构柔性工件加工中，由于工件结构复杂，大长径比刀具的使用较多。此时工件和主轴-刀具系统的刚度相当，切削过程中，两者的振动响应均不能忽略，颤振也是刀具和工件共同作用的结果。此时选用智能主轴颤振主动控制软件中的"主轴-工件控制"模块进行铣削颤振的主动控制。"主轴-工件控制"中包含"刀柄位移反馈模型预测控制"(图 13-19)和"刀尖工件位移差反馈模型预测控制"(图 13-20)两个模块，对应第 12 章中的两种控制策略。"刀尖工件位移差反馈模型预测控制"的实施需要测量工件振动响应，而"刀柄位移反馈模型预测控制"不需要测量工件振动响应，颤振控制的实施相对便捷。

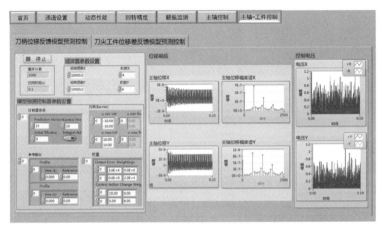

图 13-19　　"主轴-工件控制"中"刀柄位移反馈模型预测控制"界面

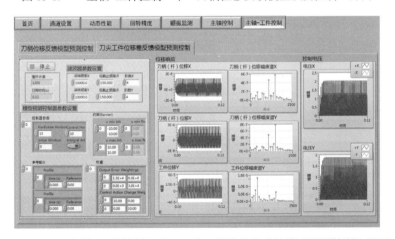

图 13-20　　"主轴-工件控制"中"刀尖工件位移差反馈模型预测控制"界面

　　如图 13-19 所示，"刀柄位移反馈模型预测控制"中有四个子模块，即计时和停止子模块、滤波器参数设置子模块、模型预测控制器参数设置子模块以及结果显示子模块。滤波器子模块中存在两种滤波器选择,对于主轴系统作为主颤振诱因的铣削过程,选用梳状滤波器,根据转速设置采样频率和阶次,滤除主轴转频及其倍频等稳定频率成分;对于工件系统作为主要诱因的颤振,选用高通滤波器,同样依据转速设置采样频率、低截止频率和控制器阶次等参数。结果显示子模块中,除不同方向上主轴位移响应及其幅值谱、控制电压等结果外,还配置工件位移响应及其幅值谱显示窗口。除滤波器参数设置和结果显示子模块外,其他两个子模块和"主轴控制"中"模型预测控制"对应子模块一致。"刀尖工件位移差反馈模型预测控制"界面如图 13-20 所示。其计时和停止子模块、模型预测控制器参数设置子模块以及结果显示子模块和"刀柄位移反馈模型预测控制"中对应一致。滤波器参数设置子模块选用高通滤波器。

13.4　当前研究存在问题和未来发展趋势

13.4.1　存在问题

当前,国内外智能主轴尚处于研究阶段,还没有成熟产品。多数具有智能特性的主轴还处于各种传感器的应用和感知阶段,尽管表现出一定的自适应性,但由于其工作机理较为复杂,决策、自诊断能力有限,智能控制也显不足。存在的问题总结如下。

1. 缺乏自上而下的设计

现有研究大多围绕传统主轴开展,其目标是改进已有主轴,使其具有一定的智能监控功能,而不是开发全新的智能主轴。例如,为了监测刀具状况并补偿刀具变形,通常将传感器和执行器安装在已有传统主轴外部。这种自下而上的设计,面临传感器、执行器安装困难,控制系统的软硬件复杂,鲁棒性差等问题,工程实用性不强。

2. 缺乏集成

在这里,"集成"有两层含义。一方面,以前在智能主轴领域的大多数研究集中在局部、独立的解决方案上,尽管对一些智能功能进行了深入的研究,如刀具状态监测、主动颤振控制和主轴轴承故障检测,这些独立功能未集成到一个监控系统中。目前还没有一种真正的具有多种智能功能的主轴。另一方面,大多数监控系统尚未集成到智能机床数控系统中,智能主轴监控系统与数控系统之间的通信尚不清楚。

3. 数据库和知识库远远不够

智能决策、自学习和自优化能力通常使用机器学习等人工智能算法实现，通过训练复杂的人工智能模型以揭示观测变量与智能主轴运行状态之间的非线性关系。人工智能模型的准确性和可靠性依赖于足够的数据和知识，然而，由于工业过程监控系统的应用有限，当前的有效数据和知识积累均不足。此外，智能主轴需要与其他主轴共享数据，以便获得不同工况的运行数据，不断提高其性能和智能水平。

13.4.2　未来发展趋势

根据目前研究存在的问题，智能主轴未来的发展方向可以从以下几个方面开展。

1. 自上而下设计的设计思想

智能主轴是一个基于机械、力学、材料、控制等多学科交叉研究的机电一体化系统。在初始设计阶段，需要明确定义所有智能功能，相应地，需要设计机械结构以适应智能功能。为了减少产品开发过程中的时间和成本，在构建物理样机之前进行虚拟仿真是一种有效的方法。理论建模是虚拟样机的基础，数字孪生技术为智能主轴高保真仿真提供了可能。数字孪生的本质是建立与物理实体相匹配的实时同步、高保真的虚拟镜像模型，能够实现物理实体与虚拟模型的交互与融合。智能主轴多物理场子模型包括结构动力学模型、热力耦合模型、切削过程模型等。在此基础上，研究转速、热效应、切削力与主轴动力学特性之间的相互作用和多个物理模型的耦合方法，构成数字孪生模型的核心基础。研究智能主轴数字孪生模型与物理实体之间数据和信息的交互方法，对孪生模型进行验证和修正。基于孪生模型揭示主轴振动响应的产生机理和传递规律，为智能主轴状态监测、故障诊断与振动控制奠定基础。

以振动控制为例，利用数字孪生模型仿真不平衡离心力、陀螺力矩、间隙等因素引起的智能主轴振动响应及变化规律。针对主轴动态特性依赖于转速、温度等参数的时变性特点，以抑制振动为控制目标，以主轴振动响应为反馈变量，构成闭环控制系统。同时将测量的主轴转速、温度等参数输入控制器，研究控制器增益随转速、温度等参数变化的变增益自适应控制算法，并设计控制器。在智能主轴数字孪生模型的基础上，耦合控制器和作动器模型，建立智能主轴振动孪生控制模型，实现时变动态特性影响下智能主轴微米级振动的综合抑制。

2. 集成智能传感器和执行器

传感器、作动器和控制器与主轴结构的集成使智能主轴成为机床的一个智能单元模块[3]。集成传感器必须满足一定的要求，主要包括：①主轴的静态和动态刚度不降低；②切削参数不受限制；③信号传输可靠；④使用寿命长，易于维护。由于传统传感器(如热电偶、加速度计)的几何限制和主轴结构中的空间限制，传感器和执行器的集成可能会干扰主轴的正常操作。为了实现"智能"结构，将传感器和作动器功能集成到主轴结构中至关重要。图 13-21 显示了机械、机电和 Adaptronic 系统之间的差异。通过将智能材料作为传感器和作动器直接集成到主轴结构中，机电系统可以更新为 Adaptronic 系统。

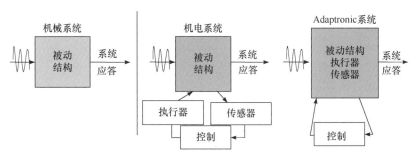

图 13-21　机械、机电和 Adaptronic 系统[4]

可用于智能主轴的智能材料包括压电材料、磁致伸缩材料、形状记忆合金、磁流变液和电流变液等。这些材料能够将能量转化为机械运动，反之亦然，这可以提供许多具有创造性的传感和驱动方式。一些智能材料已被应用于切削过程和机床状态监测，并用于改变机床的动力学和热特性等[5-7]。智能材料和结构的应用实现了高度的功能集成。设计、安装和校准智能传感器和作动器需要开展大量的工作，以便将它们完全集成到主轴中。随着智能材料的不断改进，新型传感和驱动材料以及新型多功能材料的出现将对智能主轴的发展产生重大影响。

3. 先进的实时数据处理和决策

数据是智能主轴状态监测和控制的基础，可分为两种主要类型：状态监测数据和事件数据。状态监测数据包括使用各种传感器测量的力、振动、声音、温度和电机电流/功率。事件数据包括机床发生的故障信息(如刀具破损、颤振、轴承损坏、碰撞)及相应的处理措施(如刀具更换、颤振抑制、主轴维修、碰撞预防)。数据处理，即将数据转化为信息，对于提取有用信息至关重要，这些信息将用于进一步的决策。目前，各种模型、算法和工具可用于更好地理解和解释数据[8,9]。为了实现智能主轴的实时监控目标，需要开发出高效、快速的实时数据处理算法。

决策是基于事件和状态监测的数据分析行为。数学模型将传感空间中获得的信息映射到决策空间中对智能主轴的运行状态至关重要。人工智能模型被广泛用于研究加工过程中监测数据和加工过程之间的复杂非线性关系，包括人工神经网络、模糊逻辑、支持向量机、深度学习、宽度学习等。就智能主轴而言，实时决策至关重要，这需要具有快速响应速度的人工智能算法。此外，这些决策模型应具有推理和自学习能力，从而在应用过程中不断提高智能主轴的性能和智能水平。

4. 基于故障预测的控制和维护

基于状态的控制和维护技术可分为两大类：诊断和预测[10]。诊断作为事后事件分析，处理异常发生时的故障检测、隔离和识别。预测作为一种事前事件分析，在故障和性能退化发生之前进行预测[11]。在实现智能主轴零停机性能方面，基于故障预测的控制和维护比故障发生后的事后维护策略更有效。例如，高速铣削颤振通常发生在 100ms 以内，在如此短的时间内检测和控制颤振非常困难。颤振预测得越早，控制颤振和避免损坏工件表面的时间就越多。另一个例子是主轴轴承的维护。轴承是主轴最容易损坏的零件，如果滚动轴承安装、加载、润滑和运行正确且无碰撞，则轴承失效的主要模式为滚动接触疲劳和磨损。维护工程师最关心的是计算出在当前运行条件下故障发生前的剩余工作时间。这个问题也被称为剩余使用寿命预测，它可以通过减少不必要的定期预防性维护操作的次数来显著降低维护成本。

5. 融入工业大数据环境

集成传感器简化了数据收集过程，可以在短时间内生成大量数据。因此，数据存储成为一个关键问题，它需要巨大的存储空间。此外，有效地将大数据转化为有价值的知识是智能主轴性能可持续提升的关键。为了实现在线决策和控制，需要大量的计算资源来执行实时计算。在工业 4.0 时代，面向大数据的云存储和云计算将发挥重要作用[12]。

云计算可以将智能主轴的监控在远程进行，而不仅仅是本地的集中式功能。工业大数据环境下智能主轴/机床的工作模式如图 13-22 所示。在通用数据交换和通信协议(如 MTConnect[13])下，通过允许使用标准化接口访问制造数据，可以在机床之间共享数据并实现互操作性。在工业应用中，来自 CNC 控制器和智能主轴外部传感器的数据是工业大数据的重要来源。这些数据被输入 MTConnect 代理，并使用可扩展标记语言(XML)进行编码。XML 数据被上传到云，用于分布式存储和计算。执行决策算法(如学习、推理)来处理数据，然后将结果有效地传输到机床进行过程控制或维护。客户可以通过基于 web 的应用程序在各种接收终端(如智能手机、计算机、工作站等)上查看结果。机床制造商、用户(如操作员、管理者)和第三方专家可以在协作平台中工作，以提供专业指导和有效的人工指导。在这样一个大数据环境中，智能主轴将能够从现场数据中学习，并积累在实验室环境中难以获得的现场知识。使用的智能主轴越多，智能主轴就会变得越智能。

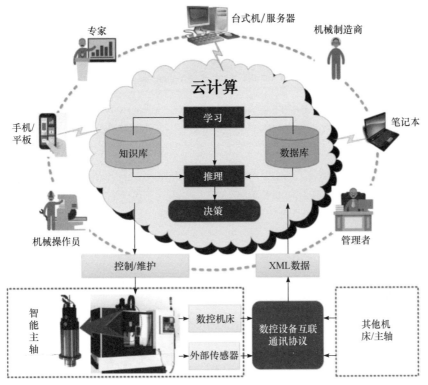

图 13-22　工业大数据环境下智能主轴/机床的工作模式[1]

参 考 文 献

[1] CAO H, ZHANG X, CHEN X. The concept and progress of intelligent spindles: A review[J]. International Journal of Machine Tools and Manufacture, 2017, 112: 21-52.

[2] 陈雪峰, 张兴武, 曹宏瑞. 智能主轴状态监测诊断与振动控制研究进展[J]. 机械工程学报, 2018, 54(19): 58-69.

[3] MONOSTORI L, KADAR B, BAUERNHANSL T, et al. Cyber-physical systems in manufacturing[J]. CIRP Annals-Manufacturing Technology, 2016, 65(2): 621-641.

[4] NEUGEBAUER R, DENKENA B, WEGENER K. Mechatronic systems for machine tools[J]. CIRP Annals-Manufacturing Technology, 2007, 56(2): 657-686.

[5] DROSSEL W, BUCHT A, PAGEL K, et al. Adaptronic applications in cutting machines[J]. Procedia CIRP, 2016, 46: 303-306.

[6] PARK G, BEMENT M, HARTMAN D, et al. The use of active materials for machining processes: A review[J]. International Journal of Machine Tools and Manufacture, 2007, 47(15): 2189-2206.

[7] MOHRING H, BRECHER C, ABELE E, et al. Materials in machine tool structures[J]. CIRP Annals- Manufacturing Technology, 2015, 64(2): 725-748.

[8] ABELLAN-NEBOT J, SUBIRON F. A review of machining monitoring systems based on artificial intelligence process models[J]. The International Journal of Advanced Manufacturing

Technology volume, 2010, 47: 237-257.

[9] TETI R, JEMIELNIAK K, DONNELL G, et al. Advanced monitoring of machining operations[J]. CIRP Annals-Manufacturing Technology, 2010, 59(2): 717-739.

[10] JARDINE A, LIN D, BANJEVIC D. A review on machinery diagnostics and prognostics implementing condition-based maintenance[J]. Mechanical Systems and Signal Processing, 2006, 20(7): 1483-1510.

[11] GOYAL D, PABLA B. Condition based maintenance of machine tools—A review[J]. CIRP Journal of Manufacturing Science and Technology, 2015, 10: 24-35.

[12] GAO R, WANG L, TETI R, et al. Cloud-enabled prognosis for manufacturing[J]. CIRP Annals, 2015, 64(2): 749-772.

[13] VIJAYARAGHAVAN A, SOBEL W, FOX A, et al. Improving machine tool interoperability using standardized interface protocols: MT connect[C]. 2008 International Symposiumon Flexible Automation，Atlanta, GA, USA, 2008.

附　　录

附录 1　迭代系数求解

迭代系数 a_{ij}：

$$a_{11} = \frac{\partial \varepsilon_1}{\partial U_k} = -2(U_{ik} - U_k), \quad a_{12} = \frac{\partial \varepsilon_1}{\partial V_k} = -2(V_{ik} - V_k)$$

$$a_{13} = \frac{\partial \varepsilon_1}{\partial \delta_{ok}} = 0, \quad a_{14} = \frac{\partial \varepsilon_1}{\partial \delta_{ik}} = -2\Delta_{ik}$$

$$a_{21} = \frac{\partial \varepsilon_2}{\partial U_k} = 2U_k, \quad a_{22} = \frac{\partial \varepsilon_2}{\partial V_k} = 2V_k, \quad a_{23} = \frac{\partial \varepsilon_2}{\partial \delta_{ok}} = -2\Delta_{ok}, \quad a_{24} = \frac{\partial \varepsilon_2}{\partial \delta_{ik}} = 0$$

$$a_{31} = \frac{\partial \varepsilon_3}{\partial U_k} = -\frac{M_{gk}}{D}\left(\frac{1}{\Delta_{ok}} - \frac{1}{\Delta_{ik}}\right), \quad a_{32} = \frac{\partial \varepsilon_3}{\partial V_k} = \frac{Q_{ok}}{\Delta_{ok}} - \frac{Q_{ik}}{\Delta_{ik}}$$

$$a_{33} = \frac{\partial \varepsilon_3}{\partial \delta_{ok}} = \frac{3}{2}K_o\delta_{ok}^{1/2}\cos\theta_{ok} - Q_{ok}\frac{V_k}{\Delta_{ok}^2} + \frac{M_{gk}}{D}\frac{U_k}{\Delta_{ok}^2}$$

$$a_{34} = \frac{\partial \varepsilon_3}{\partial \delta_{ik}} = -\left(\frac{3}{2}K_i\delta_{ik}^{1/2}\cos\theta_{ik} - Q_{ik}\frac{V_{ik} - V_k}{\Delta_{ik}^2} + \frac{M_{gk}}{D}\frac{U_{ik} - U_k}{\Delta_{ik}^2}\right)$$

$$a_{41} = \frac{\partial \varepsilon_3}{\partial U_k} = \frac{Q_{ok}}{\Delta_{ok}} + \frac{Q_{ik}}{\Delta_{ik}}, \quad a_{42} = \frac{\partial \varepsilon_4}{\partial V_k} = \frac{M_{gk}}{D}\left(\frac{1}{\Delta_{ok}} + \frac{1}{\Delta_{ik}}\right)$$

$$a_{43} = \frac{\partial \varepsilon_4}{\partial \delta_{ok}} = \frac{3}{2}K_o\delta_{ok}^{1/2}\sin\theta_{ok} - Q_{ok}\frac{U_k}{\Delta_{ok}^2} + \frac{M_{gk}}{D}\frac{V_k}{\Delta_{ok}^2}$$

$$a_{44} = \frac{\partial \varepsilon_4}{\partial \delta_{ik}} = -\left(\frac{3}{2}K_i\delta_{ik}^{1/2}\sin\theta_{ik} - Q_{ik}\frac{U_{ik} - U_k}{\Delta_{ik}^2} + \frac{M_{gk}}{D}\frac{V_{ik} - V_k}{\Delta_{ik}^2}\right)$$

附录 2 主轴部件有限元矩阵

(1) Timoshenko 梁单元的质量矩阵 $\boldsymbol{M}^{\mathrm{b}} = \boldsymbol{M}_{\mathrm{T}} + \boldsymbol{M}_{\mathrm{R}}$ ，其中 $\boldsymbol{M}_{\mathrm{T}}$ 和 $\boldsymbol{M}_{\mathrm{R}}$ 分别为

$$
\boldsymbol{M}_{\mathrm{T}} = \frac{\rho A L}{420(1+\varPhi)^2}
\begin{bmatrix}
m_{\mathrm{a}1} & & & & & & & & & \\
0 & m_1 & & & & & S & & & \\
0 & 0 & m_1 & & & & & Y & & \\
0 & 0 & -m_2 & m_5 & & & & & M & \\
0 & m_2 & 0 & 0 & m_5 & & & & & \\
m_{\mathrm{a}2} & 0 & 0 & 0 & 0 & m_{\mathrm{a}1} & & & & \\
0 & m_3 & 0 & 0 & -m_4 & 0 & m_1 & & & \\
0 & 0 & m_3 & m_4 & 0 & 0 & 0 & m_1 & & \\
0 & 0 & -m_4 & m_6 & 0 & 0 & 0 & m_2 & m_5 & \\
0 & m_4 & 0 & 0 & m_6 & 0 & -m_2 & 0 & 0 & m_5
\end{bmatrix}
$$

$$
\boldsymbol{M}_{\mathrm{R}} = \frac{\rho I}{30(1+\varPhi)^2 L}
\begin{bmatrix}
0 & & & & & & & & & \\
0 & 36 & & & & & S & & & \\
0 & 0 & 36 & & & & & Y & & \\
0 & 0 & -m_7 & m_8 & & & & & M & \\
0 & m_7 & 0 & 0 & m_8 & & & & & \\
0 & 0 & 0 & 0 & 0 & 0 & & & & \\
0 & -36 & 0 & 0 & -m_7 & 0 & 36 & & & \\
0 & 0 & -36 & m_7 & 0 & 0 & 0 & 36 & & \\
0 & 0 & -m_7 & m_9 & 0 & 0 & 0 & m_7 & m_8 & \\
0 & m_7 & 0 & 0 & m_9 & 0 & -m_7 & 0 & 0 & m_8
\end{bmatrix}
$$

(2) 考虑离心力效应时的附加质量矩阵 $\boldsymbol{M}_{\mathrm{C}}^{\mathrm{b}}$ 为

$$
\boldsymbol{M}_{\mathrm{C}}^{\mathrm{b}} = \frac{\rho A L}{420(1+\varPhi)^2}
\begin{bmatrix}
0 & & & & & & & & & \\
0 & m_1 & & & & & S & & & \\
0 & 0 & m_1 & & & & & Y & & \\
0 & 0 & -m_2 & m_5 & & & & & M & \\
0 & m_2 & 0 & 0 & m_5 & & & & & \\
0 & 0 & 0 & 0 & 0 & 0 & & & & \\
0 & m_3 & 0 & 0 & -m_4 & 0 & m_1 & & & \\
0 & 0 & m_3 & m_4 & 0 & 0 & 0 & m_1 & & \\
0 & 0 & -m_4 & m_6 & 0 & 0 & 0 & m_2 & m_5 & \\
0 & m_4 & 0 & 0 & m_6 & 0 & -m_2 & 0 & 0 & m_5
\end{bmatrix}
$$

(3) 梁单元陀螺矩阵 $\boldsymbol{G}^{\mathrm{b}}$ 为

$$
\boldsymbol{G}^{\mathrm{b}} = \frac{\rho J}{30(1+\varPhi)^2 L}
\begin{bmatrix}
0 & & & & & & & & & \\
0 & 0 & & & & SKEW & & & & \\
0 & 36 & 0 & & & & S & & & \\
0 & -m_7 & 0 & 0 & & & & Y & & \\
0 & 0 & -m_7 & m_8 & 0 & & & & M & \\
0 & 0 & 0 & 0 & 0 & 0 & & & & \\
0 & 0 & 36 & -m_7 & 0 & 0 & 0 & & & \\
0 & -36 & 0 & 0 & -m_7 & 0 & 36 & 0 & & \\
0 & -m_7 & 0 & 0 & -m_9 & 0 & m_7 & 0 & 0 & \\
0 & 0 & -m_7 & m_9 & 0 & 0 & 0 & m_7 & m_8 & 0
\end{bmatrix}
$$

在(1)～(3)中：

$$
\varPhi = \frac{12EI}{k_s A G L^2}
$$

$$
m_1 = 156 + 294\varPhi + 140\varPhi^2, \quad m_2 = (22 + 38.5\varPhi + 17.5\varPhi^2)L
$$

$$
m_3 = 54 + 126\varPhi + 70\varPhi^2, \quad m_4 = -(13 + 31.5\varPhi + 17.5\varPhi^2)L
$$

$$
m_5 = (4 + 7\varPhi + 3.5\varPhi^2)L^2, \quad m_6 = -(3 + 7\varPhi + 3.5\varPhi^2)L^2
$$

$$
m_7 = (3 - 15\varPhi)L, \quad m_8 = (4 + 5\varPhi + 10\varPhi^2)L^2, \quad m_9 = (-1 - 5\varPhi + 5\varPhi^2)L^2
$$

$$
m_{a1} = 140(1+\varPhi)^2, \quad m_{a2} = 70(1+\varPhi)^2
$$

(4) Timoshenko 梁单元刚度矩阵 $\boldsymbol{K}^{\mathrm{b}}$ 为

$$
\boldsymbol{K}^{\mathrm{b}} = \frac{EI}{(1+\varPhi)L^3}
\begin{bmatrix}
k_1 & & & & & & & & & \\
0 & 12 & & & & S & & & & \\
0 & 0 & 12 & & & & Y & & & \\
0 & 0 & -6L & k_2 & & & & M & & \\
0 & 6L & 0 & 0 & k_2 & & & & & \\
-k_1 & 0 & 0 & 0 & 0 & k_1 & & & & \\
0 & -12 & 0 & 0 & -6L & 0 & 12 & & & \\
0 & 0 & -12 & 6L & 0 & 0 & 0 & 12 & & \\
0 & 0 & -6L & k_3 & 0 & 0 & 0 & 6L & k_2 & \\
0 & 6L & 0 & 0 & k_3 & 0 & -6L & 0 & 0 & k_2
\end{bmatrix}
$$

其中，$k_1 = A(1+\varPhi)L^2 / I$；$k_2 = (4+\varPhi)L^2$；$k_3 = (2-\varPhi)L^2$。

(5) 由轴向载荷 P_a 引起的附加刚度矩阵 $\boldsymbol{K}_P^b$ 为

$$\boldsymbol{K}_P^b = \frac{P_a}{30(1+\varPhi)L}\begin{bmatrix} 0 & & & & & & & & & \\ 0 & k_4 & & & & S & & & & \\ 0 & 0 & k_4 & & & & Y & & & \\ 0 & 0 & -3L & k_5 & & & & M & & \\ 0 & 3L & 0 & 0 & k_5 & & & & & \\ 0 & 0 & 0 & 0 & 0 & 0 & & & & \\ 0 & -k_4 & 0 & 0 & -3L & 0 & k_4 & & & \\ 0 & 0 & -k_4 & 3L & 0 & 0 & 0 & k_4 & & \\ 0 & 0 & -3L & k_6 & 0 & 0 & 0 & 3L & k_5 & \\ 0 & 3L & 0 & 0 & k_6 & 0 & -3L & 0 & 0 & k_5 \end{bmatrix}$$

其中，$k_4 = 36 + 60\varPhi + 30\varPhi^2$；$k_5 = \left(4 + 5\varPhi + 2.5\varPhi^2\right)L^2$；$k_6 = -\left(1 + 5\varPhi + 2.5\varPhi^2\right)L^2$。

(6) 转盘单元质量矩阵 $\boldsymbol{M}^d$ 和陀螺矩阵 $\boldsymbol{G}^d$ 分别为

$$\boldsymbol{M}^d = \begin{bmatrix} m_D & 0 & 0 & 0 & 0 \\ 0 & m_D & 0 & 0 & 0 \\ 0 & 0 & m_D & 0 & 0 \\ 0 & 0 & 0 & I_D & 0 \\ 0 & 0 & 0 & 0 & I_D \end{bmatrix}, \quad \boldsymbol{G}^d = \begin{bmatrix} 0 & 0 & 0 & 0 & 0 \\ 0 & 0 & 0 & 0 & 0 \\ 0 & 0 & 0 & 0 & 0 \\ 0 & 0 & 0 & 0 & -J_D \\ 0 & 0 & 0 & J_D & 0 \end{bmatrix}$$

附录3　奈奎斯特稳定判据

1) 稳定性的概念

稳定性：设一线性定常系统原处于某一平衡状态，若它瞬间受到某一扰动作用而偏离了原来的平衡状态，当此扰动撤销后，系统仍能回到原有的平衡状态，则称该系统是稳定的。反之，若系统对干扰的瞬态响应随着时间的推移而不断扩大或发生持续振荡，则系统为不稳定。

由此可知：线性系统的稳定性取决于系统的固有特征(结构、参数)，与系统的输入信号无关。

2) 系统稳定性的基本原则

对于如附图1所示一般的反馈系统，系统的传递函数为

$$\Phi(s) = \frac{X_o(s)}{X_i(s)} = \frac{G(s)}{1+G(s)H(s)}$$

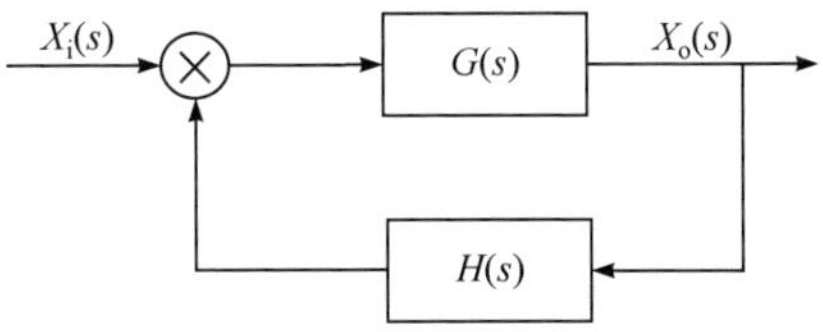

附图1　闭环系统

基于稳定性研究的问题是扰动作用去除后系统的运动情况，它与系统的输入信号无关，只取决于系统本身的特征，因而可用系统的脉冲响应函数来描述。

设输入信号为单位脉冲信号，则其输出：

$$X_o(s) = \frac{G(s)}{1+G(s)H(s)} = \frac{G(s)}{(s-s_1)(s-s_2)\cdots(s-s_n)} = \sum_{i=1}^{n}\frac{c_i}{s-s_i}$$

时域形式为

$$x_o(t) = \sum_{i=1}^{n}c_i e^{s_i t}$$

定义该闭环系统的特征方程为 $1+G(s)H(s)=0$，从该式可看出，要想系统稳定($\lim_{x\to\infty} x_o(t)=0$)，须使系统特征方程的根 s 全部具有负实部。

综上所述，不论系统特征方程的特征根为何种形式，线性系统稳定的充要条件为：所有特征根均为负数或具有负的实数部分，即所有特征根均在复数平面的左半部分。显然，稳定性与零点无关。当有一个根落在右半部，系统不稳定。当有根落在虚轴上(不包括原点)，此时为临界稳定，系统产生持续振荡。

3) 奈奎斯特稳定判据

奈奎斯特稳定判据是用频率特性来判断系统稳定性的方法,即用开环奈奎斯特图来判断闭环系统的稳定性。它建立在复变函数理论中的图形映射基础上,是一种几何判据。

从稳定的充分必要条件出发,发现闭环传递函数的分母 $1+H(s)G(s)$ 联系着开闭环之间的零点与极点。设一辅助函数 $F(s)=1+G(s)H(s)$,可看出,$F(s)$ 的极点即开环传递函数的极点,而 $F(s)$ 的零点即闭环传递函数的极点。奈奎斯特稳定判据正是将开环频率响应 $H(j\omega)G(j\omega)$ 与 $1+H(s)G(s)$ 在右半 s 平面内的零点数和极点数联系起来的判据。这种方法无须求出闭环极点,得到广泛应用。

下面给出奈奎斯特稳定判据的应用方法:

(1) 绘制 ω 从 $0 \to \infty$ 变化时的开环频率特性曲线,即开环奈奎斯特图,并在曲线上标出 ω 从 $0 \to \infty$ 增加的方向。

(2) 确定曲线包围(–1, j0)点的次数 N 和方向。

N 的求法:从(–1, j0)点向 $H(j\omega)G(j\omega)$ 曲线上作一矢量,并计算这个矢量当 ω 从 $0 \to \infty$ 变化时相应转过的"净"角度,规定逆时针为正角度方向,并按转过 360°折算 $N=1$,转过–360°折算–1。

(3) 由给定的开环传递函数确定右半 s 平面上的极点数 P,P 为正整数或 0。

(4) 由 $Z=P–2N$ 确定系统的稳定性。Z 为闭环右极点的个数,其为正整数或 0。系统稳定时,$Z=0$,即 $P=2N$。

(5) 若 $H(j\omega)G(j\omega)$ 曲线刚好通过(–1, j0)点,表明闭环系统有极点位于虚轴上,系统处于临界稳定状态,归于不稳定。

附录4　坐标系变换

两个坐标系之间的变换可根据右手螺旋规则，按照三次相继的旋转实现。相应的变换矩阵 $\boldsymbol{T} = \boldsymbol{T}(\eta, \xi, \lambda)$ 可以写为

$$\boldsymbol{T} = \boldsymbol{T}\begin{pmatrix} \cos\xi\cos\lambda & \cos\eta\cos\lambda + \sin\eta\cos\lambda & \sin\eta\sin\lambda - \cos\eta\cos\xi\cos\lambda \\ -\cos\xi\cos\lambda & \cos\eta\cos\lambda - \sin\eta\sin\xi\cos\lambda & \sin\eta\cos\lambda + \cos\eta\sin\xi\sin\lambda \\ \sin\xi & \sin\eta\cos\xi & \cos\eta\cos\xi \end{pmatrix}$$

式中，η、ξ、λ 为三个旋转角。

进而，矢量 r 在两个坐标系 s 和 t 之间的变换可以写为

$$r^t = \boldsymbol{T}_{st} r^s$$

式中，$\boldsymbol{T}_{st}$ 为坐标系 s 和坐标系 t 之间的变换矩阵，上标 s 和 t 表示将矢量 r 在坐标系 s 和 t 中进行描述。